从Paxos到 ZooKeeper

分布式一致性原理与实践

倪超 著

电子工业出版社
Publishing House of Electronics Industry
北京·BEIJING

内 容 简 介

本书从分布式一致性的理论出发,向读者简要介绍几种典型的分布式一致性协议,以及解决分布式一致性问题的思路,其中重点讲解了 Paxos 和 ZAB 协议。同时,本书深入介绍了分布式一致性问题的工业解决方案——ZooKeeper,并着重向读者展示这一分布式协调框架的使用方法、内部实现及运维技巧,旨在帮助读者全面了解 ZooKeeper,并更好地使用和运维 ZooKeeper。全书共 8 章,分为五部分:第一部分(第 1 章)主要介绍了计算机系统从集中式向分布式系统演变过程中面临的挑战,并简要介绍了 ACID、CAP 和 BASE 等经典分布式理论;第二部分(第 2~4 章)介绍了 2PC、3PC 和 Paxos 三种分布式一致性协议,并着重讲解了 ZooKeeper 中使用的一致性协议——ZAB 协议;第三部分(第 5~6 章)介绍了 ZooKeeper 的使用方法,包括客户端 API 的使用以及对 ZooKeeper 服务的部署与运行,并结合真实的分布式应用场景,总结了 ZooKeeper 使用的最佳实践;第四部分(第 7 章)对 ZooKeeper 的架构设计和实现原理进行了深入分析,包含系统模型、Leader 选举、客户端与服务端的工作原理、请求处理,以及各服务器角色的工作流程和数据存储等;第五部分(第 8 章)介绍了 ZooKeeper 的运维实践,包括配置详解和监控管理等,重点讲解了如何构建一个高可用的 ZooKeeper 服务。

未经许可,不得以任何方式复制或抄袭本书之部分或全部内容。
版权所有,侵权必究。

图书在版编目(CIP)数据

从 Paxos 到 Zookeeper:分布式一致性原理与实践 / 倪超著. —北京:电子工业出版社,2015.2
ISBN 978-7-121-24967-9

Ⅰ. ①从… Ⅱ. ①倪… Ⅲ. ①分布式操作系统-研究 Ⅳ. ①TP316.4

中国版本图书馆 CIP 数据核字(2014)第 275697 号

策划编辑:张春雨
责任编辑:徐津平
印　　刷:北京天宇星印刷厂
装　　订:北京天宇星印刷厂
出版发行:电子工业出版社
　　　　　北京市海淀区万寿路 173 信箱　邮编 100036
开　　本:787×980　1/16　印张:27.25　字数:548 千字
版　　次:2015 年 2 月第 1 版
印　　次:2021 年 3 月第 20 次印刷
定　　价:99.00 元

凡所购买电子工业出版社图书有缺损问题,请向购买书店调换。若书店售缺,请与本社发行部联系,联系及邮购电话:(010) 88254888,88258888。
质量投诉请发邮件至 zlts@phei.com.cn,盗版侵权举报请发邮件至 dbqq@phei.com.cn。
本书咨询联系方式:010-51260888-819,faq@phei.com.cn。

问题的提出

在计算机科学领域，分布式一致性问题是一个相当重要，且被广泛探索与论证的问题，通常存在于诸如分布式文件系统、缓存系统和数据库等大型分布式存储系统中。

什么是分布式一致性？分布式一致性分为哪些类型？分布式系统达到一致性后将会是一个什么样的状态？如果失去了一致性约束，分布式系统是否还可以依赖？如果一味地追求一致性，对系统的整体架构和性能又有多大影响？这一系列的问题，似乎都没有一个严格意义上准确的定义和答案。

终端用户

IT技术的发展，让我们受益无穷，从日常生活的超市收银，到高端精细的火箭发射，现代社会中几乎所有行业，都离不开计算机技术的支持。

尽管计算机工程师们创造出了很多高科技的计算机产品来解决我们日常碰到的问题，但用户只会倾向于选择一些易用、好用的产品，那些难以使用的计算机产品最终都会被淘汰——这种易用性，其实就是用户体验的一部分。

计算机产品的用户体验，可以分为便捷性、安全性和稳定性等方面。在本书中，我们主要讨论的是用户在使用计算机产品过程中遇到的那些和一致性有关的问题。在此之前，我们首先来看一下计算机产品的终端用户是谁，他们的需求又是什么。

火车站售票

假如说我们的终端用户是一位经常坐火车的旅行家，通常他是去车站的售票处购买车票，然后拿着车票去检票口，再坐上火车，开始一段美好的旅行——一切似乎都是那么和谐。想象一下，如果他选择的目的地是杭州，而某一趟开往杭州的火车只剩下最后一张车票了，可能在同一时刻，不同售票窗口的另一位乘客也购买了同一张车票。假如说售票系统没有进行一致性保障，两人都购票成功了。而在检票口检票的时候，其中一位乘客会被告知他的车票无效——当然，现代的中国铁路售票系统已经很少出现这样的问题了，但在这个例子中，我们可以看出，终端用户对于我们的系统的需求非常简单：

"请售票给我，如果没有余票了，请在售票的时候就告诉我票是无效票的。"

这就对购票系统提出了严格的一致性要求——系统的数据（在本例中指的就是那趟开往杭州的火车的余票数），无论在哪个售票窗口，每时每刻都必须是准确无误的！

银行转账

假如说我们的终端用户是一名刚毕业的大学生，通常在拿到第一个月工资之后，都会选择向家里汇款。当他来到银行柜台，完成转账操作后，银行的柜台服务员会友善地提醒他："您的转账将在 N 个工作日后到账！"此时这名毕业生有一些沮丧，会对那名柜台服务员叮嘱："好吧，多久没关系，钱不要少就行了！"——这也成为了几乎所有的用户对于现代银行系统最基本的需求。

网上购物

假如说我们的终端用户是一名网上购物狂，当他看到一件库存量为 5 的心仪商品，会迅速地确认购买，写下收货地址，然后下单——然而，在下单的那个瞬间，系统可能会告知该用户："库存量不足！"此时，绝大部分的消费者往往都会抱怨自己动作太慢，使得心爱的商品被其他人抢走了！

但其实有过网购系统开发经验的工程师一定明白，在商品详情页面上显示的那个库存量，通常不是该商品的真实库存量，只有在真正下单购买的时候，系统才会检查该商品的真实库存量。但是，谁在意呢？

在上面三个例子中，相信读者一定已经看出来了，我们的终端用户在使用不同的计算机产品时对于数据一致性的需求是不一样的：

> 有些系统，既要快速地响应用户，同时还要保证系统的数据对于任意客户端都是真实可靠的，就像火车站的售票系统。

> 还有些系统，需要为用户保证绝对可靠的数据安全，虽然在数据一致性上存在延时，但最终务必保证严格的一致，就像银行的转账系统。

> 另外的一些系统，虽然向用户展示了一些可以说是"错误"的数据，但是在整个系统使用过程中，一定会在某一个流程上对系统数据进行准确无误的检查，从而避免用户发生不必要的损失，就像网购系统。

更新的并发性

在计算机发展的早期阶段，受到底层硬件技术的制约，同时也是由于人们对于计算机系统的实际使用需求比较简单，因此很多上层的应用程序架构都是单线程模型的。以 C 语言为例，其诞生于上世纪 70 年代，当时几乎所有使用 C 语言开发的应用程序都是单线程的。从现在来看，单线程应用程序虽然在运行效率上无法和后来的多线程应用程序相比，但是在编程模型上相对简单，因此能够避免多线程程序中出现的不少并发问题。

随着计算机底层硬件技术和现代操作系统的不断发展，多线程技术开始被越来越多地引入到计算机编程模型之中，并对现代计算机应用程序的整体架构起到了至关重要的作用。

多线程的引入，为应用程序在性能上带来卓越提升的同时，也带来了一个最大的副作用，那就是并发。《深入理解计算机系统》[注1]一书对并发进行了如下定义：如果逻辑控制流在时间上重叠，那么它们就是并发的。这里提到的逻辑控制流，通俗地讲，就是一次程序操作，比如读取或更新内存中变量的值。

在本书后面的讨论中，我们提到的"并发"都特指更新操作的并发，即有多个线程同时更新内存中变量的值——我们将这一现象称为更新的并发性。

分布式一致性问题

在分布式系统中另一个需要解决的重要问题就是数据的复制。在我们日常的开发经验中，相信很多开发人员都碰到过这样的问题：假设客户端 C_1 将系统中的一个值 K 由 V_1 更新为 V_2，但客户端 C_2 无法立即读取到 K 的最新值，需要在一段时间之后才能读取到。读者可能也已经猜到了，上面这个例子就是常见的数据库之间复制的延时问题。

分布式系统对于数据的复制需求一般都来自于以下两个原因：

- 为了提高系统的可用性，以防止单点故障引起的系统不可用。
- 提升系统的整体性能，通过负载均衡技术，能够让分布在不同地方的数据副本都能够为用户提供服务。

数据复制在可用性和性能方面给分布式系统带来的巨大好处是不言而喻的，然而数据复制所带来的一致性挑战，也是每一个系统研发人员不得不面对的。

所谓的分布式一致性问题，是指在分布式环境中引入数据复制机制后，不同数据节点间可能出现的，并无法依靠计算机应用程序自身解决的数据不一致情况。简单地讲，数据一致性就是指在对一个副本数据进行更新的同时，必须确保也能够更新其他的副本，否则不同副本之间的数据将不再一致。

注1：*Computer Systems: A Programmer's Perspective* 是 Randal E.Bryant 和 David O'Hallaron 合著的一本计算机科学领域非常经典的基础性著作，其中文版本《深入理解计算机系统》由龚奕利和雷迎春共同翻译。

那怎么来解决这个问题呢？顺着上面提到的复制延时问题，很快就有人想到了一种解决办法，那就是：

> "既然是由于延时引起的问题，那我可以将写入的动作阻塞，直到数据复制完成后，才完成写入动作。"

没错，这似乎能解决问题，而且有一些系统的架构也确实直接使用了这个思路。但这个思路在解决一致性问题的同时，又带来了新的问题：写入的性能。如果你的应用场景有非常多的写请求，那么使用这个思路之后，后续的写请求都将会阻塞在前一个请求的写操作上，导致系统整理性能急剧下降。

总的来讲，我们无法找到一种能够满足分布式系统所有系统属性的一致性解决方案。因此，如何既保证数据的一致性，同时又不影响系统运行的性能，是每一个分布式系统都需要重点考虑和权衡的。于是，就出现了如下一致性级别：

强一致性

  这种一致性级别是最符合用户直觉的，它要求系统写入什么，读出来的也会是什么，用户体验好，但实现起来往往对系统的性能影响比较大。

弱一致性

  这种一致性级别约束了系统在写入成功后，不承诺立即可以读到写入的值，也不具体承诺多久之后数据能够达到一致，但会尽可能地保证到某个时间级别（比如秒级别）后，数据能够达到一致状态。弱一致性还可以再进行细分：

- **会话一致性**：该一致性级别只保证对于写入的值，在同一个客户端会话中可以立即读到一致的值，但其他的会话不能保证。
- **用户一致性**：该一致性级别只保证对于写入的值，在同一个用户中可以立即读到一致的值，但其他用户不能保证。

最终一致性

  最终一致性是弱一致性的一个特例，系统会保证在一定时间内，能够达到一个数据一致的状态。这里之所以将最终一致性单独提出来，是因为它是弱一致性中非常重要的一种一致性模型，也是业界在大型分布式系统的数据一致性上比较推崇的模型。

本书将会从分布式一致性的理论出发，向读者讲解几种典型的分布式一致性协议是如何解决一致性问题的。之后，本书则会深入介绍分布式一致性问题的工业解决方案——ZooKeeper，并着重向读者展示这一分布式协调框架的使用方法、内部实现以及运维技巧。

致谢

首先要感谢现在的部门老大蒋江伟先生。第一次接触蒋江伟是在 2011 年，当时参加了他的一个讲座"淘宝前台系统优化实践——吞吐量优化"，对其中关于"编写 GC 友好代码"的内容有不解之处，于是私下请教。他耐心的讲解令我至今记忆犹新。两年前，他全面负责中间件团队之后，给予了我更大的鼓励和帮助，使我得到了极大的进步，真的非常感谢。本书的问世，离不开他的推荐，也正是这一份写作的责任感，让我有决心和毅力来对整个 ZooKeeper 内容进行了一次全面的整理。在这里，衷心祝福蒋江伟先生带领中间件团队走向新的高度。

其次，本书的写作，离不开各位小伙伴们的支持和帮助，他们是各领域的资深专家，我向他们征集了很多有营养的内容。在这里，按照章节顺序，依次表示感谢：许泽彬参与了"问题提出"的写作；侯前明对 Paxos 算法的前世今生进行了整理；段培乐对晦涩的 Paxos 协议进行了细致的讲解；姜宇向我提供了他对于分布式事务的见解；徐伟辰参与了分布式锁服务 Chubby 相关的写作；叶成旭提供了他在上家公司时对 Hypertable 的学习和研究成果；高伟细致地向我展示了 Curator 这一 ZooKeeper 客户端的使用；陈杰提供了他在"自动化的 DNS 服务"场景中的经验总结；曹龙参与了 Hadoop 相关内容的写作；邓明鉴则贡献了他对 HBase 的深刻见解；作为产品的开源负责人，庄晓丹和王强提供了对消息中间件 Metamorphosis 技术架构的讲解；李鼎则向我全面展示了 RPC 服务框架 Dubbo 的技术细节；楼江航向我提供了 Canal 和 Otter 这两个分布式产品中的 ZooKeeper 应用场景；李雨前、柳明和温朝凯则一起写了终搜在产品演进过程中对 ZooKeeper 的使用和改进；封仲淹参与了对其自主产品 JStorm 的技术剖析……是你们一遍又一遍地对内容进行修改，才使得本书内容更为丰满。

另外，也要感谢温文鎏、王林、许泽彬、高伟和段培乐等人对全书的审阅，正是你们提出的宝贵建议，对完善本书提供了非常大的帮助。

感谢现在的同事陆学慧先生，从 2013 年下半年开始，他全面接手对 ZooKeeper 的开发和运维，在他身上感受到的专业和创新精神让我备受鼓舞。

另外，感谢我的第一个主管马震先生，是他的帮助为我指引了方向，让我有机会进入 ZooKeeper 的世界，并负责这个产品在公司的发展。尽管由于业务调整，马震先生已经转岗到其他部门，但依然由衷祝福他工作顺利。

还要感谢我的同事，阿里巴巴店铺平台的侯前明先生。本来该书作者应该是我们两个人，但是由于期间他的家庭又增加了一个小生命，导致其不得不中途退出。从本书的选题到写作大纲的制定，他都倾注了不少心血，相信如果有他一起创作，本书内容会更加丰满、深刻。这里表达遗憾的同时，也向这位两个孩子的父亲送去祝福，祝愿他生活美满。

感谢本书的责任编辑刘芸女士，是她反复审稿和编排，才能让本书的内容趋于完美。

感谢本书的封面设计吴海燕女士，她的努力已经无需言表，在技术书上的这一前卫、极富视觉冲击力的封面设计，深深震撼到了我，也希望读者朋友们能够喜欢。

尤其感谢本书的策划编辑张春雨先生。作为一个南方人，我很少有机会和那些有着一口北方腔的朋友交谈，第一次接到张春雨先生电话的时候，我才真正领略了北京腔，也正是他的邀请，才能让我有机会进行本书的撰写，同时在前后将近 1 年半的漫长写作过程中，也是他的帮助和鼓励，才让我坚持完成并不断完善本书的内容。在这里，也衷心祝愿张春雨先生事业更上一层楼。

最后，还有我的父母，在过去的 1 年时间里，多次放假没有回家，尽管父母一直鼓励我专注工作，专注于自己的事业，但我深知他们内心对儿子的牵挂，在这里也深深地向他们道一声："谢谢"，**也谨以此书献给我最亲爱的爸爸妈妈。**

倪 超

2014 年 12 月于杭州淘宝城

目录

第 1 章　分布式架构 1

1.1　从集中式到分布式 1
1.1.1　集中式的特点 2
1.1.2　分布式的特点 2
1.1.3　分布式环境的各种问题 4
1.2　从 ACID 到 CAP/BASE 5
1.2.1　ACID 5
1.2.2　分布式事务 8
1.2.3　CAP 和 BASE 理论 9
小结 15

第 2 章　一致性协议 17

2.1　2PC 与 3PC 17
2.1.1　2PC 17
2.1.2　3PC 21
2.2　Paxos 算法 24
2.2.1　追本溯源 25
2.2.2　Paxos 理论的诞生 26
2.2.3　Paxos 算法详解 27

小结 37

第 3 章 Paxos 的工程实践 39

3.1 Chubby 39
3.1.1 概述 39
3.1.2 应用场景 40
3.1.3 设计目标 40
3.1.4 Chubby 技术架构 43
3.1.5 Paxos 协议实现 52
3.2 Hypertable 55
3.2.1 概述 55
3.2.2 算法实现 57
小结 58

第 4 章 ZooKeeper 与 Paxos 59

4.1 初识 ZooKeeper 59
4.1.1 ZooKeeper 介绍 59
4.1.2 ZooKeeper 从何而来 62
4.1.3 ZooKeeper 的基本概念 62
4.1.4 为什么选择 ZooKeeper 64
4.2 ZooKeeper 的 ZAB 协议 65
4.2.1 ZAB 协议 65
4.2.2 协议介绍 66
4.2.3 深入 ZAB 协议 71
4.2.4 ZAB 与 Paxos 算法的联系与区别 77
小结 78

第 5 章 使用 ZooKeeper 79

5.1 部署与运行 79
5.1.1 系统环境 79
5.1.2 集群与单机 80
5.1.3 运行服务 84

5.2 客户端脚本 88
5.2.1 创建 88
5.2.2 读取 89
5.2.3 更新 90
5.2.4 删除 91

5.3 Java 客户端 API 使用 91
5.3.1 创建会话 91
5.3.2 创建节点 95
5.3.3 删除节点 99
5.3.4 读取数据 100
5.3.5 更新数据 109
5.3.6 检测节点是否存在 113
5.3.7 权限控制 115

5.4 开源客户端 120
5.4.1 ZkClient 120
5.4.2 Curator 130

小结 162

第 6 章 ZooKeeper 的典型应用场景 163

6.1 典型应用场景及实现 163
6.1.1 数据发布/订阅 164
6.1.2 负载均衡 166
6.1.3 命名服务 170
6.1.4 分布式协调/通知 173
6.1.5 集群管理 179

		6.1.6	Master 选举	185
		6.1.7	分布式锁	188
		6.1.8	分布式队列	194
	小结			197
	6.2	ZooKeeper 在大型分布式系统中的应用		197
		6.2.1	Hadoop	198
		6.2.2	HBase	203
		6.2.3	Kafka	207
	6.3	ZooKeeper 在阿里巴巴的实践与应用		213
		6.3.1	案例一　消息中间件：Metamorphosis	213
		6.3.2	案例二　RPC 服务框架：Dubbo	217
		6.3.3	案例三　基于 MySQL Binlog 的增量订阅和消费组件：Canal	219
		6.3.4	案例四　分布式数据库同步系统：Otter	223
		6.3.5	案例五　轻量级分布式通用搜索平台：终搜	226
		6.3.6	案例六　实时计算引擎：JStorm	238
	小结			242

第 7 章　ZooKeeper 技术内幕 243

	7.1	系统模型		243
		7.1.1	数据模型	243
		7.1.2	节点特性	244
		7.1.3	版本——保证分布式数据原子性操作	246
		7.1.4	Watcher——数据变更的通知	249
		7.1.5	ACL——保障数据的安全	265
	7.2	序列化与协议		272
		7.2.1	Jute 介绍	272
		7.2.2	使用 Jute 进行序列化	273
		7.2.3	深入 Jute	275
		7.2.4	通信协议	277
	7.3	客户端		284
		7.3.1	一次会话的创建过程	286

- 7.3.2 服务器地址列表 289
- 7.3.3 ClientCnxn：网络 I/O 295
- 7.4 会话 298
  - 7.4.1 会话状态 298
  - 7.4.2 会话创建 299
  - 7.4.3 会话管理 304
  - 7.4.4 会话清理 307
  - 7.4.5 重连 309
- 7.5 服务器启动 311
  - 7.5.1 单机版服务器启动 312
  - 7.5.2 集群版服务器启动 315
- 7.6 Leader 选举 321
  - 7.6.1 Leader 选举概述 321
  - 7.6.2 Leader 选举的算法分析 323
  - 7.6.3 Leader 选举的实现细节 328
- 7.7 各服务器角色介绍 335
  - 7.7.1 Leader 335
  - 7.7.2 Follower 338
  - 7.7.3 Observer 339
  - 7.7.4 集群间消息通信 339
- 7.8 请求处理 342
  - 7.8.1 会话创建请求 343
  - 7.8.2 SetData 请求 351
  - 7.8.3 事务请求转发 354
  - 7.8.4 GetData 请求 355
- 7.9 数据与存储 356
  - 7.9.1 内存数据 356
  - 7.9.2 事务日志 358
  - 7.9.3 snapshot——数据快照 364
  - 7.9.4 初始化 368
  - 7.9.5 数据同步 372
- 小结 376

第 8 章　ZooKeeper 运维 379

8.1　配置详解 379
8.1.1　基本配置 379
8.1.2　高级配置 380
8.2　四字命令 384
8.3　JMX 390
8.3.1　开启远程 JMX 390
8.3.2　通过 JConsole 连接 ZooKeeper 391
8.4　监控 397
8.4.1　实时监控 397
8.4.2　数据统计 398
8.5　构建一个高可用的集群 398
8.5.1　集群组成 398
8.5.2　容灾 399
8.5.3　扩容与缩容 402
8.6　日常运维 402
8.6.1　数据与日志管理 402
8.6.2　Too many connections 404
8.6.3　磁盘管理 405
小结 405

附录 A　Windows 平台上部署 ZooKeeper 406

附录 B　从源代码开始构建 409

附录 C　各发行版本重大更新记录 414

附录 D　ZooKeeper 源代码阅读指引 418

第 1 章

分布式架构

随着计算机系统规模变得越来越大，将所有的业务单元集中部署在一个或若干个大型机上的体系结构，已经越来越不能满足当今计算机系统，尤其是大型互联网系统的快速发展，各种灵活多变的系统架构模型层出不穷。同时，随着微型计算机的出现，越来越多廉价的 PC 机成为了各大企业 IT 架构的首选，分布式的处理方式越来越受到业界的青睐——计算机系统正在经历一场前所未有的从集中式向分布式架构的变革。

1.1　从集中式到分布式

自 20 世纪 60 年代大型主机被发明出来以后，凭借其超强的计算和 I/O 处理能力以及在稳定性和安全性方面的卓越表现，在很长一段时间内，大型主机引领了计算机行业以及商业计算领域的发展。在大型主机的研发上最知名的当属 IBM，其主导研发的革命性产品 System/360 系列大型主机，是计算机发展史上的一个里程碑，与波音 707 和福特 T 型车齐名，被誉为 20 世纪最重要的三大商业成就，并一度成为了大型主机的代名词。从那时起，IT 界进入了大型主机时代。

伴随着大型主机时代的到来，集中式的计算机系统架构也成为了主流。在那个时候，由于大型主机卓越的性能和良好的稳定性，其在单机处理能力方面的优势非常明显，使得 IT 系统快速进入了集中式处理阶段，其对应的计算机系统称为集中式系统。但从 20 世纪 80 年代以来，计算机系统向网络化和微型化的发展日趋明显，传统的集中式处理模式越来越不能适应人们的需求。

首先，大型主机的人才培养成本非常之高。通常一台大型主机汇集了大量精密的计算机组件，操作非常复杂，这对一个运维人员掌握其技术细节提出了非常高的要求。

其次，大型主机也是非常昂贵的。通常一台配置较好的 IBM 大型主机，其售价可能在上百万美元甚至更高，因此也只有像政府、金融和电信等企业才有能力采购大型主机。

另外，集中式系统具有明显的单点问题。大型主机虽然在性能和稳定性方面表现卓越，但这并不代表其永远不会出现故障。一旦一台大型主机出现了故障，那么整个系统将处于不可用状态，其后果相当严重。最后，随着业务的不断发展，用户访问量迅速提高，计算机系统的规模也在不断扩大，在单一大型主机上进行系统的扩容往往比较困难。

而另一方面，随着 PC 机性能的不断提升和网络技术的快速普及，大型主机的市场份额变得越来越小，很多企业开始放弃原来的大型主机，而改用小型机和普通 PC 服务器来搭建分布式的计算机系统。

其中最为典型的就是阿里巴巴集团的"去 IOE"运动。从 2008 年开始，阿里巴巴的各项业务都进入了井喷式的发展阶段，这对于后台 IT 系统的计算与存储能力提出了非常高的要求，一味地针对小型机和高端存储进行不断扩容，无疑会产生巨大的成本。同时，集中式的系统架构体系也存在诸多单点问题，完全无法满足互联网应用爆炸式的发展需求。因此，为了解决业务快速发展给 IT 系统带来的巨大挑战，从 2009 年开始，阿里集团启动了"去 IOE"计划，其电商系统开始正式迈入分布式系统时代。

1.1.1　集中式的特点

所谓的集中式系统就是指由一台或多台主计算机组成中心节点，数据集中存储于这个中心节点中，并且整个系统的所有业务单元都集中部署在这个中心节点上，系统的所有功能均由其集中处理。也就是说，在集中式系统中，每个终端或客户端机器仅仅负责数据的录入和输出，而数据的存储与控制处理完全交由主机来完成。

集中式系统最大的特点就是部署结构简单。由于集中式系统往往基于底层性能卓越的大型主机，因此无须考虑如何对服务进行多个节点的部署，也就不用考虑多个节点之间的分布式协作问题。

1.1.2　分布式的特点

在《分布式系统概念与设计》[注1]一书中，对分布式系统做了如下定义：

分布式系统是一个硬件或软件组件分布在不同的网络计算机上，彼此之间仅仅

注1：*Distributed Systems: Concepts and Design* 是 George Coulouris、Jean Dollimore、Tim Kindberg 和 Gordon Blair 合著的一本分布式领域经典著作，其中文版本《分布式系统概念与设计》由金蓓弘和马应龙共同翻译。

通过消息传递进行通信和协调的系统。

上面这个简单的定义涵盖了几乎所有有效地部署了网络化计算机的系统。严格地讲，同一个分布式系统中的计算机在空间部署上是可以随意分布的，这些计算机可能被放在不同的机柜上，也可能在不同的机房中，甚至分布在不同的城市。无论如何，一个标准的分布式系统在没有任何特定业务逻辑约束的情况下，都会有如下几个特征。

分布性

分布式系统中的多台计算机都会在空间上随意分布，同时，机器的分布情况也会随时变动。

对等性

分布式系统中的计算机没有主/从之分，既没有控制整个系统的主机，也没有被控制的从机，组成分布式系统的所有计算机节点都是对等的。副本（Replica）是分布式系统最常见的概念之一，指的是分布式系统对数据和服务提供的一种冗余方式。在常见的分布式系统中，为了对外提供高可用的服务，我们往往会对数据和服务进行副本处理。数据副本是指在不同的节点上持久化同一份数据，当某一个节点上存储的数据丢失时，可以从副本上读取到该数据，这是解决分布式系统数据丢失问题最为有效的手段。另一类副本是服务副本，指多个节点提供同样的服务，每个节点都有能力接收来自外部的请求并进行相应的处理。

并发性

在"问题的提出"部分，我们已经提到过与"更新的并发性"相关的内容。在一个计算机网络中，程序运行过程中的并发性操作是非常常见的行为，例如同一个分布式系统中的多个节点，可能会并发地操作一些共享的资源，诸如数据库或分布式存储等，如何准确并高效地协调分布式并发操作也成为了分布式系统架构与设计中最大的挑战之一。

缺乏全局时钟

在上面的讲解中，我们已经了解到，一个典型的分布式系统是由一系列在空间上随意分布的多个进程组成的，具有明显的分布性，这些进程之间通过交换消息来进行相互通信。因此，在分布式系统中，很难定义两个事件究竟谁先谁后，原因就是因为分布式系统缺乏一个全局的时钟序列控制。关于分布式系统的时钟和事件顺序，在 Leslie Lamport[注2]的经典论文 *Time, Clocks, and the Ordering of Events in a Distributed System*[注3]中已经做了非常深刻的讲解。

故障总是会发生

组成分布式系统的所有计算机，都有可能发生任何形式的故障。一个被大量工程实践所检验过的黄金定理是：任何在设计阶段考虑到的异常情况，一定会在系统实际运行中发生，并且，在系统实际运行过程中还会遇到很多在设计时未能考虑到的异常故障。所以，除非需求指标允许，在系统设计时不能放过任何异常情况。

1.1.3 分布式环境的各种问题

分布式系统体系结构从其出现之初就伴随着诸多的难题和挑战，本节将向读者简要的介绍分布式环境中一些典型的问题。

通信异常

从集中式向分布式演变的过程中，必然引入了网络因素，而由于网络本身的不可靠性，因此也引入了额外的问题。分布式系统需要在各个节点之间进行网络通信，因此每次网络通信都会伴随着网络不可用的风险，网络光纤、路由器或是 DNS 等硬件设备或是系统不可用都会导致最终分布式系统无法顺利完成一次网络通信。另外，即使分布式系统各节点之间的网络通信能够正常进行，其延时也会远大于单机操作。通常我们认为在现代计算机体系结构中，单机内存访问的延时在纳秒数量级（通常是 10ns 左右），而正常的一次网络通信的延迟在 0.1~1ms 左右（相当于内存访问延时的 105~106 倍），如此巨大的延时差别，也会影响消息的收发的过程，因此消息丢失和消息延迟变得非常普遍。

网络分区

当网络由于发生异常情况，导致分布式系统中部分节点之间的网络延时不断增大，最终导致组成分布式系统的所有节点中，只有部分节点之间能够进行正常通信，而另一些节点则不能——我们将这个现象称为网络分区，就是俗称的"脑裂"。当网络分区出现时，分布式系统会出现局部小集群，在极端情况下，这些局部小集群会独立完成原本需要整个分布式系统才能完成的功能，包括对数据的事务处理，这就对分布式一致性提出了非

注 2：Leslie Lamport 同时也是 Paxos 的作者，在 2.2.2 节中将对其进行详细介绍。

注 3：*Time, Clocks, and the Ordering of Events in a Distributed System* 是分布式领域非常重要的经典论文，读者可以访问微软研究院的官网查看其全文：http://research.microsoft.com/en-us/um/people/lamport/pubs/time-clocks.pdf。

常大的挑战。

三态

从上面的介绍中，我们已经了解到了在分布式环境下，网络可能会出现各式各样的问题，因此分布式系统的每一次请求与响应，存在特有的"三态"概念，即成功、失败与超时。在传统的单机系统中，应用程序在调用一个函数之后，能够得到一个非常明确的响应：成功或失败。而在分布式系统中，由于网络是不可靠的，虽然在绝大部分情况下，网络通信也能够接收到成功或失败的响应，但是当网络出现异常的情况下，就可能会出现超时现象，通常有以下两种情况：

- 由于网络原因，该请求（消息）并没有被成功地发送到接收方，而是在发送过程就发生了消息丢失现象。
- 该请求（消息）成功的被接收方接收后，并进行了处理，但是在将响应反馈给发送方的过程中，发生了消息丢失现象。

当出现这样的超时现象时，网络通信的发起方是无法确定当前请求是否被成功处理的。

节点故障

节点故障则是分布式环境下另一个比较常见的问题，指的是组成分布式系统的服务器节点出现的宕机或"僵死"现象。通常根据经验来说，每个节点都有可能会出现故障，并且每天都在发生。

1.2 从 ACID 到 CAP/BASE

在上文中，我们讲解了集中式系统和分布式系统各自的特点，同时也看到了在从集中式系统架构向分布式系统架构变迁的过程中会碰到的一系列问题。接下来，我们再重点看看在分布式系统事务处理与数据一致性上遇到的种种挑战。

1.2.1 ACID

事务（Transaction）是由一系列对系统中数据进行访问与更新的操作所组成的一个程序执行逻辑单元（Unit），狭义上的事务特指数据库事务。一方面，当多个应用程序并发访问数据库时，事务可以在这些应用程序之间提供一个隔离方法，以防止彼此的操作互相干扰。另一方面，事务为数据库操作序列提供了一个从失败中恢复到正常状态的方法，同时提供了数据库即使在异常状态下仍能保持数据一致性的方法。

事务具有四个特征,分别是原子性(Atomicity)、一致性(Consistency)、隔离性(Isolation)和持久性(Durability),简称为事务的ACID特性。

原子性

事务的原子性是指事务必须是一个原子的操作序列单元。事务中包含的各项操作在一次执行过程中,只允许出现以下两种状态之一。

- 全部成功执行。
- 全部不执行。

任何一项操作失败都将导致整个事务失败,同时其他已经被执行的操作都将被撤销并回滚,只有所有的操作全部成功,整个事务才算是成功完成。

一致性

事务的一致性是指事务的执行不能破坏数据库数据的完整性和一致性,一个事务在执行之前和执行之后,数据库都必须处于一致性状态。也就是说,事务执行的结果必须是使数据库从一个一致性状态转变到另一个一致性状态,因此当数据库只包含成功事务提交的结果时,就能说数据库处于一致性状态。而如果数据库系统在运行过程中发生故障,有些事务尚未完成就被迫中断,这些未完成的事务对数据库所做的修改有一部分已写入物理数据库,这时数据库就处于一种不正确的状态,或者说是不一致的状态。

隔离性

事务的隔离性是指在并发环境中,并发的事务是相互隔离的,一个事务的执行不能被其他事务干扰。也就是说,不同的事务并发操纵相同的数据时,每个事务都有各自完整的数据空间,即一个事务内部的操作及使用的数据对其他并发事务是隔离的,并发执行的各个事务之间不能互相干扰。

在标准 SQL 规范中,定义了 4 个事务隔离级别,不同的隔离级别对事务的处理不同,如未授权读取、授权读取、可重复读取和串行化[注4]。

未授权读取

未授权读取也被称为读未提交(Read Uncommitted),该隔离级别允许脏读取,其隔离级别最低。换句话说,如果一个事务正在处理某一数据,并对其进行了更新,

---

注4:关于标准 SQL 规范中对事务隔离级别的定义,读者可以查阅 SQL92 相关文档进行详细了解:
http://www.contrib.andrew.cmu.edu/~shadow/sql/sql1992.txt。

但同时尚未完成事务,因此还没有进行事务提交;而与此同时,允许另一个事务也能够访问该数据。举个例子来说,事务 A 和事务 B 同时进行,事务 A 在整个执行阶段,会将某数据项的值从 1 开始,做一系列加法操作(比如说加 1 操作)直到变成 10 之后进行事务提交,此时,事务 B 能够看到这个数据项在事务 A 操作过程中的所有中间值(如 1 变成 2、2 变成 3 等),而对这一系列的中间值的读取就是未授权读取。

授权读取

授权读取也被称为读已提交(Read Committed),它和未授权读取非常相近,唯一的区别就是授权读取只允许获取已经被提交的数据。同样以上面的例子来说,事务 A 和事务 B 同时进行,事务 A 进行与上述同样的操作,此时,事务 B 无法看到这个数据项在事务 A 操作过程中的所有中间值,只能看到最终的 10。另外,如果说有一个事务 C,和事务 A 进行非常类似的操作,只是事务 C 是将数据项从 10 加到 20,此时事务 B 也同样可以读取到 20,即授权读取允许不可重复读取。

可重复读取

可重复读取(Repeatable Read),简单地说,就是保证在事务处理过程中,多次读取同一个数据时,其值都和事务开始时刻是一致的。因此该事务级别禁止了不可重复读取和脏读取,但是有可能出现幻影数据。所谓幻影数据,就是指同样的事务操作,在前后两个时间段内执行对同一个数据项的读取,可能出现不一致的结果。在上面的例子,可重复读取隔离级别能够保证事务 B 在第一次事务操作过程中,始终对数据项读取到 1,但是在下一次事务操作中,即使事务 B(注意,事务名字虽然相同,但是指的是另一次事务操作)采用同样的查询方式,就可能会读取到 10 或 20。

串行化

串行化(Serializable)是最严格的事务隔离级别。它要求所有事务都被串行执行,即事务只能一个接一个地进行处理,不能并发执行。

图 1-1 展示了不同隔离级别下事务访问数据的差异。

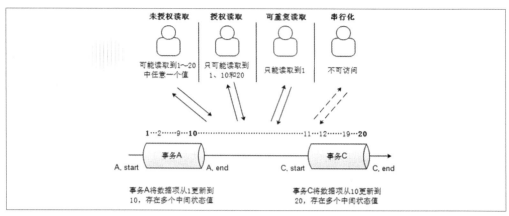

图 1-1. 4 种隔离级别示意图

以上 4 个隔离级别的隔离性依次增强，分别解决不同的问题，表 1-1 对这 4 个隔离级别进行了一个简单的对比。

表 1-1. 隔离级别对比

隔离级别	脏 读	可重复读	幻 读
未授权读取	存在	不可以	存在
授权读取	不存在	不可以	存在
可重复读取	不存在	可以	存在
串行化	不存在	可以	不存在

事务隔离级别越高，就越能保证数据的完整性和一致性，但同时对并发性能的影响也越大。通常，对于绝大多数的应用程序来说，可以优先考虑将数据库系统的隔离级别设置为授权读取，这能够在避免脏读取的同时保证较好的并发性能。尽管这种事务隔离级别会导致不可重复读、虚读和第二类丢失更新等并发问题，但较为科学的做法是在可能出现这类问题的个别场合中，由应用程序主动采用悲观锁或乐观锁来进行事务控制。

持久性

事务的持久性也被称为永久性，是指一个事务一旦提交，它对数据库中对应数据的状态变更就应该是永久性的。换句话说，一旦某个事务成功结束，那么它对数据库所做的更新就必须被永久保存下来——即使发生系统崩溃或机器宕机等故障，只要数据库能够重新启动，那么一定能够将其恢复到事务成功结束时的状态。

1.2.2　分布式事务

随着分布式计算的发展，事务在分布式计算领域中也得到了广泛的应用。在单机数据库中，我们很容易能够实现一套满足 ACID 特性的事务处理系统，但在分布式数据库中，数据分散在各台不同的机器上，如何对这些数据进行分布式的事务处理具有非常大的挑战。在 1.1.3 节中，我们已经讲解了分布式环境中会碰到的种种问题，其中就包括机器宕机和各种网络异常等。尽管存在这种种分布式问题，但是在分布式计算领域，为了保证分布式应用程序的可靠性，分布式事务是无法回避的。

分布式事务是指事务的参与者、支持事务的服务器、资源服务器以及事务管理器分别位于分布式系统的不同节点之上。通常一个分布式事务中会涉及对多个数据源或业务系统的操作。

我们可以设想一个最典型的分布式事务场景：一个跨银行的转账操作涉及调用两个异地的银行服务，其中一个是本地银行提供的取款服务，另一个则是目标银行提供的存款服务，这两个服务本身是无状态并且是互相独立的，共同构成了一个完整的分布式事务。如果从本地银行取款成功，但是因为某种原因存款服务失败了，那么就必须回滚到取款前的状态，否则用户可能会发现自己的钱不翼而飞了。

从上面这个例子中，我们可以看到，一个分布式事务可以看作是由多个分布式的操作序列组成的，例如上面例子中的取款服务和存款服务，通常可以把这一系列分布式的操作序列称为子事务。因此，分布式事务也可以被定义为一种嵌套型的事务，同时也就具有了 ACID 事务特性。但由于在分布式事务中，各个子事务的执行是分布式的，因此要实现一种能够保证 ACID 特性的分布式事务处理系统就显得格外复杂。

1.2.3　CAP 和 BASE 理论

对于本地事务处理或者是集中式的事务处理系统，很显然我们可以采用已经被实践证明很成熟的 ACID 模型来保证数据的严格一致性。而在 1.2.2 节中，我们也已经看到，随着分布式事务的出现，传统的单机事务模型已经无法胜任。尤其是对于一个高访问量、高并发的互联网分布式系统来说，如果我们期望实现一套严格满足 ACID 特性的分布式事务，很可能出现的情况就是在系统的可用性和严格一致性之间出现冲突——因为当我们要求分布式系统具有严格一致性时，很可能就需要牺牲掉系统的可用性。但毋庸置疑的一点是，可用性又是一个所有消费者不允许我们讨价还价的系统属性，比如说像淘宝网这样的在线购物网站，就要求它能够 7×24 小时不间断地对外提供服务，而对于一致性，则更加是所有消费者对于一个软件系统的刚需。因此，在可用性和一致性之间永远无法存在一个两全其美的方案，于是如何构建一个兼顾可用性和一致性的分布式系统成为了无数工程师探讨的难题，出现了诸如 CAP 和 BASE 这样的分布式系统经典理论。

CAP 定理

2000 年 7 月，来自加州大学伯克利分校的 Eric Brewer 教授[注5]在 ACM PODC（Principles of Distributed Computing）会议上，首次提出了著名的 CAP 猜想[注6]。2 年后，来自麻省理工学院的 Seth Gilbert 和 Nancy Lynch 从理论上证明了 Brewer 教授 CAP 猜想的可行性[注7]，从此，CAP 理论正式在学术上成为了分布式计算领域的公认定理，并深深地影响了分布式计算的发展。

CAP 理论告诉我们，一个分布式系统不可能同时满足一致性（C：Consistency）、可用性（A：Availability）和分区容错性（P：Partition tolerance）这三个基本需求，最多只能同时满足其中的两项。

一致性

在分布式环境中，一致性是指数据在多个副本之间是否能够保持一致的特性。在一致性的需求下，当一个系统在数据一致的状态下执行更新操作后，应该保证系统的数据仍然处于一致的状态。

对于一个将数据副本分布在不同分布式节点上的系统来说，如果对第一个节点的数据进行了更新操作并且更新成功后，却没有使得第二个节点上的数据得到相应的更新，于是在对第二个节点的数据进行读取操作时，获取的依然是老数据（或称为脏数据），这就是典型的分布式数据不一致情况。在分布式系统中，如果能够做到针对一个数据项的更新操作执行成功后，所有的用户都可以读取到其最新的值，那么这样的系统就被认为具有强一致性（或严格的一致性）。

可用性

可用性是指系统提供的服务必须一直处于可用的状态，对于用户的每一个操作请求总是能够在有限的时间内返回结果。这里我们重点看下"有限的时间内"和"返回结果"。

"有限的时间内"是指，对于用户的一个操作请求，系统必须能够在指定的时间（即响应时间）内返回对应的处理结果，如果超过了这个时间范围，那么系统就被认为

注 5：Eric A. Brewer 是加州大学伯克利分校的终身教授，2009 年度 ACM-Infosys 奖得主，读者可以访问伯克利的官方网站了解 Brewer 的详细介绍：http://www.cs.berkeley.edu/~brewer。

注 6：关于 Brewer 在 PODC 上的演讲 PPT，读者可以访问伯克利的官方网站进行查阅：http://www.cs.berkeley.edu/~brewer/cs262b-2004/PODC-keynote.pdf。

注 7：关于 Seth Gilbert 和 Nancy Lynch 对 CAP 的证明，读者可以访问以下网址详细查阅完整论文：http://lpd.epfl.ch/sgilbert/pubs/BrewersConjecture-SigAct.pdf。

是不可用的。另外,"有限的时间内"是一个在系统设计之初就设定好的系统运行指标,通常不同的系统之间会有很大的不同。比如说,对于一个在线搜索引擎来说,通常在 0.5 秒内需要给出用户搜索关键词对应的检索结果。以 Google 为例,搜索"分布式"这一关键词,Google 能够在 0.3 秒左右的时间,返回大约上千万条检索结果。而对于一个面向 HIVE 的海量数据查询平台来说,正常的一次数据检索时间可能在 20 秒到 30 秒之间,而如果是一个时间跨度较大的数据内容查询,"有限的时间"有时候甚至会长达几分钟。

从上面的例子中,我们可以看出,用户对于一个系统的请求响应时间的期望值不尽相同。但是,无论系统之间的差异有多大,唯一相同的一点就是对于用户请求,系统必须存在一个合理的响应时间,否则用户便会对系统感到失望。

"返回结果"是可用性的另一个非常重要的指标,它要求系统在完成对用户请求的处理后,返回一个正常的响应结果。正常的响应结果通常能够明确地反映出对请求的处理结果,即成功或失败,而不是一个让用户感到困惑的返回结果。

让我们再来看看上面提到的在线搜索引擎的例子,如果用户输入指定的搜索关键词后,返回的结果是一个系统错误,通常类似于"OutOfMemoryError"或"System Has Crashed"等提示语,那么我们认为此时系统是不可用的。

分区容错性

分区容错性约束了一个分布式系统需要具有如下特性:分布式系统在遇到任何网络分区故障的时候,仍然需要能够保证对外提供满足一致性和可用性的服务,除非是整个网络环境都发生了故障。

网络分区是指在分布式系统中,不同的节点分布在不同的子网络(机房或异地网络等)中,由于一些特殊的原因导致这些子网络之间出现网络不连通的状况,但各个子网络的内部网络是正常的,从而导致整个系统的网络环境被切分成了若干个孤立的区域。需要注意的是,组成一个分布式系统的每个节点的加入与退出都可以看作是一个特殊的网络分区。

以上就是对 CAP 定理中一致性、可用性和分区容错性的讲解,通常使用图 1-2 所示的示意图来表示 CAP 定理。

既然在上文中我们提到,一个分布式系统无法同时满足上述三个需求,而只能满足其中的两项,因此在进行对 CAP 定理的应用时,我们就需要抛弃其中的一项,表 1-2 所示是抛弃 CAP 定理中任意一项特性的场景说明。

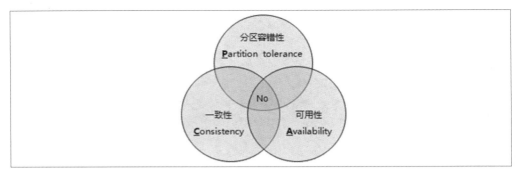

图 1-2. CAP 定理示意图

表 1-2. CAP 定理应用

放弃 CAP 定理	说 明
放弃 P	如果希望能够避免系统出现分区容错性问题，一种较为简单的做法是将所有的数据（或者仅仅是那些与事务相关的数据）都放在一个分布式节点上。这样的做法虽然无法 100% 地保证系统不会出错，但至少不会碰到由于网络分区带来的负面影响。但同时需要注意的是，放弃 P 的同时也就意味着放弃了系统的可扩展性
放弃 A	相对于放弃"分区容错性"来说，放弃可用性则正好相反，其做法是一旦系统遇到网络分区或其他故障时，那么受到影响的服务需要等待一定的时间，因此在等待期间系统无法对外提供正常的服务，即不可用
放弃 C	这里所说的放弃一致性，并不是完全不需要数据一致性，如果真是这样的话，那么系统的数据都是没有意义的，整个系统也是没有价值的。 事实上，放弃一致性指的是放弃数据的强一致性，而保留数据的最终一致性。这样的系统无法保证数据保持实时的一致性，但是能够承诺的是，数据最终会达到一个一致的状态。这就引入了一个时间窗口的概念，具体多久能够达到数据一致取决于系统的设计，主要包括数据副本在不同节点之间的复制时间长短

从 CAP 定理中我们可以看出，一个分布式系统不可能同时满足一致性、可用性和分区容错性这三个需求。另一方面，需要明确的一点是，对于一个分布式系统而言，分区容错性可以说是一个最基本的要求。为什么这样说，其实很简单，因为既然是一个分布式系统，那么分布式系统中的组件必然需要被部署到不同的节点，否则也就无所谓分布式系统了，因此必然出现子网络。而对于分布式系统而言，网络问题又是一个必定会出现的异常情况，因此分区容错性也就成为了一个分布式系统必然需要面对和解决的问题。因此系统架构设计师往往需要把精力花在如何根据业务特点在 C（一致性）和 A（可用性）之间寻求平衡。

BASE 理论

BASE 是 Basically Available（基本可用）、Soft state（软状态）和 Eventually consistent（最终一致性）三个短语的简写，是由来自 eBay 的架构师 Dan Pritchett 在其文章 *BASE:*

An Acid Alternative[注8]中第一次明确提出的。BASE 是对 CAP 中一致性和可用性权衡的结果，其来源于对大规模互联网系统分布式实践的总结，是基于 CAP 定理逐步演化而来的，其核心思想是即使无法做到强一致性(Strong consistency)，但每个应用都可以根据自身的业务特点，采用适当的方式来使系统达到最终一致性(Eventual consistency)。接下来我们着重对 BASE 中的三要素进行详细讲解。

基本可用

基本可用是指分布式系统在出现不可预知故障的时候，允许损失部分可用性——但请注意，这绝不等价于系统不可用。以下两个就是"基本可用"的典型例子。

- **响应时间上的损失**：正常情况下，一个在线搜索引擎需要在 0.5 秒之内返回给用户相应的查询结果，但由于出现故障（比如系统部分机房发生断电或断网故障），查询结果的响应时间增加到了 1~2 秒。
- **功能上的损失**：正常情况下，在一个电子商务网站上进行购物，消费者几乎能够顺利地完成每一笔订单，但是在一些节日大促购物高峰的时候，由于消费者的购物行为激增，为了保护购物系统的稳定性，部分消费者可能会被引导到一个降级页面。

弱状态

弱状态也称为软状态，和硬状态相对，是指允许系统中的数据存在中间状态，并认为该中间状态的存在不会影响系统的整体可用性，即允许系统在不同节点的数据副本之间进行数据同步的过程存在延时。

最终一致性

最终一致性强调的是系统中所有的数据副本，在经过一段时间的同步后，最终能够达到一个一致的状态。因此，最终一致性的本质是需要系统保证最终数据能够达到一致，而不需要实时保证系统数据的强一致性。

亚马逊首席技术官 Werner Vogels 在于 2008 年发表的一篇经典文章 *Eventually Consistent-*

注8：*BASE: An Acid Alternative* 是 Dan Pritchett 在 ACM 上发表的一篇正式介绍 BASE 理论的经典文章，作者在文中讨论了 BASE 和 ACID 之间的差异，并着重介绍了如何基于 BASE 理论来进行大规模可扩展的分布式系统的架构设计，读者可以访问以下网址阅读此文：*http://dl.acm.org/citation.cfm?id=1394128*。

Revisited[注9]中，对最终一致性进行了非常详细的介绍。他认为最终一致性是一种特殊的弱一致性：系统能够保证在没有其他新的更新操作的情况下，数据最终一定能够达到一致的状态，因此所有客户端对系统的数据访问都能够获取到最新的值。同时，在没有发生故障的前提下，数据达到一致状态的时间延迟，取决于网络延迟、系统负载和数据复制方案设计等因素。

在实际工程实践中，最终一致性存在以下五类主要变种。

因果一致性（*Causal consistency*）

> 因果一致性是指，如果进程 A 在更新完某个数据项后通知了进程 B，那么进程 B 之后对该数据项的访问都应该能够获取到进程 A 更新后的最新值，并且如果进程 B 要对该数据项进行更新操作的话，务必基于进程 A 更新后的最新值，即不能发生丢失更新情况。与此同时，与进程 A 无因果关系的进程 C 的数据访问则没有这样的限制。

读己之所写（*Read your writes*）

> 读己之所写是指，进程 A 更新一个数据项之后，它自己总是能够访问到更新过的最新值，而不会看到旧值。也就是说，对于单个数据获取者来说，其读取到的数据，一定不会比自己上次写入的值旧。因此，读己之所写也可以看作是一种特殊的因果一致性。

会话一致性（*Session consistency*）

> 会话一致性将对系统数据的访问过程框定在了一个会话当中：系统能保证在同一个有效的会话中实现"读己之所写"的一致性，也就是说，执行更能操作之后，客户端能够在同一个会话中始终读取到该数据项的最新值。

单调读一致性（*Monotonic read consistency*）

> 单调读一致性是指如果一个进程从系统中读取出一个数据项的某个值后，那么系统对于该进程后续的任何数据访问都不应该返回更旧的值。

注9：Eventually Consistent - Revisited 是 Werner Vogels 写的第二篇关于最终一致性的文章，读者可以访问以下网址查看全文：*http://www.allthingsdistributed.com/2008/12/eventually_consistent.html*，其关于最终一致性的第一篇文章发表于 2007 年，详见：*http://www.allthingsdistributed.com/2007/12/eventually_ consistent.html*。

单调写一致性（*Monotonic write consistency*）

单调写一致性是指，一个系统需要能够保证来自同一个进程的写操作被顺序地执行。

以上就是最终一致性的五类常见的变种，在实际系统实践中，可以将其中的若干个变种互相结合起来，以构建一个具有最终一致性特性的分布式系统。事实上，最终一致性并不是只有那些大型分布式系统才涉及的特性，许多现代的关系型数据库都采用了最终一致性模型。在现代关系型数据库中，大多都会采用同步和异步方式来实现主备数据复制技术。在同步方式中，数据的复制过程通常是更新事务的一部分，因此在事务完成后，主备数据库的数据就会达到一致。而在异步方式中，备库的更新往往会存在延时，这取决于事务日志在主备数据库之间传输的时间长短，如果传输时间过长或者甚至在日志传输过程中出现异常导致无法及时将事务应用到备库上，那么很显然，从备库中读取的数据将是旧的，因此就出现了数据不一致的情况。当然，无论是采用多次重试还是人为数据订正，关系型数据库还是能够保证最终数据达到一致——这就是系统提供最终一致性保证的经典案例。

总的来说，BASE 理论面向的是大型高可用可扩展的分布式系统，和传统事务的 ACID 特性是相反的，它完全不同于 ACID 的强一致性模型，而是提出通过牺牲强一致性来获得可用性，并允许数据在一段时间内是不一致的，但最终达到一致状态。但同时，在实际的分布式场景中，不同业务单元和组件对数据一致性的要求是不同的，因此在具体的分布式系统架构设计过程中，ACID 特性与 BASE 理论往往又会结合在一起使用。

小结

计算机系统从集中式向分布式的变革伴随着包括分布式网络、分布式事务和分布式数据一致性等在内的一系列问题与挑战，同时也催生了一大批诸如 ACID、CAP 和 BASE 等经典理论的快速发展。

本章由计算机系统从集中式向分布式发展的过程展开，围绕在分布式架构发展过程中碰到的一系列问题，结合 ACID、CAP 和 BASE 等分布式事务与一致性方面的经典理论，向读者介绍了分布式架构。

第 2 章
一致性协议

在第 1 章内容的讲解中我们也已经提到,在对一个分布式系统进行架构设计的过程中,往往会在系统的可用性和数据一致性之间进行反复的权衡,于是就产生了一系列的一致性协议。

为了解决分布式一致性问题,在长期的探索研究过程中,涌现出了一大批经典的一致性协议和算法,其中最著名的就是二阶段提交协议、三阶段提交协议和 Paxos 算法了。本章将着重向读者介绍二阶段和三阶段提交协议的设计与算法实现流程,指出它们各自的优缺点,同时重点介绍 Paxos 算法。

2.1 2PC 与 3PC

在分布式系统中,每一个机器节点虽然都能够明确地知道自己在进行事务操作过程中的结果是成功或失败,但却无法直接获取到其他分布式节点的操作结果。因此,当一个事务操作需要跨越多个分布式节点的时候,为了保持事务处理的 ACID 特性,就需要引入一个称为"协调者(Coordinator)"的组件来统一调度所有分布式节点的执行逻辑,这些被调度的分布式节点则被称为"参与者"(Participant)。协调者负责调度参与者的行为,并最终决定这些参与者是否要把事务真正进行提交。基于这个思想,衍生出了二阶段提交和三阶段提交两种协议,在本节中,我们将重点对这两种分布式事务中涉及的一致性协议进行讲解。

2.1.1 2PC

2PC,是 Two-Phase Commit 的缩写,即二阶段提交,是计算机网络尤其是在数据库领域内,为了使基于分布式系统架构下的所有节点在进行事务处理过程中能够保持原子性和一致性而设计的一种算法。通常，二阶段提交协议也被认为是一种一致性协议，用来保证分布式系统数据的一致性。目前，绝大部分的关系型数据库都是采用二阶段提交协议来完成分布式事务处理的，利用该协议能够非常方便地完成所有分布式事务参与者的协调，统一决定事务的提交或回滚，从而能够有效地保证分布式数据一致性，因此二阶段提交协议被广泛地应用在许多分布式系统中。

协议说明

顾名思义，二阶段提交协议是将事务的提交过程分成了两个阶段来进行处理，其执行流程如下。

阶段一：提交事务请求

1．事务询问。

协调者向所有的参与者发送事务内容，询问是否可以执行事务提交操作，并开始等待各参与者的响应。

2．执行事务。

各参与者节点执行事务操作，并将 Undo 和 Redo 信息记入事务日志中。

3．各参与者向协调者反馈事务询问的响应。

如果参与者成功执行了事务操作，那么就反馈给协调者 Yes 响应，表示事务可以执行；如果参与者没有成功执行事务，那么就反馈给协调者 No 响应，表示事务不可以执行。

由于上面讲述的内容在形式上近似是协调者组织各参与者对一次事务操作的投票表态过程，因此二阶段提交协议的阶段一也被称为"投票阶段"，即各参与者投票表明是否要继续执行接下去的事务提交操作。

阶段二：执行事务提交

在阶段二中，协调者会根据各参与者的反馈情况来决定最终是否可以进行事务提交操作，正常情况下，包含以下两种可能。

执行事务提交

假如协调者从所有的参与者获得的反馈都是 Yes 响应，那么就会执行事务提交。

1．发送提交请求。

协调者向所有参与者节点发出 Commit 请求。

2．事务提交。

参与者接收到 Commit 请求后，会正式执行事务提交操作，并在完成提交之后释放在整个事务执行期间占用的事务资源。

3．反馈事务提交结果。

参与者在完成事务提交之后，向协调者发送 Ack 消息。

4．完成事务。

协调者接收到所有参与者反馈的 Ack 消息后，完成事务。

中断事务

假如任何一个参与者向协调者反馈了 No 响应，或者在等待超时之后，协调者尚无法接收到所有参与者的反馈响应，那么就会中断事务。

1．发送回滚请求。

协调者向所有参与者节点发出 Rollback 请求。

2．事务回滚。

参与者接收到 Rollback 请求后，会利用其在阶段一中记录的 Undo 信息来执行事务回滚操作，并在完成回滚之后释放在整个事务执行期间占用的资源。

3．反馈事务回滚结果。

参与者在完成事务回滚之后，向协调者发送 Ack 消息。

4．中断事务。

协调者接收到所有参与者反馈的 Ack 消息后，完成事务中断。

以上就是二阶段提交过程中，前后两个阶段分别进行的处理逻辑。简单地讲，二阶段提交将一个事务的处理过程分为了投票和执行两个阶段，其核心是对每个事务都采用先尝试后提交的处理方式，因此也可以将二阶段提交看作一个强一致性的算法。图 2-1 和图 2-2 分别展示了二阶段提交过程中"事务提交"和"事务中断"两种场景下的交互流程。

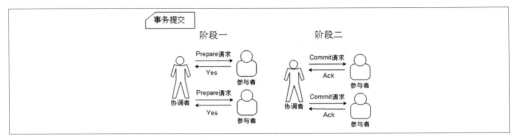

图 2-1. 二阶段提交"事务提交"示意图

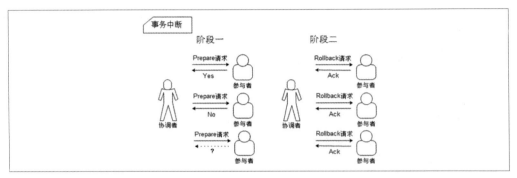

图 2-2. 二阶段提交"事务中断"示意图

优缺点

二阶段提交协议的优点：原理简单，实现方便。

二阶段提交协议的缺点：同步阻塞、单点问题、脑裂、太过保守。

同步阻塞

> 二阶段提交协议存在的最明显也是最大的一个问题就是同步阻塞，这会极大地限制分布式系统的性能。在二阶段提交的执行过程中，所有参与该事务操作的逻辑都处于阻塞状态，也就是说，各个参与者在等待其他参与者响应的过程中，将无法进行其他任何操作。

单点问题

> 在上面的讲解过程中，相信读者可以看出，协调者的角色在整个二阶段提交协议中起到了非常重要的作用。一旦协调者出现问题，那么整个二阶段提交流程将无法运转，更为严重的是，如果协调者是在阶段二中出现问题的话，那么其他参与者将会一直处于锁定事务资源的状态中，而无法继续完成事务操作。

数据不一致

在二阶段提交协议的阶段二，即执行事务提交的时候，当协调者向所有的参与者发送 Commit 请求之后，发生了局部网络异常或者是协调者在尚未发送完 Commit 请求之前自身发生了崩溃，导致最终只有部分参与者收到了 Commit 请求。于是，这部分收到了 Commit 请求的参与者就会进行事务的提交，而其他没有收到 Commit 请求的参与者则无法进行事务提交，于是整个分布式系统便出现了数据不一致性现象。

太过保守

如果在协调者指示参与者进行事务提交询问的过程中，参与者出现故障而导致协调者始终无法获取到所有参与者的响应信息的话，这时协调者只能依靠其自身的超时机制来判断是否需要中断事务，这样的策略显得比较保守。换句话说，二阶段提交协议没有设计较为完善的容错机制，任意一个节点的失败都会导致整个事务的失败。

2.1.2　3PC

在上文中，我们讲解了二阶段提交协议的设计和实现原理，并明确指出了其在实际运行过程中可能存在的诸如同步阻塞、协调者的单点问题、脑裂和太过保守的容错机制等缺陷，因此研究者在二阶段提交协议的基础上进行了改进，提出了三阶段提交协议。

协议说明

3PC，是 Three-Phase Commit 的缩写，即三阶段提交，是 2PC 的改进版，其将二阶段提交协议的"提交事务请求"过程一分为二，形成了由 CanCommit、PreCommit 和 do Commit 三个阶段组成的事务处理协议，其协议设计如图 2-3 所示。

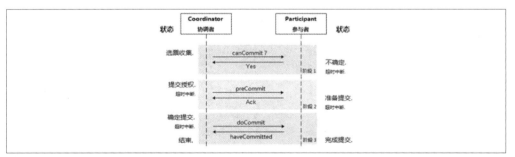

图 2-3.　三阶段提交协议流程示意图[注1]

注1：图片来自维基百科对三阶段提交协议的介绍：*http://en.wikipedia.org/wiki/File:Three-phase_commit_diagram.png*

阶段一：CanCommit

1. 事务询问。

   协调者向所有的参与者发送一个包含事务内容的 canCommit 请求，询问是否可以执行事务提交操作，并开始等待各参与者的响应。

2. 各参与者向协调者反馈事务询问的响应。

   参与者在接收到来自协调者的 canCommit 请求后，正常情况下，如果其自身认为可以顺利执行事务，那么会反馈 Yes 响应，并进入预备状态，否则反馈 No 响应。

阶段二：PreCommit

在阶段二中，协调者会根据各参与者的反馈情况来决定是否可以进行事务的 PreCommit 操作，正常情况下，包含两种可能。

执行事务预提交

假如协调者从所有的参与者获得的反馈都是 Yes 响应，那么就会执行事务预提交。

1. 发送预提交请求。

   协调者向所有参与者节点发出 preCommit 的请求，并进入 Prepared 阶段。

2. 事务预提交。

   参与者接收到 preCommit 请求后，会执行事务操作，并将 Undo 和 Redo 信息记录到事务日志中。

3. 各参与者向协调者反馈事务执行的响应。

   如果参与者成功执行了事务操作，那么就会反馈给协调者 Ack 响应，同时等待最终的指令：提交（commit）或中止（abort）。

中断事务

假如任何一个参与者向协调者反馈了 No 响应，或者在等待超时之后，协调者尚无法接收到所有参与者的反馈响应，那么就会中断事务。

1. 发送中断请求。

   协调者向所有参与者节点发出 abort 请求。

2. 中断事务。

无论是收到来自协调者的 abort 请求，或者是在等待协调者请求过程中出现超时，参与者都会中断事务。

阶段三：doCommit

该阶段将进行真正的事务提交，会存在以下两种可能的情况。

执行提交

1．发送提交请求。

   进入这一阶段，假设协调者处于正常工作状态，并且它接收到了来自所有参与者的 Ack 响应，那么它将从"预提交"状态转换到"提交"状态，并向所有的参与者发送 doCommit 请求。

2．事务提交。

   参与者接收到 doCommit 请求后，会正式执行事务提交操作，并在完成提交之后释放在整个事务执行期间占用的事务资源。

3．反馈事务提交结果。

   参与者在完成事务提交之后，向协调者发送 Ack 消息。

4．完成事务。

   协调者接收到所有参与者反馈的 Ack 消息后，完成事务。

中断事务

进入这一阶段，假设协调者处于正常工作状态，并且有任意一个参与者向协调者反馈了 No 响应，或者在等待超时之后，协调者尚无法接收到所有参与者的反馈响应，那么就会中断事务。

1．发送中断请求。

   协调者向所有的参与者节点发送 abort 请求。

2．事务回滚。

   参与者接收到 abort 请求后，会利用其在阶段二中记录的 Undo 信息来执行事务回滚操作，并在完成回滚之后释放在整个事务执行期间占用的资源。

3．反馈事务回滚结果。

参与者在完成事务回滚之后，向协调者发送 Ack 消息。

4．中断事务。

协调者接收到所有参与者反馈的 Ack 消息后，中断事务。

需要注意的是，一旦进入阶段三，可能会存在以下两种故障。

- 协调者出现问题。
- 协调者和参与者之间的网络出现故障。

无论出现哪种情况，最终都会导致参与者无法及时接收到来自协调者的 doCommit 或是 abort 请求，针对这样的异常情况，参与者都会在等待超时之后，继续进行事务提交。

优缺点

三阶段提交协议的优点：相较于二阶段提交协议，三阶段提交协议最大的优点就是降低了参与者的阻塞范围，并且能够在出现单点故障后继续达成一致。

三阶段提交协议的缺点：三阶段提交协议在去除阻塞的同时也引入了新的问题，那就是在参与者接收到 preCommit 消息后，如果网络出现分区，此时协调者所在的节点和参与者无法进行正常的网络通信，在这种情况下，该参与者依然会进行事务的提交，这必然出现数据的不一致性。

2.2　Paxos 算法

在 2.1 节中，我们已经对二阶段和三阶段提交协议进行了详细的讲解，并了解了它们各自的特点以及解决的分布式问题。在本节中，我们将重点讲解另一种非常重要的分布式一致性协议：Paxos。Paxos 算法是莱斯利·兰伯特（Leslie Lamport）[注2]于 1990 年提出的一种基于消息传递且具有高度容错特性的一致性算法，是目前公认的解决分布式一致性问题最有效的算法之一。

在第 1 章中我们已经提到，在常见的分布式系统中，总会发生诸如机器宕机或网络异常等情况。Paxos 算法需要解决的问题就是如何在一个可能发生上述异常的分布式系统中，

注 2：　读者可以访问微软研究院的官方网站浏览 Lamport 的完整介绍：*http://research.microsoft.com/en-us/news/features/lamport-031814.aspx*。

快速且正确地在集群内部对某个数据的值达成一致，并且保证不论发生以上任何异常，都不会破坏整个系统的一致性。

2.2.1 追本溯源

1982 年，Lamport 与另两人共同发表了论文 *The Byzantine Generals Problem*[注3]，提出了一种计算机容错理论。在理论描述过程中，为了将所要描述的问题形象的表达出来，Lamport 设想出了下面这样一个场景：

> 拜占庭帝国有许多支军队，不同军队的将军之间必须制订一个统一的行动计划，从而做出进攻或者撤退的决定，同时，各个将军在地理上都是被分隔开来的，只能依靠军队的通讯员来进行通讯。然而，在所有的通讯员中可能会存在叛徒，这些叛徒可以任意篡改消息，从而达到欺骗将军的目的。

这就是著名的"拜占廷将军问题"。从理论上来说，在分布式计算领域，试图在异步系统和不可靠的通道上来达到一致性状态是不可能的，因此在对一致性的研究过程中，都往往假设信道是可靠的。而事实上，大多数系统都是部署在同一个局域网中的，因此消息被篡改的情况非常罕见；另一方面，由于硬件和网络原因而造成的消息不完整问题，只需一套简单的校验算法即可避免——因此，在实际工程实践中，可以假设不存在拜占庭问题，也即假设所有消息都是完整的，没有被篡改的。那么，在这种情况下需要什么样的算法来保证一致性呢？

Lamport 在 1990 年提出了一个理论上的一致性解决方案，同时给出了严格的数学证明。鉴于之前采用故事类比的方式成功的阐述了"拜占廷将军问题"，因此这次 Lamport 同样用心良苦地设想出了一个场景来描述这种一致性算法需要解决的问题，及其具体的解决过程：

> 在古希腊有一个叫做 Paxos 的小岛，岛上采用议会的形式来通过法令，议会中的议员通过信使进行消息的传递。值得注意的是，议员和信使都是兼职的，他们随时有可能会离开议会厅，并且信使可能会重复的传递消息，也可能一去不复返。因此，议会协议要保证在这种情况下法令仍然能够正确的产生，并且不会出现冲突。

注3： *The Byzantine Generals Problem* 论文完整的描述了拜占庭将军问题，由 Leslie Lamport、Robert Shostak 和 Marshall Pease 三位大牛共同撰写，读者可以到卡内基梅隆大学的官网上浏览论文全文：*http://www.cs.cmu.edu/~15712/papers/lamport82.pdf*。

这就是论文 The Part-Time Parliament [注4] 中提到的兼职议会，而 Paxos 算法名称的由来也是取自论文中提到的 Paxos 小岛。在这个论文中，Lamport 压根没有说 Paxos 小岛是虚构出来的，而是煞有介事的说是考古工作者发现了 Paxos 议会事务的手稿，从这些手稿猜测 Paxos 人开展议会的方法。因此，在这个论文中，Lamport 从问题的提出到算法的推演论证，通篇贯穿了对 Paxos 议会历史的描述。

2.2.2 Paxos 理论的诞生

在讨论 Paxos 理论的诞生之前，我们不得不首先来介绍下 Paxos 算法的作者 Leslie Lamport（莱斯利·兰伯特）及其对计算机科学尤其是分布式计算领域的杰出贡献。作为 2013 年的新科图灵奖得主，现年 73 岁的 Lamport 是计算机科学领域一位拥有杰出成就的传奇人物，其先后多次荣获 ACM 和 IEEE 以及其他各类计算机重大奖项。Lamport 对时间时钟、面包店算法、拜占庭将军问题以及 Paxos 算法的创造性研究，极大地推动了计算机科学尤其是分布式计算的发展，全世界无数工程师得益于他的理论，其中 Paxos 算法的提出，正是 Lamport 多年的研究成果。

说起 Paxos 理论的发表，还有一段非常有趣的历史故事。Lamport 早在 1990 年就已经将其对 Paxos 算法的研究论文 The Part-Time Parliament [注5] 提交给 ACM TOCS Jnl.的评审委员会了，但是由于 Lamport "创造性"地使用了故事的方式来进行算法的描述，导致当时委员会的工作人员没有一个能够正确地理解他对算法的描述，时任主编要求 Lamport 使用严谨的数据证明方式来描述该算法，否则他们将不考虑接受这篇论文。遗憾的是，Lamport 并没有接收他们的建议，当然也就拒绝了对论文的修改，并撤销了对这篇论文的提交。在后来的一个会议上，Lamport 还对此事耿耿于怀："为什么这些搞理论的人一点幽默感也没有呢？"

幸运的是，还是有人能够理解 Lamport 那公认的令人晦涩的算法描述的。1996 年，来自微软的 Butler Lampson 在 WDAG96 上提出了重新审视这篇分布式论文的建议，在次年的 WDAG97 上，麻省理工学院的 Nancy Lynch 也公布了其根据 Lamport 的原文重新修改后的 Revisiting the Paxos Algorithm [注6]，"帮助" Lamport 用数学的形式化术语定义并证

注4： 读者可以到微软研究院官网浏览论文全文 http://research.microsoft.com/en-us/um/people/lamport/pubs/lamport-paxos.pdf。

注5： 读者可以访问微软研究院官网浏览论文全文：http://research.microsoft.com/en-us/um/people/lamport/pubs/lamport-paxos.pdf。

注6： 读者可以访问微软研究院官网浏览论文全文：http://research.microsoft.com/en-us/um/people/blampson/60-PaxosAlgorithm/Acrobat.pdf。

明了 Paxos 算法。于是在 1998 年的 ACM TOCS[注7]上，这篇延迟了 9 年的论文终于被接受了，也标志着 Paxos 算法正式被计算机科学接受并开始影响更多的工程师解决分布式一致性问题。

后来在 2001 年，Lamport 本人也做出了让步，这次他放弃了故事的描述方式，而是使用了通俗易懂的语言重新讲述了原文，并发表了 *Paxos Made Simple*[注8]——当然，Lamport 甚为固执地认为他自己的表述语言没有歧义，并且也足够让人明白 Paxos 算法，因此不需要数学来协助描述，于是整篇文章还是没有任何数学符号。好在这篇文章已经能够被更多的人理解，相信绝大多数的 Paxos 爱好者也都是从这篇文章开始慢慢进入了 Paxos 的神秘世界。

由于 Lamport 个人自负固执的性格，使得 Paxos 理论的诞生可谓一波三折。关于 Paxos 理论的诞生过程，后来也成为了计算机科学领域被广泛流传的学术趣事。

2.2.3 Paxos 算法详解

Paxos 作为一种提高分布式系统容错性的一致性算法，一直以来总是被很多人抱怨其算法理论太难理解，尤其是 *The Part-Time Parliament* 这篇以故事形式展开的论文，对于绝大部分人来说太过于晦涩。因此在本节中，我们将围绕 Lamport 的另一篇关于 Paxos 的论文 *Paxos Made Simple*，从一个一致性算法所必须满足的条件展开，来向读者讲解 Paxos 作为一种一致性算法的合理性。

Paxos 算法的核心是一个一致性算法，也就是论文 *The Part-Time Parliament* 中提到的"synod"算法，我们将从对一致性问题的描述开始来讲解该算法需要解决的实际需求。

问题描述

假设有一组可以提出提案的进程集合，那么对于一个一致性算法来说需要保证以下几点：

- 在这些被提出的提案中，只有一个会被选定。
- 如果没有提案被提出，那么就不会有被选定的提案。
- 当一个提案被选定后，进程应该可以获取被选定的提案信息。

注 7： TOCS 全称 *ACM Transactions on Computer Systems*（《美国计算机学会计算机系统汇刊》），由 ACM 出版，是中国计算机学会推荐的 A 类国际学术期刊。

注 8： 读者可以访问微软研究院官网浏览论文全文：*http://research.microsoft.com/en-us/um/people/lamport/pubs/paxos-simple.pdf*。

对于一致性来说，安全性（Safety）[注9]需求如下：

- 只有被提出的提案才能被选定（Chosen）。
- 只能有一个值被选定。
- 如果某个进程认为某个提案被选定了，那么这个提案必须是真的被选定的那个。

在对 Paxos 算法的讲解过程中，我们不去精确地定义其活性（Liveness）需求，从整体上来说，Paxos 算法的目标就是要保证最终有一个提案会被选定，当提案被选定后，进程最终也能获取到被选定的提案。

在该一致性算法中，有三种参与角色，我们用 Proposer、Acceptor 和 Learner 来表示。在具体的实现中，一个进程可能充当不止一种角色，在这里我们并不关心进程如何映射到各种角色。假设不同参与者之间可以通过收发消息来进行通信，那么：

- 每个参与者以任意的速度执行，可能会因为出错而停止，也可能会重启。同时，即使一个提案被选定后，所有的参与者也都有可能失败或重启，因此除非那些失败或重启的参与者可以记录某些信息，否则将无法确定最终的值。
- 消息在传输过程中可能会出现不可预知的延迟，也可能会重复或丢失，但是消息不会被损坏，即消息内容不会被篡改（拜占庭式的问题[注10]）。

提案的选定

要选定一个唯一提案的最简单方式莫过于只允许一个 Accpetor 存在，这样的话，Proposer 只能发送提案给该 Accpetor，Acceptor 会选择它接收到的第一个提案作为被选定的提案。这种解决方式尽管实现起来非常简单，但是却很难让人满意，因为一旦这个 Accpetor 出现问题，那么整个系统就无法工作了。

因此，应该寻找一种更好的解决方式，例如可以使用多个 Accpetor 来避免 Accpetor 的单点问题。现在我们就来看看，在存在多个 Acceptor 的情况下，如何进行提案的选取：Proposer 向一个 Acceptor 集合发送提案，同样，集合中的每个 Acceptor 都可能会批准（Accept）该提案，当有足够多的 Acceptor 批准这个提案的时候，我们就可以认为该提案

注9：一个分布式算法有两个最重要的属性：安全性（Safety）和活性（Liveness）。简单来说，Safety 是指那些需要保证永远都不会发生的事情，Liveness 则是指那些最终一定会发生的事情。

注10：拜占庭将军问题（Byzantine Generals Problem）同样是 Leslie Lamport 提出的一个针对点对点通信的基本问题，其认为在存在消息丢失的不可靠信道上试图通过消息传递的方式达到一致性是不可能的。感兴趣的读者可以查看 The Byzantine Generals Problem：*https://www.andrew.cmu.edu/course/15-749/READINGS/required/resilience/lamport82.pdf*。

被选定了。那么，什么是足够多呢？我们假定足够多的 Acceptor 是整个 Acceptor 集合的一个子集，并且让这个集合大得可以包含 Acceptor 集合中的大多数成员，因为任意两个包含大多数 Acceptor 的子集至少有一个公共成员。另外我们再规定，每一个 Acceptor 最多只能批准一个提案，那么就能保证只有一个提案被选定了。

推导过程

在没有失败和消息丢失的情况下，如果我们希望即使在只有一个提案被提出的情况下，仍然可以选出一个提案，这就暗示了如下的需求。

P1：一个 Acceptor 必须批准它收到的第一个提案。

上面这个需求就引出了另外一个问题：如果有多个提案被不同的 Proposer 同时提出，这可能会导致虽然每个 Acceptor 都批准了它收到的第一个提案，但是没有一个提案是由多数人都批准的，如图 2-4 所示就是这样的场景。

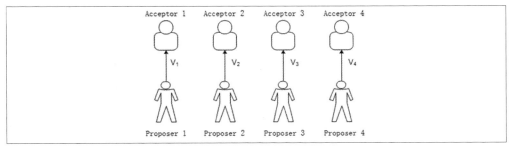

图 2-4. 不同的 Proposer 分别提出多个提案

图 2-4 所示就是不同的 Proposer 分别提出了多个提案的场景，在这种场景下，是无法选定一个提案的。另外，即使只有两个提案被提出，如果每个提案都被差不多一半的 Acceptor 批准了，此时即使只有一个 Acceptor 出错，都有可能导致无法确定该选定哪个提案，如图 2-5 所示就是这样的场景。

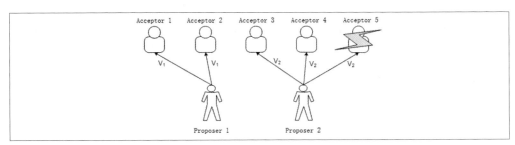

图 2-5. 任意一个 Acceptor 出现问题

图 2-5 所示就是一个典型的在任意一个 Acceptor 出现问题的情况下，无法选定提案的情况。在这个例子中，共有 5 个 Acceptor，其中 2 个批准了提案 V_1，另外 3 个批准了提案 V_2，此时如果批准 V_2 的 3 个 Acceptor 中有一个（例如图 2-5 中的第 5 个 Acceptor）出错了，那么 V_1 和 V_2 的批准者都变成了 2 个，此时就无法选定最终的提案了。

因此，在 P1 的基础上，再加上一个提案被选定需要由半数以上的 Acceptor 批准的需求暗示着一个 Acceptor 必须能够批准不止一个提案。在这里，我们使用一个全局的编号（这种全局唯一编号的生成并不是 Paxos 算法需要关注的地方，就算法本身而言，其假设当前已经具备这样的外部组件能够生成一个全局唯一的编号）来唯一标识每一个被 Acceptor 批准的提案，当一个具有某 Value 值的提案被半数以上的 Acceptor 批准后，我们就认为该 Value 被选定了，此时我们也认为该提案被选定了。需要注意的是，此处讲到的提案已经和 Value 不是同一个概念了，提案变成了一个由编号和 Value 组成的组合体，因此我们以"[编号，Value]"来表示一个提案。

根据上面讲到的内容，我们虽然允许多个提案被选定，但同时必须要保证所有被选定的提案都具有相同的 Value 值——这是一个关于提案 Value 的约定，结合提案的编号，该约定可以定义如下：

> P2：如果编号为 M_0、Value 值为 V_0 的提案（即 $[M_0, V_0]$）被选定了，那么所有比编号 M_0 更高的，且被选定的提案，其 Value 值必须也是 V_0。

因为提案的编号是全序的，条件 P2 就保证了只有一个 Value 值被选定这一关键安全性属性。同时，一个提案要被选定，其首先必须被至少一个 Acceptor 批准，因此我们可以通过满足如下条件来满足 P2。

> P2a：如果编号为 M_0、Value 值为 V_0 的提案（即 $[M_0, V_0]$）被选定了，那么所有比编号 M_0 更高的，且被 Acceptor 批准的提案，其 Value 值必须也是 V_0。

至此，我们仍然需要 P1 来保证提案会被选定，但是因为通信是异步的，一个提案可能会在某个 Acceptor 还未收到任何提案时就被选定了，如图 2-6 所示。

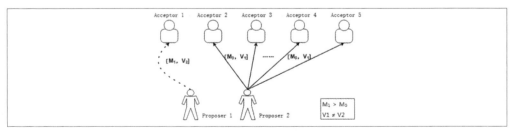

图 2-6. 一个提案可能会在某个 Acceptor 还未收到任何提案时就被选定了

如图 2-6 所示，在 Acceptor 1 没有收到任何提案的情况下，其他 4 个 Acceptor 已经批准了来自 Proposer 2 的提案 $[M_0, V_1]$，而此时，Proposer 1 产生了一个具有其他 Value 值的、编号更高的提案 $[M_1, V_2]$，并发送给了 Acceptor 1。根据 P1，就需要 Acceptor 1 批准该提案，但是这与 P2a 矛盾，因此如果要同时满足 P1 和 P2a，需要对 P2a 进行如下强化：

> **P2b**：如果一个提案 $[M_0, V_0]$ 被选定后，那么之后任何 Proposer 产生的编号更高的提案，其 Value 值都为 V_0。

因为一个提案必须在被 Proposer 提出后才能被 Acceptor 批准，因此 P2b 包含了 P2a，进而包含了 P2。于是，接下去的重点就是论证 P2b 成立即可：

> 假设某个提案 $[M_0, V_0]$ 已经被选定了，证明任何编号 $M_n > M_0$ 的提案，其 Value 值都是 V_0。

数学归纳法证明

我们可以通过对 M_n 进行第二数学归纳法来进行证明，也就是说需要证明以下结论：

> 假设编号在 M_0 到 M_{n-1} 之间的提案，其 Value 值都是 V_0，证明编号为 M_n 的提案的 Value 值也为 V_0。

因为编号为 M_0 的提案已经被选定了，这就意味着肯定存在一个由半数以上的 Acceptor 组成的集合 C，C 中的每个 Acceptor 都批准了该提案。再结合归纳假设，"编号为 M_0 的提案被选定"意味着：

> C 中的每个 Acceptor 都批准了一个编号在 M_0 到 M_{n-1} 范围内的提案，并且每个编号在 M_0 到 M_{n-1} 范围内的被 Acceptor 批准的提案，其 Value 值都为 V_0。

因为任何包含半数以上 Acceptor 的集合 S 都至少包含 C 中的一个成员，因此我们可以认为如果保持了下面 P2c 的不变性，那么编号为 M_n 的提案的 Value 也为 V_0。

> **P2c**：对于任意的 M_n 和 V_n，如果提案 $[M_n, V_n]$ 被提出，那么肯定存在一个由半数以上的 Acceptor 组成的集合 S，满足以下两个条件中的任意一个。
>
> - S 中不存在任何批准过编号小于 M_n 的提案的 Acceptor。
> - 选取 S 中所有 Acceptor 批准的编号小于 M_n 的提案，其中编号最大的那个提案其 Value 值是 V_n。

至此，只需要通过保持 P2c，我们就能够满足 P2b 了。

从上面的内容中，我们可以看到，从 P1 到 P2c 的过程其实是对一系列条件的逐步加强，如果需要证明这些条件可以保证一致性，那么就需要进行反向推导：P2c => P2b => P2a => P2，然后通过 P2 和 P1 来保证一致性。

我们再来看 P2c，实际上 P2c 规定了每个 Proposer 如何产生一个提案：对于产生的每个提案 [M_n, V_n]，需要满足如下条件。

> 存在一个由超过半数的 Acceptor 组成的集合 S：
> - 要么 S 中没有 Acceptor 批准过编号小于 M_n 的任何提案。
> - 要么 S 中的所有 Acceptor 批准的所有编号小于 M_n 的提案中，编号最大的那个提案的 Value 值为 V_n。

当每个 Proposer 都按照这个规则来产生提案时，就可以保证满足 P2b 了，接下来我们就使用第二数学归纳法来证明 P2c。

首先假设提案[M_0, V_0]被选定了，设比该提案编号大的提案为[M_n, V_n]，我们需要证明的就是在 P2c 的前提下，对于所有的[M_n, V_n]，存在 $V_n=V_0$。

1. 当 $M_n = M_0 + 1$ 时，如果有这样一个编号为 M_n 的提案，首先我们知道[M_0, V_0]已经被选定了，那么就一定存在一个 Acceptor 的子集 S，且 S 中的 Acceptor 已经批准了小于 M_n 的提案，于是，V_n 只能是多数集 S 中编号小于 M_n 但为最大编号的那个提案的值。而此时因为 $M_n = M_0 + 1$，因此理论上编号小于 M_n 但为最大编号的那个提案肯定是[M_0, V_0]，同时由于 S 和通过[M_0, V_0]的 Acceptor 集合都是多数集，也就是说二者肯定有交集——这样 Proposer 在确定 V_n 取值的时候，就一定会选择 V_0。

   值得注意的一点是，Paxos 算法的证明过程使用的是第二数学归纳法，上面实际上就是数学归纳法的第一步，验证了某个初始值成立。接下去，就需要假设编号在 M_0+1 到 M_n-1 区间内时成立，并在此基础上推导出当编号为 M_n 时也成立。

2. 根据假设，编号在 M_0+1 到 M_n-1 区间内的所有提案的 Value 值为 V_0，需要证明的是编号为 M_n 的提案的 Value 值也为 V_0。根据 P2c，首先同样一定存在一个 Acceptor 的子集 S，且 S 中的 Acceptor 已经批准了小于 M_n 的提案，那么编号为 M_n 的提案的 Value 值只能是这个多数集 S 中编号小于 M_n 但为最大编号的那个提案的值。如果这个最大编号落在 M_0+1 到 M_n-1 区间内，那么 Value 值肯定是 V_0，如果不落在 M_0+1 到 M_n-1 区间内，那么它的编号不可能比 M_0 再小了，肯定就是 M_0，因为 S 也肯定会与批准[M_0, V_0]这个提案的 Acceptor 集合 S′有交集，而如果编号是 M_0，那么它的 Value 值也是 V_0，由此得证。

Proposer 生成提案

现在我们来看看，在 P2c 的基础上如何进行提案的生成。对于一个 Proposer 来说，获取那些已经被通过的提案远比预测未来可能会被通过的提案来得简单。因此，Proposer 在产生一个编号为 M_n 的提案时，必须要知道当前某一个将要或已经被半数以上 Acceptor 批准的编号小于 M_n 但为最大编号的提案。并且，Proposer 会要求所有的 Acceptor 都不要再批准任何编号小于 M_n 的提案——这就引出了如下的提案生成算法。

1. Proposer 选择一个新的提案编号 M_n，然后向某个 Acceptor 集合的成员发送请求，要求该集合中的 Acceptor 做出如下回应。

   - 向 Proposer 承诺，保证不再批准任何编号小于 M_n 的提案。
   - 如果 Acceptor 已经批准过任何提案，那么其就向 Proposer 反馈当前该 Acceptor 已经批准的编号小于 M_n 但为最大编号的那个提案的值。

   我们将该请求称为编号为 M_n 的提案的 Prepare 请求。

2. 如果 Proposer 收到了来自半数以上的 Acceptor 的响应结果，那么它就可以产生编号为 M_n、Value 值为 V_n 的提案，这里的 V_n 是所有响应中编号最大的提案的 Value 值。当然还存在另一种情况，就是半数以上的 Acceptor 都没有批准过任何提案，即响应中不包含任何的提案，那么此时 V_n 值就可以由 Proposer 任意选择。

在确定提案之后，Proposer 就会将该提案再次发送给某个 Acceptor 集合，并期望获得它们的批准，我们称此请求为 Accept 请求。需要注意的一点是，此时接受 Accept 请求的 Acceptor 集合不一定是之前响应 Prepare 请求的 Acceptor 集合——这点相信读者也能够明白，任意两个半数以上的 Acceptor 集合，必定包含至少一个公共 Acceptor。

Acceptor 批准提案

在上文中，我们已经讲解了 Paxos 算法中 Proposer 的处理逻辑，下面我们来看看 Acceptor 是如何批准提案的。

根据上面的内容，一个 Acceptor 可能会收到来自 Proposer 的两种请求，分别是 Prepare 请求和 Accept 请求，对这两类请求做出响应的条件分别如下。

- **Prepare 请求**：Acceptor 可以在任何时候响应一个 Prepare 请求。
- **Accept 请求**：在不违背 Accept 现有承诺的前提下，可以任意响应 Accept 请求。

因此，对 Acceptor 逻辑处理的约束条件，大体可以定义如下。

P1a：一个 Acceptor 只要尚未响应过任何编号大于 M_n 的 Prepare 请求，那么它就可以接受这个编号为 M_n 的提案。

从上面这个约束条件中，我们可以看出，P1a 包含了 P1。同时，值得一提的是，Paxos 算法允许 Acceptor 忽略任何请求而不用担心破坏其算法的安全性。

算法优化

在上面的内容中，我们分别从 Proposer 和 Acceptor 对提案的生成和批准两方面来讲解了 Paxos 算法在提案选定过程中的算法细节，同时也在提案的编号全局唯一的前提下，获得了一个满足安全性需求的提案选定算法，接下来我们再对这个初步算法做一个小优化。尽可能地忽略 Prepare 请求：

> 假设一个 Acceptor 收到了一个编号为 M_n 的 Prepare 请求，但此时该 Acceptor 已经对编号大于 M_n 的 Prepare 请求做出了响应，因此它肯定不会再批准任何新的编号为 M_n 的提案，那么很显然，Acceptor 就没有必要对这个 Prepare 请求做出响应，于是 Acceptor 可以选择忽略这样的 Prepare 请求。同时，Acceptor 也可以忽略掉那些它已经批准过的提案的 Prepare 请求。

通过这个优化，每个 Acceptor 只需要记住它已经批准的提案的最大编号以及它已经做出 Prepare 请求响应的提案的最大编号，以便在出现故障或节点重启的情况下，也能保证 P2c 的不变性。而对于 Proposer 来说，只要它可以保证不会产生具有相同编号的提案，那么就可以丢弃任意的提案以及它所有的运行时状态信息。

算法陈述

综合前面讲解的内容，我们来对 Paxos 算法的提案选定过程进行一个陈述。结合 Proposer 和 Acceptor 对提案的处理逻辑，就可以得到如下类似于两阶段提交的算法执行过程。

阶段一

1. Proposer 选择一个提案编号 M_n，然后向 Acceptor 的某个超过半数的子集成员发送编号为 M_n 的 Prepare 请求。

2. 如果一个 Acceptor 收到一个编号为 M_n 的 Prepare 请求，且编号 M_n 大于该 Acceptor 已经响应的所有 Prepare 请求的编号，那么它就会将它已经批准过的最大编号的提案作为响应反馈给 Proposer，同时该 Acceptor 会承诺不会再批准任何编号小于 M_n 的提案。

举个例子来说，假定一个 Acceptor 已经响应过的所有 Prepare 请求对应的提案编号分别为 1、2、…、5 和 7，那么该 Acceptor 在接收到一个编号为 8 的 Prepare 请求后，就会将编号为 7 的提案作为响应反馈给 Proposer。

阶段二

1. 如果 Proposer 收到来自半数以上的 Acceptor 对于其发出的编号为 M_n 的 Prepare 请求的响应，那么它就会发送一个针对[M_n, V_n]提案的 Accept 请求给 Acceptor。注意，V_n 的值就是收到的响应中编号最大的提案的值，如果响应中不包含任何提案，那么它就是任意值。

2. 如果 Acceptor 收到这个针对[M_n, V_n]提案的 Accept 请求，只要该 Acceptor 尚未对编号大于 M_n 的 Prepare 请求做出响应，它就可以通过这个提案。

当然，在实际运行过程中，每一个 Proposer 都有可能会产生多个提案，但只要每个 Proposer 都遵循如上所述的算法运行，就一定能够保证算法执行的正确性。值得一提的是，每个 Proposer 都可以在任意时刻丢弃一个提案，哪怕针对该提案的请求和响应在提案被丢弃后会到达，但根据 Paxos 算法的一系列规约，依然可以保证其在提案选定上的正确性。事实上，如果某个 Proposer 已经在试图生成编号更大的提案，那么丢弃一些旧的提案未尝不是一个好的选择。因此，如果一个 Acceptor 因为已经收到过更大编号的 Prepare 请求而忽略某个编号更小的 Prepare 或者 Accept 请求，那么它也应当通知其对应的 Proposer，以便该 Proposer 也能够将该提案进行丢弃——这和上面"算法优化"部分中提到的提案丢弃是一致的。

提案的获取

在上文中，我们已经介绍了如何来选定一个提案，下面我们再来看看如何让 Learner 获取提案，大体可以有以下几种方案。

方案一

Learner 获取一个已经被选定的提案的前提是，该提案已经被半数以上的 Acceptor 批准。因此，最简单的做法就是一旦 Acceptor 批准了一个提案，就将该提案发送给所有的 Learner。

很显然，这种做法虽然可以让 Learner 尽快地获取被选定的提案，但是却需要让每个 Acceptor 与所有的 Learner 逐个进行一次通信，通信的次数至少为二者个数的乘积。

方案二

另一种可行的方案是，我们可以让所有的 Acceptor 将它们对提案的批准情况，统一发送给一个特定的 Learner（下文中我们将这样的 Learner 称为"主 Learner"），在不考虑拜占庭将军问题的前提下，我们假定 Learner 之间可以通过消息通信来互相感知提案的选定情况。基于这样的前提，当主 Learner 被通知一个提案已经被选定时，它会负责通知其他的 Learner。

在这种方案中，Acceptor 首先会将得到批准的提案发送给主 Learner，再由其同步给其他 Learner，因此较方案一而言，方案二虽然需要多一个步骤才能将提案通知到所有的 Learner，但其通信次数却大大减少了，通常只是 Acceptor 和 Learner 的个数总和。但同时，该方案引入了一个新的不稳定因素：主 Learner 随时可能出现故障。

方案三

在讲解方案二的时候，我们提到，方案二最大的问题在于主 Learner 存在单点问题，即主 Learner 随时可能出现故障。因此，对方案二进行改进，可以将主 Learner 的范围扩大，即 Acceptor 可以将批准的提案发送给一个特定的 Learner 集合，该集合中的每个 Learner 都可以在一个提案被选定后通知所有其他的 Learner。这个 Learner 集合中的 Learner 个数越多，可靠性就越好，但同时网络通信的复杂度也就越高。

通过选取主 Proposer 保证算法的活性

根据前面的内容讲解，我们已经基本上了解了 Paxos 算法的核心逻辑，下面我们再来看看 Paxos 算法在实际运作过程中的一些细节。假设存在这样一种极端情况，有两个 Proposer 依次提出了一系列编号递增的议案，但是最终都无法被选定，具体流程如下：

Proposer P_1 提出了一个编号为 M_1 的提案，并完成了上述阶段一的流程。但与此同时，另外一个 Proposer P_2 提出了一个编号为 M_2（$M_2 > M_1$）的提案，同样也完成了阶段一的流程，于是 Acceptor 已经承诺不再批准编号小于 M_2 的提案了。因此，当 P_1 进入阶段二的时候，其发出的 Accept 请求将被 Acceptor 忽略，于是 P_1 再次进入阶段一并提出了一个编号为 M_3（$M_3 > M_2$）的提案，而这又导致 P_2 在第二阶段的 Accept 请求被忽略，以此类推，提案的选定过程将陷入死循环，如图 2-7 所示。

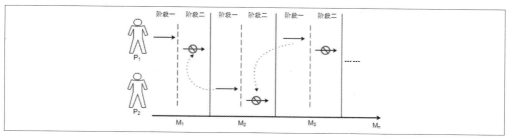

图 2-7. 两个 Proposer 分别生成提案后陷入死循环

为了保证 Paxos 算法流程的可持续性，以避免陷入上述提到的"死循环"，就必须选择一个主 Proposer，并规定只有主 Proposer 才能提出议案。这样一来，只要主 Proposer 和过半的 Acceptor 能够正常进行网络通信，那么但凡主 Proposer 提出一个编号更高的提案，该提案终将会被批准。当然，如果 Proposer 发现当前算法流程中已经有一个编号更大的提案被提出或正在接受批准，那么它会丢弃当前这个编号较小的提案，并最终能够选出一个编号足够大的提案。因此，如果系统中有足够多的组件（包括 Proposer、Acceptor 和其他网络通信组件）能够正常工作，那么通过选择一个主 Proposer，整套 Paxos 算法流程就能够保持活性。

小结

在本章中，我们主要从协议设计和原理实现角度详细讲解了二阶段提交协议、三阶段提交协议和 Paxos 这三种典型的一致性算法。可以说，这三种一致性协议都是非常优秀的分布式一致性协议，都从不同方面不同程度地解决了分布式数据一致性问题，使用范围都非常广泛。其中二阶段提交协议解决了分布式事务的原子性问题，保证了分布式事务的多个参与者要么都执行成功，要么都执行失败。但是，在二阶段解决部分分布式事务问题的同时，依然存在一些难以解决的诸如同步阻塞、无限期等待和"脑裂"等问题。三阶段提交协议则是在二阶段提交协议的基础上，添加了 PreCommit 过程，从而避免了二阶段提交协议中的无限期等待问题。而 Paxos 算法引入了"过半"的理念，通俗地讲就是少数服从多数的原则。同时，Paxos 算法支持分布式节点角色之间的轮换，这极大地避免了分布式单点的出现，因此 Paxos 算法既解决了无限期等待问题，也解决了"脑裂"问题，是目前来说最优秀的分布式一致性协议之一。

第 3 章
Paxos 的工程实践

在第 2 章中，我们主要从理论上讲解了 Paxos 算法，然而 Paxos 算法在工程实现的过程中，会遇到非常多的问题。Paxos 算法描述并没有涉及实际工程中需要注意的很多细节，同时对于开发人员来说，如何在保证数据一致性的情况下兼顾稳定性和性能也是一个巨大的挑战。从本章开始，我们将结合实际工程实践中的 Paxos 实现，来讲解如何真正地使用 Paxos 算法来解决分布式一致性问题。

3.1 Chubby

Google Chubby 是一个大名鼎鼎的分布式锁服务，GFS 和 Big Table 等大型系统都用它来解决分布式协作、元数据存储和 Master 选举等一系列与分布式锁服务相关的问题。Chubby 的底层一致性实现就是以 Paxos 算法为基础的，这给 Paxos 算法的学习者提供了一个理论联系的范例，从而可以了解到 Paxos 算法是如何在实际工程中得到应用的。在本节中，我们将围绕 Google 公开的 Chubby 论文 *The Chubby lock service for loosely-coupled distributed systems*[注1] 来讲解 Paxos 算法在 Chubby 中的应用。

3.1.1 概述

Chubby 是一个面向松耦合分布式系统的锁服务，通常用于为一个由大量小型计算机构

注 1：*The Chubby lock service for loosely-coupled distributed systems* 论文是 Google 发表的关于 Chubby 的技术论文，是目前公开描述 Chubby 的最完整、最权威的资料之一，论文原文可见：*http:// static. googleusercontent. com/media/ research.google. com/en//archive/chubby-osdi06.pdf*。论文作者 Michael Burrows 是分布式系统和并行计算领域的专家，其还参与撰写 BigTable 和 Dapper 等系统的技术论文。

成的松耦合分布式系统提供高可用的分布式锁服务。一个分布式锁服务的目的是允许它的客户端进程同步彼此的操作，并对当前所处环境的基本状态信息达成一致。针对这个目的，Chubby 提供了粗粒度的分布式锁服务，开发人员不需要使用复杂的同步协议，而是直接调用 Chubby 的锁服务接口即可实现分布式系统中多个进程之间粗粒度的同步控制，从而保证分布式数据的一致性。

Chubby 的客户端接口设计非常类似于 UNIX 文件系统结构，应用程序通过 Chubby 的客户端接口，不仅能够对 Chubby 服务器上的整个文件进行读写操作，还能够添加对文件节点的锁控制，并且能够订阅 Chubby 服务端发出的一系列文件变动的事件通知。

3.1.2 应用场景

在 Chubby 的众多应用场景中，最为典型的就是集群中服务器的 Master 选举。例如在 Google 文件系统（Google File System，GFS）[注2]中使用 Chubby 锁服务来实现对 GFS Master 服务器的选举。而在 BigTable[注3]中，Chubby 同样被用于 Master 选举，并且借助 Chubby，Master 能够非常方便地感知到其所控制的那些服务器。同时，通过 Chubby，BigTable 的客户端还能够方便地定位到当前 Bigtable 集群的 Master 服务器。此外，在 GFS 和 Bigtable 中，都使用 Chubby 来进行系统运行时元数据的存储。

3.1.3 设计目标

对于 Chubby 的设计，有的开发人员觉得作为 Paxos 算法的实现者，Chubby 应该构建成一个包含 Paxos 算法的协议库，从而使应用程序能够便捷地使用 Pasox 算法。但是，Chubby 的最初设计者并没有选择这样做，而是将 Chubby 设计成一个需要访问中心化节点的分布式锁服务。

Chubby 之所以设计成这样一个完整的分布式锁服务，是因为锁服务具有以下 4 个传统算法库所不具有的优点。

注 2：Google 文件系统，即 GFS，是 Google 开发的一种面向廉价服务器架构的大型分布式文件系统，读者可以通过阅读 Google 于 2003 年发表的论文 *The Google File System* 了解更多关于这一分布式文件系统的技术内幕，论文原文可见：http:// static. googleusercontent. com/media/research.google.com/en//archive/gfs-sosp2003.pdf。

注 3：BigTable，是 Google 开发的一种用于进行结构化数据存储与管理的大型分布式存储系统，读者可以通过阅读 Google 于 2006 年发表的论文 *BigTable: A Distributed Storage System for Structured Data* 了解更多关于这一分布式存储系统的技术内幕，论文原文可见：http:// static. googleusercontent. com/media/research.google.com/en//archive/bigtable-osdi06.pdf。

对上层应用程序的侵入性更小

> 对于应用程序，尤其是上层的业务系统来说，在系统开发初期，开发人员并没有为系统的高可用性做好充分的考虑。事实上，绝大部分的系统一开始都是从一个只需要支撑较小的负载，并且只需要保证大体可用的原型开始的，往往并没有在代码层面为分布式一致性协议的实现留有余地。当系统提供的服务日趋成熟，并且得到一定规模的用户认可之后，系统的可用性就会变得越来越重要了。于是，集群中副本复制和 Master 选举等一系列提高分布式系统可用性的措施，就会被加入到一个已有的系统中去。
>
> 在这种情况下，尽管这些措施都可以通过一个封装了分布式一致性协议的客户端库来完成，但相比之下，使用一个分布式锁服务的接口方式对上层应用程序的侵入性会更小，并且更易于保持系统已有的程序结构和网络通信模式。

便于提供数据的发布与订阅

> 几乎在所有使用 Chubby 进行 Master 选举的应用场景中，都需要一种广播结果的机制，用来向所有的客户端公布当前的 Master 服务器。这就意味着 Chubby 应该允许其客户端在服务器上进行少量数据的存储与读取——也就是对小文件的读写操作。虽然这个特性也能够通过一个分布式命名服务来实现，但是根据实际的经验来看，分布式锁服务本身也非常适合提供这个功能，这一方面能够大大减少客户端依赖的外部服务，另一方面，数据的发布与订阅功能和锁服务在分布式一致性特性上是相通的。

开发人员对基于锁的接口更为熟悉

> 对于绝大部分的开发人员来说，在平常的编程过程中，他们对基于锁的接口都已经非常熟悉了。因此，Chubby 为其提供了一套近乎和单机锁机制一致的分布式锁服务接口，这远比提供一个一致性协议的库来得更为友好。

更便捷地构建更可靠的服务

> 通常一个分布式一致性算法都需要使用 Quorum 机制来进行数据项值的选定。Quorum 机制是分布式系统中实现数据一致性的一个比较特殊的策略，它指的是在一个由若干个机器组成的集群中，在一个数据项值的选定过程中，要求集群中存在过半的机器达成一致，因此 Quorum 机制也被称作"过半机制"。在 Chubby 中通常使用 5 台服务器来组成一个集群单元（cell），根据 Quorum 机制，只要整个集群中有 3 台服务器是正常运行的，那么整个集群就可以对外提供正常的服务。相反的，

如果仅提供一个分布式一致性协议的客户端库,那么这些高可用性的系统部署都将交给开发人员自己来处理,这无疑提高了成本。

因此,Chubby 被设计成一个需要访问中心化节点的分布式锁服务。同时,在 Chubby 的设计过程中,提出了以下几个设计目标。

提供一个完整的、独立的分布式锁服务,而非仅仅是一个一致性协议的客户端库

在上面的内容中我们已经讲到,提供一个独立的锁服务的最大好处在于,Chubby 对于使用它的应用程序的侵入性非常低,应用程序不需要修改已有程序的结构即可使用分布式一致性特性。例如,对于"Master 选举同时将 Master 信息登记并广播"的场景,应用程序只需要向 Chubby 请求一个锁,并且在获得锁之后向相应的锁文件写入 Master 信息即可,其余的客户端就可以通过读取这个锁文件来获取 Master 信息。

提供粗粒度的锁服务

Chubby 锁服务针对的应用场景是客户端获得锁之后会进行长时间持有(数小时或数天),而非用于短暂获取锁的场景。针对这种应用场景,当锁服务短暂失效时(例如服务器宕机),Chubby 需要保持所有锁的持有状态,以避免持有锁的客户端出现问题。这和细粒度锁的设计方式有很大的区别,细粒度锁通常设计为锁服务一旦失效就释放所有锁,因为细粒度锁的持有时间很短,相比而言放弃锁带来的代价较小。

在提供锁服务的同时提供对小文件的读写功能

Chubby 提供对小文件的读写服务,以使得被选举出来的 Master 可以在不依赖额外服务的情况下,非常方便地向所有客户端发布自己的状态信息。具体的,当一个客户端成功获取到一个 Chubby 文件锁而成为 Master 之后,就可以继续向这个文件里写入 Master 信息,其他客户端就可以通过读取这个文件得知当前的 Master 信息。

高可用、高可靠

在 Chubby 的架构设计中,允许运维人员通过部署多台机器(一般是 5 台机器)来组成一个 Chubby 集群,从而保证集群的高可用。基于对 Paxos 算法的实现,对于一个由 5 台机器组成的 Chubby 集群来说,只要保证存在 3 台正常运行的机器,整个集群对外服务就能保持可用。

另外,由于 Chubby 支持通过小文件读写服务的方式来进行 Master 选举结果的发布与订阅,因此在 Chubby 的实际应用过程中,必须能够支撑成百上千个 Chubby 客户端对同一个文件进行监视和读取。

提供事件通知机制

在实际使用过程中,Chubby 客户端需要实时地感知到 Master 的变化情况,当然这可以通过让客户端反复的轮询来实现,但是在客户端规模不断增大的情况下,客户端主动轮询的实时性效果并不理想,且对服务器性能和网络带宽压力都非常大。因此,Chubby 需要有能力将服务端的数据变化情况(例如文件内容变更)以事件的形式通知到所有订阅的客户端。

3.1.4 Chubby 技术架构

接下来我们一起看看,Chubby 是如何来实现一个高可用的分布式锁服务的。

系统结构

Chubby 的整个系统结构主要由服务端和客户端两部分组成,客户端通过 RPC 调用与服务端进行通信,如图 3-1 所示。

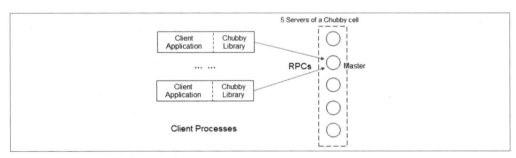

图 3-1. Chubby 服务端与客户端结构示意图

一个典型的 Chubby 集群,或称为 Chubby cell,通常由 5 台服务器组成。这些副本服务器采用 Paxos 协议,通过投票的方式来选举产生一个获得过半投票的服务器作为 Master。一旦某台服务器成为了 Master,Chubby 就会保证在一段时期内不会再有其他服务器成为 Master——这段时期被称为 Master 租期(Master lease)。在运行过程中,Master 服务器会通过不断续租的方式来延长 Master 租期,而如果 Master 服务器出现故障,那么余下的服务器就会进行新一轮的 Master 选举,最终产生新的 Master 服务器,开始新的 Master 租期。

集群中的每个服务器都维护着一份服务端数据库的副本,但在实际运行过程中,只有

Master 服务器才能对数据库进行写操作，而其他服务器都是使用 Paxos 协议从 Master 服务器上同步数据库数据的更新。

现在，我们再来看下 Chubby 的客户端是如何定位到 Master 服务器的。Chubby 客户端通过向记录有 Chubby 服务端机器列表的 DNS 来请求获取所有的 Chubby 服务器列表，然后逐个发起请求询问该服务器是否是 Master。在这个询问过程中，那些非 Master 的服务器，则会将当前 Master 所在的服务器标识反馈给客户端，这样客户端就能够非常快速地定位到 Master 服务器了。

一旦客户端定位到 Master 服务器之后，只要该 Master 正常运行，那么客户端就会将所有的请求都发送到该 Master 服务器上。针对写请求，Chubby Master 会采用一致性协议将其广播给集群中所有的副本服务器，并且在过半的服务器接受了该写请求之后，再响应给客户端正确的应答。而对于读请求，则不需要在集群内部进行广播处理，直接由 Master 服务器单独处理即可。

在 Chubby 运行过程中，服务器难免会发生故障。如果当前的 Master 服务器崩溃了，那么集群中的其他服务器会在 Master 租期到期后，重新开启新一轮的 Master 选举。通常，进行一次 Master 选举大概需要花费几秒钟的时间。而如果是集群中任意一台非 Master 服务器崩溃，那么整个集群是不会停止工作的，这个崩溃的服务器会在恢复之后自动加入到 Chubby 集群中去。新加入的服务器首先需要同步 Chubby 最新的数据库数据，完成数据同步之后，新的服务器就可以加入到正常的 Paxos 运作流程中与其他服务器副本一起协同工作。

如果集群中的一个服务器发生崩溃并在几小时后仍无法恢复正常，那么就需要加入新的机器，并同时更新 DNS 列表。Chubby 服务器的更换方式非常简单，只需要启动 Chubby 服务端程序，然后更新 DNS 上的机器列表（即使用新机器的 IP 地址替换老机器的 IP 地址）即可。在 Chubby 运行过程中，Master 服务器会周期性地轮询 DNS 列表，因此其很快就会感知到服务器地址列表的变更，然后 Master 就会将集群数据库中的地址列表做相应的变更，集群内部的其他副本服务器通过复制方式就可以获取到最新的服务器地址列表了。

目录与文件

Chubby 对外提供了一套与 Unix 文件系统非常相近但是更简单的访问接口。Chubby 的数据结构可以看作是一个由文件和目录组成的树，其中每一个节点都可以表示为一个使用斜杠分割的字符串，典型的节点路径表示如下：

/ls/foo/wombat/pouch

其中，ls 是所有 Chubby 节点所共有的前缀，代表着锁服务，是 Lock Service 的缩写；foo 则指定了 Chubby 集群的名字，从 DNS 可以查询到由一个或多个服务器组成该 Chubby 集群；剩余部分的路径 /wombat/pouch 则是一个真正包含业务含义的节点名字，由 Chubby 服务器内部解析并定位到数据节点。

Chubby 的命名空间，包括文件和目录，我们称之为节点（nodes，在本书后面的内容中，我们以数据节点来泛指 Chubby 的文件或目录）。在同一个 Chubby 集群数据库中，每一个节点都是全局唯一的。和 Unix 系统一样，每个目录都可以包含一系列的子文件和子目录列表，而每个文件中则会包含文件内容。当然，Chubby 并非模拟一个完整的文件系统，因此没有符号链接和硬连接的概念。

由于 Chubby 的命名结构组成了一个近似标准文件系统的视图，因此 Chubby 的客户端应用程序也可以通过自定义的文件系统访问接口来访问 Chubby 服务端数据，比如可以使用 GFS 的文件系统访问接口，这就大大减少了用户使用 Chubby 的成本。

Chubby 上的每个数据节点都分为持久节点和临时节点两大类，其中持久节点需要显式地调用接口 API 来进行删除，而临时节点则会在其对应的客户端会话失效后被自动删除。也就是说，临时节点的生命周期和客户端会话绑定，如果该临时节点对应的文件没有被任何客户端打开的话，那么它就会被删除掉。因此，临时节点通常可以用来进行客户端会话有效性的判断依据。

另外，Chubby 上的每个数据节点都包含了少量的元数据信息，其中包括用于权限控制的访问控制列表（ACL）信息。同时，每个节点的元数据中还包括 4 个单调递增的 64 位编号，分别如下。

- **实例编号**：实例编号用于标识 Chubby 创建该数据节点的顺序，节点的创建顺序不同，其实例编号也不同，因此，通过实例编号，即使针对两个名字相同的数据节点，客户端也能够非常方便地识别出是否是同一个数据节点——因为创建时间晚的数据节点，其实例编号必定大于任意先前创建的同名节点。

- **文件内容编号**（只针对文件）：文件内容编号用于标识文件内容的变化情况，该编号会在文件内容被写入时增加。

- **锁编号**：锁编号用于标识节点锁状态变更情况，该编号会在节点锁从自由（free）状态转换到被持有（held）状态时增加。

- **ACL 编号**：ACL 编号用于标识节点的 ACL 信息变更情况，该编号会在节点的 ACL 配置信息被写入时增加。

同时，Chubby 还会标识一个 64 位的文件内容校验码，以便客户端能够识别出文件是否变更。

锁与锁序列器

在分布式系统中，锁是一个非常复杂的问题，由于网络通信的不确定性，导致在分布式系统中锁机制变得非常复杂，消息的延迟或是乱序都有可能会引起锁的失效。一个典型的分布式锁错乱案例是，一个客户端 C_1 获取到了互斥锁 L，并且在锁 L 的保护下发出请求 R，但请求 R 迟迟没有到达服务端（可能出现网络延时或反复重发等），这时应用程序会认为该客户端进程已经失败，于是便会为另一个客户端 C_2 分配锁 L，然后再重新发起之前的请求 R，并成功地应用到了服务器上。此时，不幸的事情发生了，客户端 C_1 发起的请求 R 在经过一波三折之后也到达了服务端，此时，它有可能会在不受任何锁控制的情况下被服务端处理，从而覆盖了客户端 C_2 的操作，于是导致系统数据出现不一致。当然，诸如此类消息接收顺序紊乱引起的数据不一致问题已经在人们对分布式计算的长期研究过程中得到了很好的解决，典型的解决方案包括虚拟时间和虚拟同步。这两个分布式系统中典型的解决方案并不是本书的重点，感兴趣的读者可以在互联网上了解更多相关的参考资料[注4]。

在 Chubby 中，任意一个数据节点都可以充当一个读写锁来使用：一种是单个客户端以排他（写）模式持有这个锁，另一种则是任意数目的客户端以共享（读）模式持有这个锁。同时，在 Chubby 的锁机制中需要注意的一点是，Chubby 舍弃了严格的强制锁，客户端可以在没有获取任何锁的情况下访问 Chubby 的文件，也就是说，持有锁 F 既不是访问文件 F 的必要条件，也不会阻止其他客户端访问文件 F。

在 Chubby 中，主要采用锁延迟和锁序列器两种策略来解决上面我们提到的由于消息延迟和重排序引起的分布式锁问题。其中锁延迟是一种比较简单的策略，使用 Chubby 的应用几乎不需要进行任何的代码修改。具体的，如果一个客户端以正常的方式主动释放了一个锁，那么 Chubby 服务端将会允许其他客户端能够立即获取到该锁。而如果一个锁是因为客户端的异常情况（如客户端无响应）而被释放的话，那么 Chubby 服务器会为该锁保留一定的时间，我们称之为"锁延迟"（lock-delay），在这段时间内，其他客户端无法获取这个锁。锁延迟措施能够很好地防止一些客户端由于网络闪断等原因而与服务器暂时断开的场景出现。总的来说，该方案尽管不完美，但是锁延时能够有效地保护在出现消息延时情况下发生的数据不一致现象。

注4： 相关参考资料包括 DAVID R. JEFFERSON 的 *Virtual Time*：http:// masters. donntu.edu. ua/2012/ fknt/ vorotnikova/library/virtual_time.pdf，以及 Kenneth P. Birman 与 Thomas A. Joseph 的 *Exploiting Virtual Synchrony in Distributed Systems*：http://www.cs.cornell.edu/home/rvr/sys/p123-birman.pdf。

Chubby 提供的另一种方式是使用锁序列器,当然该策略需要 Chubby 的上层应用配合在代码中加入相应的修改逻辑。任何时候,锁的持有者都可以向 Chubby 请求一个锁序列器,其包括锁的名字、锁模式(排他或共享模式),以及锁序号。当客户端应用程序在进行一些需要锁机制保护的操作时,可以将该锁序列器一并发送给服务端。Chubby 服务端接收到这样的请求后,会首先检测该序列器是否有效,以及检查客户端是否处于恰当的锁模式;如果没有通过检查,那么服务端就会拒绝该客户端请求。

Chubby 中的事件通知机制

为了避免大量客户端轮询 Chubby 服务端状态所带来的压力,Chubby 提供了事件通知机制。Chubby 的客户端可以向服务端注册事件通知,当触发这些事件的时候,服务端就会向客户端发送对应的事件通知。在 Chubby 的事件通知机制中,消息通知都是通过异步的方式发送给客户端的,常见的 Chubby 事件如下。

文件内容变更

例如,BigTable 集群使用 Chubby 锁来确定集群中的哪台 BigTable 机器是 Master;获得锁的 BigTable Master 会将自身信息写入 Chubby 上对应的文件中。BigTable 集群中的其他客户端可以通过监视这个 Chubby 文件的变化来确定新的 BigTable Master 机器。

节点删除

当 Chubby 上指定节点被删除的时候,会产生"节点删除"事件,这通常在临时节点中比较常见,可以利用该特性来间接判断该临时节点对应的客户端会话是否有效。

子节点新增、删除

当 Chubby 上指定节点的子节点新增或是减少时,会产生"子节点新增、删除"事件。

Master 服务器转移

当 Chubby 服务器发生 Master 转移时,会以事件的形式通知客户端。

Chubby 中的缓存

为了提高 Chubby 的性能,同时也是为了减少客户端和服务端之间频繁的读请求对服务端的压力,Chubby 除了提供事件通知机制之外,还在客户端中实现了缓存,会在客户端对文件内容和元数据信息进行缓存。使用缓存机制在提高系统整体性能的同时,也为系统带来了一定的复杂性，其中最主要的问题就是应该如何保证缓存的一致性。在 Chubby 中，通过租期机制来保证缓存的一致性。

Chubby 缓存的生命周期和 Master 租期机制紧密相关，Master 会维护每个客户端的数据缓存情况，并通过向客户端发送过期信息的方式来保证客户端数据的一致性。在这种机制下，Chubby 就能够保证客户端要么能够从缓存中访问到一致的数据，要么访问出错，而一定不会访问到不一致的数据。具体的，每个客户端的缓存都有一个租期，一旦该租期到期，客户端就需要向服务端续订租期以继续维持缓存的有效性。当文件数据或元数据信息被修改时，Chubby 服务端首先会阻塞该修改操作，然后由 Master 向所有可能缓存了该数据的客户端发送缓存过期信号，以使其缓存失效，等到 Master 在接收到所有相关客户端针对该过期信号的应答（应答包括两类，一类是客户端明确要求更新缓存，另一类则是客户端允许缓存租期过期）后，再继续进行之前的修改操作。

通过上面这个缓存机制的介绍，相信读者都已经明白了，Chubby 的缓存数据保证了强一致性。尽管要保证严格的数据一致性对于性能的开销和系统的吞吐影响很大，但由于弱一致性模型在实际使用过程中极容易出现问题，因此 Chubby 在设计之初就决定了选择强一致性模型。

会话和会话激活（KeepAlive）

Chubby 客户端和服务端之间通过创建一个 TCP 连接来进行所有的网络通信操作，我们将这一连接称为会话（Session）。会话是有生命周期的，存在一个超时时间，在超时时间内，Chubby 客户端和服务端之间可以通过心跳检测来保持会话的活性，以使会话周期得到延续，我们将这个过程称为 KeepAlive（会话激活）。如果能够成功地通过 KeepAlive 过程将 Chubby 会话一直延续下去，那么客户端创建的句柄、锁和缓存数据等都依然有效。

KeepAlive 请求

下面我们就重点来看看 Chubby Master 是如何处理客户端的 KeepAlive 请求的。Master 在接收到客户端的 KeepAlive 请求时，首先会将该请求阻塞住，并等到该客户端的当前会话租期即将过期时，才为其续租该客户端的会话租期，之后再向客户端响应这个 KeepAlive 请求，并同时将最新的会话租期超时时间反馈给客户端。Master 对于会话续租时间的设置，默认是 12 秒，但这不是一个固定的值，Chubby 会根据实际的运行情况，自行调节该周期的长短。举个例子来说，如果当前 Master 处于高负载运行状态的话，那么 Master 会适当地延长会话租期的长度，以减少客户端 KeepAlive 请求的发送频率。客户端在接收到来自 Master 的续租响应后，会立即发起一个新的 KeepAlive 请求，再由

Master 进行阻塞。因此我们可以看出，在正常运行过程中，每一个 Chubby 客户端总是会有一个 KeepAlive 请求阻塞在 Master 服务器上。

除了为客户端进行会话续租外，Master 还将通过 KeepAlive 响应来传递 Chubby 事件通知和缓存过期通知给客户端。具体的，如果 Master 发现服务端已经触发了针对该客户端的事件通知或缓存过期通知，那么会提前将 KeepAlive 响应反馈给客户端。

会话超时

谈到会话租期，Chubby 的客户端也会维持一个和 Master 端近似相同的会话租期。为什么是近似相同呢？这是因为客户端必须考虑两方面的因素：一方面，KeepAlive 响应在网络传输过程中会花费一定的时间；另一方面，Master 服务端和 Chubby 客户端存在时钟不一致性现象。因此在 Chubby 会话中，存在 Master 端会话租期和客户端本地会话租期。

如果 Chubby 客户端在运行过程中，按照本地的会话租期超时时间，检测到其会话租期已经过期却尚未接收到 Master 的 KeepAlive 响应，那么这个时候，它将无法确定 Master 服务端是否已经中止了当前会话，我们称这个时候客户端处于"危险状态"。此时，Chubby 客户端会清空其本地缓存，并将其标记为不可用。同时，客户端还会等待一个被称作"宽限期"的时间周期，这个宽限期默认是 45 秒。如果在宽限期到期前，客户端和服务端之间成功地进行了 KeepAlive，那么客户端就会再次开启本地缓存，否则，客户端就会认为当前会话已经过期了，从而中止本次会话。

我们再着重来看看上面提到的"危险状态"。当客户端进入上述提到的危险状态时，Chubby 的客户端库会通过一个"jeopardy"事件来通知上层应用程序。如果恢复正常，客户端同样会以一个"safe"事件来通知应用程序可以继续正常运行了。但如果客户端最终没能从危险状态中恢复过来，那么客户端会以一个"expired"事件来通知应用程序当前 Chubby 会话已经超时。Chubby 通过这些不同的事件类型通知，能够很好地辅助上层应用程序在不明确 Chubby 会话状态的情况下，根据不同的事件类型来做出不同的处理：等待或重启。有了这样的机制保证之后，对于那些在短时间内 Chubby 服务不可用的场景下，客户端应用程序可以选择等待，而不是重启，这对于那些重启整个应用程序需要花费较大代价的系统来说非常有帮助。

Chubby Master 故障恢复

Chubby 的 Master 服务器上会运行着会话租期计时器，用来管理所有会话的生命周期。如果在运行过程中 Master 出现了故障，那么该计时器会停止，直到新的 Master 选举产生后，计时器才会继续计时，也就是说，从旧的 Master 崩溃到新的 Master 选举产生所花费的时间将不计入会话超时的计算中,这等价于延长了客户端的会话租期。如果新的 Master 在短时间内就选举产生了,那么客户端就可以在本地会话租期过期前与其创建连接。而如果 Master 的选举花费了较长的时间,就会导致客户端只能清空本地的缓存,并进入宽限期进行等待。从这里我们可以看出,由于宽限期的存在,使得会话能够很好地在服务端 Master 转换的过程中得到维持。整个 Chubby Master 故障恢复过程中服务端和客户端的交互情况如图 3-2 所示。

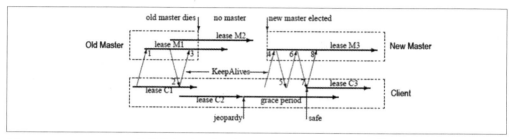

图 3-2. Chubby Master 故障恢复过程中服务端和客户端的交互示意图[注5]

图 3-2 展示了一个完整的 Chubby 服务端 Master 故障恢复过程中所触发的所有事件序列。在这整个故障恢复过程中,客户端必须使用宽限期来保证在 Master 转换过程完成之后,其会话依然有效。在图 3-2 中,从左向右代表了时间轴的变化,使用横向粗箭头代表会话租期,并且在图中通过"M"和"C"来分别标记 Master 和客户端上的视图,例如"lease M1"和"lease C1"。斜向上的箭头代表了客户端向 Master 发出的 KeepAlive 请求,而斜向下的箭头则代表了 Master 反馈的 KeepAlive 响应。

从图 3-2 中我们可以看出,一开始在旧的 Master 服务器上维持了会话租期"lease M1",在客户端上维持了对应的"lease C1",同时客户端的 KeepAlive 请求 1 一直被 Master 阻塞着。在一段时间之后,Master 向客户端反馈了 KeepAlive 响应 2,同时开始了新的会话租期"lease M2",而客户端在接收到该 KeepAlive 响应之后,立即发送了新的 KeepAlive 请求 3,并同时也开始了新的会话租期"lease C2"。至此,客户端和服务端 Master 之间的所有交互都是正常的。但是随后,Master 发生了故障,从而无法反馈客户端的 KeepAlive 请求 3。在这个过程中,客户端检测到会话租期"lease C2"已经过期,它会清空本地缓存,并进入宽限期。在这段时间内,客户端无法确定 Master 上的会话周期是否也已经过期,因此它不会销毁它的本地会话,而是将所有应用程序对它的 API 调用都阻塞住,以避免在这个期间进行的 API 调用导致数据不一致现象。同时,在客户端宽限期开始时,Chubby 客户端会向上层应用程序发送一个"jeopardy"事件。一段时间之后,

---

注5: 本图片引自 Chubby 官方论文 *The Chubby lock service for loosely-coupled distributed systems*。

Chubby 服务端选举产生了新的 Master，并为该客户端初始化了新的会话租期"lease M3"。当客户端向新的 Master 发送 KeepAlive 请求 4 时，Master 检测到该客户端的 Master 周期号（Master epoch number）已经过期，因此会在 KeepAlive 响应 5 中拒绝这个客户端请求，并将最新的 Master 周期号发送给客户端。关于 Master 周期，将在后面的内容中做详细讲解。之后，客户端会携带上新的 Master 周期号，再次发送 KeepAlive 请求 6 给 Master，最终，整个客户端和服务端之间的会话就会再次恢复正常。

通过上面的详细介绍，不难看出，在 Master 转换的这段时间内，只要客户端的宽限期足够长，那么客户端应用程序就可以在没有任何察觉的情况下，实现 Chubby 的故障恢复，但如果客户端的宽限期设置得比较短，那么 Chubby 客户端就会丢弃当前会话，并将这个异常情况通知给上层应用程序。

一旦客户端与新的 Master 建立上连接之后，客户端和 Master 之间会通过互相配合来实现对故障的平滑恢复。新的 Master 会设法将上一个 Master 服务器的内存状态构造出来。具体的，由于本地数据库记录了每个客户端的会话信息，以及其持有的锁和临时文件等信息，因此 Chubby 会通过读取本地磁盘上的数据来恢复一部分状态。总的来讲，一个新的 Chubby Master 服务器选举产生之后，会进行如下几个主要处理。

1. 新的 Master 选举产生后，首先需要确定 Master 周期。Master 周期用来唯一标识一个 Chubby 集群的 Master 统治轮次，以便区分不同的 Master。一旦新的 Master 周期确定下来之后，Master 就会拒绝所有携带其他 Master 周期编号的客户端请求，同时告知其最新的 Master 周期编号，例如上述提到的 KeepAlive 请求 4。需要注意的一点是，只要发生 Master 重新选举，就一定会产生新的 Master 周期，即使是在选举前后 Master 都是同一台机器的情况下也是如此。

2. 选举产生的新 Master 能够立即对客户端的 Master 寻址请求进行响应，但是不会立即开始处理客户端会话相关的请求操作。

3. Master 根据本地数据库中存储的会话和锁信息，来构建服务器的内存状态。

4. 到现在为止，Master 已经能够处理客户端的 KeepAlive 请求了，但依然无法处理其他会话相关的操作。

5. Master 会发送一个"Master 故障切换"事件给每一个会话，客户端接收到这个事件后，会清空它的本地缓存，并警告上层应用程序可能已经丢失了别的事件，之后再向 Master 反馈应答。

6. 此时，Master 会一直等待客户端的应答，直到每一个会话都应答了这个切换事件。

7. 在Master接收到了所有客户端的应答之后，就能够开始处理所有的请求操作了。

8. 如果客户端使用了一个在故障切换之前创建的句柄，Master会重新为其创建这个句柄的内存对象，并执行调用。而如果该句柄在之前的Master周期中已经被关闭了，那么它就不能在这个Master周期内再次被重建了——这一机制就确保了即使由于网络原因使得Master接收到那些延迟或重发的网络数据包，也不会错误地重建一个已经关闭的句柄。

3.1.5 Paxos协议实现

Chubby服务端的基本架构大致分为三层：

- 最底层是容错日志系统（Fault-Tolerant Log），通过Paxos算法能够保证集群中所有机器上的日志完全一致，同时具备较好的容错性。

- 日志层之上是Key-Value类型的容错数据库（Fault-Tolerant DB），其通过下层的日志来保证一致性和容错性。

- 存储层之上就是Chubby对外提供的分布式锁服务和小文件存储服务。

其整体架构如图3-3所示。

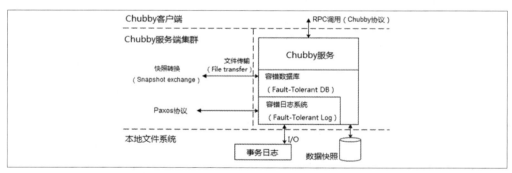

图3-3. Chubby单机整体架构图

Paxos算法的作用就在于保证集群内各个副本节点的日志能够保持一致。Chubby事务日志中的每一个Value对应Paxos算法中的一个Instance，由于Chubby需要对外提供不间断的服务，因此事务日志会无限增长，于是在整个Chubby运行过程中，会存在多个Paxos Instance。同时，Chubby会为每一个Paxos Instance都按序分配一个全局唯一的Instance编号，并将其顺序写入到事务日志中去。

在多Paxos Instance的模式下，为了提升算法执行的性能，就必须选举出一个副本节点作为 Paxos 算法的主节点(以下简称 Master 或 Coordinator)，以避免因为每一个 Paxos Instance 都提出提案而陷入多个 Paxos Round 并存的情况。同时，Paxos 会保证在 Master 重启或出现故障而进行切换的时候，允许出现短暂的多个 Master 共存却不影响副本之间的一致性。

在 Paxos 中，每一个 Paxos Instance 都需要进行一轮或多轮"Prepare→Promise→Propose→Accept"这样完整的二阶段请求过程来完成对一个提案值的选定，而多个 Instance 之间是完全独立的，每个 Instance 可以自己决定每一个 Round 的序号，仅仅只需要保证在 Instance 内部不会出现序号重复即可。为了在保证正确性的前提下尽可能地提高算法运行性能，可以让多个 Instance 共用一套序号分配机制，并将"Prepare→Promise"合并为一个阶段，具体做法如下。

- 当某个副本节点通过选举成为 Master 后，就会使用新分配的编号 N 来广播一个 Prepare 消息，该 Prepare 消息会被所有未达成一致的 Instance 和目前还未开始的 Instance 共用。

- 当 Acceptor 接收到 Prepare 消息后，必须对多个 Instance 同时做出回应，这通常可以通过将反馈信息封装在一个数据包中来实现。假设最多允许 K 个 Instance 同时进行提案值的选定，那么：

  — 当前至多存在 K 个未达成一致的 Instance，将这些未决的 Instance 各自最后接受的提案值（若该提案尚未接受任何值，则使用 null 来代替）封装进一个数据包，并作为 Promise 消息返回。

  — 同时，判断 N 是否大于当前 Acceptor 的 highestPromisedNum 值（当前已经接受的最大提案编号值），如果大于该值的话，那么就标记这些未决 Instance 和所有未来的 Instance 的 highestPromisedNum 值为 N——这样，这些未决 Instance 和所有未来 Instance 都不能再接受任何编号小于 N 的提案。

- 然后 Master 就可以对所有未决 Instance 和所有未来 Instance 分别执行"Propose→Accept"阶段的处理。值得注意的是，如果当前 Master 能够一直稳定运行的话，那么在接下来的算法运行过程中，就不再需要进行"Prepare→Promise"的处理了。但是，一但 Master 发现 Acceptor 返回了一个 Reject 消息，说明集群中存在另一个 Master，并且试图使用更大的提案编号（比如 M，其 M＞N）发送了 Prepare 消息。碰到这种情况，当前 Master 就需要重新分配新的提案编号(必须比 M 更大)并再次进行"Prepare→Promise"阶段的逻辑处理。

利用上述改进的 Paxos 算法，在 Master 稳定运行的情况下，只需要使用同一个编号来依次执行每一个 Instance 的"Promise→Accept"阶段逻辑处理。在每个 Instance 的运行过程中，一旦接收到多数派的 Accept 反馈后，就可以将对应的提案值写入本地事务日志并广播 COMMIT 消息给集群中的其他副本节点，其他副本节点在接收到这个 COMMIT 消息之后也会将提案值写入到事务日志中去。如果某个副本节点因为宕机或者网络原因没有接收到 COMMIT 消息，可以主动向集群中的其他副本节点进行查询。因此，我们可以看到，在 Chubby 的 Paxos 算法的实现中，只要维持集群中存在多数派的机器能够正常运行，即使其他机器在任意时刻发生宕机，也能保证已经提交的提案的安全性。

至此，我们已经实现了一套满足一致性的日志副本，在此基础上就可以在上层实现一个一致的状态机副本，这就是图 3-3 中的容错数据库（Fault-Tolerant DB）层。在最初版本的 Chubby 中，使用了具有数据复制特性的 Berkeley DB [注6]（下文中我们简称"BDB"）来作为它的容错数据库。BDB 使用分布式一致性协议来进行集群中不同服务器之间数据库日志的复制。BDB 的底层实现采用了经典的 B 树数据结构，我们可以将其看作是一个能够存储大量数据的 HashMap（映射）。在 Chubby 的使用中，将每一个数据节点的节点路径名作为键，同时按照节点路径名进行排序，这样就能够使得兄弟节点在排序顺序中相邻，方便对数据节点的检索。因此 Chubby 的设计变得非常简单，只需要在此基础上添加上 Master 租期特性即可。

但是在后来的开发维护过程中，Chubby 的开发人员觉得使用 BDB 就会引入其他额外的风险和依赖，因此自己实现了一套更为简单的、基于日志预写和数据快照技术的底层数据复制组件，这样就大大简化了整个 Chubby 的系统架构和实现逻辑。在本书中，对于该容错数据库层在内存中的数据结构不做展开讨论，这里只对"数据快照和事务日志回放"机制的实现做一个简单讲解。

集群中的某台机器在宕机重启以后，为了恢复状态机的状态，最简单的方法就是将已经记录的所有事务日志重新执行一遍。但这会有一个明显的问题，就是如果机器上的事务日志已经积累了很多，那么恢复的时间就会非常长，因此需要定期对状态机数据做一个数据快照并将其存入磁盘，然后就可以将数据快照点之前的事务日志清除。

通常副本节点在进行宕机后的恢复过程中，会出现磁盘未损坏和损坏两种情况。前者最为常见，一般通过磁盘上保存的数据库快照和事务日志就可以恢复到之前某个时间点的状态，之后再向集群中其他正常运行的副本节点索取宕机后缺失的部分数据变更记录，这样即可实现宕机后的数据恢复。另外一种则是磁盘损坏，无法直接从本地数据恢复的情况。针对这种异常情况，就需要从其他副本节点上索取全部的状态数据。

注 6：Berkeley DB 是一个历史非常悠久的嵌入式数据库系统，于 2006 年被 Oracle 收购，其官方主页是：http://www.oracle.com/technetwork/database/database-technologies/berkeleydb/overview/index.html。

副本节点在完成宕机重启之后，为了安全起见，不会立即参与 Paxos Instance 流程，而是需要等待检测到 K（K 是允许并发的最大 Instance 数目）个 Paxos Instance 流程成功完成之后才能开始参与——这样就能够保证新分配的提案编号不会和自己以前发过的重复。

最后，为了提高整个集群的性能，还有一个改进之处在于：得益于 Paxos 算法的容错机制，只要任意时刻保证多数派的机器能够正常运行，那么在宕机瞬间未能真正写入到磁盘上（只有当真正调用操作系统 Flush 接口后，数据才能被真正写入物理磁盘中）的那一小部分事务日志也可以通过从其他正常运行的副本上复制来进行获取，因此不需要实时地进行事务日志的 Flush 操作，这可以极大地提高事务写入的效率。

通过本小节的介绍，相信读者对 Chubby 这一分布式锁服务已经有了一个比较全面的了解。Chubby 并非是一个分布式一致性的学术研究，而是一个满足第 2 章中我们提到的各种一致性需求的工程实践，感兴趣的读者可以在其他资料中对其进行进一步的了解。

3.2 Hypertable

Hypertable 是一个使用 C++语言开发的开源、高性能、可伸缩的数据库，其以 Google 的 BigTable 相关论文为基础指导，采用与 HBase 非常相似的分布式模型，其目的是要构建一个针对分布式海量数据的高并发数据库。

3.2.1 概述

目前 Hypertable 只支持最基本的添、删、改、查功能，对于事务处理和关联查询等关系型数据库的高级特性都尚未支持。同时，就少量数据记录的查询性能和吞吐量而言，Hypertable 可能也不如传统的关系型数据库。和传统关系型数据库相比，Hypertable 最大的优势在于以下几点。

- 支持对大量并发请求的处理。
- 支持对海量数据的管理。
- 扩展性良好，在保证可用性的前提下，能够通过随意添加集群中的机器来实现水平扩容。
- 可用性极高，具有非常好的容错性，任何节点的失效，既不会造成系统瘫痪也不会影响数据的完整性。

Hypertable 的整体架构如图 3-3 所示。

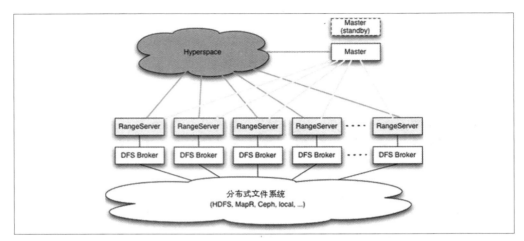

图 3-3. Hypertable 整体架构图

Hypertable 的核心组件包括 Hyperspace、RangeServer、Master 和 DFS Broker 四部分。其中 Hyperspace 是 Hypertable 中最重要的组件之一，其提供了对分布式锁服务的支持以及对元数据的管理，是保证 Hypertable 数据一致性的核心。Hyperspace 类似于 Google BigTable 系统中的 Chubby，在这里我们可以认为它是一个文件存储系统，主要用来存储一些元数据信息，同时提供分布式锁服务，另外还负责提供高效、可靠的主机选举服务。

RangeServer 是实际对外提供服务的组件单元，负责数据的读取和写入。在 Hypertable 的设计中，对每一张表都按照主键进行切分，形成多个 Range（类似于关系型数据库中的分表），每个 Range 由一个 RangeServer（RangeServer 调用 DFSBroker 来进行数据的读写）负责管理。在 Hypertable 中，通常会部署多个 RangeServer，每个 RangeServer 都负责管理部分数据，由 Master 来负责进行 RangeServer 的集群管理。

Master 是元数据管理中心，管理包括创建表、删除表或是其他表空间变更在内的所有元数据操作，同时负责检测 RangeServer 的工作状态，一旦某一个 RangeServer 宕机或是重启，能够自动进行 Range 的重新分配，从而实现对 RangeServer 集群的管理和负载均衡。

DFS Broker 则是底层分布式文件系统的抽象层，用于衔接上层 Hypertable 和底层文件存储。所有对文件系统的读写操作，都是通过 DFS Broker 来完成的。目前已经可以接入

Hypertable 中的分布式文件系统包括 HDFS、MapR[注7]、Ceph[注8]和 KFS[注9]等，针对任何其他新的文件系统，只需要实现一个对应的 DFS Broker，就可以将其快速接入到整个 Hypertable 系统中。

3.2.2 算法实现

从上面的讲解中我们了解到，Hyperspace 是整个 Hypertable 中最为核心的部分之一。基于对底 BDB 的封装，通过对 Paxos 算法的实现，Hyperspace 能够很好地保证 Hypertable 中元数据的分布式一致性。接下来我们就看看 Hyperspace 是如何实现分布式数据一致性的。

Active Server

Hyperspace 通常以一个服务器集群的形式部署，一般由 5~11 台服务器组成，在运行过程中，会从集群中选举产生一个服务器作为 Active Server，其余的服务器则是 Standby Server，同时，Active Server 和 Standby Server 之间会进行数据和状态的实时同步。

在 Hypertable 启动初始化阶段，Master 模块会连接上 Hyperspace 集群中的任意一台服务器，如果这台 Hyperspace 服务器恰好处于 Active 状态，那么便完成了初始化连接；如果连接上的 Hyperspace 服务器处于 Standby 状态，那么该 Hyperspace 服务器会在此次连接创建后，将当前处于 Active 状态的 Hyperspace 服务器地址发送给 Master 模块，Master 模块会重新与该 Active Hyperspace 服务器建立连接，并且之后对 Hyperspace 的所有操作请求都会发送给这个 Hyperspace 服务器。换句话说，只有 Active Hyperspace 才能真正地对外提供服务。

事务请求处理

在 Hyperspace 集群中，还有一个非常重要的组件，就是 BDB。BDB 服务也是采用集群部署的，也存在 Master 的角色，是 Hyperspace 底层实现分布式数据一致性的精华所在。在 Hyperspace 对外提供服务时，任何对于元数据的操作，Master 模块都会将其对应的事务请求发送给 Hyperspace 服务器。在接收到该事务请求后，Hyperspace 服务器就会向 BDB 集群中的 Master 服务器发起事务操作。BDB 服务器在接收到该事务请求后，会在集群内部发起一轮事务请求投票流程，一旦 BDB 集群内部过半的服务器成功应用了该

注7：MapR 是 MapR Technologies 公司开发并开源的一款分布式计算和存储平台，其官方主页是：*http://www.mapr.com/*。

注8：Ceph 是一个 Linux PB 级的分布式文件系统，其官方主页是：*http://ceph.com/*。

注9：KFS（KosmosFS）是一个使用 C++实现的分布式文件系统，其官方主页是：*http://code.Google.com/p/kosmosfs/*。

事务操作，就会反馈 Hyperspace 服务器更新已经成功，再由 Hyperspace 响应上层的 Master 模块。

举个例子来说，假设有一个由 5 台服务器组成的 Hyperspace 集群，其 Active Hyperspace 在处理一个建表请求时，需要获得至少 3 台 BDB 服务器的同意才能够完成写入。虽然这样的事务更新策略显然会严重影响其对写操作的响应速度，但由于其存入的元数据更新并不特别频繁，因此对写性能的影响还在可接受的范围内——毕竟数据的可靠一致才是最重要的。

Active Hyperspace 选举

当某台处于 Active 状态的 Hyperspace 服务器出现故障时，集群中剩余的服务器会自动重新选举出新的 Active Hyperspace，这一过程称为 Hyperspace 集群的 Active 选举。Active 选举过程的核心逻辑就是根据所有服务器上事务日志的更新时间来确定哪个服务器的数据最新——事务日志更新时间越新，那么这台服务器被选举为 Active Hyperspace 的可能性就越大，因为只有这样，才能避免集群中数据不一致情况的发生。完成 Active Hyperspace 选举之后，余下所有的服务器就需要和 Active Hyperspace 服务器进行数据同步，即所有 Hyperspace 服务器对应的 BDB 数据库的数据都需要和 Master BDB 保持一致。

从上面的讲解中我们可以看出，在整个 Hyperspace 的设计中，为了使整个集群能够正常地对外提供服务，那么就必须要求 Hyperspace 集群中至少需要有超过一半的机器能够正常运行。另外，在 Hyperspace 集群正常对外提供服务的过程中，只有 Active Hyperspace 才能接受来自外部的请求，并且交由底层的 BDB 事务来保证一致性——这样就能够保证在存在大量并发操作的情况下，依然能够确保数据的一致性和系统的可靠性。

小结

对于不少工程师来说，Paxos 算法本身晦涩难懂的算法描述，使得学习成本非常高，但 Paxos 算法超强的容错能力和对分布式数据一致性的可靠保证，使其在工业界得到了广泛的应用。本章通过对 Google Chubby 和 Hypertable 这两款经典的分布式产品中 Paxos 算法应用的介绍，向读者阐述了 Paxos 算法在实际工业实践中的应用，为读者更好地理解 Paxos 算法提供了帮助。

第 4 章
ZooKeeper 与 Paxos

Apache ZooKeeper 是由 Apache Hadoop 的子项目发展而来，于 2010 年 11 月正式成为了 Apache 的顶级项目。ZooKeeper 为分布式应用提供了高效且可靠的分布式协调服务，提供了诸如统一命名服务、配置管理和分布式锁等分布式的基础服务。在解决分布式数据一致性方面，ZooKeeper 并没有直接采用 Paxos 算法，而是采用了一种被称为 ZAB（ZooKeeper Atomic Broadcast）的一致性协议。

在本章中，我们将首先对 ZooKeeper 进行一个整体上的介绍，包括 ZooKeeper 的设计目标、由来以及它的基本概念，然后将会重点介绍 ZAB 这一 ZooKeeper 中非常重要的一致性协议。

4.1 初识 ZooKeeper

在本节中，我们会对 ZooKeeper 进行一个初步的介绍，从 ZooKeeper 是什么、ZooKeeper 的由来及其基本概念展开，同时会向读者介绍使用 ZooKeeper 来解决分布式一致性问题的优势。

4.1.1 ZooKeeper 介绍

ZooKeeper 是一个开放源代码的分布式协调服务，由知名互联网公司雅虎创建，是 Google Chubby 的开源实现。ZooKeeper 的设计目标是将那些复杂且容易出错的分布式一致性服务封装起来，构成一个高效可靠的原语集，并以一系列简单易用的接口提供给用户使用。

ZooKeeper 是什么

ZooKeeper 是一个典型的分布式数据一致性的解决方案，分布式应用程序可以基于它实现诸如数据发布/订阅、负载均衡、命名服务、分布式协调/通知、集群管理、Master 选举、分布式锁和分布式队列等功能。ZooKeeper 可以保证如下分布式一致性特性。

顺序一致性

从同一个客户端发起的事务请求，最终将会严格地按照其发起顺序被应用到 ZooKeeper 中去。

原子性

所有事务请求的处理结果在整个集群中所有机器上的应用情况是一致的，也就是说，要么整个集群所有机器都成功应用了某一个事务，要么都没有应用，一定不会出现集群中部分机器应用了该事务，而另外一部分没有应用的情况。

单一视图（Single System Image）

无论客户端连接的是哪个 ZooKeeper 服务器，其看到的服务端数据模型都是一致的。

可靠性

一旦服务端成功地应用了一个事务，并完成对客户端的响应，那么该事务所引起的服务端状态变更将会被一直保留下来，除非有另一个事务又对其进行了变更。

实时性

通常人们看到实时性的第一反应是，一旦一个事务被成功应用，那么客户端能够立即从服务端上读取到这个事务变更后的最新数据状态。这里需要注意的是，ZooKeeper 仅仅保证在一定的时间段内，客户端最终一定能够从服务端上读取到最新的数据状态。

ZooKeeper 的设计目标

ZooKeeper 致力于提供一个高性能、高可用，且具有严格的顺序访问控制能力（主要是写操作的严格顺序性）的分布式协调服务。高性能使得 ZooKeeper 能够应用于那些对系统吞吐有明确要求的大型分布式系统中，高可用使得分布式的单点问题得到了很好的解决，而严格的顺序访问控制使得客户端能够基于 ZooKeeper 实现一些复杂的同步原语。下面我们来具体看一下 ZooKeeper 的四个设计目标。

目标一：简单的数据模型

ZooKeeper 使得分布式程序能够通过一个共享的、树型结构的名字空间来进行相互协调。

这里所说的树型结构的名字空间，是指 ZooKeeper 服务器内存中的一个数据模型，其由一系列被称为 ZNode 的数据节点组成，总的来说，其数据模型类似于一个文件系统，而 ZNode 之间的层级关系，就像文件系统的目录结构一样。不过和传统的磁盘文件系统不同的是，ZooKeeper 将全量数据存储在内存中，以此来实现提高服务器吞吐、减少延迟的目的。关于 ZooKeeper 的数据模型，将会在 7.1.1 节中做详细阐述。

目标二：可以构建集群

一个 ZooKeeper 集群通常由一组机器组成，一般 3～5 台机器就可以组成一个可用的 ZooKeeper 集群了，如图 4-1 所示。

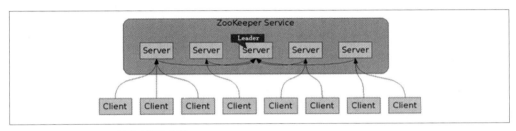

图 4-1. ZooKeeper 的集群模式[注1]

组成 ZooKeeper 集群的每台机器都会在内存中维护当前的服务器状态，并且每台机器之间都互相保持着通信。值得一提的是，只要集群中存在超过一半的机器能够正常工作，那么整个集群就能够正常对外服务。

ZooKeeper 的客户端程序会选择和集群中任意一台机器共同来创建一个 TCP 连接，而一旦客户端和某台 ZooKeeper 服务器之间的连接断开后，客户端会自动连接到集群中的其他机器。关于 ZooKeeper 客户端的工作原理，将会在 7.3 节中做详细阐述。

目标三：顺序访问

对于来自客户端的每个更新请求，ZooKeeper 都会分配一个全局唯一的递增编号，这个编号反映了所有事务操作的先后顺序，应用程序可以使用 ZooKeeper 的这个特性来实现更高层次的同步原语。关于 ZooKeeper 的事务请求处理和事务 ID 的生成，将会在 7.8 节中做详细阐述。

目标四：高性能

由于 ZooKeeper 将全量数据存储在内存中，并直接服务于客户端的所有非事务请求，因

注1：图片摘自 Zookeeper 在 Allche 的项目官网。

此它尤其适用于以读操作为主的应用场景。作者曾经以 3 台 3.4.3 版本的 ZooKeeper 服务器组成集群进行性能压测，100%读请求的场景下压测结果是 12~13W 的 QPS。

4.1.2　ZooKeeper 从何而来

ZooKeeper 最早起源于雅虎研究院的一个研究小组。在当时，研究人员发现，在雅虎内部很多大型系统基本都需要依赖一个类似的系统来进行分布式协调，但是这些系统往往都存在分布式单点问题。所以雅虎的开发人员就试图开发一个通用的无单点问题的分布式协调框架，以便让开发人员将精力集中在处理业务逻辑上。

关于"ZooKeeper"这个项目的名字，其实也有一段趣闻。在立项初期，考虑到之前内部很多项目都是使用动物的名字来命名的（例如著名的 Pig 项目），雅虎的工程师希望给这个项目也取一个动物的名字。时任研究院的首席科学家 Raghu Ramakrishnan 开玩笑地说："在这样下去，我们这儿就变成动物园了！"此话一出，大家纷纷表示就叫动物园管理员吧——因为各个以动物命名的分布式组件放在一起，雅虎的整个分布式系统看上去就像一个大型的动物园了，而 ZooKeeper 正好要用来进行分布式环境的协调——于是，ZooKeeper 的名字也就由此诞生了。

4.1.3　ZooKeeper 的基本概念

本节将介绍 ZooKeeper 的几个核心概念。这些概念贯穿于本书之后对 ZooKeeper 更深入的讲解，因此有必要预先了解这些概念。

集群角色

通常在分布式系统中，构成一个集群的每一台机器都有自己的角色，最典型的集群模式就是 Master/Slave 模式（主备模式）。在这种模式中，我们把能够处理所有写操作的机器称为 Master 机器，把所有通过异步复制方式获取最新数据，并提供读服务的机器称为 Slave 机器。

而在 ZooKeeper 中，这些概念被颠覆了。它没有沿用传统的 Master/Slave 概念，而是引入了 Leader、Follower 和 Observer 三种角色。ZooKeeper 集群中的所有机器通过一个 Leader 选举过程来选定一台被称为"Leader"的机器，Leader 服务器为客户端提供读和写服务。除 Leader 外，其他机器包括 Follower 和 Observer。Follower 和 Observer 都能够提供读服务，唯一的区别在于，Observer 机器不参与 Leader 选举过程，也不参与写操作的"过半写成功"策略，因此 Observer 可以在不影响写性能的情况下提升集群的读性能。关于 ZooKeeper 的集群结构和各角色的工作原理，将会在 7.7 节中做详细阐述。

会话（Session）

Session 是指客户端会话，在讲解会话之前，我们首先来了解一下客户端连接。在 ZooKeeper 中，一个客户端连接是指客户端和服务器之间的一个 TCP 长连接。ZooKeeper 对外的服务端口默认是 2181，客户端启动的时候，首先会与服务器建立一个 TCP 连接，从第一次连接建立开始，客户端会话的生命周期也开始了，通过这个连接，客户端能够通过心跳检测与服务器保持有效的会话，也能够向 ZooKeeper 服务器发送请求并接受响应，同时还能够通过该连接接收来自服务器的 Watch 事件通知。Session 的 sessionTimeout 值用来设置一个客户端会话的超时时间。当由于服务器压力太大、网络故障或是客户端主动断开连接等各种原因导致客户端连接断开时，只要在 sessionTimeout 规定的时间内能够重新连接上集群中任意一台服务器，那么之前创建的会话仍然有效。关于 ZooKeeper 客户端会话，将会在 7.4 节中做详细阐述。

数据节点（Znode）

在谈到分布式的时候，我们通常说的"节点"是指组成集群的每一台机器。然而，在 ZooKeeper 中，"节点"分为两类，第一类同样是指构成集群的机器，我们称之为机器节点；第二类则是指数据模型中的数据单元，我们称之为数据节点——ZNode。ZooKeeper 将所有数据存储在内存中，数据模型是一棵树（ZNode Tree），由斜杠（/）进行分割的路径，就是一个 Znode，例如*/foo/path1*。每个 ZNode 上都会保存自己的数据内容，同时还会保存一系列属性信息。

在 ZooKeeper 中，ZNode 可以分为持久节点和临时节点两类。所谓持久节点是指一旦这个 ZNode 被创建了，除非主动进行 ZNode 的移除操作，否则这个 ZNode 将一直保存在 ZooKeeper 上。而临时节点就不一样了，它的生命周期和客户端会话绑定，一旦客户端会话失效，那么这个客户端创建的所有临时节点都会被移除。另外，ZooKeeper 还允许用户为每个节点添加一个特殊的属性：SEQUENTIAL。一旦节点被标记上这个属性，那么在这个节点被创建的时候，ZooKeeper 会自动在其节点名后面追加上一个整型数字，这个整型数字是一个由父节点维护的自增数字。

关于 ZooKeeper 的节点特性以及完整的数据模型，将会在 7.1 节中做详细阐述。

版本

在前面我们已经提到，ZooKeeper 的每个 ZNode 上都会存储数据，对应于每个 ZNode，ZooKeeper 都会为其维护一个叫作 Stat 的数据结构，Stat 中记录了这个 ZNode 的三个数据版本，分别是 version（当前 ZNode 的版本）、cversion（当前 ZNode 子节点的版本）和 aversion（当前 ZNode 的 ACL 版本）。关于 ZooKeeper 数据模型中的版本，将会在 7.1.3

节中做详细阐述。

Watcher

Watcher（事件监听器），是 ZooKeeper 中的一个很重要的特性。ZooKeeper 允许用户在指定节点上注册一些 Watcher，并且在一些特定事件触发的时候，ZooKeeper 服务端会将事件通知到感兴趣的客户端上去，该机制是 ZooKeeper 实现分布式协调服务的重要特性。关于 ZooKeeper Watcher 机制的特性和使用，将会在 7.1.4 节中做详细阐述。

ACL

ZooKeeper 采用 ACL（Access Control Lists）策略来进行权限控制，类似于 UNIX 文件系统的权限控制。ZooKeeper 定义了如下 5 种权限。

- **CREATE**：创建子节点的权限。
- **READ**：获取节点数据和子节点列表的权限。
- **WRITE**：更新节点数据的权限。
- **DELETE**：删除子节点的权限。
- **ADMIN**：设置节点 ACL 的权限。

其中尤其需要注意的是，CREATE 和 DELETE 这两种权限都是针对子节点的权限控制。关于 ZooKeeper 权限控制的原理和使用方式，将会在 7.1.5 节中做详细阐述。

4.1.4　为什么选择 ZooKeeper

在本书引言部分，我们已经讲到，随着分布式架构的出现，越来越多的分布式应用会面临数据一致性问题。很遗憾的是，在解决分布式数据一致性上，除了 ZooKeeper 之外，目前还没有一个成熟稳定且被大规模应用的解决方案。ZooKeeper 无论从性能、易用性还是稳定性上来说，都已经达到了一个工业级产品的标准。

其次，ZooKeeper 是开放源代码的，所有人都在关注它的发展，都有权利来贡献自己的力量，你可以和全世界成千上万的 ZooKeeper 开发者们一起交流使用经验，共同解决问题。

另外，ZooKeeper 是免费的，你无须为它支付任何费用。这点对于一个小型公司，尤其是初创团队来说，无疑是非常重要的。

最后，ZooKeeper 已经得到了广泛的应用。诸如 Hadoop、HBase、Storm 和 Solr 等越来

越多的大型分布式项目都已经将 ZooKeeper 作为其核心组件,用于分布式协调。

4.2 ZooKeeper 的 ZAB 协议

在第 2、3 两章中,我们已经详细地讲解了其他的分布式一致性协议,在本小节中,我们将围绕 ZooKeeper 官方的几篇论文资料[注2]来看看 ZooKeeper 中的一致性协议。

4.2.1 ZAB 协议

在深入了解 ZooKeeper 之前,相信很多读者都会认为 ZooKeeper 就是 Paxos 算法的一个实现。但事实上,ZooKeeper 并没有完全采用 Paxos 算法,而是使用了一种称为 ZooKeeper Atomic Broadcast(ZAB,ZooKeeper 原子消息广播协议)的协议作为其数据一致性的核心算法。

ZAB 协议是为分布式协调服务 ZooKeeper 专门设计的一种支持崩溃恢复的原子广播协议。ZAB 协议的开发设计人员在协议设计之初并没有要求其具有很好的扩展性,最初只是为雅虎公司内部那些高吞吐量、低延迟、健壮、简单的分布式系统场景设计的。在 ZooKeeper 的官方文档中也指出,ZAB 协议并不像 Paxos 算法那样,是一种通用的分布式一致性算法,它是一种特别为 ZooKeeper 设计的崩溃可恢复的原子消息广播算法。

在 ZooKeeper 中,主要依赖 ZAB 协议来实现分布式数据一致性,基于该协议,ZooKeeper 实现了一种主备模式的系统架构来保持集群中各副本之间数据的一致性。具体的,ZooKeeper 使用一个单一的主进程来接收并处理客户端的所有事务请求,并采用 ZAB 的原子广播协议,将服务器数据的状态变更以事务 Proposal 的形式广播到所有的副本进程上去。ZAB 协议的这个主备模型架构保证了同一时刻集群中只能够有一个主进程来广播服务器的状态变更,因此能够很好地处理客户端大量的并发请求。另一方面,考虑到在分布式环境中,顺序执行的一些状态变更其前后会存在一定的依赖关系,有些状态变更必须依赖于比它早生成的那些状态变更,例如变更 C 需要依赖变更 A 和变更 B。这样的依赖关系也对 ZAB 协议提出了一个要求:ZAB 协议必须能够保证一个全局的变更序列被顺序应用,也就是说,ZAB 协议需要保证如果一个状态变更已经被处理了,那么所有其依赖的状态变更都应该已经被提前处理掉了。最后,考虑到主进程在任何时候都有可

注 2: 本书中涉及的 ZAB 协议相关的论文主要包括雅虎研究院的 Benjamin Reed、Flavio P. Junqueira 和 Marco Serafini 写的 *A simple totally ordered broadcast protocol* 以及 *Zab: High-performance broadcast for primary-backup systems*,读者可以分别访问 http://dl.acm.org/citation.cfm?id=1529978 和 http://dl.acm.org/citation.cfm?id=2056409 阅读论文全文。

能出现崩溃退出或重启现象，因此，ZAB 协议还需要做到在当前主进程出现上述异常情况的时候，依旧能够正常工作。

ZAB 协议的核心是定义了对于那些会改变 ZooKeeper 服务器数据状态的事务请求的处理方式，即：

> 所有事务请求必须由一个全局唯一的服务器来协调处理，这样的服务器被称为 Leader 服务器，而余下的其他服务器则成为 Follower 服务器。Leader 服务器负责将一个客户端事务请求转换成一个事务 Proposal（提议），并将该 Proposal 分发给集群中所有的 Follower 服务器。之后 Leader 服务器需要等待所有 Follower 服务器的反馈，一旦超过半数的 Follower 服务器进行了正确的反馈后，那么 Leader 就会再次向所有的 Follower 服务器分发 Commit 消息，要求其将前一个 Proposal 进行提交。

4.2.2 协议介绍

从上面的介绍中，我们已经了解了 ZAB 协议的核心，现在我们就来详细地讲解下 ZAB 协议的具体内容。ZAB 协议包括两种基本的模式，分别是崩溃恢复和消息广播。当整个服务框架在启动过程中，或是当 Leader 服务器出现网络中断、崩溃退出与重启等异常情况时，ZAB 协议就会进入恢复模式并选举产生新的 Leader 服务器。当选举产生了新的 Leader 服务器，同时集群中已经有过半的机器与该 Leader 服务器完成了状态同步之后，ZAB 协议就会退出恢复模式。其中，所谓的状态同步是指数据同步，用来保证集群中存在过半的机器能够和 Leader 服务器的数据状态保持一致。

当集群中已经有过半的 Follower 服务器完成了和 Leader 服务器的状态同步，那么整个服务框架就可以进入消息广播模式了。当一台同样遵守 ZAB 协议的服务器启动后加入到集群中时，如果此时集群中已经存在一个 Leader 服务器在负责进行消息广播，那么新加入的服务器就会自觉地进入数据恢复模式：找到 Leader 所在的服务器，并与其进行数据同步，然后一起参与到消息广播流程中去。正如上文介绍中所说的，ZooKeeper 设计成只允许唯一的一个 Leader 服务器来进行事务请求的处理。Leader 服务器在接收到客户端的事务请求后，会生成对应的事务提案并发起一轮广播协议；而如果集群中的其他机器接收到客户端的事务请求，那么这些非 Leader 服务器会首先将这个事务请求转发给 Leader 服务器。

当 Leader 服务器出现崩溃退出或机器重启，亦或是集群中已经不存在过半的服务器与该 Leader 服务器保持正常通信时，那么在重新开始新一轮的原子广播事务操作之前，所有进程首先会使用崩溃恢复协议来使彼此达到一个一致的状态，于是整个 ZAB 流程就会从消息广播模式进入到崩溃恢复模式。

一个机器要成为新的 Leader，必须获得过半进程的支持，同时由于每个进程都有可能会崩溃，因此，在 ZAB 协议运行过程中，前后会出现多个 Leader，并且每个进程也有可能会多次成为 Leader。进入崩溃恢复模式后，只要集群中存在过半的服务器能够彼此进行正常通信，那么就可以产生一个新的 Leader 并再次进入消息广播模式。举个例子来说，一个由 3 台机器组成的 ZAB 服务，通常由 1 个 Leader、2 个 Follower 服务器组成。某一个时刻，假如其中一个 Follower 服务器挂了，整个 ZAB 集群是不会中断服务的，这是因为 Leader 服务器依然能够获得过半机器（包括 Leader 自己）的支持。

接下来我们就重点讲解一下 ZAB 协议的消息广播和崩溃恢复过程。

消息广播

ZAB 协议的消息广播过程使用的是一个原子广播协议，类似于一个二阶段提交过程。针对客户端的事务请求，Leader 服务器会为其生成对应的事务 Proposal，并将其发送给集群中其余所有的机器，然后再分别收集各自的选票，最后进行事务提交，如图 4-2 所示就是 ZAB 协议消息广播流程的示意图。

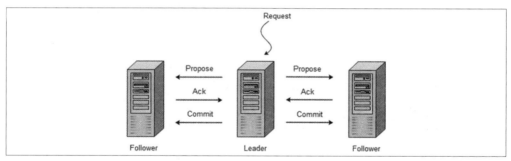

图 4-2. ZAB 协议消息广播流程示意图

在第 2 章中，我们已经详细讲解了关于二阶段提交协议的内容，而此处 ZAB 协议中涉及的二阶段提交过程则与其略有不同。在 ZAB 协议的二阶段提交过程中，移除了中断逻辑，所有的 Follower 服务器要么正常反馈 Leader 提出的事务 Proposal，要么就抛弃 Leader 服务器。同时，ZAB 协议将二阶段提交中的中断逻辑移除意味着我们可以在过半的 Follower 服务器已经反馈 Ack 之后就开始提交事务 Proposal 了，而不需要等待集群中所有的 Follower 服务器都反馈响应。当然，在这种简化了的二阶段提交模型下，是无法处理 Leader 服务器崩溃退出而带来的数据不一致问题的，因此在 ZAB 协议中添加了另一个模式，即采用崩溃恢复模式来解决这个问题。另外，整个消息广播协议是基于具有 FIFO 特性的 TCP 协议来进行网络通信的，因此能够很容易地保证消息广播过程中消息接收与发送的顺序性。

在整个消息广播过程中，Leader 服务器会为每个事务请求生成对应的 Proposal 来进行广播，并且在广播事务 Proposal 之前，Leader 服务器会首先为这个事务 Proposal 分配一个全局单调递增的唯一 ID，我们称之为事务 ID（即 ZXID）。由于 ZAB 协议需要保证每一个消息严格的因果关系，因此必须将每一个事务 Proposal 按照其 ZXID 的先后顺序来进行排序与处理。

具体的，在消息广播过程中，Leader 服务器会为每一个 Follower 服务器都各自分配一个单独的队列，然后将需要广播的事务 Proposal 依次放入这些队列中去，并且根据 FIFO 策略进行消息发送。每一个 Follower 服务器在接收到这个事务 Proposal 之后，都会首先将其以事务日志的形式写入到本地磁盘中去，并且在成功写入后反馈给 Leader 服务器一个 Ack 响应。当 Leader 服务器接收到超过半数 Follower 的 Ack 响应后，就会广播一个 Commit 消息给所有的 Follower 服务器以通知其进行事务提交，同时 Leader 自身也会完成对事务的提交，而每一个 Follower 服务器在接收到 Commit 消息后，也会完成对事务的提交。

崩溃恢复

上面我们主要讲解了 ZAB 协议中的消息广播过程。ZAB 协议的这个基于原子广播协议的消息广播过程，在正常情况下运行非常良好，但是一旦 Leader 服务器出现崩溃，或者说由于网络原因导致 Leader 服务器失去了与过半 Follower 的联系，那么就会进入崩溃恢复模式。在 ZAB 协议中，为了保证程序的正确运行，整个恢复过程结束后需要选举出一个新的 Leader 服务器。因此，ZAB 协议需要一个高效且可靠的 Leader 选举算法，从而确保能够快速地选举出新的 Leader。同时，Leader 选举算法不仅仅需要让 Leader 自己知道其自身已经被选举为 Leader，同时还需要让集群中的所有其他机器也能够快速地感知到选举产生的新的 Leader 服务器。

基本特性

根据上面的内容，我们了解到，ZAB 协议规定了如果一个事务 Proposal 在一台机器上被处理成功，那么应该在所有的机器上都被处理成功，哪怕机器出现故障崩溃。接下来我们看看在崩溃恢复过程中，可能会出现的两个数据不一致性的隐患及针对这些情况 ZAB 协议所需要保证的特性。

ZAB 协议需要确保那些已经在 Leader 服务器上提交的事务最终被所有服务器都提交

假设一个事务在 Leader 服务器上被提交了，并且已经得到过半 Follower 服务器的 Ack 反馈，但是在它将 Commit 消息发送给所有 Follower 机器之前，Leader 服务器挂了，如图 4-3 所示。

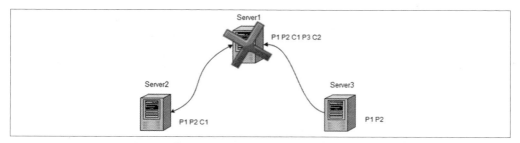

图 4-3. 崩溃恢复过程需要确保已经被 Leader 提交的 Proposal 也能够被所有的 Follower 提交

图 4-3 中的消息 C2 就是一个典型的例子：在集群正常运行过程中的某一个时刻，Server1 是 Leader 服务器，其先后广播了消息 P1、P2、C1、P3 和 C2，其中，当 Leader 服务器将消息 C2（C2 是 Commit Of Proposal2 的缩写，即提交事务 Proposal2）发出后就立即崩溃退出了。针对这种情况，ZAB 协议就需要确保事务 Proposal2 最终能够在所有的服务器上都被提交成功，否则将出现不一致。

ZAB 协议需要确保丢弃那些只在 Leader 服务器上被提出的事务

相反，如果在崩溃恢复过程中出现一个需要被丢弃的提案，那么在崩溃恢复结束后需要跳过该事务 Proposal，如图 4-4 所示。

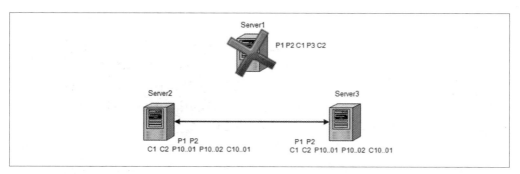

图 4-4. 崩溃恢复过程需要跳过那些已经被丢弃的事务 Proposal

在图 4-4 所示的集群中，假设初始的 Leader 服务器 Server1 在提出了一个事务 Proposal3 之后就崩溃退出了，从而导致集群中的其他服务器都没有收到这个事务 Proposal。于是，当 Server1 恢复过来再次加入到集群中的时候，ZAB 协议需要确保丢弃 Proposal3 这个事务。

结合上面提到的这两个崩溃恢复过程中需要处理的特殊情况，就决定了 ZAB 协议必须设计这样一个 Leader 选举算法：能够确保提交已经被 Leader 提交的事务 Proposal，同时丢弃已经被跳过的事务 Proposal。针对这个要求，如果让 Leader 选举算法能够保证新选举出来的 Leader 服务器拥有集群中所有机器最高编号(即 ZXID 最大)的事务 Proposal，那么就可以保证这个新选举出来的 Leader 一定具有所有已经提交的提案。更为重要的是，如果让具有最高编号事务 Proposal 的机器来成为 Leader，就可以省去 Leader 服务器检查 Proposal 的提交和丢弃工作的这一步操作了。

数据同步

完成 Leader 选举之后，在正式开始工作(即接收客户端的事务请求，然后提出新的提案)之前，Leader 服务器会首先确认事务日志中的所有 Proposal 是否都已经被集群中过半的机器提交了，即是否完成数据同步。下面我们就来看看 ZAB 协议的数据同步过程。

所有正常运行的服务器，要么成为 Leader，要么成为 Follower 并和 Leader 保持同步。Leader 服务器需要确保所有的 Follower 服务器能够接收到每一条事务 Proposal，并且能够正确地将所有已经提交了的事务 Proposal 应用到内存数据库中去。具体的，Leader 服务器会为每一个 Follower 服务器都准备一个队列，并将那些没有被各 Follower 服务器同步的事务以 Proposal 消息的形式逐个发送给 Follower 服务器，并在每一个 Proposal 消息后面紧接着再发送一个 Commit 消息，以表示该事务已经被提交。等到 Follower 服务器将所有其尚未同步的事务 Proposal 都从 Leader 服务器上同步过来并成功应用到本地数据库中后，Leader 服务器就会将该 Follower 服务器加入到真正的可用 Follower 列表中，并开始之后的其他流程。

上面讲到的是正常情况下的数据同步逻辑，下面来看 ZAB 协议是如何处理那些需要被丢弃的事务 Proposal 的。在 ZAB 协议的事务编号 ZXID 设计中，ZXID 是一个 64 位的数字，其中低 32 位可以看作是一个简单的单调递增的计数器，针对客户端的每一个事务请求，Leader 服务器在产生一个新的事务 Proposal 的时候，都会对该计数器进行加 1 操作；而高 32 位则代表了 Leader 周期 epoch 的编号，每当选举产生一个新的 Leader 服务器，就会从这个 Leader 服务器上取出其本地日志中最大事务 Proposal 的 ZXID，并从该 ZXID 中解析出对应的 epoch 值，然后再对其进行加 1 操作，之后就会以此编号作为新的 epoch，并将低 32 位置 0 来开始生成新的 ZXID。ZAB 协议中的这一通过 epoch 编号来区分 Leader 周期变化的策略，能够有效地避免不同的 Leader 服务器错误地使用相同的 ZXID 编号提出不一样的事务 Proposal 的异常情况，这对于识别在 Leader 崩溃恢复前后生成的 Proposal 非常有帮助，大大简化和提升了数据恢复流程。

基于这样的策略，当一个包含了上一个 Leader 周期中尚未提交过的事务 Proposal 的服务器启动时，其肯定无法成为 Leader，原因很简单，因为当前集群中一定包含一个 Quorum 集合，该集合中的机器一定包含了更高 epoch 的事务 Proposal，因此这台机器的事务 Proposal 肯定不是最高，也就无法成为 Leader 了。当这台机器加入到集群中，以

Follower 角色连接上 Leader 服务器之后，Leader 服务器会根据自己服务器上最后被提交的 Proposal 来和 Follower 服务器的 Proposal 进行比对，比对的结果当然是 Leader 会要求 Follower 进行一个回退操作——回退到一个确实已经被集群中过半机器提交的最新的事务 Proposal。举个例子来说，在图 4-4 中，当 Server1 连接上 Leader 后，Leader 会要求 Server1 去除 P3。

4.2.3 深入 ZAB 协议

在 4.2.2 节中，我们已经基本介绍了 ZAB 协议的大体内容以及在实际运行过程中消息广播和崩溃恢复这两个基本的模式，下面将从系统模型、问题描述、算法描述和运行分析四方面来深入了解 ZAB 协议。

系统模型

在深入讲解 ZAB 协议之前，我们先来抽象地描述下 ZAB 协议需要构建的分布式系统模型。通常在一个由一组进程 $\prod = \{P_1, P_2, ..., P_n\}$ 组成的分布式系统中，其每一个进程都具有各自的存储设备，各进程之间通过相互通信来实现消息的传递。一般的，在这样的一个分布式系统中，每一个进程都随时有可能会出现一次或多次的崩溃退出，当然，这些进程会在恢复之后再次加入到进程组 $\prod$ 中去。如果一个进程正常工作，那么我们称该进程处于 UP 状态；如果一个进程崩溃了，那么我们称其处于 DOWN 状态。事实上，当集群中存在过半的处于 UP 状态的进程组成一个进程子集之后，就可以进行正常的消息广播了。我们将这样的一个进程子集称为 Quorum（下文中使用"Q"来表示），并假设这样的 Q 已经存在，其满足：

$$\wedge \quad \forall Q, \ Q \subseteq \prod$$
$$\wedge \quad \forall Q_1 和 Q_2, \ Q_1 \cap Q_2 \neq \emptyset$$

上述集合关系式表示，存在这样的一个进程子集 Q，其必定是进程组 $\prod$ 的子集；同时，存在任意两个进程子集 Q_1 和 Q_2，其交集必定非空。

我们使用 P_i 和 P_j 来分别表示进程组 $\prod$ 中的两个不同进程，使用 C_{ij} 来表示进程 P_i 和 P_j 之间的网络通信通道，其满足如下两个基本特性。

完整性（Integrity）

  进程 P_j 如果收到来自进程 P_i 的消息 m，那么进程 P_i 一定确实发送了消息 m。

前置性（Prefix）

如果进程 P_j 收到了消息 m，那么存在这样的消息 m'：如果消息 m'是消息 m 的前置消息，那么 P_j 务必先接收到消息 m'，然后再接收到消息 m。我们将存在这种前置性关系的两个消息表示为：$m' \prec m$。前置性是整个协议设计中最关键的一点，由于每一个消息都有可能是基于之前的消息来进行的，因此所有的消息都必须按照严格的先后顺序来进行处理。

问题描述

在了解了 ZAB 协议所针对应用的系统模型后，我们再来看看其所要解决的实际分布式问题。在前文的介绍中，我们已经了解到 ZooKeeper 是一个高可用的分布式协调服务，在雅虎的很多大型系统上得到应用。这类应用有个共同的特点，即通常都存在大量的客户端进程，并且都依赖 ZooKeeper 来完成一系列诸如可靠的配置存储和运行时状态记录等分布式协调工作。鉴于这些大型应用对 ZooKeeper 的依赖，因此 Zookeeper 必须具备高吞吐和低延迟的特性，并且能够很好地在高并发情况下完成分布式数据的一致性处理，同时能够优雅地处理运行时故障，并具备快速地从故障中恢复过来的能力。

ZAB 协议是整个 ZooKeeper 框架的核心所在，其规定了任何时候都需要保证只有一个主进程负责进行消息广播，而如果主进程崩溃了，就需要选举出一个新的主进程。主进程的选举机制和消息广播机制是紧密相关的。随着时间的推移，会出现无限多个主进程并构成一个主进程序列：$P_1, P_2, \cdots, P_{e-1}, P_e$，其中 $P_e \in \prod$，e 表示主进程序列号，也被称作主进程周期。对于这个主进程序列上的任意两个主进程来说，如果 e 小于 e'，那么我们就说 P_e 是 $P_{e'}$ 之前的主进程，通常使用 $P_e \prec P_{e'}$ 来表示。需要注意的是，由于各个进程都会发生崩溃然后再次恢复，因此会出现这样的情况：存在这样的 P_e 和 $P_{e'}$，它们本质上是同一个进程，只是处于不同的周期中而已。

主进程周期

为了保证主进程每次广播出来的事务消息都是一致的，我们必须确保 ZAB 协议只有在充分完成崩溃恢复阶段之后，新的主进程才可以开始生成新的事务消息广播。为了实现这个目的，我们假设各个进程都实现了类似于 ready(e)这样的一个函数调用，在运行过程中，ZAB 协议能够非常明确地告知上层系统（指主进程和其他副本进程）是否可以开始进行事务消息的广播，同时，在调用 ready(e)函数之后，ZAB 还需要为当前主进程设置一个实例值。实例值用于唯一标识当前主进程的周期，在进行消息广播的时候，主进程使用该实例值来设置事务标识中的 epoch 字段——当然，ZAB 需要保证实例值在不同的主进程周期中是全局唯一的。如果一个主进程周期 e 早于另一个主进程周期 e'，那么将其表示为 $e \prec e'$。

事务

我们假设各个进程都存在一个类似于 transactions(v,z)这样的函数调用,来实现主进程对状态变更的广播。主进程每次对 transaction(v,z)函数的调用都包含了两个字段:事务内容 v 和事务标识 z,而每一个事务标识 z = <e,c>也包含两个组成部分,前者是主进程周期 e,后者是当前主进程周期内的事务计数 c。我们使用 epoch(z)来表示一个事务标识中的主进程周期 epoch,使用 counter(z)来表示事务标识中的事务计数。

针对每一个新的事务,主进程都会首先将事务计数 c 递增。在实际运行过程中,如果一个事务标识 z 优先于另一个事务标识 z′,那么就有两种情况:一种情况是主进程周期不同,即 epoch(z) < epoch(z′);另一种情况则是主进程周期一致,但是事务计数不同,即 epoch(z) = epoch(z′)且 counter(z) < counter(z′),无论哪种情况,均使用 z ≺$_z$ z′ 来表示。

算法描述

下面我们将从算法描述角度来深入讲解 ZAB 协议的内部原理。整个 ZAB 协议主要包括消息广播和崩溃恢复两个过程,进一步可以细分为三个阶段,分别是发现(Discovery)、同步(Synchronization)和广播(Broadcast)阶段。组成 ZAB 协议的每一个分布式进程,会循环地执行这三个阶段,我们将这样一个循环称为一个主进程周期。

为了更好地对 ZAB 协议各阶段的算法流程进行描述,我们首先定义一些专有标识和术语,如表 4-1 所示。

表 4-1. ZAB 协议算法表述术语介绍

术 语 名	说 明
$F.p$	Follower f 处理过的最后一个事务 Proposal
$F.zxid$	Follower f 处理过的历史事务 Proposal 中最后一个事务 Proposal 的事务标识 ZXID
h_f	每一个 Follower f 通常都已经处理(接受)了不少事务 Proposal,并且会有一个针对已经处理过的事务的集合,将其表示为 h_f,表示 Follower f 已经处理过的事务序列
I_e	初始化历史记录,在某一个主进程周期 epoch e 中,当准 Leader 完成阶段一之后,此时它的 h_f 就被标记为 I_e。关于 ZAB 协议的阶段一过程,将在下文中做详细讲解

下面我们就从发现、同步和广播这三个阶段展开来讲解 ZAB 协议的内部原理。

阶段一:发现

阶段一主要就是 Leader 选举过程,用于在多个分布式进程中选举出主进程,准 Leader L 和 Follower F 的工作流程分别如下。

步骤 F.1.1　Follower F 将自己最后接受的事务 Proposal 的 epoch 值 CEPOCH($F._p$) 发送给准 Leader L。

步骤 L.1.1　当接收到来自过半 Follower 的 CEPOCH($F._p$) 消息后，准 Leader L 会生成 NEWEPOCH(e′) 消息给这些过半的 Follower。

关于这个 epoch 值 e′，准 Leader L 会从所有接收到的 CEPOCH($F._p$) 消息中选取出最大的 epoch 值，然后对其进行加 1 操作，即为 e′。

步骤 F.1.2　当 Follower 接收到来自准 Leader L 的 NEWEPOCH(e′) 消息后，如果其检测到当前的 CEPOCH($F._p$) 值小于 e′，那么就会将 CEPOCH($F._p$) 赋值为 e′，同时向这个准 Leader L 反馈 Ack 消息。在这个反馈消息（ACK-E(F_p,h_f)）中，包含了当前该 Follower 的 epoch CEPOCH($F._p$)，以及该 Follower 的历史事务 Proposal 集合：h_f。

当 Leader L 接收到来自过半 Follower 的确认消息 Ack 之后，Leader L 就会从这过半服务器中选取出一个 Follower F，并使用其作为初始化事务集合 $I_{e'}$。

关于这个 Follower F 的选取，对于 Quorum 中其他任意一个 Follower F′，F 需要满足以下两个条件中的一个：

CEPOCH ($F'._p$) < CEPOCH ($F._p$)

(CEPOCH ($F'._p$) = CEPOCH ($F._p$)) & ($F'.zxid \prec_z F.zxid$ 或 $F'.zxid = F.zxid$)

至此，ZAB 协议完成阶段一的工作流程。

阶段二：同步

在完成发现流程之后，就进入了同步阶段。在这一阶段中，Leader L 和 Follower F 的工作流程分别如下。

步骤 L.2.1　Leader L 会将 e′ 和 $I_{e'}$ 以 NEWLEADER(e′,$I_{e'}$) 消息的形式发送给所有 Quorum 中的 Follower。

步骤 F.2.1　当 Follower 接收到来自 Leader L 的 NEWLEADER(e′,$I_{e'}$) 消息后，如果 Follower 发现 CEPOCH ($F._p$) ≠ e′，那么直接进入下一轮循环，因为此时 Follower 发现自己还在上一轮，或者更上轮，无法参与本轮的同步。

如果 CEPOCH ($F._p$) = e′，那么 Follower 就会执行事务应用操作。具体的，对于每一个事务 Proposal：<v,z>∈$I_{e'}$，Follower 都会接受 <e′,<v,z>>。

最后，Follower 会反馈给 Leader，表明自己已经接受并处理了所有 $I_{e'}$ 中的事务 Proposal。

步骤 L.2.2 当 Leader 接收到来自过半 Follower 针对 NEWLEADER(e',$I_{e'}$)的反馈消息后，就会向所有的 Follower 发送 Commit 消息。至此 Leader 完成阶段二。

步骤 F.2.2 当 Follower 收到来自 Leader 的 Commit 消息后，就会依次处理并提交所有在 $I_{e'}$ 中未处理的事务。至此 Follower 完成阶段二。

阶段三：广播

完成同步阶段之后，ZAB 协议就可以正式开始接收客户端新的事务请求，并进行消息广播流程。

步骤 L.3.1 Leader L 接收到客户端新的事务请求后，会生成对应的事务 Proposal，并根据 ZXID 的顺序向所有 Follower 发送提案<e',<v,z>>，其中 epoch(z) = e'。

步骤 F.3.1 Follower 根据消息接收的先后次序来处理这些来自 Leader 的事务 Proposal，并将他们追加到 h_f 中去，之后再反馈给 Leader。

步骤 L.3.1 当 Leader 接收到来自过半 Follower 针对事务 Proposal<e',<v,z>>的 Ack 消息后，就会发送 Commit<e',<v,z>>消息给所有的 Follower，要求它们进行事务的提交。

步骤 F.3.2 当 Follower F 接收到来自 Leader 的 Commit<e',<v,z>>消息后，就会开始提交事务 Proposal<e',<v,z>>。需要注意的是，此时该 Follower F 必定已经提交了事务 Proposal<v',z'>，其中 <v',z'> $\in h_f, z' \prec_z z$。

以上就是整个 ZAB 协议的三个核心工作流程，如图 4-5 所示是在整个过程中各进程之间的消息收发情况，各消息说明依次如下：

CEPOCH：Follower 进程向准 Leader 发送自己处理过的最后一个事务 Proposal 的 epoch 值。

NEWEPOCH：准 Leader 进程根据接收的各进程的 epoch，来生成新一轮周期的 epoch 值。

ACK-E：Follower 进程反馈准 Leader 进程发来的 NEWEPOCH 消息。

NEWLEADER：准 Leader 进程确立自己的领导地位，并发送 NEWLEADER 消息给各进程。

ACK-LD：Follower 进程反馈 Leader 进程发来的 NEWLEADER 消息。

COMMIT-LD：要求 Follower 进程提交相应的历史事务 Proposal。

PROPOSE：Leader 进程生成一个针对客户端事务请求的 Proposal。

ACK：Follower 进程反馈 Leader 进程发来的 PROPOSAL 消息。

COMMIT：Leader 发送 COMMIT 消息，要求所有进程提交事务 PROPOSE。

在正常运行过程中，ZAB 协议会一直运行于阶段三来反复地进行消息广播流程。如果出现 Leader 崩溃或其他原因导致 Leader 缺失，那么此时 ZAB 协议会再次进入阶段一，重新选举新的 Leader。

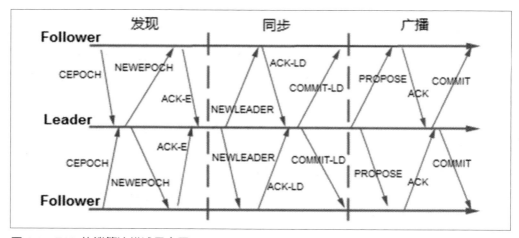

图 4-5. ZAB 协议算法描述示意图

运行分析

在 ZAB 协议的设计中，每一个进程都有可能处于以下三种状态之一。

- **LOOKING**：Leader 选举阶段
- **FOLLOWING**：Follower 服务器和 Leader 保持同步状态
- **LEADING**：Leader 服务器作为主进程领导状态

组成 ZAB 协议的所有进程启动的时候，其初始化状态都是 LOOKING 状态，此时进程组中不存在 Leader。所有处于这种状态的进程，都会试图去选举出一个新的 Leader。随后，如果进程发现已经选举出新的 Leader 了，那么它就会马上切换到 FOLLOWING 状态，并开始和 Leader 保持同步。这里，我们将处于 FOLLOWING 状态的进程称为 Follower，将处于 LEADING 状态的进程称为 Leader。考虑到 Leader 进程随时会挂掉，当检测出

Leader 已经崩溃或者是放弃了领导地位时,其余的 Follower 进程就会转换到 LOOKING 状态,并开始进行新一轮的 Leader 选举。因此在 ZAB 协议运行过程中,每个进程都会在 LEADING、FOLLOWING 和 LOOKING 状态之间不断地转换。

Leader 的选举过程发生在前面两个阶段。图 4-5 展示了在一次 Leader 选举过程中,各进程之间的消息发送与接收情况。需要注意的是,只有在完成了阶段二,即完成各进程之间的数据同步之后,准 Leader 进程才能真正成为新的主进程周期中的 Leader。具体的,我们将一个可用的 Leader 定义如下:

> 如果一个准 Leader L_e 接收到来自过半的 Follower 进程针对 L_e 的 NEWLEADER (e,I_e) 反馈消息,那么 L_e 就成为了周期 e 的 Leader。

完成 Leader 选举以及数据同步之后,ZAB 协议就进入了原子广播阶段。在这一阶段中,Leader 会以队列的形式为每一个与自己保持同步的 Follower 创建一个操作队列。同一时刻,一个 Follower 只能和一个 Leader 保持同步,Leader 进程与所有的 Follower 进程之间都通过心跳检测机制来感知彼此的情况。如果 Leader 能够在超时时间内正常收到心跳检测,那么 Follower 就会一直与该 Leader 保持连接。而如果在指定的超时时间内 Leader 无法从过半的 Follower 进程那里接收到心跳检测,或者是 TCP 连接本身断开了,那么 Leader 就会终止对当前周期的领导,并转换到 LOOKING 状态,所有的 Follower 也会选择放弃这个 Leader,同时转换到 LOOKING 状态。之后,所有进程就会开始新一轮的 Leader 选举,并在选举产生新的 Leader 之后开始新一轮的主进程周期。

4.2.4　ZAB 与 Paxos 算法的联系与区别

ZAB 协议并不是 Paxos 算法的一个典型实现,在讲解 ZAB 和 Paxos 之间的区别之前,我们首先来看下两者的联系。

- 两者都存在一个类似于 Leader 进程的角色,由其负责协调多个 Follower 进程的运行。
- Leader 进程都会等待超过半数的 Follower 做出正确的反馈后,才会将一个提案进行提交。
- 在 ZAB 协议中,每个 Proposal 中都包含了一个 epoch 值,用来代表当前的 Leader 周期,在 Paxos 算法中,同样存在这样的一个标识,只是名字变成了 Ballot。

在 Paxos 算法中,一个新选举产生的主进程会进行两个阶段的工作。第一阶段被称为读阶段,在这个阶段中,这个新的主进程会通过和所有其他进程进行通信的方式来收集上一个主进程提出的提案,并将它们提交。第二阶段被称为写阶段,在这个阶段,当前主进程开始提出它自己的提案。在 Paxos 算法设计的基础上，ZAB 协议额外添加了一个同步阶段。在同步阶段之前，ZAB 协议也存在一个和 Paxos 算法中的读阶段非常类似的过程，称为发现（Discovery）阶段。在同步阶段中，新的 Leader 会确保存在过半的 Follower 已经提交了之前 Leader 周期中的所有事务 Proposal。这一同步阶段的引入，能够有效地保证 Leader 在新的周期中提出事务 Proposal 之前，所有的进程都已经完成了对之前所有事务 Proposal 的提交。一旦完成同步阶段后，那么 ZAB 就会执行和 Paxos 算法类似的写阶段。

总的来讲，ZAB 协议和 Paxos 算法的本质区别在于，两者的设计目标不太一样。ZAB 协议主要用于构建一个高可用的分布式数据主备系统，例如 ZooKeeper，而 Paxos 算法则是用于构建一个分布式的一致性状态机系统。

小结

本章从介绍 ZooKeeper 开始，向读者初步讲解了 ZooKeeper 的设计目标、由来以及基本概念。同时，本章也详细地介绍了 ZooKeeper 的一致性协议——ZAB，并将其与 Paxos 算法进行了对比。对于 ZooKeeper 中 ZAB 协议的具体实现，将会在 7.8 节中进行更为详细的讲解。

第 5 章
使用 ZooKeeper

好了,到现在为止,在学习了前面几章的内容后,相信你对 ZooKeeper 已经有了一个基本的认识了,那么,还等什么,让我们开始 ZooKeeper 之旅吧。

5.1 部署与运行

本节将着重介绍如何部署一个 ZooKeeper 集群,以及如何将其顺利地运行起来。注意,截止作者完成本章写作的时候,ZooKeeper 的官方最新稳定版本是 3.4.3,因此本章的讲解都是针对这个版本进行的。尽管如此,由于 ZooKeeper 各个版本之间在部署和运行方式上的变化不大,因此本章的很多内容都适用于 ZooKeeper 的其他版本。

5.1.1 系统环境

对于大部分 Java 开源产品而言,在部署与运行之前,总是需要搭建一个合适的环境,通常包括操作系统和 Java 环境两方面。本节将介绍部署与运行 ZooKeeper 需要的系统环境,同样包括操作系统和 Java 环境两部分。

操作系统

首先,你需要选择一个合适的操作系统。幸运的是,ZooKeeper 对于不同平台的支持都很好,在现在绝大多数主流的操作系统上都能够正常运行,例如 GNU/Linux、Sun Solaris、Win32 以及 MacOSX 等。需要注意的是,ZooKeeper 官方文档中特别强调,由于 FreeBSD 系统的 JVM 对 Java 的 NIO Selector 支持得不是很好,所以不建议在该系统上部署生产环境的 ZooKeeper 服务器。

Java 环境

ZooKeeper 使用 Java 语言编写，因此它的运行环境需要 Java 环境的支持，可下载 1.6 或以上版本的 Java（建议下载 Oracle 官方发布的 Java，下载地址是：*http://www.java.com/download/*）。

5.1.2 集群与单机

ZooKeeper 有两种运行模式：集群模式和单机模式。本节将分别对两种运行模式的安装和配置进行简要讲解，具体的服务器配置将在 8.1 节中讲解。另外，如果没有特殊说明，本节涉及的部署与配置操作都是针对 GNU/Linux 系统的。

集群模式

现在，我们开始讲解如何使用三台机器来搭建一个 ZooKeeper 集群。首先，我们假设已经准备好三台互相联网的 Linux 机器，它们的 IP 地址分别为 IP_1、IP_2 和 IP_3。

1. 准备 Java 运行环境。确保你已经安装了 Java 1.6 或更高版本的 JDK[注1]。

2. 下载 ZooKeeper 安装包。

    下载地址为：*http://zookeeper.apache.org/releases.html*。注意，用户可以选择稳定版本（stable）进行下载，下载完成后会得到一个文件名类似于 *zookeeper-x.x.x.tar.gz* 的文件，解压到一个目录，例如 */opt/zookeeper-3.4.3/* 目录下，同时我们约定，在下文中使用 %ZK_HOME% 代表该目录，目录结构如图 5-1 所示。

```
4096  5月  30 11:38  bin
75821 2月   6 2012  build.xml
64390 2月   6 2012  CHANGES.txt
4096  5月  30 11:38  conf
4096  5月  30 11:38  contrib
4096  5月  30 11:38  dist-maven
4096  5月  30 11:38  docs
1953  2月   6 2012  ivysettings.xml
3120  2月   6 2012  ivy.xml
4096  5月  30 11:38  lib
11358 2月   6 2012  LICENSE.txt
170   2月   6 2012  NOTICE.txt
1770  2月   6 2012  README_packaging.txt
1585  2月   6 2012  README.txt
4096  5月  30 11:38  recipes
4096  5月  30 11:38  src
1291618 2月  6 2012  zookeeper-3.4.3.jar
833   2月   6 2012  zookeeper-3.4.3.jar.asc
33    2月   6 2012  zookeeper-3.4.3.jar.md5
41    2月   6 2012  zookeeper-3.4.3.jar.sha1
```

图 5-1. ZooKeeper 目录结构

注 1：在作者所在公司，生产环境大规模使用的是 Java 1.6 版本，因此还是建议读者尽量使用 1.6 版本的 JDK。

3. 配置文件 *zoo.cfg*。

   初次使用 ZooKeeper，需要将 %ZK_HOME%/conf 目录下的 *zoo_sample.cfg* 文件重命名为 *zoo.cfg*，并且按照如下代码进行简单配置即可：

   ```
   tickTime=2000
   dataDir=/var/lib/zookeeper/
   clientPort=2181
   initLimit=5
   syncLimit=2
   server.1=IP₁:2888:3888
   server.2=IP₂:2888:3888
   server.3=IP₃:2888:3888
   ```

   关于 ZooKeeper 的参数配置，将在 8.1 节中做详细讲解，这里只是简单地说几点。

   - 在集群模式下，集群中的每台机器都需要感知到整个集群是由哪几台机器组成的，在配置文件中，可以按照这样的格式进行配置，每一行都代表一个机器配置：

     `server.id=host:port:port`

     其中，`id` 被称为 Server ID，用来标识该机器在集群中的机器序号。同时，在每台 ZooKeeper 机器上，我们都需要在数据目录（即 `dataDir` 参数指定的那个目录）下创建一个 *myid* 文件，该文件只有一行内容，并且是一个数字，即对应于每台机器的 Server ID 数字。

   - 在 ZooKeeper 的设计中，集群中所有机器上 *zoo.cfg* 文件的内容都应该是一致的。因此最好使用 SVN 或是 GIT 把此文件管理起来，确保每个机器都能共享到一份相同的配置。

   - 上面也提到了，*myid* 文件中只有一个数字，即一个 Server ID。例如，`server.1` 的 *myid* 文件内容就是"1"。注意，请确保每个服务器的 *myid* 文件中的数字不同，并且和自己所在机器的 *zoo.cfg* 中 `server.id=host:port:port` 的 `id` 值一致。另外，`id` 的范围是 1～255。

4. 创建 *myid* 文件。

   在 `dataDir` 所配置的目录下，创建一个名为 *myid* 的文件，在该文件的第一行写上一个数字，和 *zoo.cfg* 中当前机器的编号对应上。

5. 按照相同的步骤，为其他机器都配置上 *zoo.cfg* 和 *myid* 文件。

6. 启动服务器。

至此，所有的选项都已经基本配置完毕，可以使用*%ZK_HOME%/bin* 目录下的 *zkServer.sh* 脚本进行服务器的启动，如下：

```
$sh zkServer.sh start
JMX enabled by default
Using config: /opt/zookeeper-3.4.3/bin/../conf/zoo.cfg
Starting zookeeper ... STARTED
```

7. 验证服务器。

启动完成后，可以使用如下命令来检查服务器启动是否正常：

```
$ telnet 127.0.0.1 2181
Trying 127.0.0.1...
Connected to localhost.localdomain (127.0.0.1).
Escape character is '^]'.
stat
Zookeeper version: 3.4.3-1240972, built on 02/06/2012 10:48 GMT
Clients:
 /127.0.0.1:50257[0](queued=0,recved=1,sent=0)

Latency min/avg/max: 0/1/4489
Received: 844689
Sent: 993100
Outstanding: 0
Zxid: 0x600084344
Mode: leader
Node count: 37
```

上面就是通过 Telnet 方式，使用 `stat` 命令进行服务器启动的验证，如果出现和上面类似的输出信息，就说明服务器已经正常启动了。

单机模式

在上文的集群模式中，我们已经完成了一个 ZooKeeper 集群的搭建了。一般情况下，在开发测试环境，我们没有那么多机器资源，而且平时的开发调试并不需要极好的稳定性。幸运的是，ZooKeeper 支持单机部署，只要启动一台 ZooKeeper 机器，就可以提供正常服务了。

其实，单机模式只是一种特殊的集群模式而已——只有一台机器的集群，认识到这点后，对下文的理解就会轻松不少了。单机模式的部署步骤和集群模式的部署步骤基本一致，只是在 *zoo.cfg* 文件的配置上有些差异。由于现在我们是单机模式，整个 ZooKeeper 集群中只有一台机器，所以需要对 *zoo.cfg* 做如下修改：

```
tickTime=2000
```

```
dataDir=/var/lib/zookeeper/
clientPort=2181
initLimit=5
syncLimit=2
```
server.1=IP$_1$:2888:3888

和集群模式唯一的区别就在机器列表上,在单机模式的 *zoo.cfg* 文件中,只有 `server.1` 这一项。修改完这个文件后,就可以启动服务器了。同样,验证服务器启动情况,然后得到如下的输出信息:

```
$ telnet 127.0.0.1 2181
Trying 127.0.0.1...
Connected to 127.0.0.1.
Escape character is '^]'.
stat
Zookeeper version: 3.4.3-1240972, built on 02/06/2012 10:48 GMT
Clients:
 /127.0.0.1:44801[0](queued=0,recved=1,sent=0)

Latency min/avg/max: 0/0/0
Received: 2
Sent: 1
Outstanding: 0
Zxid: 0x0
Mode: standalone
Node count: 4
Connection closed by foreign host.
```

细心的读者会发现,集群模式和单机模式下输出的服务器验证信息基本一致,只有 `Mode` 属性不一样。在集群模式中,`Mode` 显示的是 leader,其实还有可能是 follower。对于 Leader 和 Follower 角色的概念,在 4.1.3 节中已经做了详细介绍,它们用来标识当前服务器在集群中的角色。而在单机模式中,`Mode` 显示的是 standalone,相信读者也不难理解这个标识,在这里就不再赘述了。

伪集群模式

在上文中,在集群和单机两种模式下,我们基本完成了分别针对生产环境和开发环境 ZooKeeper 服务的搭建,已经可以满足绝大多数场景了。

现在我们再来看看另外一种情况,如果你手上有且只有一台比较好的机器[注2],那么这个时候,如果作为单机模式进行部署,资源明显有点浪费;而如果想要按照集群模式来部署的话,那么就需要借助硬件上的虚拟化技术,把一台物理机器转换成几台虚拟机,不

注2: 通常,我们认为比较好的机器大体是——CPU 核数大于 10,内存大于等于 8GB。

过这样操作成本太高。所幸，和其他分布式系统（如 Hadoop）一样，ZooKeeper 也允许你在一台机器上完成一个伪集群的搭建。

所谓的伪集群，用一句话说就是，集群所有的机器都在一台机器上，但是还是以集群的特性来对外提供服务。这种模式和集群模式非常类似，只是把 *zoo.cfg* 做了如下修改：

```
tickTime=2000
dataDir=/var/lib/zookeeper/
clientPort=2181
initLimit=5
syncLimit=2
server.1=IP₁:2888:3888
server.2=IP₁:2889:3889
server.3=IP₁:2890:3890
```

在 *zoo.cfg* 配置中，每一行的机器列表配置都是同一个 IP 地址：IP_1，但是后面的端口配置都已经不一样了。这其实不难理解，在同一台机器上启动多个进程，就必须绑定不同的端口。关于这几个端口的具体说明，将在 8.1 节中做详细讲解。

5.1.3　运行服务

在 5.1.2 节中，我们主要讲解了如何搭建各种运行模式的 ZooKeeper 集群。本节将会重点讲解如何启动与停止 ZooKeeper 服务，同时也会向读者介绍如何解决在 ZooKeeper 服务启动阶段出现的一些常见的异常问题。

启动服务

首先我们来看下如何启动 ZooKeeper 服务。常见的启动方式有两种。

Java 命令行

> 这是 Java 语言中通常使用的方式。使用 Java 命令来运行 JAR 包，具体方法是在 ZooKeeper 3.4.3 发行版本的%ZK_HOME%目录下执行如下命令：
>
> $java -cp zookeeper -3.4.3. jar:lib/ slf4j-api-1.6. 1.jar:lib/slf4j- log4j12-1.6.1.jar:lib/log4j-1.2.15.jar:conf org. apache. zookeeper. server.quorum. QuorumPeerMain conf/zoo.cfg
>
> 通过运行上面这个命令，ZooKeeper 的主入口 `QuorumPeerMain` 类就会启动 ZooKeeper 服务器，同时，随着 ZooKeeper 服务的启动，其内部的 JMX 也会被启动，方便管理员在 JMX 管理控制台上进行一些对 ZooKeeper 的监控与操作。关于 ZooKeeper 的 JMX 管理，将在 8.3 节中做详细讲解。

注意，不同的 ZooKeeper 发行版本，依赖的 log4j 和 slf4j 版本是不一样的[注3]，请读者务必看清楚自己的版本后，再执行上面这个命令。

使用 *ZooKeeper* 自带的启动脚本来启动 *ZooKeeper*

在 ZooKeeper 的 *%ZK_HOME%/bin* 目录下有几个有用的脚本，如图 5-2 所示，可以用这些脚本来启动与停止 ZooKeeper 服务。这个目录下的所有文件都有两种文件格式：*.sh* 和 *.cmd*，分别适用于 UNIX 系统和 Windows 系统。

```
 238 2月   6 2012 README.txt
1909 2月   6 2012 zkCleanup.sh
1049 2月   6 2012 zkCli.cmd
1510 2月   6 2012 zkCli.sh
1333 2月   6 2012 zkEnv.cmd
2599 2月   6 2012 zkEnv.sh
1084 2月   6 2012 zkServer.cmd
5301 2月   6 2012 zkServer.sh
```

图 5-2. ZooKeeper *bin* 目录下文件列表

表 5-1 中列举了这些脚本文件及其简单说明。注意，表 5-1 的"脚本"一列中，并没有包含每个脚本的文件后缀（例如，表 5-1 中注明了 *zkCleanup* 而不是 *zkCleanup.sh*），因为尽管后缀不同，但是它们在各自的操作系统上的作用与用法是一致的。

表 5-1. ZooKeeper 可执行脚本

脚 本	说 明
zkCleanup	清理 ZooKeeper 历史数据，包括事务日志文件和快照数据文件
zkCli	ZooKeeper 的一个简易客户端
zkEnv	设置 ZooKeeper 的环境变量
zkServer	ZooKeeper 服务器的启动、停止和重启脚本

停止服务

停止 ZooKeeper 服务最常用的方法就是使用上面介绍的 zkServer 脚本的 `stop` 命令来完成，如下：

```
$ sh zkServer.sh stop
JMX enabled by default
Using config: /opt/zookeeper-3.4.3 /bin/../conf/zoo.cfg
Stopping zookeeper ... STOPPED
```

执行上面的脚本，就能够停止 ZooKeeper 服务了。

注 3：在 ZooKeeper 3.3.5 和 3.3.6 两个发行版本中，只依赖了 log4j-1.2.15；而在 ZooKeeper 3.4.2、3.4.3、3.4.4、3.4.5 版本中，依赖了 log4j-1.2.15、slf4j-api-1.6.1 和 slf4j-log4j12-1.6.1。

常见异常

在启动的时候,通常会碰到一些异常,下面将对这些常见的异常进行讲解。

端口被占用

在启动 ZooKeeper 的时候,可能出现如下"端口被占用"的异常,导致服务器无法正常启动:

```
java.net.BindException: Address already in use
at sun.nio.ch.Net.bind(Native Method)
at sun.nio.ch.ServerSocketChannelImpl.bind(ServerSocketChannelImpl.java:126)
at sun.nio.ch.ServerSocketAdaptor.bind(ServerSocketAdaptor.java:59)
at sun.nio.ch.ServerSocketAdaptor.bind(ServerSocketAdaptor.java:52)
at o.a.z.s.NIOServerCnxnFactory.configure(NIOServerCnxnFactory.java:111)
at o.a.z.s.ZooKeeperServerMain.runFromConfig(ZooKeeperServerMain.java:110)
at o.a.z.s.ZooKeeperServerMain.initializeAndRun(ZooKeeperServerMain.java:86)
at o.a.z.s.ZooKeeperServerMain.main(ZooKeeperServerMain.java:52)
at o.a.z.s.quorum.QuorumPeerMain.initializeAndRun(QuorumPeerMain.java:116)
at org.apache.zookeeper.server.quorum.QuorumPeerMain.main(QuorumPeerMain.java:78)
```

java.net.BindException: Address already in use 这个异常是 Java 程序员最熟悉的异常之一,导致这个异常的原因通常是因为 2181 端口已经被其他进程占用了。通常的做法就是检查当前机器上哪个进程正在占用这个端口,确认其端口占用的必要性,将该进程停止后,再一次启动 ZooKeeper 即可。也可以编辑 *%ZK_HOME%/conf/zoo.cfg* 文件,更换 ZooKeeper 的 `clientPort` 配置,例如,可以将其设置为 2080:

```
……
dataDir=/var/lib/zookeeper/
clientPort=2080
initLimit=5
……
```

磁盘没有剩余空间

无论是在 ZooKeeper 启动还是正常运行过程中,都有可能出现如下"磁盘没有剩余空间"的异常,一旦遇到这个异常,ZooKeeper 会立即执行 Failover 策略,从而退出进程:

```
java.io.IOException: No space left on device
at java.io.FileOutputStream.writeBytes(Native Method)
at java.io.FileOutputStream.write(FileOutputStream.java:260)
```

```
    at java.io.BufferedOutputStream.flushBuffer(BufferedOutputStream.java:65)
    at java.io.BufferedOutputStream.flush(BufferedOutputStream.java:123)
    at org.apache.zookeeper.server.persistence.FileTxnLog.commit(FileTxnLog.java:309)
    at o.a.z.s.persistence.FileTxnSnapLog.commit(FileTxnSnapLog.java:306)
    at o.a.z.s.ZKDatabase.commit(ZKDatabase.java:484)
    at o.a.z.s.SyncRequestProcessor.flush(SyncRequestProcessor.java:162)
    at o.a.z.s.SyncRequestProcessor.run(SyncRequestProcessor.java:101)
```

遇到这个问题,通常的做法就是清理磁盘。当然,为了避免以后再次遇到此类磁盘空间满的问题,需要加上对 ZooKeeper 机器的磁盘使用量监控和 ZooKeeper 日志的自动清理。关于 ZooKeeper 日志清理,将在 8.6.1 节中做详细讲解。

无法找到 *myid* 文件

在 5.1.2 节讲解如何部署一个 ZooKeeper 集群的基本步骤时,我们在步骤 4 中提到,需要在数据目录下创建一个 *myid* 文件。这里说的"无法找到 *myid* 文件"就是因为没有找到这个配置文件而导致的如下异常:

```
ERROR [main:QuorumPeerMain@85] - Invalid config, exiting abnormally
o.a.z.s.quorum.QuorumPeerConfig$ConfigException: Error processing /home/httpproxy/yinshi.nc/zookeeper-3.4.3/bin/../conf/zoo.cfg
    at o.a.z.s.quorum.QuorumPeerConfig.parse(QuorumPeerConfig.java:121)
    at o.a.z.s.quorum.QuorumPeerMain.initializeAndRun(QuorumPeerMain.java:101)
    at o.a.z.s.quorum.QuorumPeerMain.main(QuorumPeerMain.java:78)
Caused by: java.lang.IllegalArgumentException: /tmp/zookeeper/myid file is missing
    at o.a.z.s.quorum.QuorumPeerConfig.parseProperties(QuorumPeerConfig.java:344)
    at o.a.z.s.quorum.QuorumPeerConfig.parse(QuorumPeerConfig.java:117)
    ... 2 more
```

对于这个问题,只需在数据目录下创建好一个 *myid* 文件即可。

集群中其他机器 *Leader* 选举端口未开

在集群模式部署下服务器逐台启动的过程中,会碰到类似于下面这样的异常:

```
WARN [QuorumPeer[myid=1]/0:0:0:0:0:0:0:0:2181:QuorumCnxManager@368]
- Cannot open channel to 2 at election address /122.228.242.241:3888
java.net.SocketTimeoutException: connect timed out
    at java.net.PlainSocketImpl.socketConnect(Native Method)
    at java.net.PlainSocketImpl.doConnect(PlainSocketImpl.java:351)
    at java.net.PlainSocketImpl.connectToAddress(PlainSocketImpl.java:213)
    at java.net.PlainSocketImpl.connect(PlainSocketImpl.java:200)
    at java.net.SocksSocketImpl.connect(SocksSocketImpl.java:366)
    at java.net.Socket.connect(Socket.java:529)
```

```
at o.a.z.s.quorum.QuorumCnxManager.connectOne(QuorumCnxManager.java:354)
at o.a.z.s.quorum.QuorumCnxManager.connectAll(QuorumCnxManager.java:388)
at o.a.z.s.quorum.FastLeaderElection.lookForLeader(FastLeaderElection.java:
755)
at o.a.z.s.quorum.QuorumPeer.run(QuorumPeer.java:716)
INFO  [QuorumPeer[myid=1]/0:0:0:0:0:0:0:0:2181:FastLeaderElection@764] -
Notification time out: 400
```

这是由于在启动过程中，虽然当前机器启动了，但其他机器还没有启动完成，因此无法和其他机器在相应端口上进行连接。对于这个问题，只要快速启动集群中的其他机器即可。另外，上面的异常中标明了是 3888 这个端口无法创建连接，这是因为 ZooKeeper 默认使用 3888 端口进行 Leader 选举过程中的投票通信，关于 ZooKeeper 的 Leader 选举，将在 7.6 节中做详细讲解。

5.2 客户端脚本

现在，你已经搭建起了一个能够正常运行的 ZooKeeper 集群了，接下来，我们开始来学习如何使用客户端对 ZooKeeper 进行操作。在表 5-1 中，我们已经列出了 ZooKeeper 自带的一些命令行工具，在本节，我们重点要看下 *zkCli* 这个脚本。进入 ZooKeeper 的 *bin* 目录之后，直接执行如下命令：

```
$ sh zkCli.sh
```

当看到如下输出信息时，表示已经成功连接上本地的 ZooKeeper 服务器了：

```
WatchedEvent state:SyncConnected type:None path:null
[zk: localhost:2181(CONNECTED) 0]
```

注意，上面的命令没有显式地指定 ZooKeeper 服务器地址，那么默认是连接本地的 ZooKeeper 服务器。如果希望连接指定的 ZooKeeper 服务器，可以通过如下方式实现：

```
$ sh zkCli.sh -server ip:port
```

5.2.1 创建

使用 create 命令，可以创建一个 ZooKeeper 节点。用法如下：

```
create [-s] [-e] path data acl
```

其中，-s 或 -e 分别指定节点特性：顺序或临时节点。默认情况下，即不添加 -s 或 -e 参数的，创建的是持久节点。

执行如下命令：

```
[zk: localhost:2181(CONNECTED) 0] create /zk-book 123
Created /zk-book
```

执行完上面的命令,就在 ZooKeeper 的根节点下创建了一个叫作 /zk-book 的节点,并且节点的数据内容是 "123"。另外,create 命令的最后一个参数是 acl,它是用来进行权限控制的,缺省情况下,不做任何权限控制。关于 ZooKeeper 的权限控制,将在 7.1.5 节中做详细讲解。

5.2.2 读取

与读取相关的命令包括 ls 命令和 set 命令。

ls

使用 ls 命令,可以列出 ZooKeeper 指定节点下的所有子节点。当然,这个命令只能看到指定节点下第一级的所有子节点。用法如下:

```
ls path [watch]
```

其中,path 表示的是指定数据节点的节点路径。

执行如下命令:

```
[zk: localhost:2181(CONNECTED) 0] ls /
[zookeeper]
```

第一次部署的 ZooKeeper 集群,默认在根节点 "/" 下面有一个叫作 /zookeeper 的保留节点。

get

使用 get 命令,可以获取 ZooKeeper 指定节点的数据内容和属性信息。用法如下:

```
get path [watch]
```

执行如下命令:

```
[zk: localhost:2181(CONNECTED) 0] get /zk-book
123
cZxid = 0xa
ctime = Thu Jun 20 10:35:00 UTC 2013
mZxid = 0xa
mtime = Thu Jun 20 10:35:00 UTC 2013
pZxid = 0xa
cversion = 0
```

```
dataVersion = 0
aclVersion = 0
ephemeralOwner = 0x0
dataLength = 3
numChildren = 0
```

从上面的输出信息中，我们可以看到，第一行是节点 /zk-book 的数据内容，其他几行则是创建该节点的事务 ID（cZxid）、最后一次更新该节点的事务 ID（mZxid）和最后一次更新该节点的时间（mtime）等属性信息。关于 ZooKeeper 节点的数据结构，将在 7.1.2 节中做详细讲解。

5.2.3 更新

使用 `set` 命令，可以更新指定节点的数据内容。用法如下：

```
set path data [version]
```

其中，`data` 就是要更新的新内容。注意，`set` 命令后面还有一个 `version` 参数，在 ZooKeeper 中，节点的数据是有版本概念的，这个参数用于指定本次更新操作是基于 ZNode 的哪一个数据版本进行的。

执行如下命令：

```
[zk: localhost:2181(CONNECTED) 3] set /zk-book 456
cZxid = 0xa
ctime = Thu Jun 20 10:35:00 UTC 2013
mZxid = 0x11
mtime = Fri Jun 21 01:05:49 UTC 2013
pZxid = 0xa
cversion = 0
dataVersion = 1
aclVersion = 0
ephemeralOwner = 0x0
dataLength = 3
numChildren = 0
```

执行完以上命令后，节点 /zk-book 的数据内容就已经被更新成"456"了。细心的读者还会发现，在输出信息中，`dataVersion` 的值由原来的 0 变成了 1，这是因为刚才的更新操作导致该节点的数据版本也发生了变更。关于 ZNode 的数据版本，将在 7.1.3 节中做详细讲解，这里只是演示简单操作，不再详细展开。

5.2.4 删除

使用 delete 命令，可以删除 ZooKeeepr 上的指定节点。用法如下：

    delete path [version]

此命令中的 version 参数和 set 命令中的 version 参数的作用是一致的。

执行如下命令：

    [zk: localhost:2181(CONNECTED) 2] delete /zk-book

执行完以上命令后，就可以把 /zk-book 这个节点成功删除了。但是这里要注意的一点是，要想删除某一个指定节点，该节点必须没有子节点存在。这可以通过执行如下命令来进行验证：

    [zk: localhost:2181(CONNECTED) 7] create /zk-book 123
    Created /zk-book
    [zk: localhost:2181(CONNECTED) 8] create /zk-book/child 12345
    Created /zk-book/child
    [zk: localhost:2181(CONNECTED) 9] delete /zk-book
    Node not empty: /zk-book

上面的这个输出结果已经很清晰地表明了删除失败，通过 Node not empty 这个出错信息，可以看出无法删除一个包含子节点的节点。

5.3 Java 客户端 API 使用

ZooKeeper 作为一个分布式服务框架，主要用来解决分布式数据一致性问题，它提供了简单的分布式原语，并且对多种编程语言提供了 API。下面我们重点来看下 ZooKeeper 的 Java 客户端 API 使用方式。在看本节内容之前，请读者先在博文视点网站（*http://www.broadview.com.cn*）的"下载专区"下载本书的源代码：ZooKeeper，本节的所有样例代码都在 *book.chapter05* 包中。

5.3.1 创建会话

客户端可以通过创建一个 ZooKeeper（`org.apache.zookeeper.ZooKeeper`）实例来连接 ZooKeeper 服务器。ZooKeeper 的 4 种构造方法如下。

清单 5-1. *ZooKeeper 构造方法*
```
ZooKeeper(String connectString, int sessionTimeout, Watcher watcher);
ZooKeeper(String connectString, int sessionTimeout, Watcher watcher, boolean
```

```
        canBeReadOnly);
ZooKeeper(String connectString, int sessionTimeout, Watcher watcher, long sessionId,
        byte[] sessionPasswd);
ZooKeeper(String connectString, int sessionTimeout, Watcher watcher, long sessionId,
        byte[] sessionPasswd, boolean canBeReadOnly);
```

使用任意一个构造方法都可以顺利完成与 ZooKeeper 服务器的会话（Session）创建，表 5-2 中列出了对每个参数的说明。

表 5-2. ZooKeeper 构造方法参数说明

参 数 名	说 明
connectString	指 ZooKeeper 服务器列表，由英文状态逗号分开的 `host:port` 字符串组成，每一个都代表一台 ZooKeeper 机器，例如，192.168.1.1:2181, 192.168.1.2:2181,192.168.1.3:2181，这样就为客户端指定了三台服务器地址。另外，也可以在 `connectString` 中设置客户端连接上 ZooKeeper 后的根目录，方法是在 `host:port` 字符串之后添加上这个根目录，例如，192.168.1.1:2181, 192.168.1.2:2181, 192.168.1.3:2181/zk-book，这样就指定了该客户端连接上 ZooKeeper 服务器之后，所有对 ZooKeeper 的操作，都会基于这个根目录。例如，客户端对 /foo/bar 的操作，都会指向节点 /zk-book/foo/bar——这个目录也叫 Chroot，即客户端隔离命名空间。关于 ZooKeeper 中 Chroot 的用法和作用，将在 7.3.2 节中做详细讲解
sessionTimeout	指会话的超时时间，是一个以"毫秒"为单位的整型值。在 ZooKeeper 中有会话的概念，在一个会话周期内，ZooKeeper 客户端和服务器之间会通过心跳检测机制来维持会话的有效性，一旦在 `sessionTimeout` 时间内没有进行有效的心跳检测，会话就会失效。关于 ZooKeeper 的会话和心跳检测，将在 7.4 节中做详细讲解
watcher	在 4.1.3 节中我们已经提到了 ZooKeeper 中 Watcher 的概念。ZooKeeper 允许客户端在构造方法中传入一个接口 `Watcher`（`org.apache.zookeeper.Watcher`）的实现类对象来作为默认的 Watcher 事件通知处理器。当然，该参数可以设置为 `null` 以表明不需要设置默认的 Watcher 处理器。关于 ZooKeeper 的 Watcher 机制和实现原理，将在 7.1.4 节中做详细讲解
canBeReadOnly	这是一个 `boolean` 类型的参数，用于标识当前会话是否支持"read-only（只读）"模式。默认情况下，在 ZooKeeper 集群中，一个机器如果和集群中过半及以上机器失去了网络连接，那么这个机器将不再处理客户端请求（包括读写请求）。但是在某些使用场景下，当 ZooKeeper 服务器发生此类故障的时候，我们还是希望 ZooKeeper 服务器能够提供读服务（当然写服务肯定无法提供）——这就是 ZooKeeper 的 "read-only" 模式。

sessionId 和 sessionPasswd	分别代表会话 ID 和会话秘钥。这两个参数能够唯一确定一个会话，同时客户端使用这两个参数可以实现客户端会话复用，从而达到恢复会话的效果。具体使用方法是，第一次连接上 ZooKeeper 服务器时，通过调用 ZooKeeper 对象实例的以下两个接口，即可获得当前会话的 ID 和秘钥：
	`long getSessionId();`
	`byte[] getSessionPasswd();`
	获取到这两个参数值之后，就可以在下次创建 ZooKeeper 对象实例的时候传入构造方法了

注意，ZooKeeper 客户端和服务端会话的建立是一个异步的过程，也就是说在程序中，构造方法会在处理完客户端初始化工作后立即返回，在大多数情况下，此时并没有真正

建立好一个可用的会话,在会话的生命周期中处于"CONNECTING"的状态。

当该会话真正创建完毕后,ZooKeeper 服务端会向会话对应的客户端发送一个事件通知,以告知客户端,客户端只有在获取这个通知之后,才算真正建立了会话。

该构造方法内部实现了与 ZooKeeper 服务器之间的 TCP 连接创建,负责维护客户端会话的生命周期,本章不对这些细节做更多讲解,关于 ZooKeeper 客户端与服务端之间的连接创建过程及其内部原理,将在 7.3 节中做详细讲解。

创建一个最基本的 *ZooKeeper* 会话实例

清单 5-2. 创建一个最基本的 *ZooKeeper* 会话实例

```java
package book.chapter05.$5_3_1;
import java.util.concurrent.CountDownLatch;
import org.apache.zookeeper.WatchedEvent;
import org.apache.zookeeper.Watcher;
import org.apache.zookeeper.Watcher.Event.KeeperState;
import org.apache.zookeeper.ZooKeeper;

//Chapter: 5.3.1 Java API ->创建连接 ->创建一个最基本的 ZooKeeper 会话实例
public class ZooKeeper_Constructor_Usage_Simple implements Watcher {
    private static CountDownLatch connectedSemaphore = new CountDownLatch(1);

    public static void main(String[] args) throws Exception{

        ZooKeeper zookeeper =
            new ZooKeeper("domain1.book.zookeeper[注4]:2181",
                5000, //
                new ZooKeeper_Constructor_Usage_Simple());
        System.out.println(zookeeper.getState());
        try {
            connectedSemaphore.await();
        } catch (InterruptedException e) {}
        System.out.println("ZooKeeper session established.");
    }
    public void process(WatchedEvent event) {
        System.out.println("Receive watched event: " + event);
        if (KeeperState.SyncConnected == event.getState()) {
            connectedSemaphore.countDown();
        }
    }
}
```

运行程序,输出结果如下:

注4:为方便起见,本书示例代码中都使用 HOST 绑定的方式来关联 ZooKeeper 服务器的地址。

```
CONNECTING
Receive watched event：WatchedEvent state:SyncConnected type:None path:null
ZooKeeper session established.
```

在上面这个程序片段中，我们使用第一种构造方法（`ZooKeeper(String connectString, int sessionTimeout, Watcher watcher)`）来实例化了一个 ZooKeeper 对象，从而建立了会话。

另外，`ZooKeeper_Constructor_Usage` 类实现了 `Watcher` 接口，重写了 `process` 方法，该方法负责处理来自 ZooKeeper 服务端的 `Watcher` 通知，在收到服务端发来的 `SyncConnected` 事件之后，解除主程序在 `CountDownLatch` 上的等待阻塞。至此，客户端会话创建完毕。

创建一个复用 sessionId 和 sessionPasswd 的 *ZooKeeper* 对象实例

在清单 5-1 中列出的 ZooKeeper 客户端构造方法中，我们看到 ZooKeeper 构造方法允许传入 `sessionId` 和 `sessionPasswd`——客户端传入 `sessionId` 和 `sessionPasswd` 的目的是为了复用会话，以维持之前会话的有效性。清单 5-3 是一个复用 `sessionId` 和 `sessionPasswd` 来创建 ZooKeeper 对象实例的示例。

清单 5-3. 复用 sessionId 和 sessionPasswd 来创建一个 *ZooKeeper* 对象实例

```java
package book.chapter05.$5_3_1;
import java.util.concurrent.CountDownLatch;
import org.apache.zookeeper.WatchedEvent;
import org.apache.zookeeper.Watcher;
import org.apache.zookeeper.Watcher.Event.KeeperState;
import org.apache.zookeeper.ZooKeeper;

//创建一个最基本的ZooKeeper对象实例，复用sessionId和session passwd
public class ZooKeeper_Constructor_Usage_With_SID_PASSWD implements Watcher {
    private static CountDownLatch connectedSemaphore = new CountDownLatch(1);
    public static void main(String[] args) throws Exception{
        ZooKeeper zookeeper = new ZooKeeper("domain1.book.zookeeper:2181",
                5000, //
                new ZooKeeper_Constructor_Usage_With_SID_PASSWD());
        connectedSemaphore.await();
        long sessionId = zookeeper.getSessionId();
        byte[] passwd = zookeeper.getSessionPasswd();

        //Use illegal sessionId and sessionPassWd
        zookeeper = new ZooKeeper("domain1.book.zookeeper:2181",
                5000, //
                new ZooKeeper_Constructor_Usage_With_SID_PASSWD(),//
                1l,//
                "test".getBytes());
```

```
        //Use correct sessionId and sessionPassWd
        zookeeper = new ZooKeeper("domain1.book.zookeeper:2181",
                5000, //
                new ZooKeeper_Constructor_Usage_With_SID_PASSWD(),//
                sessionId,//
                passwd);
        Thread.sleep( Integer.MAX_VALUE );
    }
    public void process(WatchedEvent event) {
        System.out.println("Receive watched event：" + event);
        if (KeeperState.SyncConnected == event.getState()) {
            connectedSemaphore.countDown();
        }
    }
}
```

运行程序，输出结果如下：

```
Receive watched event：WatchedEvent state:SyncConnected type:None path:null
Receive watched event：WatchedEvent state:Expired type:None path:null
Receive watched event：WatchedEvent state:SyncConnected type:None path:null
```

从上面这个示例程序和结果输出中，我们可以看出，第一次使用了错误的 `sessionId` 和 `sessionPasswd` 来创建 ZooKeeper 客户端的实例，结果客户端接收到了服务端的 `Expired` 事件通知；而第二次则使用正确的 `sessionId` 和 `sessionPasswd` 来创建客户端的实例，结果连接成功。

5.3.2 创建节点

客户端可以通过 ZooKeeper 的 API 来创建一个数据节点，有如下两个接口：

```
String create(final String path,
              byte data[],
              List<ACL> acl,
              CreateMode createMode)
void create(final String path,
            byte data[],
            List<ACL> acl,
            CreateMode createMode,
            StringCallback cb, Object ctx)
```

这两个接口分别以同步和异步方式创建节点，API 方法的参数说明如表 5-3 所示。

表 5-3. ZooKeeper create API 方法参数说明

参 数 名	说　　明
path	需要创建的数据节点的节点路径，例如，/zk-book/foo
data[]	一个字节数组，是节点创建后的初始内容
acl	节点的 ACL 策略
createMode	节点类型，是一个枚举类型，通常有 4 种可选的节点类型： • 持久（PERSISTENT） • 持久顺序（PERSISTENT_SEQUENTIAL） • 临时（EPHEMERAL） • 临时顺序（EPHEMERAL_SEQUENTIAL） 关于 ZNode 的节点特性，将在 7.1.2 节中做详细讲解
cb	注册一个异步回调函数。开发人员需要实现 StringCallback 接口，主要是对下面这个方法的重写： 　　void processResult(int rc, String path, Object ctx, String name); 当服务端节点创建完毕后，ZooKeeper 客户端就会自动调用这个方法，这样就可以处理相关的业务逻辑了
ctx	用于传递一个对象，可以在回调方法执行的时候使用，通常是放一个上下文（Context）信息

需要注意几点，无论是同步还是异步接口，ZooKeeper 都不支持递归创建，即无法在父节点不存在的情况下创建一个子节点。另外，如果一个节点已经存在了，那么创建同名节点的时候，会抛出 `NodeExistsException` 异常。

目前，ZooKeeper 的节点内容只支持字节数组（byte[]）类型，也就是说，ZooKeeper 不负责为节点内容进行序列化，开发人员需要自己使用序列化工具将节点内容进行序列化和反序列化。对于字符串，可以简单地使用 `"string".getBytes()` 来生成一个字节数组；对于其他复杂对象，可以使用 Hessian 或是 Kryo 等专门的序列化工具来进行序列化。

关于权限控制，如果你的应用场景没有太高的权限要求，那么可以不关注这个参数，只需要在 `acl` 参数中传入参数 `Ids.OPEN_ACL_UNSAFE`，这就表明之后对这个节点的任何操作都不受权限控制。关于 ZooKeeper 的权限控制，将在 7.1.5 节中做详细讲解。

使用同步 API 创建一个节点

```
清单 5-4. 使用同步 API 创建一个节点
package book.chapter05.$5_3_2;
import java.util.concurrent.CountDownLatch;
import org.apache.zookeeper.CreateMode;
import org.apache.zookeeper.WatchedEvent;
import org.apache.zookeeper.Watcher;
import org.apache.zookeeper.Watcher.Event.KeeperState;
import org.apache.zookeeper.ZooDefs.Ids;
import org.apache.zookeeper.ZooKeeper;
```

```java
//ZooKeeper API创建节点,使用同步(sync)接口
public class ZooKeeper_Create_API_Sync_Usage implements Watcher {

    private static CountDownLatch connectedSemaphore = new CountDownLatch(1);

    public static void main(String[] args) throws Exception{
        ZooKeeper zookeeper = new ZooKeeper("domain1.book.zookeeper:2181",
                    5000, //
                    new ZooKeeper_Create_API_Sync_Usage());
        connectedSemaphore.await();
        String path1 = zookeeper.create("/zk-test-ephemeral-",
            "".getBytes(),
            Ids.OPEN_ACL_UNSAFE,
            CreateMode.EPHEMERAL);
        System.out.println("Success create znode: " + path1);

        String path2 = zookeeper.create("/zk-test-ephemeral-",
            "".getBytes(),
            Ids.OPEN_ACL_UNSAFE,
                CreateMode.EPHEMERAL_SEQUENTIAL);
        System.out.println("Success create znode: " + path2);
    }
    public void process(WatchedEvent event) {
        if (KeeperState.SyncConnected == event.getState()) {
            connectedSemaphore.countDown();
        }
    }
}
```

运行程序,输出结果如下:

```
Receive watched event: WatchedEvent state:SyncConnected type:None path:null
Success create znode: /zk-test-ephemeral-
Success create znode: /zk-test-ephemeral-0001975508
```

在上面这个程序片段中,使用了同步的节点创建接口:`String create(final String path, byte data[], List<ACL> acl, CreateMode createMode)`。在接口使用中,我们分别创建了两种类型的节点:临时节点和临时顺序节点。从返回的结果可以看出,如果创建了临时节点,那么 API 的返回值就是当时传入的 path 参数;如果创建了临时顺序节点,那么 ZooKeeper 会自动在节点后缀加上一个数字,并且在 API 接口的返回值中返回该数据节点的一个完整的节点路径。

使用异步 *API* 创建一个节点

清单 5-5. 使用异步 *API* 创建一个节点
```
package book.chapter05.$5_3_2;
```

```java
import java.util.concurrent.CountDownLatch;
import org.apache.zookeeper.AsyncCallback;
import org.apache.zookeeper.CreateMode;
import org.apache.zookeeper.WatchedEvent;
import org.apache.zookeeper.Watcher;
import org.apache.zookeeper.Watcher.Event.KeeperState;
import org.apache.zookeeper.ZooDefs.Ids;
import org.apache.zookeeper.ZooKeeper;

// ZooKeeper API 创建节点，使用异步(async)接口
public class ZooKeeper_Create_API_ASync_Usage implements Watcher {

    private static CountDownLatch connectedSemaphore = new CountDownLatch(1);

    public static void main(String[] args) throws Exception{

        ZooKeeper zookeeper = new ZooKeeper("domain1.book.zookeeper:2181",
                5000, //
                new ZooKeeper_Create_API_ASync_Usage());
        connectedSemaphore.await();

        zookeeper.create("/zk-test-ephemeral-", "".getBytes(),
                Ids.OPEN_ACL_UNSAFE, CreateMode.EPHEMERAL,
                new IStringCallback(), "I am context.");

        zookeeper.create("/zk-test-ephemeral-", "".getBytes(),
                Ids.OPEN_ACL_UNSAFE, CreateMode.EPHEMERAL,
                new IStringCallback(), "I am context.");

        zookeeper.create("/zk-test-ephemeral-", "".getBytes(),
                Ids.OPEN_ACL_UNSAFE, CreateMode.EPHEMERAL_SEQUENTIAL,
                new IStringCallback(), "I am context.");

        Thread.sleep( Integer.MAX_VALUE );
    }
    public void process(WatchedEvent event) {
       if (KeeperState.SyncConnected == event.getState()) {
          connectedSemaphore.countDown();
       }
    }
}
class IStringCallback implements AsyncCallback.StringCallback{
  public void processResult(int rc, String path, Object ctx, String name) {
    System.out.println("Create path result: [" + rc + ", " + path + ", "
            + ctx + ", real path name: " + name);
  }
}
```

运行程序，输出结果如下：

```
CCreate path result: [0, /zk-test-ephemeral-, I am context., real path name: /zk-test-ephemeral-
Create path result: [-110, /zk-test-ephemeral-, I am context., real path name: null
Create path result: [0, /zk-test-ephemeral-, I am context., real path name: /zk-test-ephemeral-0001975736
```

从这个程序片段中可以看出，使用异步方式创建接口也很简单。用户仅仅需要实现 `AsyncCallback.StringCallback()` 接口即可。`AsyncCallback` 包含了 `StatCallback`、`DataCallback`、`ACLCallback`、`ChildrenCallback`、`Children2Callback`、`StringCallback` 和 `VoidCallback` 七种不同的回调接口，用户可以在不同的异步接口中实现不同的接口。

和同步接口方法最大的区别在于，节点的创建过程（包括网络通信和服务端的节点创建过程）是异步的。并且，在同步接口调用过程中，我们需要关注接口抛出异常的可能；但是在异步接口中，接口本身是不会抛出异常的，所有的异常都会在回调函数中通过 Result Code（响应码）来体现。

下面来重点看下回调方法：`void processResult(int rc, String path, Object ctx, String name)`。这个方法的几个参数主要如表 5-4 所示。

表 5-4. ProcessResult 方法参数说明

参 数 名	说　　明
rc	Result Code，服务端响应码。客户端可以从这个响应码中识别出 API 调用的结果，常见的响应码如下。 • 0（Ok）：接口调用成功。 • -4（ConnectionLoss）：客户端和服务端连接已断开。 • -110（NodeExists）：指定节点已存在。 • -112（SessionExpired）：会话已过期
path	接口调用时传入 API 的数据节点的节点路径参数值
ctx	接口调用时传入 API 的 `ctx` 参数值
name	实际在服务端创建的节点名。在清单 5-5 中，第三次创建节点时，由于创建的节点类型是顺序节点，因此在服务端没有真正创建好顺序节点之前，客户端无法知道节点的完整节点路径。于是，在回调方法中，服务端会返回这个数据节点的完整节点路径

5.3.3 删除节点

客户端可以通过 ZooKeeper 的 API 来删除一个节点，有如下两个接口：

```
public void delete(final String path, int version)
public void delete(final String path, int version, VoidCallback cb, Object ctx)
```

这里列出的两个 API 分别是同步和异步的删除接口，API 方法的参数说明如表 5-5 所示。

表 5-5．ZooKeeper delete API 方法参数说明

参 数 名	说　　明
path	指定数据节点的节点路径，即 API 调用的目的是删除该节点
version	指定节点的数据版本，即表明本次删除操作是针对该数据版本进行的
cb	注册一个异步回调函数
ctx	用于传递上下文信息的对象

删除节点的接口和 5.3.5 节中讲解的更新数据的接口，在使用方法上是极其相似的，所以这里不再对示例代码做详细讲解，读者可以到 *book.chapter05.$5_3_3* 包下查看示例文件 *Delete_API_Sync_Usage.java*。唯一需要指出的一点是，在 ZooKeeper 中，只允许删除叶子节点。也就是说，如果一个节点存在至少一个子节点的话，那么该节点将无法被直接删除，必须先删除掉其所有子节点。

5.3.4　读取数据

读取数据，包括子节点列表的获取和节点数据的获取。ZooKeeper 分别提供了不同的 API 来获取数据。

getChildren

客户端可以通过 ZooKeeper 的 API 来获取一个节点的所有子节点，有如下 8 个接口可供使用：

```
List<String>getChildren(final String path, Watcher watcher)
List<String>getChildren(String path, boolean watch)
void getChildren(final String path, Watcher watcher, ChildrenCallback cb, Object ctx)
void getChildren(String path, boolean watch, ChildrenCallback cb, Object ctx)
List<String>getChildren(final String path, Watcher watcher, Stat stat)
List<String>getChildren(String path, boolean watch, Stat stat)
void getChildren(final String path, Watcher watcher, Children2Callback cb, Object ctx)
void getChildren(String path, boolean watch, Children2Callback cb, Object ctx)
```

这里列出的 8 个 API 包含了同步和异步的接口，API 方法的参数说明如表 5-6 所示。

表 5-6．ZooKeeper getChildren API 方法参数说明

参 数 名	说　　明
path	指定数据节点的节点路径，即 API 调用的目的是获取该节点的子节点列表
watcher	注册的 Watcher。一旦在本次子节点获取之后，子节点列表发生变更的话，那么就会向客户端发送通知。该参数允许传入 null

续表

参　数　名	说　　明
watch	表明是否需要注册一个 Watcher。另外，在 5.3.1 节中，我们曾提到过有一个默认 Watcher 的概念，这里就要使用到该默认 Watcher 了。如果这个参数是 true，那么 ZooKeeper 客户端会自动使用上文中提到的那个默认 Watcher；如果是 false，表明不需要注册 Watcher
cb	注册一个异步回调函数
ctx	用于传递上下文信息的对象
stat	指定数据节点的节点状态信息。用法是在接口中传入一个旧的 stat 变量，该 stat 变量会在方法执行过程中，被来自服务端响应的新 stat 对象替换

可以发现，该 API 和 5.3.2 节中的 create API 有很多相似之处，这里我们只对一些有差异的地方展开进行讲解。

首先，我们来看看注册 Watcher。如果 ZooKeeper 客户端在获取到指定节点的子节点列表后，还需要订阅这个子节点列表的变化通知，那么就可以通过注册一个 Watcher 来实现。当有子节点被添加或是删除时，服务端就会向客户端发送一个 NodeChildrenChanged（EventType.NodeChildrenChanged）类型的事件通知。需要注意的是，在服务端发送给客户端的事件通知中，是不包含最新的节点列表的，客户端必须主动重新进行获取。通常客户端在收到这个事件通知后，就可以再次获取最新的子节点列表了。

再来看看用于描述节点状态信息的对象：stat。stat 对象中记录了一个节点的基本属性信息，例如节点创建时的事务 ID（cZxid）、最后一次修改的事务 ID（mZxid）和节点数据内容的长度（dataLength）等。有时候，我们不仅需要获取节点最新的子节点列表，还要获取这个节点最新的节点状态信息。对于这种情况，我们可以将一个旧的 stat 变量传入 API 接口，该 stat 变量会在方法执行过程中，被来自服务端响应的新 stat 对象替换。

使用同步 *API* 获取子节点列表

清单 5-6. 使用同步 *API* 获取子节点列表
```
package book.chapter05.$5_3_4;
import java.util.List;
import java.util.concurrent.CountDownLatch;
import org.apache.zookeeper.CreateMode;
import org.apache.zookeeper.WatchedEvent;
import org.apache.zookeeper.Watcher;
import org.apache.zookeeper.Watcher.Event.EventType;
import org.apache.zookeeper.Watcher.Event.KeeperState;
import org.apache.zookeeper.ZooDefs.Ids;
import org.apache.zookeeper.ZooKeeper;

// ZooKeeper API 获取子节点列表，使用同步(sync)接口
```

```java
public class ZooKeeper_GetChildren_API_Sync_Usage implements Watcher {
    private static CountDownLatch connectedSemaphore = new CountDownLatch(1);
    private static ZooKeeper zk = null;

    public static void main(String[] args) throws Exception{
      String path = "/zk-book";
        zk = new ZooKeeper("domain1.book.zookeeper:2181",
                    5000, //
                    new ZooKeeper_GetChildren_API_Sync_Usage());
        connectedSemaphore.await();
        zk.create(path, "".getBytes(),
            Ids.OPEN_ACL_UNSAFE, CreateMode.PERSISTENT);
        zk.create(path+"/c1", "".getBytes(),
            Ids.OPEN_ACL_UNSAFE, CreateMode.EPHEMERAL);

        List<String> childrenList = zk.getChildren(path, true);
        System.out.println(childrenList);

        zk.create(path+"/c2", "".getBytes(),
            Ids.OPEN_ACL_UNSAFE, CreateMode.EPHEMERAL);

        Thread.sleep( Integer.MAX_VALUE );
    }
    public void process(WatchedEvent event) {
      if (KeeperState.SyncConnected == event.getState()) {
        if (EventType.None == event.getType() && null == event.getPath()) {
            connectedSemaphore.countDown();
        } else if (event.getType() == EventType.NodeChildrenChanged) {
            try {
                System.out.println("ReGet Child:"+zk.getChildren(event.getPath(),true));
            } catch (Exception e) {}
        }
      }
    }
}
```

运行程序，输出结果如下：

    [c1]
    ReGet Child:[c1, c2]

在上面这个程序中，我们首先创建了一个父节点/zk-book，以及一个子节点/zk-book/c1。然后调用 getChildren 的同步接口来获取/zk-book 节点下的所有子节点，同时在接口调用的时候注册了一个 Watcher。之后，我们继续向/zk-book 节点创建子节点/zk-book/c2。由于之前我们对/zk-book 节点注册了一个 Watcher，因此，一旦此时有子节点被创建，ZooKeeper 服务端就会向客户端发出一个"子节点变更"的事件通知，于是，客户端在收到这个事件通知之后就可以再次调用 `getChildren` 方法来获取新的子节点列表。

另外，从输出结果中我们还可以发现，调用 `getChildren` 获取到的节点列表，都是数据节点的相对节点路径，例如上面输出结果中的 *c1* 和 *c2*，事实上，完整的 ZNode 路径应该是 */zk-book/c1* 和 */zk-book/c2*。

关于 Watcher，这里简单提一点，ZooKeeper 服务端在向客户端发送 Watcher "NodeChildrenChanged"事件通知的时候，仅仅只会发出一个通知，而不会把节点的变化情况发送给客户端，需要客户端自己重新获取。另外，由于 Watcher 通知是一次性的，即一旦触发一次通知后，该 Watcher 就失效了，因此客户端需要反复注册 Watcher。

使用异步 API 获取子节点列表

清单 5-7. 使用异步 API 获取子节点列表
```
package book.chapter05.$5_3_4;
import java.util.List;
import java.util.concurrent.CountDownLatch;
import org.apache.zookeeper.AsyncCallback;
import org.apache.zookeeper.CreateMode;
import org.apache.zookeeper.WatchedEvent;
import org.apache.zookeeper.Watcher;
import org.apache.zookeeper.Watcher.Event.EventType;
import org.apache.zookeeper.Watcher.Event.KeeperState;
import org.apache.zookeeper.ZooDefs.Ids;
import org.apache.zookeeper.ZooKeeper;
import org.apache.zookeeper.data.Stat;

//ZooKeeper API 获取子节点列表，使用异步(async)接口
public class ZooKeeper_GetChildren_API_ASync_Usage implements Watcher {

    private static CountDownLatch connectedSemaphore = new CountDownLatch(1);
    private static ZooKeeper zk = null;

    public static void main(String[] args) throws Exception{

      String path = "/zk-book";
        zk = new ZooKeeper("domain1.book.zookeeper:2181",
                    5000, //
                    new ZooKeeper_GetChildren_API_ASync_Usage());
        connectedSemaphore.await();
        zk.create(path, "".getBytes(),
            Ids.OPEN_ACL_UNSAFE, CreateMode.PERSISTENT);
```

```java
        zk.create(path+"/c1", "".getBytes(),
            Ids.OPEN_ACL_UNSAFE, CreateMode.EPHEMERAL);

        zk.getChildren(path, true, new IChildren2Callback(), null);

        zk.create(path+"/c2", "".getBytes(),
            Ids.OPEN_ACL_UNSAFE, CreateMode.EPHEMERAL);

        Thread.sleep( Integer.MAX_VALUE );
      }
      public void process(WatchedEvent event) {
        if (KeeperState.SyncConnected == event.getState()) {
            if (EventType.None == event.getType() && null == event.getPath()) {
                connectedSemaphore.countDown();
            } else if (event.getType() == EventType.NodeChildrenChanged) {
                try {
                    System.out.println("ReGet Child:"+zk.getChildren(event.getPath(),true));
                } catch (Exception e) {}
            }
        }
      }
}
class IChildren2Callback implements AsyncCallback.Children2Callback{
    public void processResult(int rc, String path, Object ctx, List<String> children, Stat stat) {
        System.out.println("Get Children znode result: [response code: " + rc +
", param path: " + path
            + ", ctx: " + ctx + ", children list: " + children + ", stat: " +
stat);
    }
}
```

运行程序，输出结果如下：

```
Get Children znode result: [response code: 0, param path: /zk-book, ctx:
null, children list: [c1], stat: 249173686311, 249173686311, 1402232783461,
1402232783461,0,1,0,0,0,1,249173686315
ReGet Child:[c1, c2]
```

在上面这个程序中，我们将子节点列表的获取逻辑进行了异步化。异步接口通常会应用在这样的使用场景中：应用启动的时候，会获取一些配置信息，例如"机器列表"，这些配置通常比较大，并且不希望配置的获取影响应用的主流程。

getData

客户端可以通过 ZooKeeper 的 API 来获取一个节点的数据内容，有如下 4 个接口：

```
byte[] getData(final String path, Watcher watcher, Stat stat)
byte[] getData(String path, boolean watch, Stat stat)
void getData(final String path, Watcher watcher, DataCallback cb, Object ctx)
void getData(String path, boolean watch, DataCallback cb, Object ctx)
```

这里列出的 4 个 API 包含了同步和异步的接口，API 方法的参数说明如表 5-7 所示。

表 5-7. ZooKeeper getData API 方法参数说明

参 数 名	说　　明
path	指定数据节点的节点路径，即 API 调用的目的是获取该节点的数据内容
watcher	注册的 Watcher。一旦之后节点内容有变更，就会向客户端发送通知。该参数允许传入 null
stat	指定数据节点的节点状态信息。用法是在接口中传入一个旧的 stat 变量，该 stat 变量会在方法执行过程中，被来自服务端响应的新 stat 对象替换
watch	表明是否需要注册一个 Watcher。另外，在上文 5.3.1 节中，我们曾提到过有一个默认 Watcher 的概念，这里就要使用到该默认 Watcher 了。如果这个参数是 true，那么 ZooKeeper 客户端会自动使用上文中提到的那个默认 Watcher；如果是 false，表明不需要注册 Watcher
cb	注册一个异步回调函数
ctx	用于传递上下文信息的对象

getData 接口和上文中的 getChildren 接口的用法基本相同，这里主要看一看注册的 Watcher 有什么不同之处。客户端在获取一个节点的数据内容的时候，是可以进行 Watcher 注册的，这样一来，一旦该节点的状态发生变更，那么 ZooKeeper 服务端就会向客户端发送一个 NodeDataChanged (EventType.NodeDataChanged) 的事件通知。

另外，API 返回结果的类型是 byte[]，这在上文中有提到过，目前 ZooKeeper 只支持这种类型的数据存储，所以在获取数据的时候也是返回此类型。

使用同步 API 获取节点数据内容

清单 5-8. 使用同步 API 获取节点数据内容
```
package book.chapter05.$5_3_4;
import java.util.concurrent.CountDownLatch;
import org.apache.zookeeper.CreateMode;
import org.apache.zookeeper.WatchedEvent;
import org.apache.zookeeper.Watcher;
import org.apache.zookeeper.Watcher.Event.EventType;
import org.apache.zookeeper.Watcher.Event.KeeperState;
import org.apache.zookeeper.ZooDefs.Ids;
import org.apache.zookeeper.ZooKeeper;
import org.apache.zookeeper.data.Stat;

// ZooKeeper API 获取节点数据内容，使用同步(sync)接口
public class GetData_API_Sync_Usage implements Watcher {
```

```
    private static CountDownLatch connectedSemaphore = new CountDownLatch(1);
    private static ZooKeeper zk = null;
    private static Stat stat = new Stat();

    public static void main(String[] args) throws Exception {
      String path = "/zk-book";
      zk = new ZooKeeper("domain1.book.zookeeper:2181",
                  5000, //
                  new GetData_API_Sync_Usage());
      connectedSemaphore.await();
      zk.create( path, "123".getBytes(), Ids.OPEN_ACL_UNSAFE, CreateMode.
EPHEMERAL );

        System.out.println(new String(zk.getData( path, true, stat )));
System.out.println(stat.getCzxid()+","+stat.getMzxid()+","+stat.getVersion()
);

        zk.setData( path, "123".getBytes(), -1 );

        Thread.sleep( Integer.MAX_VALUE );
    }
    public void process(WatchedEvent event) {
        if (KeeperState.SyncConnected == event.getState()) {
            if (EventType.None == event.getType() && null == event.getPath()) {
              connectedSemaphore.countDown();
            } else if (event.getType() == EventType.NodeDataChanged) {
              try {
                  System.out.println(new  String(zk.getData(  event.getPath(),
true, stat )));
                  System.out.println(stat.getCzxid()+","+
                              stat.getMzxid()+","+
                         stat.getVersion());
              } catch (Exception e) {}
          }
        }
      }
}
```

运行程序，输出结果如下：

    123
    253404961568,253404961568,0
    123
    253404961568,253404961576,1

在上面这个程序中，我们首先创建了一个节点/zk-book，并初始化其数据内容为

"123"。然后调用 `getData` 的同步接口来获取 /zk-book 节点的数据内容，调用的同时注册了一个 Watcher。之后，我们同样以"123"去更新将该节点的数据内容，此时，由于我们之前在该节点上注册了一个 Watcher，因此，一旦该节点的数据发生变化，ZooKeepeer 服务端就会向客户端发出一个"数据变更"的事件通知，于是，客户端可以在收到这个事件通知后，再次调用 `getData` 接口来获取新的数据内容。

另外，在调用 `getData` 接口的同时，我们传入了一个 `stat` 变量，在 ZooKeeper 客户端的内部实现中，会从服务端的响应中获取到数据节点的最新节点状态信息，来替换这个客户端的旧状态。关于"Java 中传引用还是传值"的问题，读者可以从一些 Java 基础书籍上进行更加详细的了解。

我们重点再来看下运行上面这个程序的输出结果中，前后两次调用 `getData` 接口的返回值。第一次的输出结果如下：

```
123
253404961568,253404961568,0
```

第二次的输出结果如下：

```
123
253404961568,253404961576,1
```

第一次是客户端主动调用 `getData` 接口来获取数据；第二次则是节点数据变更后，服务端发送 Watcher 事件通知给客户端后，客户端再次调用 `getData` 接口来获取数据。相信读者已经发现了，两次调用的输出结果中，节点数据内容的值并没有变化。既然节点的数据内容并没有变化，那么 ZooKeeper 服务端为什么会向客户端发送 Watcher 事件通知呢。这里，我们必须明确一个概念：节点的数据内容或是节点的数据版本变化，都被看作是 ZooKeeper 节点的变化。明白这个概念后，再回过头看上面的结果输出，可以看出，该节点在 `Zxid` 为 "253404961568" 时被创建，在 `Zxid` 为 "253404961576" 时被更新，于是节点的数据版本从 "0" 变化到 "1"。所以，这里我们要明确的一点是，数据内容或是数据版本变化，都会触发服务端的 `NodeDataChanged` 通知。

使用异步 API 获取节点数据内容

清单 5-9. 使用异步 API 获取节点数据内容
```
package book.chapter05.$5_3_4;
import java.util.concurrent.CountDownLatch;
import org.apache.zookeeper.AsyncCallback;
import org.apache.zookeeper.CreateMode;
import org.apache.zookeeper.WatchedEvent;
```

```java
import org.apache.zookeeper.Watcher;
import org.apache.zookeeper.Watcher.Event.EventType;
import org.apache.zookeeper.Watcher.Event.KeeperState;
import org.apache.zookeeper.ZooDefs.Ids;
import org.apache.zookeeper.ZooKeeper;
import org.apache.zookeeper.data.Stat;

// ZooKeeper API 获取节点数据内容，使用异步(async)接口。
public class GetData_API_ASync_Usage implements Watcher {

    private static CountDownLatch connectedSemaphore = new CountDownLatch(1);
    private static ZooKeeper zk;

    public static void main(String[] args) throws Exception {

      String path = "/zk-book";
      zk = new ZooKeeper("domain1.book.zookeeper:2181",
                   5000, //
                   new GetData_API_ASync_Usage());
      connectedSemaphore.await();

        zk.create( path, "123".getBytes(), Ids.OPEN_ACL_UNSAFE, CreateMode.EPHEMERAL );

        zk.getData( path, true, new IDataCallback(), null );

        zk.setData( path, "123".getBytes(), -1 );

        Thread.sleep( Integer.MAX_VALUE );
    }
    public void process(WatchedEvent event) {
       if (KeeperState.SyncConnected == event.getState()) {
           if (EventType.None == event.getType() && null == event.getPath()) {
               connectedSemaphore.countDown();
           } else if (event.getType() == EventType.NodeDataChanged) {
              try {
            zk.getData( event.getPath(), true, new IDataCallback(), null );
              } catch (Exception e) {}
           }
         }
      }
}
class IDataCallback implements AsyncCallback.DataCallback{
     public void processResult(int rc, String path, Object ctx, byte[] data, Stat stat) {
         System.out.println(rc + ", " + path + ", " + new String(data));
         System.out.println(stat.getCzxid()+","+
             stat.getMzxid()+","+
                     stat.getVersion());
```

```
        }
    }
```

运行程序，输出结果如下：

```
0, /zk-book, 123
253405214118,253405214118,0
0, /zk-book, 123
253405214118,253405214119,1
```

上面就是使用 `getData` 的异步接口来获取节点数据内容的示例程序。

5.3.5 更新数据

客户端可以通过 ZooKeeper 的 API 来更新一个节点的数据内容，有如下两个接口：

```
Stat setData(final String path, byte data[], int version)
void setData(final String path, byte data[], int version, StatCallback cb, Object ctx)
```

这里列出的两个 API 分别是同步和异步的更新接口，API 方法的参数说明如表 5-8 所示。

表 5-8. ZooKeeper setData API 方法参数说明

参 数 名	说　　明
path	指定数据节点的节点路径，即 API 调用的目的是更新该节点的数据内容
data[]	一个字节数组，即需要使用该数据内容来覆盖节点现在的数据内容
version	指定节点的数据版本，即表明本次更新操作是针对该数据版本进行的
cb	注册一个异步回调函数
ctx	用于传递上下文信息的对象

更新数据的接口较为简单明了。我们重点来看下方法中的 `version` 参数。`version` 参数用于指定节点的数据版本，表明本次更新操作是针对指定的数据版本进行的。但是，细心的读者一定已经发现了一个问题：在 5.3.4 节中提到的读取数据的接口 `getData` 中，并没有提供根据指定数据版本来获取数据的接口，那么，这里指定数据版本更新的意义何在呢？

在讲解这个问题之前，我们首先来看下 CAS（Compare and Swap）理论的相关知识。在《Java 并发编程实践》一书中提到，在现代绝大多数的计算机处理器体系架构中，都实现了对 CAS 的指令支持。通俗地讲，CAS 的意思就是："对于值 V，每次更新前都会比对其值是否是预期值 A，只有符合预期，才会将 V 原子化地更新到新值 B。" ZooKeeper 的 `setData` 接口中的 `version` 参数正是由 CAS 原理衍化而来的。从前面的介绍中，我们已经了解到，ZooKeeper 每个节点都有数据版本的概念，在调用更新操作的时候，就可以添加 `version` 这个参数，该参数可以对应于 CAS 原理中的"预期值"，表明是针对该数据版本进行更新的。具体来说，假如一个客户端试图进行更新操作，它会携带上次获取到的 version 值进行更新。而如果在这段时间内，ZooKeeper 服务器上该节点的数据恰好已经被其他客户端更新了，那么其数据版本一定也发生了变化，因此肯定与客户端携带的 version 无法匹配，于是便无法更新成功——因此可以有效地避免一些分布式更新的并发问题，ZooKeeper 的客户端就可以利用该特性构建更复杂的应用场景，例如分布式锁服务等。关于 ZooKeeper 数据节点的版本，将在 7.1.3 节中做详细讲解。

使用同步 API 更新节点数据内容

清单 5-10. 使用同步 API 更新节点数据内容

```java
package book.chapter05.$5_3_5;
import java.util.concurrent.CountDownLatch;

import org.apache.zookeeper.CreateMode;
import org.apache.zookeeper.KeeperException;
import org.apache.zookeeper.WatchedEvent;
import org.apache.zookeeper.Watcher;
import org.apache.zookeeper.Watcher.Event.EventType;
import org.apache.zookeeper.Watcher.Event.KeeperState;
import org.apache.zookeeper.ZooDefs.Ids;
import org.apache.zookeeper.ZooKeeper;
import org.apache.zookeeper.data.Stat;

// ZooKeeper API 更新节点数据内容，使用同步(sync)接口
public class SetData_API_Sync_Usage implements Watcher {

    private static CountDownLatch connectedSemaphore = new CountDownLatch(1);
    private static ZooKeeper zk;

    public static void main(String[] args) throws Exception {

        String path = "/zk-book";
        zk = new ZooKeeper("domain1.book.zookeeper:2181",
                    5000, //
                    new SetData_API_Sync_Usage());

        connectedSemaphore.await();
        zk.create( path, "123".getBytes(), Ids.OPEN_ACL_UNSAFE, CreateMode.EPHEMERAL );
        zk.getData( path, true, null );

        Stat stat = zk.setData( path, "456".getBytes(), -1 );
        System.out.println(stat.getCzxid()+","+
                    stat.getMzxid()+","+
                    stat.getVersion());
```

```
        Stat stat2 = zk.setData( path, "456".getBytes(), stat.getVersion() );
        System.out.println(stat2.getCzxid()+","+
                    stat2.getMzxid()+","+
                    stat2.getVersion());
        try {
            zk.setData( path, "456".getBytes(), stat.getVersion() );
        } catch ( KeeperException e ) {
            System.out.println("Error: " + e.code() + "," + e.getMessage());
        }
        Thread.sleep( Integer.MAX_VALUE );
    }

    @Override
    public void process(WatchedEvent event) {
        if (KeeperState.SyncConnected == event.getState()) {
            if (EventType.None == event.getType() && null == event.getPath()) {
                connectedSemaphore.countDown();
            }
        }
    }
}
```

运行程序,输出结果如下:

```
253406115885,253406115886,1
253406115885,253406115887,2
Error: BADVERSION,KeeperErrorCode = BadVersion for /zk-book
```

在上面的示例程序中,我们前后进行了三次更新操作,分别使用了不同的 version,接下来我们针对这三次更新操作分别做讲解。

在第一次更新操作中,使用的版本是 "–1",并且更新成功。这里需要和读者解释一下,版本 "–1" 代表了什么:在 ZooKeeper 中,数据版本都是从 0 开始计数的,所以严格地讲,"–1" 并不是一个合法的数据版本,它仅仅是一个标识符,如果客户端传入的版本参数是 "–1",就是告诉 ZooKeeper 服务器,客户端需要基于数据的最新版本进行更新操作。如果对 ZooKeeper 数据节点的更新操作没有原子性要求,那么就可以使用 "–1"。

第一次更新操作成功执行后,ZooKeeper 服务端会返回给客户端一个数据节点的节点状态信息对象:stat,从这个数据结构中,我们可以获取服务器上该节点的最新数据版本。从程序的运行情况可以看出,第一次更新操作完成后,节点的数据版本变更为 "1"。于是在第二次更新操作中,我们在接口中传入了这个版本号,也执行成功,同时我们看到了,此时的数据版本已经变更为 "2" 了。

在进行第三次操作的时候,程序依然使用了之前的数据版本 "1" 来进行更新操作,于是更新失败了。

从上面这个例子中,我们可以看出,基于 Version 参数,可以很好地来控制 ZooKeeper 上节点数据的原子性操作。

使用异步 *API* 更新节点数据内容

清单 5-11. 使用异步 *API* 更新节点数据内容

```java
package book.chapter05.$5_3_5;
import java.util.concurrent.CountDownLatch;
import org.apache.zookeeper.AsyncCallback;
import org.apache.zookeeper.CreateMode;
import org.apache.zookeeper.WatchedEvent;
import org.apache.zookeeper.Watcher;
import org.apache.zookeeper.Watcher.Event.EventType;
import org.apache.zookeeper.Watcher.Event.KeeperState;
import org.apache.zookeeper.ZooDefs.Ids;
import org.apache.zookeeper.ZooKeeper;
import org.apache.zookeeper.data.Stat;

// ZooKeeper API 更新节点数据内容,使用异步(async)接口
public class SetData_API_ASync_Usage implements Watcher {

    private static CountDownLatch connectedSemaphore = new CountDownLatch(1);
    private static ZooKeeper zk;

    public static void main(String[] args) throws Exception {

      String path = "/zk-book";
      zk = new ZooKeeper("domain1.book.zookeeper:2181",
                  5000, //
                  new SetData_API_ASync_Usage());
      connectedSemaphore.await();

      zk.create(     path,       "123".getBytes(),       Ids.OPEN_ACL_UNSAFE,
CreateMode.EPHEMERAL );
      zk.setData( path, "456".getBytes(), -1, new IStatCallback(), null );

      Thread.sleep( Integer.MAX_VALUE );
    }
    @Override
    public void process(WatchedEvent event) {
       if (KeeperState.SyncConnected == event.getState()) {
          if (EventType.None == event.getType() && null == event.getPath()) {
             connectedSemaphore.countDown();
          }
       }
    }
}
```

```
    }
class IStatCallback implements AsyncCallback.StatCallback{
    public void processResult(int rc, String path, Object ctx, Stat stat) {
        if (rc == 0) {
            System.out.println("SUCCESS");
        }
    }
}
```

异步 API 的使用和前面的例子基本类似，这里不再赘述。

5.3.6 检测节点是否存在

客户端可以通过 ZooKeeper 的 API 来删除一个节点，有如下 4 个接口：

```
public Stat exists(final String path, Watcher watcher)
public Stat exists(String path, boolean watch)
public void exists(final String path, Watcher watcher, StatCallback cb, Object ctx)
public void exists(String path, boolean watch, StatCallback cb, Object ctx)
```

这里列出的 4 个 API 分别是用同步和异步方式来检测节点是否存在的接口，API 方法的参数说明如表 5-9 所示。

表 5-9. ZooKeeper exists API 方法参数说明

参 数 名	说　　明
path	指定数据节点的节点路径，即 API 调用的目的是检测该节点是否存在
watcher	注册的 Watcher，用于监听以下三类事件： • 节点被创建 • 节点被删除 • 节点被更新
watch	指定是否复用 ZooKeeper 中默认的 Watcher
cb	注册一个异步回调函数
ctx	用于传递上下文信息的对象

该接口主要用于检测指定节点是否存在，返回值是一个 stat 对象。另外，如果在调用接口时注册 Watcher 的话，还可以对节点是否存在进行监听——一旦节点被创建、被删除或是数据被更新，都会通知客户端。

清单 5-12. 使用同步 API 检测节点是否存在
```
package book.chapter05.$5_3_6;
import java.util.concurrent.CountDownLatch;
import org.apache.zookeeper.CreateMode;
import org.apache.zookeeper.WatchedEvent;
import org.apache.zookeeper.Watcher;
import org.apache.zookeeper.Watcher.Event.EventType;
```

```java
import org.apache.zookeeper.Watcher.Event.KeeperState;
import org.apache.zookeeper.ZooDefs.Ids;
import org.apache.zookeeper.ZooKeeper;

// ZooKeeper API 检测节点是否存在，使用同步(sync)接口
public class Exist_API_Sync_Usage implements Watcher {

    private static CountDownLatch connectedSemaphore = new CountDownLatch(1);
    private static ZooKeeper zk;
    public static void main(String[] args) throws Exception {

      String path = "/zk-book";
      zk = new ZooKeeper("domain1.book.zookeeper:2181",
                  5000, //
                  new Exist_API_Sync_Usage());
      connectedSemaphore.await();

      zk.exists( path, true );

      zk.create( path, "".getBytes(), Ids.OPEN_ACL_UNSAFE, CreateMode.PERSISTENT );

      zk.setData( path, "123".getBytes(), -1 );

      zk.create( path+"/c1", "".getBytes(), Ids.OPEN_ACL_UNSAFE, CreateMode.PERSISTENT );

      zk.delete( path+"/c1", -1 );

      zk.delete( path, -1 );

        Thread.sleep( Integer.MAX_VALUE );
    }

    @Override
    public void process(WatchedEvent event) {
       try {
           if (KeeperState.SyncConnected == event.getState()) {
              if (EventType.None == event.getType() && null == event.getPath()) {
                  connectedSemaphore.countDown();
              } else if (EventType.NodeCreated == event.getType()) {
                  System.out.println("Node(" + event.getPath() + ")Created");
                  zk.exists( event.getPath(), true );
              } else if (EventType.NodeDeleted == event.getType()) {
                  System.out.println("Node(" + event.getPath() + ")Deleted");
                  zk.exists( event.getPath(), true );
              } else if (EventType.NodeDataChanged == event.getType()) {
                  System.out.println("Node(" + event.getPath() + ")DataChanged");
```

```
                zk.exists( event.getPath(), true );
            }
        }
    } catch (Exception e) {}
    }
}
```

运行程序，输出结果如下：

```
Node(/zk-book)Created
Node(/zk-book)DataChanged
Node(/zk-book)Deleted
```

在上面的示例程序中，针对节点 /zk-book（初始状态，服务器上是不存在该节点的），我们先后进行了如下操作。

1. 通过 `exists` 接口来检测是否存在指定节点，同时注册了一个 Watcher。

2. 创建节点 /zk-book，此时服务端马上会向客户端发送一个事件通知：`NodeCreated`。客户端在收到该事件通知后，再次调用 `exists` 接口，同时注册 Watcher。

3. 更新该节点的数据，这个时候，服务端又会向客户端发送一个事件通知：`NodeDataChanged`。客户端在收到该事件通知后，继续调用 `exists` 接口，同时注册 Watcher。

4. 创建子节点 /zk-book/c1。

5. 删除子节点 /zk-book/c1。

6. 删除节点 /zk-book。此时客户端会收到服务端的事件通知：`NodeDeleted`。

从上面 6 个操作步骤以及服务端对应的通知发送中，我们可以得出如下结论。

- 无论指定节点是否存在，通过调用 `exists` 接口都可以注册 Watcher。
- `exists` 接口中注册的 Watcher，能够对节点创建、节点删除和节点数据更新事件进行监听。
- 对于指定节点的子节点的各种变化，都不会通知客户端。

5.3.7 权限控制

在 ZooKeeper 的实际使用中，我们的做法往往是搭建一个共用的 ZooKeeper 集群，统一为若干个应用提供服务。在这种情况下，不同的应用之间往往是不会存在共享数据的使用场景的，因此需要解决不同应用之间的权限问题。

为了避免存储在 ZooKeeper 服务器上的数据被其他进程干扰或人为操作修改，需要对 ZooKeeper 上的数据访问进行权限控制（Access Control）。ZooKeeper 提供了 ACL 的权限控制机制，简单的讲，就是通过设置 ZooKeeper 服务器上数据节点的 ACL，来控制客户端对该数据节点的访问权限：如果一个客户端符合该 ACL 控制，那么就可以对其进行访问，否则将无法操作。针对这样的控制机制，ZooKeeper 提供了多种权限控制模式（Scheme），分别是 world、auth、digest、ip 和 super。在本节中，我们主要讲解在 digest 模式下如何进行 ZooKeeper 的权限控制。

开发人员如果要使用 ZooKeeper 的权限控制功能，需要在完成 ZooKeeper 会话创建后，给该会话添加上相关的权限信息（AuthInfo）。ZooKeeper 客户端提供了相应的 API 接口来进行权限信息的设置，如下：

　　addAuthInfo(String scheme, byte[] auth)

API 方法的参数说明如表 5-10 所示。

表 5-10. ZooKeeper addAuthInfo API 方法参数说明

参 数 名	说　　明
scheme	权限控制模式，分为 world、auth、digest、ip 和 super
auth	具体的权限信息

该接口主要用于为当前 ZooKeeper 会话添加权限信息，之后凡是通过该会话对 ZooKeeper 服务端进行的任何操作，都会带上该权限信息。

使用包含权限信息的 *ZooKeeper* 会话创建数据节点

```
清单 5-13. 使用包含权限信息的 ZooKeeper 会话创建数据节点
package book.chapter05.$5_3_7;
import org.apache.zookeeper.CreateMode;
import org.apache.zookeeper.ZooDefs.Ids;
import org.apache.zookeeper.ZooKeeper;
public class AuthSample {
    final static String PATH = "/zk-book-auth_test";
    public static void main(String[] args) throws Exception {

        ZooKeeper zookeeper = new ZooKeeper("domain1.book.zookeeper:2181",50000, null);
        zookeeper.addAuthInfo("digest", "foo:true".getBytes());
        zookeeper.create( PATH, "init".getBytes(), Ids.CREATOR_ALL_ACL, CreateMode.EPHEMERAL );
        Thread.sleep( Integer.MAX_VALUE );
    }
```

}

上面这个示例程序就是一个典型的对 ZooKeeper 会话添加权限信息的使用方式。在这个示例中，我们采用了 digest 模式，同时可以看到其包含的具体权限信息是 foo:true，这非常类似于 username:password 的格式。完成权限信息的添加后，该示例还使用客户端会话在 ZooKeeper 上创建了 /zk-book-auth_test 节点，这样该节点就受到了权限控制。下面我们来看，针对这个数据节点，ZooKeeper 是如何进行权限控制的。

使用无权限信息的 *ZooKeeper* 会话访问含权限信息的数据节点

清单 5-14. 使用无权限信息的 *ZooKeeper* 会话访问含权限信息的数据节点

```
package book.chapter05.$5_3_7;
import org.apache.zookeeper.CreateMode;
import org.apache.zookeeper.ZooDefs.Ids;
import org.apache.zookeeper.ZooKeeper;
//使用无权限信息的 ZooKeeper 会话访问含权限信息的数据节点
public class AuthSample_Get {

    final static String PATH = "/zk-book-auth_test";
    public static void main(String[] args) throws Exception {

        ZooKeeper zookeeper1 = new ZooKeeper("domain1.book.zookeeper:2181",5000, null);
        zookeeper1.addAuthInfo("digest", "foo:true".getBytes());
        zookeeper1.create( PATH, "init".getBytes(), Ids.CREATOR_ALL_ACL, CreateMode. EPHEMERAL );

        ZooKeeper zookeeper2 = new ZooKeeper("domain1.book.zookeeper:2181",50000, null);
        zookeeper2.getData( PATH, false, null );
    }
}
```

运行程序，输出异常信息如下：

```
org.apache.zookeeper.KeeperException$NoAuthException:
KeeperErrorCode = NoAuth for /zk-book-auth_test
```

在上面这个示例程序中，我们首先通过一个包含权限信息的客户端会话创建了一个数据节点，然后使用另一个不包含权限信息的客户端会话对其进行访问，运行程序后，输出了异常信息：KeeperErrorCode = NoAuth for /zk-book-auth_test。可见，一旦我们对一个数据节点设置了权限信息，那么其他没有权限设置的客户端会话将无法访问该数据节点，ZooKeeper 服务端能够为我们实现权限控制。

使用错误权限信息的 ZooKeeper 会话访问含权限信息的数据节点

清单 5-15. 使用错误权限信息的 ZooKeeper 会话访问含权限信息的数据节点
```
package book.chapter05.$5_3_7;
import org.apache.zookeeper.CreateMode;
import org.apache.zookeeper.ZooDefs.Ids;
import org.apache.zookeeper.ZooKeeper;
//使用错误权限信息的 ZooKeeper 会话访问含权限信息的数据节点
public class AuthSample_Get2 {

    final static String PATH = "/zk-book-auth_test";
    public static void main(String[] args) throws Exception {

        ZooKeeper zookeeper1 = new ZooKeeper("domain1.book.zookeeper:2181",5000, null);
        zookeeper1.addAuthInfo("digest", "foo:true".getBytes());
        zookeeper1.create( PATH, "init".getBytes(),//
Ids.CREATOR_ALL_ACL, CreateMode.EPHEMERAL );

        ZooKeeper zookeeper1 = new ZooKeeper("domain1.book.zookeeper:2181",5000, null);
        zookeeper2.addAuthInfo("digest", "foo:true".getBytes());
        System.out.println(zookeeper2.getData( PATH, false, null ));

        ZooKeeper zookeeper1 = new ZooKeeper("domain1.book.zookeeper:2181",5000, null);
        zookeeper3.addAuthInfo("digest", "foo:false".getBytes());
        zookeeper3.getData( PATH, false, null );
    }
}
```

运行程序，输出结果如下：

```
[B@7b7072
org.apache.zookeeper.KeeperException$NoAuthException:
KeeperErrorCode = NoAuth for /zk-book-auth_test
```

在上面这个示例程序中，我们同样使用包含权限信息的客户端会话创建了数据节点，同时使用了两个权限信息，先后进行了两次数据节点内容的获取。第一次，我们使用了正确的权限信息，即 `digest[foo:true]`，同时也成功获取到了数据节点的数据内容：`[B@7b7072`；而在第二次接口调用中，由于使用了错误的权限信息，即 `digest[foo:false]`，结果出现异常：`KeeperErrorCode = NoAuth for /zk-book-auth_test`。可见，ZooKeeper 的权限控制也能够为我们识别出错误的权限信息。

在 ZooKeeper 中，几乎所有的 API 接口操作，其权限控制策略都是和上面几个示例类似的,但是对于删除节点(delete)接口而言,其权限控制比较特殊,清单 5-16 是删除节点接口的权限控制示例。

清单 5-16. 删除节点接口的权限控制

```java
package book.chapter05.$5_3_7;
import org.apache.zookeeper.CreateMode;
import org.apache.zookeeper.ZooDefs.Ids;
import org.apache.zookeeper.ZooKeeper;
//删除节点接口的权限控制
public class AuthSample_Delete {

    final static String PATH = "/zk-book-auth_test";
    final static String PATH2 = "/zk-book-auth_test/child";
    public static void main(String[] args) throws Exception {

        ZooKeeper zookeeper1 = new ZooKeeper("domain1.book.zookeeper:2181",5000, null);
        zookeeper1.addAuthInfo("digest", "foo:true".getBytes());
        zookeeper1.create( PATH,  "init".getBytes(),  Ids.CREATOR_ALL_ACL, CreateMode. PERSISTENT );
        zookeeper1.create( PATH2, "init".getBytes(),  Ids.CREATOR_ALL_ACL, CreateMode. EPHEMERAL );

        try {
                ZooKeeper zookeeper2 = new ZooKeeper("domain1. book.zookeeper:2181", 50000,null);
                zookeeper2.delete( PATH2, -1 );
            } catch ( Exception e ) {
                System.out.println( "删除节点失败: " + e.getMessage() );
            }

        ZooKeeper zookeeper3 = new ZooKeeper("domain1.book.zookeeper:2181",50000, null);
        zookeeper3.addAuthInfo("digest", "foo:true".getBytes());
            zookeeper3.delete( PATH2, -1 );
        System.out.println( "成功删除节点: " + PATH2 );

        ZooKeeper zookeeper4 = new ZooKeeper("domain1.book.zookeeper:2181",50000, null);
            zookeeper4.delete( PATH, -1 );
        System.out.println( "成功删除节点: " + PATH );
    }
}
```

运行程序,输出结果如下:

删除节点失败:KeeperErrorCode = NoAuth for /zk-book-auth_test/child

成功删除节点：/zk-book-auth_test/child

成功删除节点：/zk-book-auth_test

在上面这个示例程序中，第一次，我们使用没有包含权限信息的客户端会话进行数据节点删除操作，显然，程序运行过程中抛出了异常信息：`KeeperErrorCode = NoAuth for /zk-book-auth_test/child`。而在第二次接口调用中，由于使用了正确的权限信息，因此成功删除了数据节点，相信这也不难理解。

下面我们着重来看第三次节点删除操作。需要注意的是，在这次删除操作中，我们使用的是没有包含权限信息的客户端会话，但最终却成功删除了数据节点。从这个例子中，我们可以看到，删除节点接口的权限控制比较特殊，当客户端对一个数据节点添加了权限信息后，对于删除操作而言，其作用范围是其子节点。也就是说，当我们对一个数据节点添加权限信息后，依然可以自由地删除这个节点，但是对于这个节点的子节点，就必须使用相应的权限信息才能够删除掉它。

5.4 开源客户端

在 5.3 节中，我们讲解了如何使用 ZooKeeper 的 Java 客户端 API 来进行一些基本操作，如创建会话、创建节点、读取数据、更新数据、删除节点和检测节点是否存在等。相信读者目前已经能够在自己的应用程序中开始简单地使用 ZooKeeper 了。

在本节中，我们将围绕 ZkClient 和 Curator 这两个开源的 ZooKeeper 客户端产品，再来进一步看看如何更好地使用 ZooKeeper。

5.4.1 ZkClient

ZkClient 是 Github 上一个开源的 ZooKeeper 客户端，是由 Datameer 的工程师 Stefan Groschupf 和 Peter Voss 一起开发的。ZkClient 在 ZooKeeper 原生 API 接口之上进行了包装，是一个更易用的 ZooKeeper 客户端。同时，ZkClient 在内部实现了诸如 Session 超时重连、Watcher 反复注册等功能，使得 ZooKeeper 客户端的这些繁琐的细节工作对开发人员透明。

在本节中，我们将从创建会话、创建节点、读取数据、更新数据、删除节点和检测节点是否存在等方面来介绍如何使用 ZkClient 这个 ZooKeeper 客户端。当然，由于底层实现还是对 ZooKeeper 原生 API 的包装，因此本节中不会太过详细地进行原理性的描述。

在讲解 API 之前，首先来看一下 ZkClient 的 Maven 依赖：

```xml
<dependencies>
    <dependency>
        <groupId>org.apache.zookeeper</groupId>
        <artifactId>zookeeper</artifactId>
        <version>${zookeeper.version}</version>
    </dependency>
    <dependency>
        <groupId>com.github.sgroschupf</groupId>
        <artifactId>zkclient</artifactId>
        <version>${zkclient.version}</version>
    </dependency>
</dependencies>
```

创建会话

在 5.3.1 节中，我们已经介绍了如何通过实例化一个 ZooKeeper 对象来完成会话的创建。在本节中，我们将介绍如何使用 ZkClient 来完成同样的操作。在 ZkClient 中，有如下 7 种构造方法：

```
public ZkClient(String serverstring)
public ZkClient(String zkServers, int connectionTimeout)
public ZkClient(String zkServers, int sessionTimeout, int connectionTimeout)
public ZkClient(String zkServers, int sessionTimeout,
int connectionTimeout, ZkSerializer zkSerializer)
public ZkClient(IZkConnection connection)
public ZkClient(IZkConnection connection, int connectionTimeout)
public ZkClient(IZkConnection zkConnection, int connectionTimeout, ZkSerializer
zkSerializer)
```

ZkClient 构造方法参数说明如表 5-11 所示。

表 5-11. ZkClient 构造方法参数说明

参 数 名	说　　明
zkServers	指 ZooKeeper 服务器列表，由英文状态逗号分开的 host:port 字符串组成，每一个都代表一台 ZooKeeper 机器，例如，192.168.1.1:2181,192.168.1.2:2181,192.168.1.3:2181
sessionTimeout	会话超时时间，单位为毫秒。默认是 30 000ms
connectionTimeout	连接创建超时时间，单位为毫秒。此参数表明如果在这个时间段内还是无法和 ZooKeeper 建立连接，那么就放弃连接，直接抛出异常
connection	IZkConnection 接口的实现类
zkSerializer	自定义序列化器

注意，在 ZkClient 的构造方法中，很多参数和 ZooKeeper 原生的构造方法中的参数一致，所以表 5-11 中只是做简要介绍，具体可以参见表 5-12 中的相关介绍。

在讲解使用 ZooKeeper 原生 API 创建会话的时候，我们提到："ZooKeeper 会话的建立是一个异步的过程。"对于 ZooKeeper 客户端的这个特点，开发人员需要自己来进行等待处理。而 ZkClient 通过内部包装，将这个异步的会话创建过程同步化了，这对于开发者的使用来说非常方便。

接下来再看 IZkConnection 接口。org.I0Itec.zkclient.IZkConnection 接口是对 ZooKeeper 原生接口最直接的包装，也是和 ZooKeeper 最直接的交互层，里面包含了添、删、改、查等一系列接口的定义。ZkClient 默认提供对 IZkConnection 接口的两种实现，分别是 ZkConnection 和 InMemoryConnection，前者是我们最常用的实现方式。通常开发人员不需要对 IZkConnection 进行改造，直接使用 ZkConnection 这个实现就可以完成绝大部分的业务需求。

在 5.3.1 节中，我们曾经提到过："目前，ZooKeeper 的节点内容只支持字节数组（byte[]）类型，也就是说，ZooKeeper 不负责为节点内容进行序列化，开发人员需要自己使用序列化工具将节点内容进行序列化和反序列化。"ZkClient 中定义了 ZkSerializer 接口，允许用户传入一个序列化实现，如 Hessian 或 Kryo，默认情况下，ZkClient 使用 Java 自带的序列化方式进行对象的序列化。注册完序列化器之后，客户端在进行读写操作的过程中，就会自动进行序列化和反序列化操作。

最后，我们再来看看 ZkClient 和 ZooKeeper 原生构造方法的最大区别，那就是在 ZkClient 的构造方法中，不再提供传入 Watcher 对象的参数了。那么，客户端如何去监听服务端的相关事件呢？别担心，ZkClient 引入了大多数 Java 程序都使用过的 Listener 来实现 Watcher 注册。值得一提的是，ZkClient 从 API 级别来支持 Watcher 监听的注册，这样的用法更贴近 Java 工程师的开发习惯。关于事件监听的注册方法，在后续章节中会做详细讲解。

清单 5-17. 使用 *ZkClient* 创建会话
```
package book.chapter05.$5_4_1;
import java.io.IOException;
import org.I0Itec.zkclient.ZkClient;

// 使用 ZkClient 来创建一个 ZooKeeper 客户端
public class Create_Session_Sample {
    public static void main(String[] args) throws IOException, InterruptedException {
        ZkClient zkClient = new ZkClient("domain1.book.zookeeper:2181", 5000);
        System.out.println("ZooKeeper session established.");
    }
}
```

运行程序，输出结果如下：

```
ZooKeeper session established.
```

上面这个示例程序展示了如何使用 ZkClient 来创建会话。

创建节点

ZkClient 中提供了以下一系列接口来创建节点，开发者可以通过这些接口来进行各种类型的节点创建：

```
String create(final String path, Object data, final CreateMode mode)
String create(final String path, Object data, final List<ACL> acl, final CreateMode mode)
void create(final String path, Object data, final CreateMode mode, final AsyncCallback.StringCallback callback, final Object context)
void createEphemeral(final String path)
void createEphemeral(final String path, final Object data)
void createPersistent(String path);
void createPersistent(String path, boolean createParents);
void createPersistent(String path, Object data);
void createPersistent(String path, List<ACL> acl, Object data);
String createPersistentSequential(String path, Object data);
String createEphemeralSequential(final String path, final Object data)
```

该 API 方法的参数说明如表 5-12 所示。

表 5-12. ZkClient create API 参数说明

参数名	说明
path	指定数据节点的节点路径，即 API 调用的目的是创建该节点
data	节点的初始数据内容，可以传入 null
mode	节点类型，是一个枚举类型，通常有 4 种可选的节点类型
acl	节点的 ACL 策略
callback	注册一个异步回调函数
context	用于传递一个对象，可以在执行回调函数的时候使用
createParents	指定是否创建父节点

在 ZkClient 的创建节点 API 接口中，很多参数都和 ZooKeeper 原生的创建节点 API 接口比较相近，读者可以到表 5-3 中查看关于这些参数更进一步的讲解。

ZkClient 提供了较多的创建节点 API 接口，其中前面三个接口和 ZooKeeper 原生的创建节点 API 接口基本一致，唯一不同的地方在于，原生接口只允许传入 `byte[]` 类型的参数，而 ZkClient 提供的接口，由于支持了自定义序列化器，因此可以传入复杂对象作为参数。

再来看后面的几个接口，从接口的名字上就可以看出这些接口将节点的创建类型隐藏在了方法名中，如 `createEphemeral` 接口是创建临时节点，而 `createPersistentSequential`

接口则是创建持久顺序节点。

最后,我们再来看一个比较有趣的参数——createParents。在 5.3.2 节中我们提到过,ZooKeeper 原生的 API 在创建节点时无法做到递归建立节点,也就是说只有在父节点存在的情况下才能够建立子节点。但是,在很多情况下,类似于"创建一个节点之前,首先还需要去检查其父节点是否存在,如果不存在,那么还要先创建父节点"的安全性处理对于很多开发人员来说,是相当繁琐的工作。好在 ZkClient 为我们解决了这个问题,通过 createParents 这个参数,ZkClient 能够在内部帮助我们递归建立父节点。

清单 5-18　使用 *ZkClient* 创建节点

```
package book.chapter05.$5_4_1;
import org.I0Itec.zkclient.ZkClient;

// 使用 ZkClient 创建节点
public class Create_Node_Sample {

    public static void main(String[] args) throws Exception {
      ZkClient zkClient = new ZkClient("domain1.book.zookeeper:2181", 5000);
        String path = "/zk-book/c1";
        zkClient.createPersistent(path, true);
    }
}
```

在上面这个示例程序中,我们使用 ZkClient 的 createPersistent 接口创建节点,并且设置 createParents 参数为 true,表明需要递归创建父节点。很显然,使用 ZkClient 省去了很多繁琐的工作。

另外,ZkClient 的 API 中还提供了支持异步创建节点的方法,鉴于异步方式的使用和上文中讲解的非常类似,这里不再赘述,读者可以参考 5.3.2 节中的相关内容。

删除节点

在 ZkClient 中,可以通过以下 API 来删除指定节点:

```
boolean delete(final String path)
delete(final String path, final AsyncCallback.VoidCallback callback, final Object context)
boolean deleteRecursive(String path)
```

该 API 方法的参数说明如表 5-13 所示。

表 5-13. ZkClient delete API 参数说明

参 数 名	说　　明
path	数据节点的完整节点路径
callback	注册一个异步回调函数
context	用于传递上下文信息的对象

通过调用这个接口，就可以对指定节点进行删除操作了。下面主要来看 `delete Recursive` 接口。在 5.3.3 节中，我们提到："在 ZooKeeper 中，只允许删除叶子节点。也就是说，如果一个节点存在至少一个子节点的话，那么该节点将无法被直接删除，必须先删除掉所有子节点。"但是在真正的生产使用中，我们的节点层级往往比较复杂，通常在 4 层左右。在这种情况下，如果每次都需要逐层遍历来删除节点，那么会非常繁琐。在 ZkClient 中，`deleteRecursive` 这个接口将自动帮我们完成逐层遍历删除节点的工作，这为开发人员带来了不少便利。

删除节点接口的使用相对来说比较简单，读者可以在源代码包的 *book.chapter05.$5_4_1* 目录下自行查看 *Del_Data_Sample.java* 文件即可。

读取数据

在上面的一些介绍中，相信读者已经能够感受到 ZkClient 相较于 ZooKeeper 原生 API 而言的简便之处。在本部分，我们将从"如何通过客户端来获取节点的子节点列表"和"如何获取节点数据内容"两方面来讲解 ZkClient 的使用方法。

getChildren

在 ZkClient 中，可以通过以下 API 来获取指定节点的子节点列表：

`List<String>getChildren(String path)`

ZkClient 只提供了一个对外 API，用于获取指定节点的子节点列表。这个 API 的返回值是子节点的相对路径，例如，ZooKeeper 服务器上存在 */zk-book/c1* 和 */zk-book/c2* 这样两个节点，那么调用该 API 获取 */zk-book* 的子节点列表，返回值是 [*c1*, *c2*]。

细心的读者可能已经发现了一个问题，和 ZooKeeper 原生 API 相比，ZkClient 提供的 API 没有了 Watcher 注册的功能。在本节"创建会话"部分中我们已经提到，ZkClient 中引入了 Listener 的概念，客户端可以通过注册相关的事件监听来实现对 ZooKeeper 服务端事件的订阅。在获取子节点列表这个接口上，可以通过如下 API 来进行注册监听：

`List<String>subscribeChildChanges(String path, IZkChildListener listener)`

通过该 API 的调用，就完成了事件监听的注册。从 API 方法中，我们可以看出，注册的是对子节点列表变更的监听，也就是说，一旦子节点列表发生变更，ZooKeeper 服务端就会向客户端发出事件通知，由这个 Listener 来处理。下面给出这个 Listener 接口的定义：

```
public interface IZkChildListener {
    public void handleChildChange(String parentPath, List<String> currentChilds)
    throws Exception;
}
```

在这个接口定义中，只有一个接口方法 `handleChildChange`，用来处理服务端发送过来的事件通知。该 API 方法的参数说明如表 5-14 所示。

表 5-14. IZkChildListener API 参数说明

参数名	说明
parentPath	子节点变更通知对应的父节点的节点路径
currentChilds	子节点的相对路径列表，如果没有子节点，那么会传入 null

如果客户端对指定节点 nodeA 注册了 `IZkChildListener` 监听，那么将会接收到如表 5-15 所示的事件通知。

表 5-15. IZkChildListener 事件说明

事件类别	说明
新增子节点	指定节点 nodeA 新增子节点。此时在 handleChildChange 方法中，parentPath 收到的是 nodeA 的全路径，currentChilds 是最新的子节点列表（相对路径）
减少子节点	指定节点 nodeA 减少子节点。此时在 handleChildChange 方法中，parentPath 收到的是 nodeA 的全路径，currentChilds 是最新的子节点列表（相对路径），可能是 null
删除节点 nodeA	指定节点 nodeA 被删除。此时在 handleChildChange 方法中，parentPath 收到的是 nodeA 的全路径，currentChilds 是 null

下面，我们通过实际代码来看看 `getChildren` 接口以及子节点列表变更监听的使用方式。

清单 5-19. 使用 ZkClient 获取子节点列表

```
package book.chapter05.$5_4_1;
import java.util.List;
import org.I0Itec.zkclient.IZkChildListener;
import org.I0Itec.zkclient.ZkClient;

// 使用 ZkClient 获取子节点列表
public class Get_Children_Sample {
    public static void main(String[] args) throws Exception {

        String path = "/zk-book";
```

```
        ZkClient zkClient = new ZkClient("domain1.book.zookeeper:2181", 5000);
        zkClient.subscribeChildChanges(path, new IZkChildListener() {
            public void handleChildChange(String parentPath, List<String> currentChilds)
throws Exception {
                System.out.println(parentPath + " 's child changed, currentChilds:" +
currentChilds);
            }
        });

        zkClient.createPersistent(path);
        Thread.sleep( 1000 );
        System.out.println(zkClient.getChildren(path));
        Thread.sleep( 1000 );
        zkClient.createPersistent(path+"/c1");
        Thread.sleep( 1000 );
        zkClient.delete(path+"/c1");
        Thread.sleep( 1000 );
        zkClient.delete(path);
        Thread.sleep( Integer.MAX_VALUE );
    }
}
```

运行程序，输出结果如下：

```
/zk-book 's child changed, currentChilds:[]
[]
/zk-book 's child changed, currentChilds:[c1]
/zk-book 's child changed, currentChilds:[]
/zk-book 's child changed, currentChilds:null
```

在上面这个示例程序中，首先对 /zk-book 注册了 IZkChildListener 监听，此时该节点并不存在。当创建了 /zk-book 节点后，客户端立即会收到来自服务端的事件通知，当然此时接收到的子节点列表为 null。然后继续创建节点 /zk-book/c1，此时客户端就会收到子节点列表变更通知，同时收到最新的子节点列表为 [c1]。随后，我们删除了 /zk-book/c1 节点，客户端同样会收到事件变更通知。最后，当将 /zk-book 节点本身删除的时候，客户端收到了事件通知，同时可以发现，此时子节点列表为 null。

从上面的示例程序和输出结果中，我们可以得出以下 3 个结论。

- 客户端可以对一个不存在的节点进行子节点变更的监听。
- 一旦客户端对一个节点注册了子节点列表变更监听之后，那么当该节点的子节点列表发生变更的时候，服务端都会通知客户端，并将最新的子节点列表发送给客户端。
- 该节点本身的创建或删除也会通知到客户端。

另外，还需要明确的一点是，和 ZooKeeper 原生提供的 Watcher 不同的是，ZkClient 的

Listener 不是一次性的,客户端只需要注册一次就会一直生效。

getData

在 ZkClient 中,可以通过以下 API 来获取指定节点的数据内容:

```
<T extends Object> T readData(String path)
<T extends Object> T readData(String path, boolean returnNullIfPathNotExists)
<T extends Object> T readData(String path, Stat stat)
```

该 API 方法的参数说明如表 5-16 所示。

表 5-16. ZkClient getData API 参数说明

参 数 名	说 明
returnNullIfPathNotExists	默认情况下,在调用该 API 的时候,如果指定的节点不存在,那么会抛出异常:org.apache.zookeeper.KeeperException$NoNodeException。如果设置了这个参数,那么如果节点不存在,就直接返回 null,而不会抛出异常
stat	指定数据节点的节点状态信息。用法是在接口中传入一个旧的 stat 变量,该 stat 变量会在方法执行过程中,被来自服务端响应的新 stat 对象替换

通过调用这个接口,就可以获取指定节点的数据内容。注意,方法的返回值,在 ZkClient 内部已经被反序列化成指定对象。

另外,该接口对服务端事件的监听,同样是通过注册指定的 Listener 来实现的:

```
public interface IZkDataListener {
    public void handleDataChange(String dataPath, Object data) throws Exception;
    public void handleDataDeleted(String dataPath) throws Exception;
}
```

在这个 Listener 接口中,有两个接口方法 handleDataChange 和 handleDataDeleted,用于处理服务端发来的两类事件通知,分别为"节点内容变更"和"节点删除"事件。该 API 方法的参数说明如表 5-17 所示。

表 5-17. IZkDataListener API 参数说明

参 数 名	说 明
dataPath	事件通知对应的节点路径
data	最新的数据内容

如果客户端对指定节点 nodeA 注册了 `IZkDataListener` 监听,那么将会接收到如表 5-18 所示的来自服务端的事件通知。

表 5-18. IZkDataListener 事件说明

事件类别	说　　明
节点数据变化	指定节点 nodeA 的数据内容（content）或是数据版本（version）发生变更，都会触发这个事件。此时在 handleDataChange 方法中，dataPath 收到的是 nodeA 的全路径，data 是最新的数据节点内容
删除节点 nodeA	指定节点 nodeA 被删除。此时在 handleDataDeleted 方法中，dataPath 收到的是 nodeA 的全路径

下面，我们通过实际代码来看看 `getData` 接口以及子节点列表变更监听的使用方式。

清单 5-20. 使用 *ZkClient* 获取节点数据内容

```java
package book.chapter05.$5_4_1;
import org.I0Itec.zkclient.IZkDataListener;
import org.I0Itec.zkclient.ZkClient;

//使用 ZkClient 获取节点数据内容
public class Get_Data_Sample {
    public static void main(String[] args) throws Exception {

        String path = "/zk-book";
        ZkClient zkClient = new ZkClient("domain1.book.zookeeper:2181", 5000);
        zkClient.createEphemeral(path, "123");

        zkClient.subscribeDataChanges(path, new IZkDataListener() {
            public void handleDataDeleted(String dataPath) throws Exception {
                System.out.println("Node " + dataPath + " deleted.");
            }
            public void handleDataChange(String dataPath, Object data) throws Exception {
                System.out.println("Node " + dataPath + " changed, new data: " + data);
            }
        });

        System.out.println(zkClient.readData(path));
        zkClient.writeData(path,"456");
        Thread.sleep(1000);
        zkClient.delete(path);
        Thread.sleep( Integer.MAX_VALUE );
    }
}
```

运行程序，输出结果如下：

```
123
Node /zk-book changed, new data: 456
Node /zk-book deleted.
```

在上面这个示例程序中，首先创建了节点 */zk-book*，并且调用 `readData` 接口来获取其数据内容，同时在该节点上注册了 IZkDataListener 监听，实现对该节点数据变更的监听。这样一来，之后凡是该节点数据变化或是该节点被删除，服务端都会向客户端发出事件通知。

更新数据

在 ZkClient 中，可以通过以下 API 来更新指定节点的数据：

```
void writeData(String path, Object data)
void writeData(final String path, Object data, final int expectedVersion)
```

该 API 方法的参数说明如表 5-19 所示。

表 5-19. ZkClient writeData API 参数说明

参 数 名	说　　明
path	数据节点的完整节点路径
data	数据内容，可以是 null
expectedVersion	预期的数据版本。在 5.3.5 节中，我们已经提到过，ZooKeeper 的数据节点有数据版本的概念，可以使用这个数据版本来实现类似 CAS 的原子操作

通过调用这个接口，就可以对指定节点进行数据更新了。该接口的使用相对来说比较简单，读者可以在源代码包的 *book.chapter05.$5_4_1* 目录下自行查看 *Set_Data_Sample.java* 文件。

检测节点是否存在

在 ZkClient 中，可以通过以下 API 来检测指定节点是否存在：

```
boolean exists(final String path)
```

通过调用这个接口，就可以检测指定节点是否存在了。该接口的使用相对来说比较简单，读者可以在源代码包的 *book.chapter05.$5_4_1* 目录下自行查看 *Exist_Node_Sample.java* 文件。

5.4.2 Curator

在上一节中，我们介绍了 ZkClient 这个 ZooKeeper 的开源客户端，并通过一些实例，体验了 ZkClient 相较于 ZooKeeper 原生 API 接口的便捷之处。在本节中，我们将介绍另一个开源的 ZooKeeper 客户端——Curator。

Curator 是 Netflix 公司开源的一套 ZooKeeper 客户端框架，作者是 Jordan Zimmerman[注5]。和 ZkClient 一样，Curator 解决了很多 ZooKeeper 客户端非常底层的细节开发工作，包括连接重连、反复注册 Watcher 和 `NodeExistsException` 异常等，目前已经成为了 Apache 的顶级项目，是全世界范围内使用最广泛的 ZooKeeper 客户端之一，Patrick Hunt（ZooKeeper 代码的核心提交者）以一句"Guava is to Java what Curator is to ZooKeeper"（Curator 对于 ZooKeeper，可以说就像 Guava 工具集对于 Java 平台一样，作用巨大）对其进行了高度评价。

除了封装一些开发人员不需要特别关注的底层细节之外，Curator 还在 ZooKeeper 原生 API 的基础上进行了包装，提供了一套易用性和可读性更强的 Fluent 风格的客户端 API 框架。

除此之外，Curator 中还提供了 ZooKeeper 各种应用场景（Recipe，如共享锁服务、Master 选举机制和分布式计数器等）的抽象封装。

在讲解 API 之前，首先来看一下 Curator 的 Maven 依赖：

```xml
<dependency>
        <groupId>org.apache.curator</groupId>
        <artifactId>curator-framework</artifactId>
        <version>2.4.2 </version>
</dependency>
```

创建会话

在 5.3.1 节和 5.4.1 节中，我们分别介绍了 ZooKeeper 原生 API 和 ZkClient 两种客户端创建会话的方法，总体来说，这两种客户端的创建方式还是比较类似的，但是使用 Curator 客户端创建会话的过程就和上面提到的两种客户端产品有很大的不同，具体如下。

1. 使用 `CuratorFrameworkFactory` 这个工厂类的两个静态方法来创建一个客户端：

   ```
   static CuratorFramework newClient(String connectString, RetryPolicy retryPolicy);
   static CuratorFramework newClient(String connectString,
                                     int sessionTimeoutMs,
                                     int connectionTimeoutMs,
                                     RetryPolicy retryPolicy);
   ```

注5：Jordan Zimmerman 是 Curator 项目代码的核心提交者（Committer）及项目管理委员会（Project Management Committee，PMC）主席，其官方主页为：*https://github.com/randgalt*。

2. 通过调用 CuratorFramework 中的 start() 方法来启动会话。

表 5-20 对构造方法中的各参数进行了说明。

表 5-20. Curator 会话创建 API 参数说明

参 数 名	说　明
connectString	指 ZooKeeper 服务器列表，由英文状态逗号分开的 host:port 字符串组成，每一个都代表一台 ZooKeeper 机器，例如，192.168.1.1:2181,192.168.1.2:2181,192.168.1.3:2181
retryPolicy	重试策略。默认主要有四种实现，分别是 Exponential Backoff Retry、RetryNTimes、RetryOneTime、RetryUntilElapsed
sessionTimeoutMs	会话超时时间，单位为毫秒。默认是 60 000ms
connectionTimeoutMs	连接创建超时时间，单位为毫秒。默认是 15 000ms

在重试策略上，Curator 通过一个接口 RetryPolicy 来让用户实现自定义的重试策略。在 RetryPolicy 接口中只定义了一个方法：

　　boolean allowRetry(int retryCount, long elapsedTimeMs, RetrySleeper sleeper)

RetryPolicy 接口参数说明如表 5-21 所示。

表 5-21. RetryPolicy 接口参数说明

参 数 名	说　明
retryCount	已经重试的次数。如果是第一次重试，那么该参数为 0
elapsedTimeMs	从第一次重试开始已经花费的时间，单位为毫秒
sleeper	用于 sleep 指定时间。Curator 建议不要使用 Thread.sleep 来进行 sleep 操作

使用 Curator 创建会话

清单 5-21.　使用 *Curator* 创建会话
```
package book.chapter05.$5_4_2;
import org.apache.curator.RetryPolicy;
import org.apache.curator.framework.CuratorFramework;
import org.apache.curator.framework.CuratorFrameworkFactory;
import org.apache.curator.retry.ExponentialBackoffRetry;

//使用 Curator 来创建一个 ZooKeeper 客户端
public class Create_Session_Sample {
    public static void main(String[] args) throws Exception{
        RetryPolicy retryPolicy = new ExponentialBackoffRetry(1000, 3);
        CuratorFramework client =
        CuratorFrameworkFactory.newClient("domain1.book.zookeeper:2181",
            5000,
            3000,
            retryPolicy);
```

```
        client.start();
        Thread.sleep(Integer.MAX_VALUE);
    }
}
```

在上面这个示例程序中,我们首先创建了一个名为 `ExponentialBackoffRetry` 的重试策略,该重试策略是 Curator 默认提供的几种重试策略之一,其构造方法如下:

```
ExponentialBackoffRetry(int baseSleepTimeMs, int maxRetries);
ExponentialBackoffRetry(int baseSleepTimeMs, int maxRetries, int maxSleepMs);
```

`ExponentialBackoffRetry` 构造方法参数说明如表 5-22 所示。

表 5-22. ExponentialBackoffRetry 构造方法参数说明

参 数 名	说 明
baseSleepTimeMs	初始 sleep 时间
maxRetries	最大重试次数
maxSleepMs	最大 sleep 时间

`ExponentialBackoffRetry` 的重试策略设计如下。

给定一个初始 sleep 时间 `baseSleepTimeMs`,在这个基础上结合重试次数,通过以下公式计算出当前需要 sleep 的时间:

当前 sleep 时间 = baseSleepTimeMs * Math.max(1, random.nextInt(1 << (retryCount + 1)))

可以看出,随着重试次数的增加,计算出的 sleep 时间会越来越大。如果该 sleep 时间在 `maxSleepMs` 的范围之内,那么就使用该 sleep 时间,否则使用 `maxSleepMs`。另外,`maxRetries` 参数控制了最大重试次数,以避免无限制的重试。

从上面的示例程序中还可以看出,`CuratorFrameworkFactory` 工厂在创建出一个客户端 `CuratorFramework` 实例之后,实质上并没有完成会话的创建,而是需要调用 `CuratorFramework` 的 `start()` 方法来完成会话的创建。

使用 Fluent 风格的 API 接口来创建会话

Curator 提供的 API 接口在设计上最大的亮点在于其遵循了 Fluent 设计风格,这也是和 ZooKeeper 原生 API 以及 ZkClient 客户端有很大不同的地方。清单 5-22 展示了如何使用 Fluent 风格的 API 接口来创建会话。

清单 5-22. 使用 Fluent 风格的 API 接口创建会话
```
package book.chapter05.$5_4_2;
import org.apache.curator.RetryPolicy;
```

```java
import org.apache.curator.framework.CuratorFramework;
import org.apache.curator.framework.CuratorFrameworkFactory;
import org.apache.curator.retry.ExponentialBackoffRetry;

//使用 Fluent 风格的 API 接口来创建一个 ZooKeeper 客户端
public class Create_Session_Sample_fluent {
    public static void main(String[] args) throws Exception{
        RetryPolicy retryPolicy = new ExponentialBackoffRetry(1000, 3);
        CuratorFramework client =
        CuratorFrameworkFactory.builder()
                    .connectString("domain1.book.zookeeper:2181")
                    .sessionTimeoutMs(5000)
                    .retryPolicy(retryPolicy)
                    .build();
        client.start();
        Thread.sleep(Integer.MAX_VALUE);
    }
}
```

使用 Curator 创建含隔离命名空间的会话

为了实现不同的 ZooKeeper 业务之间的隔离，往往会为每个业务分配一个独立的命名空间，即指定一个 ZooKeeper 根路径。例如，下面所示的代码片段中定义了某一个客户端的独立命名空间为 /base，那么该客户端对 ZooKeeper 上数据节点的任何操作，都是基于该相对目录进行的：

```java
CuratorFrameworkFactory.builder()
                    .connectString("domain1.book.zookeeper:2181")
                    .sessionTimeoutMs(5000)
                    .retryPolicy(retryPolicy)
                    .namespace("base")
                    .build();
```

读者可以在 7.3.2 节中了解更多关于客户端隔离命名空间的内容。

创建节点

Curator 中提供了一系列 Fluent 风格的接口，开发人员可以通过对其进行自由组合来完成各种类型节点的创建。

清单 5-23. *Curator 创建节点的 API*
```
CuratorFramework
   --public CreateBuilder create();
CreateBuilder
    --public ProtectACLCreateModePathAndBytesable<String>creatingParentsIfNeeded();
CreateModable
```

```
--public T withMode(CreateMode mode);
PathAndBytesable<T>
    --public T forPath(String path, byte[] data) throws Exception;
    --public T forPath(String path) throws Exception;
```

以上就是一系列最常用的创建节点 API，下面通过一些场景来说明如何使用这些 API。

创建一个节点，初始内容为空

```
client.create().forPath(path);
```

注意，如果没有设置节点属性，那么 Curator 默认创建的是持久节点，内容默认是空。这里的 `client` 是指上文中提到的一个已经完成会话创建并启动的 Curator 客户端实例，即 `CuratorFramework` 对象实例。

创建一个节点，附带初始内容

```
client.create().forPath( path, "init".getBytes() );
```

也可以在创建节点的时候写入初始节点内容。和 ZkClient 不同的是，Curator 仍然是按照 ZooKeeper 原生 API 的风格，使用 `byte[]` 作为方法参数。

创建一个临时节点，初始内容为空

```
client.create().withMode( CreateMode.EPHEMERAL ).forPath( path );
```

创建一个临时节点，并自动递归创建父节点

```
client.create().creatingParentsIfNeeded().withMode( CreateMode.EPHEMERAL ).forPath( path );
```

这个接口非常有用，在使用 ZooKeeper 的过程中，开发人员经常会碰到 `NoNodeException` 异常，其中一个可能的原因就是试图对一个不存在的父节点创建子节点。因此，开发人员不得不在每次创建节点之前，都判断一下该父节点是否存在——这个处理通常让人厌恶。在使用 Curator 之后，通过调用 `creatingParentsIfNeeded` 接口，Curator 就能够自动地递归创建所有需要的父节点。

同时要注意的一点是，由于在 ZooKeeper 中规定了所有非叶子节点必须为持久节点，调用上面这个 API 之后，只有 `path` 参数对应的数据节点是临时节点，其父节点均为持久节点。

下面通过一个实际例子来看看如何在代码中使用这些 API。

清单 5-24. *Curator* 创建节点 *API* 实例

```java
package book.chapter05.$5_4_2;
import org.apache.curator.framework.CuratorFramework;
import org.apache.curator.framework.CuratorFrameworkFactory;
import org.apache.curator.retry.ExponentialBackoffRetry;
import org.apache.zookeeper.CreateMode;

//使用 Curator 创建节点
public class Create_Node_Sample {
    static String path = "/zk-book/c1";
    static CuratorFramework client = CuratorFrameworkFactory.builder()
            .connectString("domain1.book.zookeeper:2181")
            .sessionTimeoutMs(5000)
            .retryPolicy(new ExponentialBackoffRetry(1000, 3))
            .build();
    public static void main(String[] args) throws Exception {
        client.start();
        client.create()
            .creatingParentsIfNeeded()
            .withMode(CreateMode.EPHEMERAL)
            .forPath(path, "init".getBytes());
    }
}
```

删除节点

在 Curator 中,可以通过以下 API 来删除指定节点:

清单 5-25. *Curator* 删除节点 *API*

```
CuratorFramework
    --public DeleteBuilder delete();
Versionable<T>
    --public T withVersion(int version);
DeleteBuilder
    --public DeleteBuilderBase guaranteed();
PathAndBytesable<T>
    --public T forPath(String path, byte[] data) throws Exception;
    --public T forPath(String path) throws Exception;
```

以上就是一系列最常用的删除节点 API,下面通过一些场景来说明如何使用这些 API。

删除一个节点

```
client.delete().forPath( path );
```

注意，使用该接口，只能删除叶子节点。

删除一个节点，并递归删除其所有子节点

```
client.delete().deletingChildrenIfNeeded().forPath( path );
```

删除一个节点，强制指定版本进行删除

```
client.delete().withVersion( version ).forPath( path );
```

删除一个节点，强制保证删除

```
client.delete().guaranteed().forPath( path );
```

注意，guaranteed()接口是一个保障措施，只要客户端会话有效，那么 Curator 会在后台持续进行删除操作，直到节点删除成功。

下面通过一个实际例子来看看如何在代码中使用这些 API。

清单 5-26. *Curator 删除节点 API 示例*

```
package book.chapter05.$5_4_2;
import org.apache.curator.framework.CuratorFramework;
import org.apache.curator.framework.CuratorFrameworkFactory;
import org.apache.curator.retry.ExponentialBackoffRetry;
import org.apache.zookeeper.CreateMode;
import org.apache.zookeeper.data.Stat;

//使用 Curator 删除节点
public class Del_Data_Sample {

    static String path = "/zk-book/c1";
    static CuratorFramework client = CuratorFrameworkFactory.builder()
        .connectString("domain1.book.zookeeper:2181")
        .sessionTimeoutMs(5000)
        .retryPolicy(new ExponentialBackoffRetry(1000, 3))
        .build();
    public static void main(String[] args) throws Exception {
      client.start();
        client.create()
            .creatingParentsIfNeeded()
            .withMode(CreateMode.EPHEMERAL)
            .forPath(path, "init".getBytes());
        Stat stat = new Stat();
        client.getData().storingStatIn(stat).forPath(path);
        client.delete().deletingChildrenIfNeeded()
                .withVersion(stat.getVersion()).forPath(path);
    }
```

5.4 开源客户端

}

上面这个程序就是一个简单的节点删除实例。这里重点讲解 guaranteed() 这个方法。正如该接口的官方文档中所注明的,在 ZooKeeper 客户端使用过程中,可能会碰到这样的问题:客户端执行一个删除节点操作,但是由于一些网络原因,导致删除操作失败。对于这个异常,在有些场景中是致命的,如 "Master 选举"——在这个场景中,ZooKeeper 客户端通常是通过节点的创建与删除来实现的。针对这个问题,Curator 中引入了一种重试机制:如果我们调用了 guaranteed() 方法,那么当客户端碰到上面这些网络异常的时候,会记录下这次失败的删除操作,只要客户端会话有效,那么其就会在后台反复重试,直到节点删除成功。通过这样的措施,就可以保证节点删除操作一定会生效。

读取数据

下面来看如何通过 Curator 接口来获取节点的数据内容。

清单 5-27. *Curator 读取数据 API*
```
CuratorFramework
    --public GetDataBuilder getData();
Statable<T>
    --public T storingStatIn(Stat stat);
Pathable<T>
    --public T forPath(String path) throws Exception;
```

以上就是一系列最常用的读取数据节点内容的 API 接口,下面通过一些场景来说明如何使用这些 API。

读取一个节点的数据内容

```
client.getData().forPath( path );
```

注意,该接口调用后的返回值是 byte[]。

读取一个节点的数据内容,同时获取到该节点的 *stat*

```
client.getData().storingStatIn( stat ).forPath( path );
```

Curator 通过传入一个旧的 stat 变量的方式来存储服务端返回的最新的节点状态信息。

下面通过一个实际例子来看看如何在代码中使用这些 API。

清单 5-28. *Curator 读取数据 API 实例*
```
package book.chapter05.$5_4_2;
```

```
import org.apache.curator.framework.CuratorFramework;
import org.apache.curator.framework.CuratorFrameworkFactory;
import org.apache.curator.retry.ExponentialBackoffRetry;
import org.apache.zookeeper.CreateMode;
import org.apache.zookeeper.data.Stat;

//使用 Curator 获取数据内容
public class Get_Data_Sample {

    static String path = "/zk-book";
    static CuratorFramework client = CuratorFrameworkFactory.builder()
            .connectString("domain1.book.zookeeper:2181")
            .sessionTimeoutMs(5000)
            .retryPolicy(new ExponentialBackoffRetry(1000, 3))
            .build();
    public static void main(String[] args) throws Exception {
        client.start();
        client.create()
            .creatingParentsIfNeeded()
            .withMode(CreateMode.EPHEMERAL)
            .forPath(path, "init".getBytes());
        Stat stat = new Stat();
        System.out.println(new String(client.getData().storingStatIn(stat).forPath(path)));
    }
}
```

更新数据

在 Curator 中，可以通过以下 API 来更新指定节点的数据。

清单 5-29. *Curator 更新数据 API*

```
CuratorFramework
    --public SetDataBuilder setData();
Versionable<T>
    --public T withVersion(int version);
PathAndBytesable<T>
    --public T forPath(String path, byte[] data) throws Exception;
    --public T forPath(String path) throws Exception;
```

以上就是一系列最常用的更新数据 API，下面通过一些具体场景来说明如何使用这些 API。

更新一个节点的数据内容

```
client.setData().forPath( path );
```

调用该接口后，会返回一个 stat 对象。

更新一个节点的数据内容,强制指定版本进行更新

```
client.setData().withVersion( version ).forPath( path );
```

注意,withVersion 接口就是用来实现 CAS（Compare and Swap）的,version
（版本信息）通常是从一个旧的 stat 对象中获取到的。

下面通过一个实际例子来看看如何在代码中使用这些 API。

清单 5-30. *Curator 更新数据 API 实例*
```java
package book.chapter05.$5_4_2;
import org.apache.curator.framework.CuratorFramework;
import org.apache.curator.framework.CuratorFrameworkFactory;
import org.apache.curator.retry.ExponentialBackoffRetry;
import org.apache.zookeeper.CreateMode;
import org.apache.zookeeper.data.Stat;

//使用 Curator 更新数据内容
public class Set_Data_Sample {

    static String path = "/zk-book";
    static CuratorFramework client = CuratorFrameworkFactory.builder()
        .connectString("domain1.book.zookeeper:2181")
        .sessionTimeoutMs(5000)
        .retryPolicy(new ExponentialBackoffRetry(1000, 3))
        .build();
    public static void main(String[] args) throws Exception {
        client.start();
        client.create()
            .creatingParentsIfNeeded()
            .withMode(CreateMode.EPHEMERAL)
            .forPath(path, "init".getBytes());
        Stat stat = new Stat();
        client.getData().storingStatIn(stat).forPath(path);
        System.out.println("Success set node for : " + path + ", new version: "
            +
client.setData().withVersion(stat.getVersion()).forPath(path).getVersion());
        try {
            client.setData().withVersion(stat.getVersion()).forPath(path);
        } catch (Exception e) {
            System.out.println("Fail set node due to " + e.getMessage());
        }
    }
}
```

运行程序,输出结果如下:

```
Success set node for : /zk-book, new version: 1
Fail set node due to KeeperErrorCode = BadVersion for /zk-book
```

上面的示例程序演示了如何使用 Curator 的 API 来进行 ZooKeeper 数据节点的内容更新。该程序前后进行了两次更新操作，第一次使用最新的 `stat` 变量进行更新操作，更新成功；第二次使用了过期的 `stat` 变量进行更新操作，抛出异常：`KeeperErrorCode = BadVersion`。

异步接口

到目前为止，我们已经知道了如何使用 Curator 来进行创建会话、创建节点、删除节点、读取数据和更新数据等操作。值得一提的是，在前面几节中，我们都使用了 Curator 框架提供的同步接口，而在本节中，我们将向读者讲解如何通过 Curator 实现异步操作。

Curator 中引入了 `BackgroundCallback` 接口，用来处理异步接口调用之后服务端返回的结果信息，其接口定义如下。

清单 5-31. BackgroundCallback 接口
```
public interface BackgroundCallback{
   /**
    * Called when the async background operation completes
    * @param client the client
    * @param event operation result details
    * @throws Exception errors
    */
public void processResult(CuratorFramework client, CuratorEvent event) throws Exception;
}
```

`BackgroundCallback` 接口只有一个 `processResult` 方法，从注释中可以看出，该方法会在操作完成后被异步调用。该方法的参数说明如表 5-23 所示。

表 5-23. BackgroundCallback 接口方法参数说明

参 数 名	说　　明
client	当前客户端实例
event	服务端事件

对于 `BackgroundCallback` 接口，我们重点来看 `CuratorEvent` 这个参数。`CuratorEvent` 定义了 ZooKeeper 服务端发送到客户端的一系列事件参数，其中比较重要的有事件类型和响应码两个参数。

事件类型（CuratorEventType）

getType()，代表本次事件的类型，主要有 CREATE、DELETE、EXISTS、GET_DATA、SET_DATA、CHILDREN、SYNC、GET_ACL、WATCHED 和 CLOSING，分别代表 Curator Framework#create()、CuratorFramework#delete()、Curator Framework# check Exists()、CuratorFramework#getData()、CuratorFramework# setData()、Curator Framework#getChildren()、CuratorFramework# sync(String, Object)、Curator Framework#getACL()、Watchable# using Watcher(Watcher)/ Watchable# watched() 和 ZooKeeper 客户端与服务端连接断开事件。

响应码(int)

响应码用于标识事件的结果状态，所有响应码都被定义在 org.apache.zookeeper.KeeperException.Code 类中，比较常见的响应码有 0（Ok）、-4（ConnectionLoss）、-110（NodeExists）和-112（SessionExpired）等，分别代表接口调用成功、客户端与服务端连接已断开、指定节点已存在和会话已过期等。

读者可以在 org.apache.curator.framework.api.CuratorEvent 类中对 CuratorEvent 做更深入的了解。在程序中，我们可以通过以下 API 来进行异步操作。

清单 5-32. *Curator 异步化 API*
```
Backgroundable<T>
--public T inBackground();
--public T inBackground(Object context);
--public T inBackground(BackgroundCallback callback);
--public T inBackground(BackgroundCallback callback, Object context);
--public T inBackground(BackgroundCallback callback, Executor executor);
--public T inBackground(BackgroundCallback callback, Object context, Executor executor);
```

在这些 API 接口中，我们重点来关注下 executor 这个参数。在 ZooKeeper 中，所有异步通知事件处理都是由 EventThread 这个线程来处理的——EventThread 线程用于串行处理所有的事件通知。EventThread 的"串行处理机制"在绝大部分应用场景下能够保证对事件处理的顺序性，但这个特性也有其弊端，就是一旦碰上一个复杂的处理单元，就会消耗过长的处理时间，从而影响对其他事件的处理。因此，在上面的 inBackground 接口中，允许用户传入一个 Executor 实例，这样一来，就可以把那些比较复杂的事件处理放到一个专门的线程池中去，如 Executors.newFixedThreadPool(2)。

下面,我们通过一个实际例子来看看如何使用 Curator 的异步接口。

清单 5-33. *Curator 异步化 API 使用实例*

```java
package book.chapter05.$5_4_2;
import java.util.concurrent.CountDownLatch;
import java.util.concurrent.ExecutorService;
import java.util.concurrent.Executors;

import org.apache.curator.framework.CuratorFramework;
import org.apache.curator.framework.CuratorFrameworkFactory;
import org.apache.curator.framework.api.BackgroundCallback;
import org.apache.curator.framework.api.CuratorEvent;
import org.apache.curator.retry.ExponentialBackoffRetry;
import org.apache.zookeeper.CreateMode;

//使用 Curator 的异步接口
public class Create_Node_Background_Sample {

    static String path = "/zk-book";

    static CuratorFramework client = CuratorFrameworkFactory.builder()
            .connectString("domain1.book.zookeeper:2181")
            .sessionTimeoutMs(5000)
            .retryPolicy(new ExponentialBackoffRetry(1000, 3))
            .build();
    static CountDownLatch semaphore = new CountDownLatch(2);
    static ExecutorService tp = Executors.newFixedThreadPool(2);

    public static void main(String[] args) throws Exception {
      client.start();
        System.out.println("Main thread: " + Thread.currentThread().getName());
        // 此处传入了自定义的 Executor
client.create().creatingParentsIfNeeded().withMode(CreateMode.EPHEMERAL).inBackground(new BackgroundCallback() {
            @Override
            public void processResult(CuratorFramework client, CuratorEvent event) throws Exception {
                System.out.println("event[code: " + event.getResultCode() + ", type: " + event.getType() + "]");
                System.out.println("Thread of processResult: " + Thread.currentThread().getName());
                semaphore.countDown();
            }
        }, tp).forPath(path, "init".getBytes());
        // 此处没有传入自定义的 Executor
client.create().creatingParentsIfNeeded().withMode(CreateMode.EPHEMERAL).inBackground(new BackgroundCallback() {
            @Override
```

```
            public void processResult(CuratorFramework client, CuratorEvent event) 
throws Exception {
                System.out.println("event[code: " + event.getResultCode() + ", type: " 
+ event.getType() + "]");
                System.out.println("Thread of processResult: " + Thread.currentThread().
getName());
                semaphore.countDown();
            }
        }).forPath(path, "init".getBytes());

        semaphore.await();
        tp.shutdown();
    }
}
```

运行程序，输出结果如下：

```
Main thread: main
event[code: 0, type: CREATE]
Thread of processResult: pool-3-thread-1
event[code: -110, type: CREATE]
Thread of processResult: main-EventThread
```

上面这个程序使用了异步接口 `inBackground` 来创建节点，前后两次调用，创建的节点名相同。从两次返回的 `event` 中可以看出，第一次返回的响应码是 0，表明此次调用成功，即创建节点成功；而第二次返回的响应码是 -110，表明该节点已经存在，无法重复创建。这些响应码和 ZooKeeper 原生的响应码是一致的。

另外，我们再来看看前后两次调用 `inBackground` 接口时传入的 `Executor` 参数。第一次传入了一个 `ExecutorService`，这样一来，Curator 的异步事件处理逻辑就会交由该线程池去做。而第二次调用时，没有传入任何 `Executor`，因此会使用 ZooKeeper 默认的 `EventThread` 来处理。

典型使用场景

Curator 不仅为开发者提供了更为便利的 API 接口，而且还提供了一些典型场景的使用参考。读者可以从这些使用参考中更好地理解如何使用 ZooKeeper 客户端。这些使用参考都在 `recipes` 包中，读者需要单独依赖以下 Maven 依赖来获取：

```
<dependency>
    <groupId>org.apache.curator</groupId>
    <artifactId>curator-recipes</artifactId>
    <version>2.4.2</version>
</dependency>
```

事件监听

ZooKeeper 原生支持通过注册 Watcher 来进行事件监听，但是其使用并不是特别方便，需要开发人员自己反复注册 Watcher，比较繁琐。Curator 引入了 Cache 来实现对 ZooKeeper 服务端事件的监听。Cache 是 Curator 中对事件监听的包装，其对事件的监听其实可以近似看作是一个本地缓存视图和远程 ZooKeeper 视图的对比过程。同时 Curator 能够自动为开发人员处理反复注册监听，从而大大简化了原生 API 开发的繁琐过程。Cache 分为两类监听类型：节点监听和子节点监听。

NodeCache

NodeCache 用于监听指定 ZooKeeper 数据节点本身的变化，其构造方法有如下两个：

```
public NodeCache(CuratorFramework client, String path);
public NodeCache(CuratorFramework client, String path, boolean dataIsCompressed);
```

NodeCache 构造方法参数说明如表 5-24 所示。

表 5-24. NodeCache 构造方法参数说明

参 数 名	说　　明
client	Curator 客户端实例
path	数据节点的节点路径
dataIsCompressed	是否进行数据压缩

同时，NodeCache 定义了事件处理的回调接口 NodeCacheListener。

清单 5-34. NodeCacheListener 回调接口定义
```
public interface NodeCacheListener{
    //Called when a change has occurred
    public voidnodeChanged() throws Exception;
}
```

当数据节点的内容发生变化的时候，就会回调该方法。下面通过一个实际例子来看看如何在代码中使用 NodeCache。

清单 5-35. NodeCache 使用示例
```
package book.chapter05.$5_4_2;
import org.apache.curator.framework.CuratorFramework;
import org.apache.curator.framework.CuratorFrameworkFactory;
import org.apache.curator.framework.recipes.cache.NodeCache;
import org.apache.curator.framework.recipes.cache.NodeCacheListener;
import org.apache.curator.retry.ExponentialBackoffRetry;
```

```java
import org.apache.zookeeper.CreateMode;

public class NodeCache_Sample {

    static String path = "/zk-book/nodecache";
    static CuratorFramework client = CuratorFrameworkFactory.builder()
            .connectString("domain1.book.zookeeper:2181")
            .sessionTimeoutMs(5000)
            .retryPolicy(new ExponentialBackoffRetry(1000, 3))
            .build();

    public static void main(String[] args) throws Exception {
        client.start();
        client.create()
            .creatingParentsIfNeeded()
            .withMode(CreateMode.EPHEMERAL)
            .forPath(path, "init".getBytes());
        final NodeCache cache = new NodeCache(client,path,false);
        cache.start(true);
        cache.getListenable().addListener(new NodeCacheListener() {
            @Override
            public void nodeChanged() throws Exception {
                System.out.println("Node data update, new data: " +
                new String(cache.getCurrentData().getData()));
            }
        });
        client.setData().forPath( path, "u".getBytes() );
        Thread.sleep( 1000 );
        client.delete().deletingChildrenIfNeeded().forPath( path );
        Thread.sleep( Integer.MAX_VALUE );
    }
}
```

在上面的示例程序中,首先构造了一个 `NodeCache` 实例,然后调用 `start` 方法,该方法有个 `boolean` 类型的参数,默认是 false,如果设置为 true,那么 `NodeCache` 在第一次启动的时候就会立刻从 ZooKeeper 上读取对应节点的数据内容,并保存在 Cache 中。

`NodeCache` 不仅可以用于监听数据节点的内容变更,也能监听指定节点是否存在。如果原本节点不存在,那么 Cache 就会在节点被创建后触发 `NodeCacheListener`。但是,如果该数据节点被删除,那么 Curator 就无法触发 `NodeCacheListener` 了。

PathChildrenCache

`PathChildrenCache` 用于监听指定 ZooKeeper 数据节点的子节点变化情况。

PathChildrenCache 有如下几个构造方法的定义：

```
public PathChildrenCache(CuratorFramework client, String path, boolean cacheData);
public PathChildrenCache(CuratorFramework client, String path, boolean cacheData,
            ThreadFactory threadFactory);
public PathChildrenCache(CuratorFramework client, String path, boolean cacheData,
            boolean dataIsCompressed, ThreadFactory threadFactory);
public PathChildrenCache(CuratorFramework client, String path, boolean cacheData,
            boolean dataIsCompressed, final ExecutorService executorService);
public PathChildrenCache(CuratorFramework client, String path, boolean cacheData,
            boolean dataIsCompressed,
            final CloseableExecutorService executorService);
```

`public PathChildrenCache` 构造方法参数说明如表 5-25 所示。

表 5-25. PathChildrenCache 构造方法参数说明

参 数 名	说　　明
client	Curator 客户端实例
path	数据节点的节点路径
dataIsCompressed	是否进行数据压缩
cacheData	用于配置是否把节点内容缓存起来，如果配置为 true，那么客户端在接收到节点列表变更的同时，也能够获取到节点的数据内容；如果配置为 false，则无法获取到节点的数据内容
threadFactory	利用这两个参数，开发者可以通过构造一个专门的线程池，来处理事件通知
executorService	

PathChildrenCache 定义了事件处理的回调接口 PathChildrenCacheListener，其定义如下。

清单 5-36. PathChildrenCacheListener 回调接口定义
```
public interface PathChildrenCacheListener{
    public void childEvent(CuratorFramework client, PathChildrenCacheEvent event)
throws Exception;
}
```

当指定节点的子节点发生变化时，就会回调该方法。PathChildrenCacheEvent 类中定义了所有的事件类型，主要包括新增子节点（CHILD_ADDED）、子节点数据变更（CHILD_UPDATED）和子节点删除（CHILD_REMOVED）三类。

下面通过一个实际例子来看看如何在代码中使用 PathChildrenCache。

清单 5-37. PathChildrenCache 使用示例
```
package book.chapter05.$5_4_2;
import org.apache.curator.framework.CuratorFramework;
```

```java
import org.apache.curator.framework.CuratorFrameworkFactory;
import org.apache.curator.framework.recipes.cache.PathChildrenCache;
import org.apache.curator.framework.recipes.cache.PathChildrenCache.StartMode;
import org.apache.curator.framework.recipes.cache.PathChildrenCacheEvent;
import org.apache.curator.framework.recipes.cache.PathChildrenCacheListener;
import org.apache.curator.retry.ExponentialBackoffRetry;
import org.apache.zookeeper.CreateMode;

public class PathChildrenCache_Sample {

    static String path = "/zk-book";
    static CuratorFramework client = CuratorFrameworkFactory.builder()
            .connectString("domain1.book.zookeeper:2181")
            .retryPolicy(new ExponentialBackoffRetry(1000, 3))
            .sessionTimeoutMs(5000)
            .build();
    public static void main(String[] args) throws Exception {
        client.start();
        PathChildrenCache cache = new PathChildrenCache(client, path, true);
        cache.start(StartMode.POST_INITIALIZED_EVENT);
        cache.getListenable().addListener(new PathChildrenCacheListener() {
            public void childEvent(CuratorFramework client,
                                   PathChildrenCacheEvent event) throws Exception {
                switch (event.getType()) {
                case CHILD_ADDED:
                    System.out.println("CHILD_ADDED," + event.getData().getPath());
                    break;
                case CHILD_UPDATED:
                    System.out.println("CHILD_UPDATED," + event.getData().getPath());
                    break;
                case CHILD_REMOVED:
                    System.out.println("CHILD_REMOVED," + event.getData().getPath());
                    break;
                default:
                    break;
                }
            }
        });
        client.create().withMode(CreateMode.PERSISTENT).forPath(path);
        Thread.sleep( 1000 );
        client.create().withMode(CreateMode.PERSISTENT).forPath(path+"/c1");
        Thread.sleep( 1000 );
        client.delete().forPath(path+"/c1");
```

```
        Thread.sleep( 1000 );
        client.delete().forPath(path);
        Thread.sleep(Integer.MAX_VALUE);
    }
}
```

运行程序，输出结果如下：

```
CHILD_ADDED,/zk-book/c1
CHILD_REMOVED,/zk-book/c1
```

在上面这个示例程序中，对/zk-book节点进行了子节点变更事件的监听，一旦该节点新增/删除子节点，或者子节点数据发生变更，就会回调 PathChildrenCacheListener，并根据对应的事件类型进行相关的处理。同时，我们也看到，对于节点/zk-book本身的变更，并没有通知到客户端。

另外，和其他 ZooKeeper 客户端产品一样，Curator 也无法对二级子节点进行事件监听。也就是说，如果使用 PathChildrenCache 对/zk-book 进行监听，那么当/zk-book/c1/c2 节点被创建或删除的时候，是无法触发子节点变更事件的。

Master 选举

在分布式系统中，经常会碰到这样的场景：对于一个复杂的任务，仅需要从集群中选举出一台进行处理即可。诸如此类的分布式问题，我们统称为"Master 选举"。借助 ZooKeeper，我们可以比较方便地实现 Master 选举的功能，其大体思路非常简单：

选择一个根节点，例如/master_select，多台机器同时向该节点创建一个子节点/master_select/lock，利用 ZooKeeper 的特性，最终只有一台机器能够创建成功，成功的那台机器就作为 Master。

Curator 也是基于这个思路，但是它将节点创建、事件监听和自动选举过程进行了封装，开发人员只需要调用简单的 API 即可实现 Master 选举。下面我们通过一个示例程序来看看如何使用 Curator 实现 Master 选举功能。

清单 5-38. 使用 Curator 实现分布式 Master 选举

```
package book.chapter05.$5_4_2;
import org.apache.curator.framework.CuratorFramework;
import org.apache.curator.framework.CuratorFrameworkFactory;
import org.apache.curator.framework.recipes.leader.LeaderSelector;
import org.apache.curator.framework.recipes.leader.LeaderSelectorListenerAdapter;
import org.apache.curator.retry.ExponentialBackoffRetry;

public class Recipes_MasterSelect {
```

```
    static String master_path = "/curator_recipes_master_path";
       static CuratorFramework client = CuratorFrameworkFactory.builder()
           .connectString("domain1.book.zookeeper:2181")
           .retryPolicy(new ExponentialBackoffRetry(1000, 3)).build();
    public static void main( String[] args ) throws Exception {
      client.start();
      LeaderSelector selector = new LeaderSelector(client,
          master_path,
          new LeaderSelectorListenerAdapter() {
                     public   void   takeLeadership(CuratorFramework   client)   throws
Exception {
                  System.out.println("成为Master角色");
                  Thread.sleep( 3000 );
                  System.out.println( "完成Master操作，释放Master权利" );
              }
          });
      selector.autoRequeue();
      selector.start();
      Thread.sleep( Integer.MAX_VALUE );
    }
}
```

在上面这个示例程序中，可以看到主要是创建了一个 LeaderSelector 实例，该实例负责封装所有和 Master 选举相关的逻辑，包括所有和 ZooKeeper 服务器的交互过程。其中 *master_path* 代表了一个 Master 选举的根节点，表明本次 Master 选举都是在该节点下进行的。

在创建 LeaderSelector 实例的时候，还会传入一个监听器：LeaderSelector ListenerAdapter。这需要开发人员自行实现，Curator 会在成功获取 Master 权利的时候回调该监听器，其定义如下。

清单 5-39. LeaderSelectorListenerAdapter 监听器定义
```
public interface LeaderSelectorListener extends ConnectionStateListener{
  public void takeLeadership(CuratorFramework client) throws Exception;
}
public abstract class LeaderSelectorListenerAdapter implements LeaderSelectorListener{
  @Override
  public void stateChanged(CuratorFramework client, ConnectionState newState){
     if ( (newState == ConnectionState.SUSPENDED) || (newState == ConnectionState.LOST) ){
        throw new CancelLeadershipException();
     }
  }
}
```

LeaderSelectorListener 接口中最主要的方法就是 takeLeadership 方法，

Curator 会在竞争到 Master 后自动调用该方法,开发者可以在这个方法中实现自己的业务逻辑。需要注意的一点是,一旦执行完 `takeLeadership` 方法,Curator 就会立即释放 Master 权利,然后重新开始新一轮的 Master 选举。

在清单 5-38 所示的示例程序中,通过 sleep 来简单地模拟业务逻辑的执行,同时运行两个应用程序后,仔细观察控制台输出,可以发现,当一个应用程序完成 Master 逻辑后,另一个应用程序的 `takeLeadership` 方法才会被调用。这也就说明,当一个应用实例成为 Master 后,其他应用实例会进入等待,直到当前 Master 挂了或退出后才会开始选举新的 Master。

同时,读者可以仔细观察下 ZooKeeper 上 /*curator_recipes_master_path* 节点下的子节点,可以发现,类似如下的子节点会不断地创建出来:

```
_c_47b64f2b-1c0c-43f4-ac0c-bf2f3c4d4427-lock-0000000041
_c_15d7b80f-678b-4d7c-9abf-285614ab8f7d-lock-0000000042
```

其后缀是一个数字且不断增加。

分布式锁

在分布式环境中,为了保证数据的一致性,经常在程序的某个运行点(例如,减库存操作或流水号生成等)需要进行同步控制。以一个"流水号生成"的场景为例,普通的后台应用通常都是使用时间戳方式来生成流水号,但是在用户量非常大的情况下,可能会出现并发问题。下面的示例程序就演示了一个典型的并发问题。

清单 5-40. 一个典型时间戳生成的并发问题
```
package book.chapter05.$5_4_2;
import java.text.SimpleDateFormat;
import java.util.Date;
import java.util.concurrent.CountDownLatch;

public class Recipes_NoLock {

    public static void main(String[] args) throws Exception {
        final CountDownLatch down = new CountDownLatch(1);
        for(int i = 0; i < 10; i++){
            new Thread(new Runnable() {
                public void run() {
                    try {
                        down.await();
                    } catch ( Exception e ) {
                    }
                    SimpleDateFormat sdf = new SimpleDateFormat("HH:mm:ss|SSS");
                    String orderNo = sdf.format(new Date());
```

```
                    System.err.println("生成的订单号是 : "+orderNo);
                }
            }) start();
        }
        down.countDown();
    }
}
```

运行程序,输出结果如下:

```
生成的订单号是: 21:17:59|013
生成的订单号是: 21:17:59|013
生成的订单号是: 21:17:59|013
生成的订单号是: 21:17:59|013
生成的订单号是: 21:17:59|013
生成的订单号是: 21:17:59|014
生成的订单号是: 21:17:59|013
生成的订单号是: 21:17:59|014
生成的订单号是: 21:17:59|014
生成的订单号是: 21:17:59|013
```

相信读者不难发现,生成的 10 个订单号中,有不少是重复的,如果是在实际生产环境中,这显然没有满足我们的业务需求。究其原因,就是因为在没有进行同步的情况下,出现了并发问题。下面我们来看看如何使用 Curator 实现分布式锁功能。

清单 5-41. 使用 Curator 实现分布式锁功能
```
package book.chapter05.$5_4_2;
import java.text.SimpleDateFormat;
import java.util.Date;
import java.util.concurrent.CountDownLatch;
import org.apache.curator.framework.CuratorFramework;
import org.apache.curator.framework.CuratorFrameworkFactory;
import org.apache.curator.framework.recipes.locks.InterProcessMutex;
import org.apache.curator.retry.ExponentialBackoffRetry;

//使用 Curator 实现分布式锁功能
public class Recipes_Lock {

    static String lock_path = "/curator_recipes_lock_path";
    static CuratorFramework client = CuratorFrameworkFactory.builder()
            .connectString("domain1.book.zookeeper:2181")
            .retryPolicy(new ExponentialBackoffRetry(1000, 3)).build();
    public static void main(String[] args) throws Exception {
        client.start();
        final InterProcessMutex lock = new InterProcessMutex(client,lock_path);
        final CountDownLatch down = new CountDownLatch(1);
        for(int i = 0; i < 30; i++){
            new Thread(new Runnable() {
```

```
            public void run() {
                try {
                    down.await();
                    lock.acquire();
                } catch ( Exception e ) {}
                SimpleDateFormat sdf = new SimpleDateFormat("HH:mm:ss|SSS");
                String orderNo = sdf.format(new Date());
                System.out.println("生成的订单号是 : "+orderNo);
                try {
                    lock.release();
                } catch ( Exception e ) {}
            }
        }).start();
    }
    down.countDown();
}
```

运行程序，输出结果如下：

```
生成的订单号是：21:33:39|907
生成的订单号是：21:33:40|074
生成的订单号是：21:33:40|232
生成的订单号是：21:33:40|317
生成的订单号是：21:33:40|550
生成的订单号是：21:33:40|887
生成的订单号是：21:33:40|982
生成的订单号是：21:33:41|111
生成的订单号是：21:33:41|135
生成的订单号是：21:33:41|336
……
```

上面这个示例程序就借助 Curator 来实现了一个简单的分布式锁。其核心接口如下：

```
public interface InterProcessLock
  - public void acquire() throws Exception;
  - public void release() throws Exception;
```

这两个接口分别用来实现分布式锁的获取与释放过程。

分布式计数器

有了上述分布式锁实现的基础之后，我们就很容易基于其实现一个分布式计数器。分布式计数器的一个典型场景是统计系统的在线人数。基于 ZooKeeper 的分布式计数器的实现思路也非常简单：

指定一个 ZooKeeper 数据节点作为计数器，多个应用实例在分布式锁的控制下，通过更新该数据节点的内容来实现计数功能。

Curator 同样将这一系列逻辑封装在了 DistributedAtomicInteger 类中，从其类名我们可以看出这是一个可以在分布式环境中使用的原子整型，其具体使用方式可参考清单 5-42 中的示例程序。

清单 5-42. 使用 *Curator* 实现分布式计数器

```
package book.chapter05.$5_4_2;
import org.apache.curator.framework.CuratorFramework;
import org.apache.curator.framework.CuratorFrameworkFactory;
import org.apache.curator.framework.recipes.atomic.AtomicValue;
import org.apache.curator.framework.recipes.atomic.DistributedAtomicInteger;
import org.apache.curator.retry.ExponentialBackoffRetry;
import org.apache.curator.retry.RetryNTimes;

// 使用 Curator 实现分布式计数器
public class Recipes_DistAtomicInt {

    static String distatomicint_path = "/curator_recipes_distatomicint_path";
    static CuratorFramework client = CuratorFrameworkFactory.builder()
            .connectString("domain1.book.zookeeper:2181")
            .retryPolicy(new ExponentialBackoffRetry(1000, 3)).build();
    public static void main( String[] args ) throws Exception {
        client.start();
        DistributedAtomicInteger atomicInteger =
        new DistributedAtomicInteger( client, distatomicint_path,
                                      new RetryNTimes( 3, 1000 ) );
        AtomicValue<Integer> rc = atomicInteger.add( 8 );
        System.out.println( "Result: " + rc.succeeded() );
    }
}
```

分布式 Barrier

Barrier 是一种用来控制多线程之间同步的经典方式，在 JDK 中也自带了 CyclicBarrier 实现。下面通过模拟一个赛跑比赛来演示 CyclicBarrier 的用法。

清单 5-43. 使用 *CyclicBarrier* 模拟一个赛跑比赛

```
package book.chapter05.$5_4_2;
import java.io.IOException;
import java.util.concurrent.CyclicBarrier;
import java.util.concurrent.ExecutorService;
import java.util.concurrent.Executors;

public class Recipes_CyclicBarrier {
```

```java
    public static CyclicBarrier barrier = new CyclicBarrier( 3 );
    public static void main( String[] args ) throws IOException, InterruptedException
{
        ExecutorService executor = Executors.newFixedThreadPool( 3 );
        executor.submit( new Thread( new Runner( "1号选手" ) ) );
        executor.submit( new Thread( new Runner( "2号选手" ) ) );
        executor.submit( new Thread( new Runner( "3号选手" ) ) );
        executor.shutdown();
    }
}
class Runner implements Runnable {
    private String name;
    public Runner( String name ) {
        this.name = name;
    }
    public void run() {
        System.out.println( name + " 准备好了." );
        try {
            Recipes_CyclicBarrier.barrier.await();
        } catch ( Exception e ) {}
        System.out.println( name + " 起跑!" );
    }
}
```

上面就是一个使用 JDK 自带的 `CyclicBarrier` 实现的赛跑比赛程序，可以看到多线程在并发情况下，都会准确地等待所有线程都处于就绪状态后才开始同时执行其他业务逻辑。如果是在同一个 JVM 中的话，使用 `CyclicBarrier` 完全可以解决诸如此类的多线程同步问题。但是，如果是在分布式环境中又该如何解决呢？Curator 中提供的 `DistributedBarrier` 就是用来实现分布式 Barrier 的。

清单 5-44　使用 *Curator* 实现分布式 *Barrier*

```java
package book.chapter05.$5_4_2;
import org.apache.curator.framework.CuratorFramework;
import org.apache.curator.framework.CuratorFrameworkFactory;
import org.apache.curator.framework.recipes.barriers.DistributedBarrier;
import org.apache.curator.retry.ExponentialBackoffRetry;
//使用 Curator 实现分布式 Barrier
public class Recipes_Barrier {
    static String barrier_path = "/curator_recipes_barrier_path";
    static DistributedBarrier barrier;
    public static void main(String[] args) throws Exception {
        for (int i = 0; i < 5; i++) {
            new Thread(new Runnable() {
                public void run() {
                    try {
                        CuratorFramework   client   =   CuratorFrameworkFactory.
```

```
builder()
                                .connectString("domain1.book.zookeeper:2181")
                                .retryPolicy(new ExponentialBackoffRetry(1000, 3)).
build();
                                client.start();
                                barrier = new DistributedBarrier(client, barrier_path);
                                System.out.println(Thread.currentThread().getName() +
"号 barrier 设置" );
                                barrier.setBarrier();
                                barrier.waitOnBarrier();
                                System.err.println("启动...");
                            } catch (Exception e) {}
                        }
                    }).start();
            }
            Thread.sleep( 2000 );
            barrier.removeBarrier();
        }
}
```

运行程序，输出结果如下：

```
Thread-1 号 barrier 设置
Thread-2 号 barrier 设置
Thread-0 号 barrier 设置
Thread-4 号 barrier 设置
Thread-3 号 barrier 设置
启动...
启动...
启动...
启动...
启动...
```

在上面这个实例程序中，我们模拟了 5 个线程，通过调用 `DistributedBarrier.setBarrier()` 方法来完成 Barrier 的设置，并通过调用 `DistributedBarrier.waitOnBarrier()` 方法来等待 Barrier 的释放。然后在主线程中，通过调用 `DistributedBarrier.removeBarrier()` 方法来释放 Barrier，同时触发所有等待该 Barrier 的 5 个线程同时进行各自的业务逻辑。

和上面这种由主线程来触发 Barrier 释放不同的是，Curator 还提供了另一种线程自发触发 Barrier 释放的模式，使用方式见清单 5-45。

清单 5-45. 使用 Curator 实现另一种分布式 Barrier
```
package book.chapter05.$5_4_2;
import org.apache.curator.framework.CuratorFramework;
import org.apache.curator.framework.CuratorFrameworkFactory;
import org.apache.curator.framework.recipes.barriers.DistributedDoubleBarrier;
```

```
import org.apache.curator.retry.ExponentialBackoffRetry;
public class Recipes_Barrier2 {
    static String barrier_path = "/curator_recipes_barrier_path";
    public static void main(String[] args) throws Exception {

        for (int i = 0; i < 5; i++) {
            new Thread(new Runnable() {
                public void run() {
                    try {
                        CuratorFramework   client   =   CuratorFrameworkFactory.builder()
                                .connectString("domain1.book.zookeeper:2181")
                                .retryPolicy(new ExponentialBackoffRetry(1000, 3)).build();
                        client.start();
                        DistributedDoubleBarrier barrier = new DistributedDoubleBarrier(client, barrier_path,5);
                        Thread.sleep( Math.round(Math.random() * 3000) );
                        System.out.println(Thread.currentThread().getName() + "号进入 barrier" );
                        barrier.enter();
                        System.out.println("启动...");
                        Thread.sleep( Math.round(Math.random() * 3000) );
                        barrier.leave();
                        System.out.println( "退出..." );
                    } catch (Exception e) {}
                }
            }).start();
        }
    }
}
```

运行程序，输出结果如下：

```
Thread-4 号进入 barrier
Thread-2 号进入 barrier
Thread-0 号进入 barrier
Thread-3 号进入 barrier
Thread-1 号进入 barrier
启动...
启动...
启动...
启动...
启动...
退出...
退出...
退出...
退出...
退出...
```

上面这个示例程序就是一个和 JDK 自带的 `CyclicBarrier` 非常类似的实现了,它们都指定了进入 Barrier 的成员数阈值,例如上面示例程序中的"5"。每个 Barrier 的参与者都会在调用 `DistributedDoubleBarrier.enter()` 方法之后进行等待,此时处于准备进入状态。一旦准备进入 Barrier 的成员数达到 5 个后,所有的成员会被同时触发进入。之后调用 `DistributedDoubleBarrier.leave()` 方法则会再次等待,此时处于准备退出状态。一旦准备退出 Barrier 的成员数达到 5 个后,所有的成员同样会被同时触发退出。因此,使用 Curator 的 `DistributedDoubleBarrier` 能够很好地实现一个分布式 Barrier,并控制其同时进入和退出。

工具

Curator 也提供了很多工具类,其中用得最多的就是 `ZKPaths` 和 `EnsurePath`。

ZKPaths

`ZKPaths` 提供了一些简单的 API 来构建 ZNode 路径、递归创建和删除节点等,其使用方式非常简单,读者可以通过运行清单 5-46 中的示例程序来了解如何使用 `ZKPaths`。

清单 5-46. 工具类 `ZKPaths` 使用示例

```java
package book.chapter05.$5_4_2;
import org.apache.curator.framework.CuratorFramework;
import org.apache.curator.framework.CuratorFrameworkFactory;
import org.apache.curator.retry.ExponentialBackoffRetry;
import org.apache.curator.utils.ZKPaths;
import org.apache.curator.utils.ZKPaths.PathAndNode;
import org.apache.zookeeper.ZooKeeper;

public class ZKPaths_Sample {

    static String path = "/curator_zkpath_sample";
    static CuratorFramework client = CuratorFrameworkFactory.builder()
            .connectString( "domain1.book.zookeeper:2181" )
            .sessionTimeoutMs( 5000 )
            .retryPolicy( new ExponentialBackoffRetry( 1000, 3 ) )
            .build();

    public static void main(String[] args) throws Exception {
        client.start();
        ZooKeeper zookeeper = client.getZookeeperClient().getZooKeeper();

        System.out.println(ZKPaths.fixForNamespace(path,"sub"));
        System.out.println(ZKPaths.makePath(path, "sub"));

        System.out.println( ZKPaths.getNodeFromPath( "/curator_zkpath_sample/sub1" )
```

```
        );
        PathAndNode pn = ZKPaths.getPathAndNode( "/curator_zkpath_sample/sub1" );
        System.out.println(pn.getPath());
        System.out.println(pn.getNode());

        String dir1 = path + "/child1";
        String dir2 = path + "/child2";
        ZKPaths.mkdirs(zookeeper, dir1);
        ZKPaths.mkdirs(zookeeper, dir2);
        System.out.println(ZKPaths.getSortedChildren( zookeeper, path ));

        ZKPaths.deleteChildren(client.getZookeeperClient().getZooKeeper(), path, true);
    }
}
```

EnsurePath

EnsurePath 提供了一种能够确保数据节点存在的机制，多用于这样的业务场景中：

> 上层业务希望对一个数据节点进行一些操作，但是操作之前需要确保该节点存在。

基于 ZooKeeper 提供的原始 API 接口，为解决上述场景的问题，开发人员需要首先对该节点进行一个判断，如果该节点不存在，那么就需要创建节点。而与此同时，在分布式环境中，在 A 机器试图进行节点创建的过程中，由于并发操作的存在，另一台机器，如 B 机器，也在同时创建这个节点，于是 A 机器创建的时候，可能会抛出诸如"节点已经存在"的异常。因此开发人员还必须对这些异常进行单独的处理，逻辑通常非常琐碎。

EnsurePath 正好可以用来解决这些烦人的问题，它采取了静默的节点创建方式，其内部实现就是试图创建指定节点，如果节点已经存在，那么就不进行任何操作，也不对外抛出异常，否则正常创建数据节点。关于 EnsurePath 的具体用法，可以参考清单 5-47 中的示例程序。

清单 5-47. 工具类 EnsurePath 使用示例
```
package book.chapter05.$5_4_2;
import org.apache.curator.framework.CuratorFramework;
import org.apache.curator.framework.CuratorFrameworkFactory;
import org.apache.curator.retry.ExponentialBackoffRetry;
import org.apache.curator.utils.EnsurePath;

public class EnsurePathDemo {

    static String path = "/zk-book/c1";
    static CuratorFramework client = CuratorFrameworkFactory.builder()
```

```
        .connectString("domain1.book.zookeeper:2181")
        .sessionTimeoutMs(5000)
        .retryPolicy(new ExponentialBackoffRetry(1000, 3))
        .build();
    public static void main(String[] args) throws Exception {

        client.start();
        client.usingNamespace( "zk-book" );

        EnsurePath ensurePath = new EnsurePath(path);
        ensurePath.ensure(client.getZookeeperClient());
        ensurePath.ensure(client.getZookeeperClient());

        EnsurePath ensurePath2 = client.newNamespaceAwareEnsurePath("/c1");
        ensurePath2.ensure(client.getZookeeperClient());
    }
}
```

TestingServer

为了便于开发人员进行 ZooKeeper 的开发与测试，Curator 提供了一种启动简易 ZooKeeper 服务的方法——TestingServer。TestingServer 允许开发人员非常方便地启动一个标准的 ZooKeeper 服务器，并以此来进行一系列的单元测试。TestingServer 在 Curator 的 test 包中，读者需要单独依赖以下 Maven 依赖来获取：

```
<dependency>
    <groupId>org.apache.curator</groupId>
    <artifactId>curator-test</artifactId>
    <version>2.4.2</version>
</dependency>
```

清单 5-48 中的示例程序演示了 TestingServer 的基本使用方法。

清单 5-48. 工具类 TestingServer 使用示例
```
package book.chapter05.$5_4_2;
import java.io.File;
import org.apache.curator.framework.CuratorFramework;
import org.apache.curator.framework.CuratorFrameworkFactory;
import org.apache.curator.retry.ExponentialBackoffRetry;
import org.apache.curator.test.TestingServer;

public class TestingServer_Sample {
    static String path = "/zookeeper";
    public static void main(String[] args) throws Exception {
        TestingServer server = new TestingServer(2181,new File ("/ home/ admin/ zk-book-data"));

        CuratorFramework client = CuratorFrameworkFactory.builder()
```

```
                .connectString(server.getConnectString())
                .sessionTimeoutMs(5000)
                .retryPolicy(new ExponentialBackoffRetry(1000, 3))
                .build();
        client.start();
        System.out.println( client.getChildren().forPath( path ));
        server.close();
    }
}
```

TestingServer 允许开发人员自定义 ZooKeeper 服务器对外服务的端口和 `dataDir` 路径。如果没有指定 `dataDir`，那么 Curator 默认会在系统的临时目录 *java.io.tmpdir* 中创建一个临时目录来作为数据存储目录。

TestingCluster

上文中提到，开发人员可以利用 `TestingServer` 来非常方便地在单元测试中启动一个 ZooKeeper 服务器，同样，Curator 也提供了启动 ZooKeeper 集群的工具类。

`TestingCluster` 是一个可以模拟 ZooKeeper 集群环境的 Curator 工具类，能够便于开发人员在本地模拟由 n 台机器组成的集群环境。下面我们将通过模拟一个由 3 台机器组成的 ZooKeeper 集群的场景来了解 `TestingCluster` 工具类的使用。

清单 5-49. 工具类 `TestingCluster` 使用示例

```
package book.chapter05.$5_4_2;
import org.apache.curator.test.TestingCluster;
import org.apache.curator.test.TestingZooKeeperServer;

public class TestingCluster_Sample {
    public static void main(String[] args) throws Exception {
        TestingCluster cluster = new TestingCluster(3);
        cluster.start();
        Thread.sleep(2000);

        TestingZooKeeperServer leader = null;
        for(TestingZooKeeperServer zs : cluster.getServers()){
            System.out.print(zs.getInstanceSpec().getServerId()+"-");
            System.out.print(zs.getQuorumPeer().getServerState()+"-");
        System.out.println(zs.getInstanceSpec().getDataDirectory().getAbsolutePath()
);
            if( zs.getQuorumPeer().getServerState().equals( "leading" )){
                leader = zs;
            }
        }
        leader.kill();
```

```
            System.out.println( "--After leader kill:" );
            for(TestingZooKeeperServer zs : cluster.getServers()){
                    System.out.print(zs.getInstanceSpec().getServerId()+"-");
                    System.out.print(zs.getQuorumPeer().getServerState()+"-");

        System.out.println(zs.getInstanceSpec().getDataDirectory().getAbsolutePath()
);
            }
            cluster.stop();
        }
}
```

运行程序,输出结果如下:

```
1-following-C:\Users\nileader\AppData\Local\Temp\1404044185801-0
2-following-C:\Users\nileader\AppData\Local\Temp\1404044185814-0
3-leading-C:\Users\nileader\AppData\Local\Temp\1404044185823-0
--After leader kill:
1-leaderelection-C:\Users\nileader\AppData\Local\Temp\1404044185801-0
2-leaderelection-C:\Users\nileader\AppData\Local\Temp\1404044185814-0
3-leaderelection-C:\Users\nileader\AppData\Local\Temp\1404044185823-0
```

在上面这个示例程序中,我们模拟了一个由 3 台机器组成的 ZooKeeper 集群,同时在运行期间,将 Leader 服务器 Kill 掉。从程序运行的输出结果中可以看到,在 Leader 服务器被 Kill 后,其他两台机器重新进行了 Leader 选举。

小结

本章主要围绕 ZooKeeper 服务的使用展开,对 ZooKeeper 的基本使用方式进行了全面的讲解。首先,分别从集群、单机和伪集群三种模式向读者介绍了如何部署与运行一个可用的 ZooKeeper 服务,同时介绍了在 ZooKeeper 服务部署与运行过程中的系统环境配置以及对于常见异常问题的解决。接下来,主要围绕 ZooKeeper 自带的客户端脚本,就 ZooKeeper 服务的基本使用方式向读者进行了介绍。最后,通过对 ZooKeeper 提供的 Java API 接口以及开源客户端 ZkClient 和 Curator 的分别讲解以及源代码示例的演示,帮助读者更好地在 Java 应用程序中使用 ZooKeeper 服务。

第 6 章
ZooKeeper 的典型应用场景

在第 5 章中，我们已经向读者讲解了如何通过 ZooKeeper 的客户端来使用 ZooKeeper。从本章开始，我们将从实际的分布式应用场景出发，来讲解如何使用 ZooKeeper 去解决一些常见的分布式问题，以帮助读者更好地使用 ZooKeeper。

ZooKeeper 是一个典型的发布/订阅模式的分布式数据管理与协调框架，开发人员可以使用它来进行分布式数据的发布与订阅。另一方面，通过对 ZooKeeper 中丰富的数据节点类型进行交叉使用，配合 Watcher 事件通知机制，可以非常方便地构建一系列分布式应用中都会涉及的核心功能，如数据发布/订阅、负载均衡、命名服务、分布式协调/通知、集群管理、Master 选举、分布式锁和分布式队列等。在 6.1 节中，我们将逐一针对这些典型的分布式应用场景来做详细讲解。

当然，仅仅从理论上学习 ZooKeeper 的应用场景还远远不够。在 6.2 节中，我们还将结合 Hadoop、HBase 和 Kafka 等广泛使用的开源系统，来讲解 ZooKeeper 在大型分布式系统中的实际应用。在 6.3 节中，会进一步通过对 Metamorphosis、Dubbo 和 Canal 等知名案例的讲解，来向读者展现阿里巴巴集团的这些典型技术产品是如何借助 ZooKeeper 解决实际生产中的分布式问题的。

6.1 典型应用场景及实现[注1]

ZooKeeper 是一个高可用的分布式数据管理与协调框架。基于对 ZAB 算法的实现，该框架能够很好地保证分布式环境中数据的一致性。也正是基于这样的特性，使得 ZooKeeper 成为了解决分布式一致性问题的利器。

注 1：本节中讲解的所有应用场景，均是作者所在公司真实项目在生产环境中对 ZooKeeper 实际应用的抽象描述。

随着近年来互联网系统规模的不断扩大，大数据时代飞速到来，越来越多的分布式系统将 ZooKeeper 作为核心组件使用，如 Hadoop、HBase 和 Kafka 等，因此，正确理解 ZooKeeper 的应用场景，对于 ZooKeeper 的使用者来说，显得尤为重要。本节将重点围绕数据发布/订阅、负载均衡、命名服务、分布式协调/通知、集群管理、Master 选举、分布式锁和分布式队列等方面来讲解 ZooKeeper 的典型应用场景及实现。

6.1.1 数据发布/订阅

数据发布/订阅(Publish/Subscribe)系统，即所谓的配置中心，顾名思义就是发布者将数据发布到 ZooKeeper 的一个或一系列节点上，供订阅者进行数据订阅，进而达到动态获取数据的目的，实现配置信息的集中式管理和数据的动态更新。

发布/订阅系统一般有两种设计模式，分别是推（Push）模式和拉（Pull）模式。在推模式中，服务端主动将数据更新发送给所有订阅的客户端；而拉模式则是由客户端主动发起请求来获取最新数据，通常客户端都采用定时进行轮询拉取的方式。关于这两种模式更详细的讲解以及各自的优缺点，这里就不再赘述，读者可以自行到互联网上搜索相关的资料作进一步的了解。ZooKeeper 采用的是推拉相结合的方式：客户端向服务端注册自己需要关注的节点，一旦该节点的数据发生变更，那么服务端就会向相应的客户端发送 Watcher 事件通知，客户端接收到这个消息通知之后，需要主动到服务端获取最新的数据。

如果将配置信息存放到 ZooKeeper 上进行集中管理，那么通常情况下，应用在启动的时候都会主动到 ZooKeeper 服务端上进行一次配置信息的获取，同时，在指定节点上注册一个 Watcher 监听，这样一来，但凡配置信息发生变更，服务端都会实时通知到所有订阅的客户端，从而达到实时获取最新配置信息的目的。下面我们通过一个"配置管理"的实际案例来展示 ZooKeeper 在"数据发布/订阅"场景下的使用方式。

在我们平常的应用系统开发中，经常会碰到这样的需求：系统中需要使用一些通用的配置信息，例如机器列表信息、运行时的开关配置、数据库配置信息等。这些全局配置信息通常具备以下 3 个特性。

- 数据量通常比较小。
- 数据内容在运行时会发生动态变化。
- 集群中各机器共享，配置一致。

对于这类配置信息，一般的做法通常可以选择将其存储在本地配置文件或是内存变量中。

无论采用哪种方式，其实都可以简单地实现配置管理。如果采用本地配置文件的方式，那么通常系统可以在应用启动的时候读取到本地磁盘的一个文件来进行初始化，并且在运行过程中定时地进行文件的读取，以此来检测文件内容的变更。在系统的实际运行过程中，如果我们需要对这些配置信息进行更新，那么只要在相应的配置文件中进行修改，等到系统再次读取这些配置文件的时候，就可以读取到最新的配置信息，并更新到系统中去，这样就可以实现系统配置信息的更新。另外一种借助内存变量来实现配置管理的方式也非常简单，以 Java 系统为例，通常可以采用 JMX 方式来实现对系统运行时内存变量的更新。

从上面的介绍中，我们基本了解了如何使用本地配置文件和内存变量方式来实现配置管理。通常在集群机器规模不大、配置变更不是特别频繁的情况下，无论上面提到的哪种方式，都能够非常方便地解决配置管理的问题。但是，一旦机器规模变大，且配置信息变更越来越频繁后，我们发现依靠现有的这两种方式解决配置管理就变得越来越困难了。我们既希望能够快速地做到全局配置信息的变更，同时希望变更成本足够小，因此我们必须寻求一种更为分布式化的解决方案。

接下去我们就以一个"数据库切换"的应用场景展开，看看如何使用 ZooKeeper 来实现配置管理。

配置存储

在进行配置管理之前，首先我们需要将初始化配置存储到 ZooKeeper 上去。一般情况下，我们可以在 ZooKeeper 上选取一个数据节点用于配置的存储，例如 */app1/database_config*（以下简称"配置节点"），如图 6-1 所示。

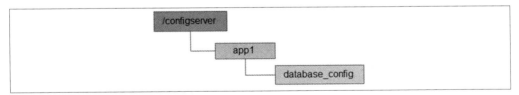

图 6-1. 配置管理的 ZooKeeper 节点示意图

我们将需要集中管理的配置信息写入到该数据节点中去，例如：

清单 6-1. 数据库配置
```
#DBCP
dbcp.driverClassName=com.mysql.jdbc.Driver
dbcp.dbJDBCUrl=jdbc:mysql://1.1.1.1:3306/taokeeper
dbcp.characterEncoding=GBK
dbcp.username=xiaoming
```

```
dbcp.password=123456
dbcp.maxActive=30
dbcp.maxIdle=10
dbcp.maxWait=10000
```

配置获取

集群中每台机器在启动初始化阶段,首先会从上面提到的 ZooKeeper 配置节点上读取数据库信息,同时,客户端还需要在该配置节点上注册一个数据变更的 Watcher 监听,一旦发生节点数据变更,所有订阅的客户端都能够获取到数据变更通知。

配置变更

在系统运行过程中,可能会出现需要进行数据库切换的情况,这个时候就需要进行配置变更。借助 ZooKeeper,我们只需要对 ZooKeeper 上配置节点的内容进行更新,ZooKeeper 就能够帮我们将数据变更的通知发送到各个客户端,每个客户端在接收到这个变更通知后,就可以重新进行最新数据的获取。

6.1.2 负载均衡

根据维基百科上的定义,负载均衡(Load Balance)是一种相当常见的计算机网络技术,用来对多个计算机(计算机集群)、网络连接、CPU、磁盘驱动器或其他资源进行分配负载,以达到优化资源使用、最大化吞吐率、最小化响应时间和避免过载的目的。通常负载均衡可以分为硬件和软件负载均衡两类,本节主要探讨的是 ZooKeeper 在"软"负载均衡中的应用场景。

在分布式系统中,负载均衡更是一种普遍的技术,基本上每一个分布式系统都需要使用负载均衡。在本书第 1 章讲解分布式系统特征的时候,我们提到,分布式系统具有对等性,为了保证系统的高可用性,通常采用副本的方式来对数据和服务进行部署。而对于消费者而言,则需要在这些对等的服务提供方中选择一个来执行相关的业务逻辑,其中比较典型的就是 DNS 服务。在本节中,我们将详细介绍如何使用 ZooKeeper 来解决负载均衡问题。

一种动态的 DNS 服务

DNS 是域名系统(Domain Name System)的缩写,是因特网中使用最广泛的核心技术之一。DNS 系统可以看作是一个超大规模的分布式映射表,用于将域名和 IP 地址进行一一映射,进而方便人们通过域名来访问互联网站点。

通常情况下,我们可以向域名注册服务商申请域名注册,但是这种方式最大的缺陷在于只能注册有限的域名：

> 日常开发过程中，经常会碰到这样的情况，在一个 Company1 公司内部，需要给一个 App1 应用的服务器集群机器配置一个域名解析。相信有过一线开发经验的读者一定知道，这个时候通常会需要有类似于 *app1.company1.com* 的一个域名，其对应的就是一个服务器地址。如果系统数量不多，那么通过这种传统的 DNS 配置方式还可以应付，但是，一旦公司规模变大，各类应用层出不穷，那么就很难再通过这种方式来进行统一的管理了。

因此，在实际开发中，往往使用本地 HOST 绑定来实现域名解析的工作。具体如何进行本地 HOST 绑定，因为不是本书的重点，并且互联网上有大量的资料，因此这里不再赘述。使用本地 HOST 绑定的方法，可以很容易解决域名紧张的问题，基本上每一个系统都可以自行确定系统的域名与目标 IP 地址。同时，这种方法对于开发人员最大的好处就是可以随时修改域名与 IP 的映射，大大提高了开发调试效率。然而，这种看上去完美的方案，也有其致命的缺陷：

> 当应用的机器规模在一定范围内，并且域名的变更不是特别频繁时，本地 HOST 绑定是非常高效且简单的方式。然而一旦机器规模变大后，就常常会碰到这样的情况：我们在应用上线的时候，需要在应用的每台机器上去绑定域名，但是在机器规模相当庞大的情况下，这种做法就相当不方便。另外，如果想要临时更新域名，还需要到每个机器上去逐个进行变更，要消耗大量时间，因此完全无法保证实时性。

现在，我们来介绍一种基于 ZooKeeper 实现的动态 DNS 方案（以下简称该方案为"DDNS"，Dynamic DNS）。

域名配置

和配置管理一样，我们首先需要在 ZooKeeper 上创建一个节点来进行域名配置，例如 /DDNS/app1/server.app1.company1.com（以下简称"域名节点"），如图 6-2 所示。

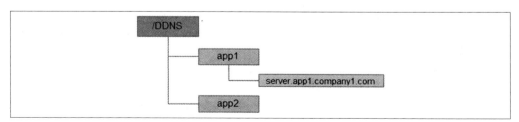

图 6-2. DDNS 的 ZooKeeper 节点示意图

从图 6-2 中我们看到，每个应用都可以创建一个属于自己的数据节点作为域名配置的根节点，例如 /DDNS/app1，在这个节点上，每个应用都可以将自己的域名配置上去，清单 6-2 是一个配置示例。

清单 6-2. IP 地址和端口配置
```
#单个IP:PORT
192.168.0.1:8080
#多个IP:PORT
192.168.0.1:8080, 192.168.0.2:8080
```

域名解析

在传统的 DNS 解析中，我们都不需要关心域名的解析过程，所有这些工作都交给了操作系统的域名和 IP 地址映射机制（本地 HOST 绑定）或是专门的域名解析服务器（由域名注册服务商提供）。因此，在这点上，DDNS 方案和传统的域名解析有很大的区别——在 DDNS 中，域名的解析过程都是由每一个应用自己负责的。通常应用都会首先从域名节点中获取一份 IP 地址和端口的配置，进行自行解析。同时，每个应用还会在域名节点上注册一个数据变更 Watcher 监听，以便及时收到域名变更的通知。

域名变更

在运行过程中，难免会碰上域名对应的 IP 地址或是端口变更，这个时候就需要进行域名变更操作。在 DDNS 中，我们只需要对指定的域名节点进行更新操作，ZooKeeper 就会向订阅的客户端发送这个事件通知，应用在接收到这个事件通知后，就会再次进行域名配置的获取。

上面我们介绍了如何使用 ZooKeeper 来实现一种动态的 DNS 系统。通过 ZooKeeper 来实现动态 DNS 服务，一方面，可以避免域名数量无限增长带来的集中式维护的成本；另一方面，在域名变更的情况下，也能够避免因逐台机器更新本地 HOST 而带来的繁琐工作。

自动化的 DNS 服务

根据上面的讲解，相信读者基本上已经能够使用 ZooKeeper 来实现一个动态的 DNS 服务了。但是我们仔细看一下上面的实现就会发现，在域名变更环节中，当域名对应的 IP 地址发生变更的时候，我们还是需要人为地介入去修改域名节点上的 IP 地址和端口。接下来我们看看下面这种使用 ZooKeeper 实现的更为自动化的 DNS 服务。自动化的 DNS 服务系统主要是为了实现服务的自动化定位，整个系统架构如图 6-3 所示。

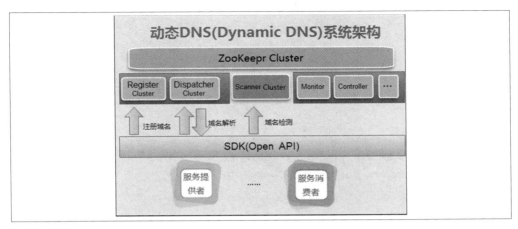

图 6-3. 动态 DNS 系统架构

首先来介绍整个动态 DNS 系统的架构体系中几个比较重要的组件及其职责。

- **Register** 集群负责域名的动态注册。
- **Dispatcher** 集群负责域名解析。
- **Scanner** 集群负责检测以及维护服务状态（探测服务的可用性、屏蔽异常服务节点等）。
- **SDK** 提供各种语言的系统接入协议，提供服务注册以及查询接口。
- **Monitor** 负责收集服务信息以及对 DDNS 自身状态的监控。
- **Controller** 是一个后台管理的 Console，负责授权管理、流量控制、静态配置服务和手动屏蔽服务等功能，另外，系统的运维人员也可以在上面管理 Register、Dispatcher 和 Scanner 等集群。

整个系统的核心当然是 ZooKeeper 集群，负责数据的存储以及一系列分布式协调。下面我们再来详细地看下整个系统是如何运行的。在这个架构模型中，我们将那些目标 IP 地址和端口抽象为服务的提供者，而那些需要使用域名解析的客户端则被抽象成服务的消费者。

域名注册

域名注册主要是针对服务提供者来说的。域名注册过程可以简单地概括为：每个服务提供者在启动的过程中，都会把自己的域名信息注册到 Register 集群中去。

1. 服务提供者通过 SDK 提供的 API 接口，将域名、IP 地址和端口发送给 Register

集群。例如 A 机器用于提供 serviceA.xxx.com，于是它就向 Register 发送一个"域名→IP:PORT"的映射："serviceA.xxx.com → 192.168.0.1:8080"。

2．Register 获取到域名、IP 地址和端口配置后，根据域名将信息写入相对应的 ZooKeeper 域名节点中。

域名解析

域名解析是针对服务消费者来说的，正好和域名注册过程相反：服务消费者在使用域名的时候，会向 Dispatcher 发出域名解析请求。Dispatcher 收到请求后，会从 ZooKeeper 上的指定域名节点读取相应的 IP:PORT 列表，通过一定的策略选取其中一个返回给前端应用。

域名探测

域名探测是指 DDNS 系统需要对域名下所有注册的 IP 地址和端口的可用性进行检测，俗称"健康度检测"。健康度检测一般有两种方式，第一种是服务端主动发起健康度心跳检测，这种方式一般需要在服务端和客户端之间建立起一个 TCP 长链接；第二种则是客户端主动向服务端发起健康度心跳检测。在 DDNS 架构中的域名探测，使用的是服务提供者主动向 Scanner 进行状态汇报（即第二种健康度检测方式）的模式，即每个服务提供者都会定时向 Scanner 汇报自己的状态。

Scanner 会负责记录每个服务提供者最近一次的状态汇报时间，一旦超过 5 秒没有收到状态汇报，那么就认为该 IP 地址和端口已经不可用，于是开始进行域名清理过程。在域名清理过程中，Scanner 会在 ZooKeeper 中找到该域名对应的域名节点，然后将该 IP 地址和端口配置从节点内容中移除。

以上就是整个 DDNS 系统中几个核心的工作流程，关于 DDNS 系统自身的监控与运维，和 ZooKeeper 关系不是特别大，这里就不再展开讲解了。

6.1.3　命名服务

命名服务（Name Service）也是分布式系统中比较常见的一类场景，在《Java 网络高级编程》一书中提到，命名服务是分布式系统最基本的公共服务之一。在分布式系统中，被命名的实体通常可以是集群中的机器、提供的服务地址或远程对象等——这些我们都可以统称它们为名字（Name），其中较为常见的就是一些分布式服务框架（如 RPC、RMI）中的服务地址列表，通过使用命名服务，客户端应用能够根据指定名字来获取资源的实体、服务地址和提供者的信息等。

Java 语言中的 JNDI 便是一种典型的命名服务。JNDI 是 Java 命名与目录接口（Java Naming and Directory Interface）的缩写，是 J2EE 体系中重要的规范之一，标准的 J2EE 容器都提供了对 JNDI 规范的实现。因此，在实际开发中，开发人员常常使用应用服务器自带的 JNDI 实现来完成数据源的配置与管理——使用 JNDI 方式后，开发人员可以完全不需要关心与数据库相关的任何信息，包括数据库类型、JDBC 驱动类型以及数据库账户等。

ZooKeeper 提供的命名服务功能与 JNDI 技术有相似的地方，都能够帮助应用系统通过一个资源引用的方式来实现对资源的定位与使用。另外，广义上命名服务的资源定位都不是真正意义的实体资源——在分布式环境中，上层应用仅仅需要一个全局唯一的名字，类似于数据库中的唯一主键。下面我们来看看如何使用 ZooKeeper 来实现一套分布式全局唯一 ID 的分配机制。

所谓 ID，就是一个能够唯一标识某个对象的标识符。在我们熟悉的关系型数据库中，各个表都需要一个主键来唯一标识每条数据库记录，这个主键就是这样的唯一 ID。在过去的单库单表型系统中，通常可以使用数据库字段自带的 auto_increment 属性来自动为每条数据库记录生成一个唯一的 ID，数据库会保证生成的这个 ID 在全局唯一。但是随着数据库数据规模的不断增大，分库分表随之出现，而 auto_increment 属性仅能针对单一表中的记录自动生成 ID，因此在这种情况下，就无法再依靠数据库的 auto_increment 属性来唯一标识一条记录了。于是，我们必须寻求一种能够在分布式环境下生成全局唯一 ID 的方法。

一说起全局唯一 ID，相信读者都会联想到 UUID。没错，UUID 是通用唯一识别码（Universally Unique Identifier）的简称，是一种在分布式系统中广泛使用的用于唯一标识元素的标准，最典型的实现是 GUID（Globally Unique Identifier，全局唯一标识符），主流 ORM 框架 Hibernate 有对 UUID 的直接支持。

确实，UUID 是一个非常不错的全局唯一 ID 生成方式，能够非常简便地保证分布式环境中的唯一性。一个标准的 UUID 是一个包含 32 位字符和 4 个短线的字符串，例如 "e70f1357-f260-46ff-a32d-53a086c57ade"。UUID 的优势自然不必多说，我们重点来看看它的缺陷。

长度过长

> UUID 最大的问题就在于生成的字符串过长。显然，和数据库中的 INT 类型相比，存储一个 UUID 需要花费更多的空间。

含义不明

上面我们已经看到一个典型的 UUID 是类似于"e70f1357- f260-46ff- a32d-53a086c57ade"的一个字符串。根据这个字符串，开发人员从字面上基本看不出任何其表达的含义，这将会大大影响问题排查和开发调试的效率。

接下来，我们结合一个分布式任务调度系统来看看如何使用 ZooKeeper 来实现这类全局唯一 ID 的生成。

在 5.3.2 节中，我们已经提到，通过调用 ZooKeeper 节点创建的 API 接口可以创建一个顺序节点，并且在 API 返回值中会返回这个节点的完整名字。利用这个特性，我们就可以借助 ZooKeeper 来生成全局唯一的 ID 了，如图 6-4 所示。

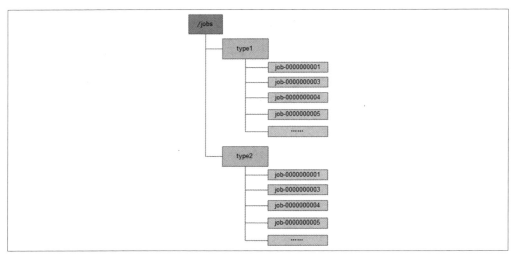

图 6-4. 全局唯一 ID 生成的 ZooKeeper 节点示意图

结合图 6-4，我们来讲解对于一个任务列表的主键，使用 ZooKeeper 生成唯一 ID 的基本步骤。

1. 所有客户端都会根据自己的任务类型，在指定类型的任务下面通过调用 `create()` 接口来创建一个顺序节点，例如创建"job-"节点。

2. 节点创建完毕后，`create()` 接口会返回一个完整的节点名，例如"job-0000000003"。

3. 客户端拿到这个返回值后，拼接上 type 类型，例如"type2-job-0000000003"，这就可以作为一个全局唯一的 ID 了。

在 ZooKeeper 中，每一个数据节点都能够维护一份子节点的顺序顺列，当客户端对其创建一个顺序子节点的时候 ZooKeeper 会自动以后缀的形式在其子节点上添加一个序号，在这个场景中就是利用了 ZooKeeper 的这个特性。关于 ZooKeeper 的顺序节点，将在 7.1.2 节中做详细讲解。

6.1.4　分布式协调/通知

分布式协调/通知服务是分布式系统中不可缺少的一个环节，是将不同的分布式组件有机结合起来的关键所在。对于一个在多台机器上部署运行的应用而言，通常需要一个协调者（Coordinator）来控制整个系统的运行流程，例如分布式事务的处理、机器间的互相协调等。同时，引入这样一个协调者，便于将分布式协调的职责从应用中分离出来，从而可以大大减少系统之间的耦合性，而且能够显著提高系统的可扩展性。

ZooKeeper 中特有的 Watcher 注册与异步通知机制，能够很好地实现分布式环境下不同机器，甚至是不同系统之间的协调与通知，从而实现对数据变更的实时处理。基于 ZooKeeper 实现分布式协调与通知功能，通常的做法是不同的客户端都对 ZooKeeper 上同一个数据节点进行 Watcher 注册，监听数据节点的变化（包括数据节点本身及其子节点），如果数据节点发生变化，那么所有订阅的客户端都能够接收到相应的 Watcher 通知，并做出相应的处理。

MySQL 数据复制总线：Mysql_Replicator

MySQL 数据复制总线（以下简称"复制总线"）是一个实时数据复制框架，用于在不同的 MySQL 数据库实例之间进行异步数据复制和数据变化通知。整个系统是一个由 MySQL 数据库集群、消息队列系统、任务管理监控平台以及 ZooKeeper 集群等组件共同构成的一个包含数据生产者、复制管道和数据消费者等部分的数据总线系统，图 6-5 所示是该系统的整体结构图。

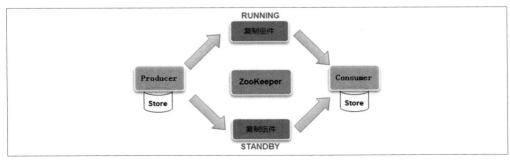

图 6-5. MySQL 数据复制总线结构图

在该系统中，ZooKeeper 主要负责进行一系列的分布式协调工作，在具体的实现上，根据功能将数据复制组件划分为三个核心子模块：Core、Server 和 Monitor，每个模块分别为一个单独的进程，通过 ZooKeeper 进行数据交换。

- **Core** 实现了数据复制的核心逻辑，其将数据复制封装成管道，并抽象出生产者和消费者两个概念，其中生产者通常是 MySQL 数据库的 Binlog[注2]日志。
- **Server** 负责启动和停止复制任务。
- **Monitor** 负责监控任务的运行状态，如果在数据复制期间发生异常或出现故障会进行告警。

三个子模块之间的关系如图 6-6 所示。

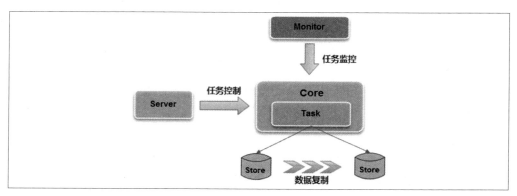

图 6-6. MySQL 数据复制子组件关系图

每个模块作为独立的进程运行在服务端，运行时的数据和配置信息均保存在 ZooKeeper 上，Web 控制台通过 ZooKeeper 上的数据获取到后台进程的数据，同时发布控制信息。

任务注册

Core 进程在启动的时候，首先会向 /mysql_replicator/tasks 节点（以下简称"任务列表节点"）注册任务。例如，对于一个"复制热门商品"的任务，Task 所在机器在启动的时候，会首先在任务列表节点上创建一个子节点，例如 /mysql_replicator/tasks/copy_hot_item （以下简称"任务节点"），如图 6-7 所示。如果在注册过程中发现该子节点已经存在，说明已经有其他 Task 机器注册了该任务，因此自己不需要再创建该节点了。

注 2： 读者可以访问 http://dev.mysql.com/doc/refman/5.5/en/binary-log.html 查看更多关于 MySQL 数据库 Binary Log 相关的内容。

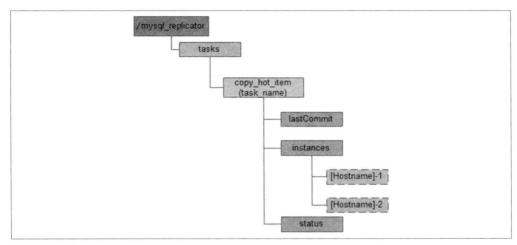

图 6-7. MySQL 数据复制组件热备份的 ZooKeeper 节点示意图

任务热备份

为了应对复制任务故障或者复制任务所在主机故障，复制组件采用"热备份"的容灾方式，即将同一个复制任务部署在不同的主机上，我们称这样的机器为"任务机器"，主、备任务机器通过 ZooKeeper 互相检测运行健康状况。

为了实现上述热备方案，无论在第一步中是否创建了任务节点，每台任务机器都需要在 */mysql_replicator/tasks/copy_hot_item/instances* 节点上将自己的主机名注册上去。注意，这里注册的节点类型很特殊，是一个临时的顺序节点。在注册完这个子节点后，通常一个完整的节点名如下：*/mysql_replicator/tasks/copy_hot_item /intsances/[Hostname]-1*，其中最后的序列号就是临时顺序节点的精华所在。关于 ZooKeeper 的临时顺序节点生成原理，将在 7.1.2 节中做详细讲解。

在完成该子节点的创建后，每台任务机器都可以获取到自己创建的节点的完成节点名以及所有子节点的列表，然后通过对比判断自己是否是所有子节点中序号最小的。如果自己是序号最小的子节点，那么就将自己的运行状态设置为 RUNNING，其余的任务机器则将自己设置为 STANDBY——我们将这样的热备份策略称为"小序号优先"策略。

热备切换

完成运行状态的标识后，任务的客户端机器就能够正常工作了，其中标记为 RUNNING 的客户端机器进行正常的数据复制，而标记为 STANDBY 的客户端机器则进入待命状态。这里所谓待命状态，就是说一旦标记为 RUNNING 的机器出现故障停止了任务执行，那么就需要在所有标记为 STANDBY 的客户端机器中再次按照"小序号优先"策略来选出

RUNNING 机器来执行，具体的做法就是标记为 STANDBY 的机器都需要在 /mysql_replicator/tasks/copy_hot_item/instances 节点上注册一个"子节点列表变更"的 Watcher 监听，用来订阅所有任务执行机器的变化情况——一旦 RUNNING 机器宕机与 ZooKeeper 断开连接后，对应的节点就会消失，于是其他机器也就接收到了这个变更通知，从而开始新一轮的 RUNNING 选举。

记录执行状态

既然使用了热备份，那么 RUNNING 任务机器就需要将运行时的上下文状态保留给 STANDBY 任务机器。在这个场景中，最主要的上下文状态就是数据复制过程中的一些进度信息，例如 Binlog 日志的消费位点，因此需要将这些信息保存到 ZooKeeper 上以便共享。在 Mysql_Replicator 的设计中，选择了 /mysql_replicator/tasks/copy_hot_item/lastCommit 作为 Binlog 日志消费位点的存储节点，RUNNING 任务机器会定时向这个节点写入当前的 Binlog 日志消费位点。

控制台协调

在上文中我们主要讲解了 Core 组件是如何进行分布式任务协调的，接下来我们再看看 Server 是如何来管理 Core 组件的。在 Mysql_Replicator 中，Server 主要的工作就是进行任务的控制，通过 ZooKeeper 来对不同的任务进行控制与协调。Server 会将每个复制任务对应生产者的元数据，即库名、表名、用户名与密码等数据库信息以及消费者的相关信息以配置的形式写入任务节点 /mysql_replicator/tasks/copy_hot_item 中去，以便该任务的所有任务机器都能够共享该复制任务的配置。

冷备切换

到目前为止我们已经基本了解了 Mysql_Replicator 的工作原理，现在再回过头来看上面提到的热备份。在该热备份方案中，针对一个任务，都会至少分配两台任务机器来进行热备份，但是在一定规模的大型互联网公司中，往往有许多 MySQL 实例需要进行数据复制，每个数据库实例都会对应一个复制任务，如果每个任务都进行双机热备份的话，那么显然需要消耗太多的机器。

因此我们同时设计了一种冷备份的方案，它和热备份方案最大的不同点在于，对所有任务进行分组，如图 6-8 所示。

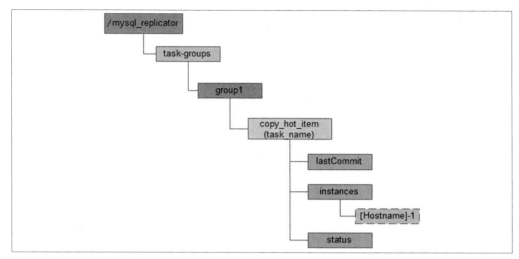

图 6-8. MySQL 数据复制组件冷备份的 ZooKeeper 节点示意图

和热备份中比较大的区别在于，Core 进程被配置了所属 Group（组）。举个例子来说，假如一个 Core 进程被标记了 group1，那么在 Core 进程启动后，会到对应的 ZooKeeper group1 节点下面获取所有的 Task 列表，假如找到了任务 "copy_hot_item" 之后，就会遍历这个 Task 列表的 instances 节点，但凡还没有子节点的，则会创建一个临时的顺序节点：*/mysql_replicator/task-groups/group1/copy_hot_item/instances/[Hostname]-1*——当然，在这个过程中，其他 Core 进程也会在这个 instances 节点下创建类似的子节点。和热备份中的"小序号优先"策略一样，顺序小的 Core 进程将自己标记为 RUNNING，不同之处在于，其他 Core 进程则会自动将自己创建的子节点删除，然后继续遍历下一个 Task 节点——我们将这样的过程称为"冷备份扫描"。就这样，所有 Core 进程在一个扫描周期内不断地对相应的 Group 下面的 Task 进行冷备份扫描。整个过程可以通过如图 6-9 所示的流程图来表示。

冷热备份对比

从上面的讲解中，我们基本对热备份和冷备份两种运行方式都有了一定的了解，现在再来对比下这两种运行方式。在热备份方案中，针对一个任务使用了两台机器进行热备份，借助 ZooKeeper 的 Watcher 通知机制和临时顺序节点的特性，能够非常实时地进行互相协调，但缺陷就是机器资源消耗比较大。而在冷备份方案中，采用了扫描机制，虽然降低了任务协调的实时性，但是节省了机器资源。

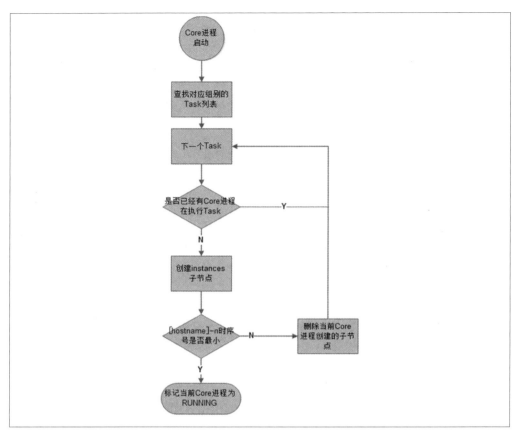

图 6-9. MySQL 数据复制组件冷备份的流程图

一种通用的分布式系统机器间通信方式

在绝大部分的分布式系统中，系统机器间的通信无外乎心跳检测、工作进度汇报和系统调度这三种类型。接下来，我们将围绕这三种类型的机器通信来讲解如何基于 ZooKeeper 去实现一种分布式系统间的通信方式。

心跳检测

机器间的心跳检测机制是指在分布式环境中，不同机器之间需要检测到彼此是否在正常运行，例如 A 机器需要知道 B 机器是否正常运行。在传统的开发中，我们通常是通过主机之间是否可以相互 PING 通来判断，更复杂一点的话，则会通过在机器之间建立长连接，通过 TCP 连接固有的心跳检测机制来实现上层机器的心跳检测，这些确实都是一些非常常见的心跳检测方法。

下面来看看如何使用 ZooKeeper 来实现分布式机器间的心跳检测。基于 ZooKeeper 的临时节点特性，可以让不同的机器都在 ZooKeeper 的一个指定节点下创建临时子节点，不同的机器之间可以根据这个临时节点来判断对应的客户端机器是否存活。通过这种方式，检测系统和被检测系统之间并不需要直接相关联，而是通过 ZooKeeper 上的某个节点进行关联，大大减少了系统耦合。

工作进度汇报

在一个常见的任务分发系统中，通常任务被分发到不同的机器上执行后，需要实时地将自己的任务执行进度汇报给分发系统。这个时候就可以通过 ZooKeeper 来实现。在 ZooKeeper 上选择一个节点，每个任务客户端都在这个节点下面创建临时子节点，这样便可以实现两个功能：

- 通过判断临时节点是否存在来确定任务机器是否存活；
- 各个任务机器会实时地将自己的任务执行进度写到这个临时节点上去，以便中心系统能够实时地获取到任务的执行进度。

系统调度

使用 ZooKeeper，能够实现另一种系统调度模式：一个分布式系统由控制台和一些客户端系统两部分组成，控制台的职责就是需要将一些指令信息发送给所有的客户端，以控制它们进行相应的业务逻辑。后台管理人员在控制台上做的一些操作，实际上就是修改了 ZooKeeper 上某些节点的数据，而 ZooKeeper 进一步把这些数据变更以事件通知的形式发送给了对应的订阅客户端。

总之，使用 ZooKeeper 来实现分布式系统机器间的通信，不仅能省去大量底层网络通信和协议设计上重复的工作，更为重要的一点是大大降低了系统之间的耦合，能够非常方便地实现异构系统之间的灵活通信。

6.1.5 集群管理

随着分布式系统规模的日益扩大，集群中的机器规模也随之变大，因此，如何更好地进行集群管理也显得越来越重要了。

所谓集群管理，包括集群监控与集群控制两大块，前者侧重对集群运行时状态的收集，后者则是对集群进行操作与控制。在日常开发和运维过程中，我们经常会有类似于如下的需求：

- 希望知道当前集群中究竟有多少机器在工作。

- 对集群中每台机器的运行时状态进行数据收集。

- 对集群中机器进行上下线操作。

在传统的基于 Agent 的分布式集群管理体系中,都是通过在集群中的每台机器上部署一个 Agent,由这个 Agent 负责主动向指定的一个监控中心系统(监控中心系统负责将所有数据进行集中处理,形成一系列报表,并负责实时报警,以下简称"监控中心")汇报自己所在机器的状态。在集群规模适中的场景下,这确实是一种在生产实践中广泛使用的解决方案,能够快速有效地实现分布式环境集群监控,但是一旦系统的业务场景增多,集群规模变大之后,该解决方案的弊端也就显现出来了。

大规模升级困难

以客户端形式存在的 Agent,在大规模使用后,一旦遇上需要大规模升级的情况,就非常麻烦,在升级成本和升级进度的控制上面临巨大的挑战。

统一的 Agent 无法满足多样的需求

对于机器的 CPU 使用率、负载(Load)、内存使用率、网络吞吐以及磁盘容量等机器基本的物理状态,使用统一的 Agent 来进行监控或许都可以满足。但是,如果需要深入应用内部,对一些业务状态进行监控,例如,在一个分布式消息中间件中,希望监控到每个消费者对消息的消费状态;或者在一个分布式任务调度系统中,需要对每个机器上任务的执行情况进行监控。很显然,对于这些业务耦合紧密的监控需求,不适合由一个统一的 Agent 来提供。

编程语言多样性

随着越来越多编程语言的出现,各种异构系统层出不穷。如果使用传统的 Agent 方式,那么需要提供各种语言的 Agent 客户端。另一方面,"监控中心"在对异构系统的数据进行整合上面临巨大挑战。

ZooKeeper 具有以下两大特性。

- 客户端如果对 ZooKeeper 的一个数据节点注册 Watcher 监听,那么当该数据节点的内容或是其子节点列表发生变更时,ZooKeeper 服务器就会向订阅的客户端发送变更通知。

- 对在 ZooKeeper 上创建的临时节点,一旦客户端与服务器之间的会话失效,那么该临时节点也就被自动清除。

利用 ZooKeeper 的这两大特性,就可以实现另一种集群机器存活性监控的系统。例如,监控系统在/clusterServers 节点上注册一个 Watcher 监听，那么但凡进行动态添加机器的操作，就会在/clusterServers 节点下创建一个临时节点：/clusterServers/[Hostname]。这样一来，监控系统就能够实时检测到机器的变动情况，至于后续处理就是监控系统的业务了。下面我们就通过分布式日志收集系统和在线云主机管理这两个典型例子来看看如何使用 ZooKeeper 实现集群管理。

分布式日志收集系统

分布式日志收集系统的核心工作就是收集分布在不同机器上的系统日志，在这里我们重点来看分布式日志系统（以下简称"日志系统"）的收集器模块。

在一个典型的日志系统的架构设计中，整个日志系统会把所有需要收集的日志机器（下文我们以"日志源机器"代表此类机器）分为多个组别，每个组别对应一个收集器，这个收集器其实就是一个后台机器（下文我们以"收集器机器"代表此类机器），用于收集日志。对于大规模的分布式日志收集系统场景，通常需要解决如下两个问题。

变化的日志源机器

> 在生产环境中，伴随着机器的变动，每个应用的机器几乎每天都是在变化的（机器硬件问题、扩容、机房迁移或是网络问题等都会导致一个应用的机器变化），也就是说每个组别中的日志源机器通常是在不断变化的。

变化的收集器机器

> 日志收集系统自身也会有机器的变更或扩容，于是会出现新的收集器机器加入或是老的收集器机器退出的情况。

上面两个问题，无论是日志源机器还是收集器机器的变更，最终都归结为一点：如何快速、合理、动态地为每个收集器分配对应的日志源机器，这也成为了整个日志系统正确稳定运转的前提，也是日志收集过程中最大的技术挑战之一。在这种情况下，引入 ZooKeeper 是个不错的选择，下面我们就来看 ZooKeeper 在这个场景中的使用。

注册收集器机器

使用 ZooKeeper 来进行日志系统收集器的注册，典型做法是在 ZooKeeper 上创建一个节点作为收集器的根节点，例如/logs/collector（下文我们以"收集器节点"代表该数据节点），每个收集器机器在启动的时候，都会在收集器节点下创建自己的节点，例如/logs/collector/[Hostname]，如图 6-10 所示。

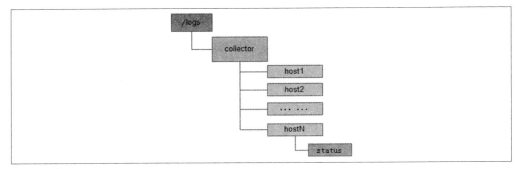

图 6-10. 分布式日志收集系统的 ZooKeepr 节点示意图

任务分发

待所有收集器机器都创建好自己对应的节点后,系统根据收集器节点下子节点的个数,将所有日志源机器分成对应的若干组,然后将分组后的机器列表分别写到这些收集器机器创建的子节点(例如/logs/collector/host1)上去。这样一来,每个收集器机器都能够从自己对应的收集器节点上获取日志源机器列表,进而开始进行日志收集工作。

状态汇报

完成收集器机器的注册以及任务分发后,我们还要考虑到这些机器随时都有挂掉的可能。因此,针对这个问题,我们需要有一个收集器的状态汇报机制:每个收集器机器在创建完自己的专属节点后,还需要在对应的子节点上创建一个状态子节点,例如/logs/collector/host1/status,每个收集器机器都需要定期向该节点写入自己的状态信息。我们可以把这种策略看作是一种心跳检测机制,通常收集器机器都会在这个节点中写入日志收集进度信息。日志系统根据该状态子节点的最后更新时间来判断对应的收集器机器是否存活。

动态分配

如果收集器机器挂掉或是扩容了,就需要动态地进行收集任务的分配。在运行过程中,日志系统始终关注着/logs/collector 这个节点下所有子节点的变更,一旦检测到有收集器机器停止汇报或是有新的收集器机器加入,就要开始进行任务的重新分配。无论是针对收集器机器停止汇报还是新机器加入的情况,日志系统都需要将之前分配给该收集器的所有任务进行转移。为了解决这个问题,通常有两种做法。

全局动态分配

这是一种简单粗暴的做法,在出现收集器机器挂掉或是新机器加入的时候,日志系统需要根据新的收集器机器列表，立即对所有的日志源机器重新进行一次分组，然后将其分配给剩下的收集器机器。

局部动态分配

全局动态分配方式虽然策略简单，但是存在一个问题：一个或部分收集器机器的变更，就会导致全局动态任务的分配，影响面比较大，因此风险也就比较大。所谓局部动态分配，顾名思义就是在小范围内进行任务的动态分配。在这种策略中，每个收集器机器在汇报自己日志收集状态的同时，也会把自己的负载汇报上去。请注意，这里提到的负载并不仅仅只是简单地指机器 CPU 负载（Load），而是一个对当前收集器任务执行的综合评估，这个评估算法和 ZooKeeper 本身并没有太大的关系，这里不再赘述。

在这种策略中，如果一个收集器机器挂了，那么日志系统就会把之前分配给这个机器的任务重新分配到那些负载较低的机器上去。同样，如果有新的收集器机器加入，会从那些负载高的机器上转移部分任务给这个新加入的机器。

注意事项

在上面的介绍中，我们已经了解了 ZooKeeper 是如何协调一个分布式日志收集系统工作的，接下来再来看看一些细节问题。

节点类型

我们首先来看 /logs/collector 这个节点下面子节点的节点类型。在上面已经提到，/logs/collector 节点下面的所有子节点都代表了每个收集器机器，那么初步认为这些子节点必须选择临时节点，原因是日志系统可以根据这些临时节点来判断收集器机器的存活性。但是，同时还需要注意的一点是：在分布式日志收集这个场景中，收集器节点上还会存放所有已经分配给该收集器机器的日志源机器列表，如果只是简单地依靠 ZooKeeper 自身的临时节点机制，那么当一个收集器机器挂掉或是当这个收集器机器中断"心跳汇报"的时候，待该收集器节点的会话失效后，ZooKeeper 就会立即删除该节点，于是，记录在该节点上的所有日志源机器列表也就随之被清除掉了。

从上面的描述中可以知道，临时节点显然无法满足这里的业务需求，所以我们选择了使用持久节点来标识每一个收集器机器，同时在这个持久节点下面分别创建 /logs/collector/[Hostname]/status 节点来表征每一个收集器机器的状态。这样一来，既能实现日志系统对所有收集器的监控，同时在收集器机器挂掉后，依然能够准确地将分配于其中的任务还原。

日志系统节点监听

在实际生产运行过程中，每一个收集器机器更改自己状态节点的频率可能非常高（如每秒 1 次或更短），而且收集器的数量可能非常大，如果日志系统监听所有这些节点变化，那么通知的消息量可能会非常大。另一方面，在收集器机器正常工作的情况下，日志系统没有必要去实时地接收每次节点状态变更，因此大部分这些状态变更通知都是无用的。因此我们考虑放弃监听设置，而是采用日志系统主动轮询收集器节点的策略，这样就节省了不少网卡流量，唯一的缺陷就是有一定的延时（考虑到分布式日志收集系统的定位，这个延时是可以接受的）。

在线云主机管理

在线云主机管理通常出现在那些虚拟主机提供商的应用场景中。在这类集群管理中，有很重要的一块就是集群机器的监控。这个场景通常对于集群中的机器状态，尤其是机器在线率的统计有较高的要求，同时需要能够快速地对集群中机器的变更做出响应。

在传统的实现方案中，监控系统通过某种手段（比如检测主机的指定端口）来对每台机器进行定时检测，或者每台机器自己定时向监控系统汇报"我还活着"。但是这种方式需要每一个业务系统的开发人员自己来处理网络通信、协议设计、调度和容灾等诸多琐碎的问题。下面来看看使用 ZooKeeper 实现的另一种集群机器存活性监控系统。针对这个系统，我们的需求点通常如下。

- 如何快速地统计出当前生产环境一共有多少台机器？
- 如何快速地获取到机器上/下线的情况？
- 如何实时监控集群中每台主机的运行时状态？

机器上/下线

为了实现自动化的线上运维，我们必须对机器的上/下线情况有一个全局的监控。通常在新增机器的时候，需要首先将指定的 Agent 部署到这些机器上去。Agent 部署启动之后，会首先向 ZooKeeper 的指定节点进行注册，具体的做法就是在机器列表节点下面创建一个临时子节点，例如 */XAE/machine/[Hostname]*（下文我们以"主机节点"代表这个节点），如图 6-11 所示。

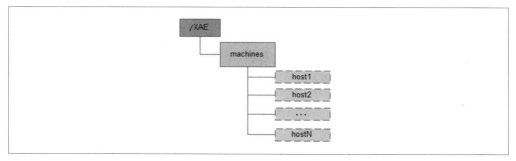

图 6-11. 在线机器列表的 ZooKeeper 节点示意图

当 Agent 在 ZooKeeper 上创建完这个临时子节点后，对 /XAE/machines 节点关注的监控中心就会接收到"子节点变更"事件，即上线通知，于是就可以对这个新加入的机器开启相应的后台管理逻辑。另一方面，监控中心同样可以获取到机器下线的通知，这样便实现了对机器上/下线的检测，同时能够很容易地获取到在线的机器列表，对于大规模的扩容和容量评估都有很大的帮助。

机器监控

对于一个在线云主机系统，不仅要对机器的在线状态进行检测，还需要对机器的运行时状态进行监控。在运行的过程中，Agent 会定时将主机的运行状态信息写入 ZooKeeper 上的主机节点，监控中心通过订阅这些节点的数据变更通知来间接地获取主机的运行时信息。

随着分布式系统规模变得越来越庞大，对集群机器的监控和管理显得越来越重要。上面提到的这种借助 ZooKeeper 来实现的方式，不仅能够实时地检测到集群中机器的上/下线情况，而且能够实时地获取到主机的运行时信息，从而能够构建出一个大规模集群的主机图谱。

6.1.6 Master 选举

Master 选举是一个在分布式系统中非常常见的应用场景。分布式最核心的特性就是能够将具有独立计算能力的系统单元部署在不同的机器上，构成一个完整的分布式系统。而与此同时，实际场景中往往也需要在这些分布在不同机器上的独立系统单元中选出一个所谓的"老大"，在计算机科学中，我们称之为 Master。

在分布式系统中，Master 往往用来协调集群中其他系统单元，具有对分布式系统状态变更的决定权。例如，在一些读写分离的应用场景中，客户端的写请求往往是由 Master

来处理的；而在另一些场景中，Master 则常常负责处理一些复杂的逻辑，并将处理结果同步给集群中其他系统单元。Master 选举可以说是 ZooKeeper 最典型的应用场景了，在本节中，我们就结合"一种海量数据处理与共享模型"这个具体例子来看看 ZooKeeper 在集群 Master 选举中的应用场景。

在分布式环境中，经常会碰到这样的应用场景：集群中的所有系统单元需要对前端业务提供数据，比如一个商品 ID，或者是一个网站轮播广告的广告 ID（通常出现在一些广告投放系统中）等，而这些商品 ID 或是广告 ID 往往需要从一系列的海量数据处理中计算得到——这通常是一个非常耗费 I/O 和 CPU 资源的过程。鉴于该计算过程的复杂性，如果让集群中的所有机器都执行这个计算逻辑的话，那么将耗费非常多的资源。一种比较好的方法就是只让集群中的部分，甚至只让其中的一台机器去处理数据计算，一旦计算出数据结果，就可以共享给整个集群中的其他所有客户端机器，这样可以大大减少重复劳动，提升性能。

这里我们以一个简单的广告投放系统后台场景为例来讲解这个模型。整个系统大体上可以分成客户端集群、分布式缓存系统、海量数据处理总线和 ZooKeeper 四个部分，如图 6-12 所示。

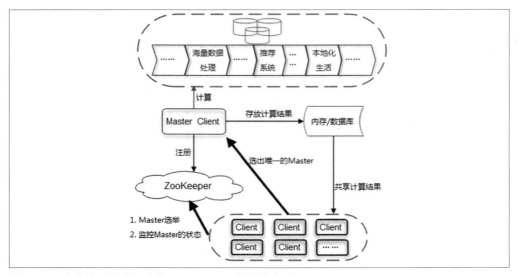

图 6-12. 广告投放系统后台与 ZooKeeper 交互示意图

首先我们来看整个系统的运行机制。图 6-12 中的 Client 集群每天定时会通过 ZooKeeper 来实现 Master 选举。选举产生 Master 客户端之后，这个 Master 就会负责进行一系列的海量数据处理，最终计算得到一个数据结果，并将其放置在一个内存/数据库中。同时，

Master 还需要通知集群中其他所有的客户端从这个内存/数据库中共享计算结果。

接下去，我们将重点来看 Master 选举的过程，首先来明确下 Master 选举的需求：在集群的所有机器中选举出一台机器作为 Master。针对这个需求，通常情况下，我们可以选择常见的关系型数据库中的主键特性来实现：集群中的所有机器都向数据库中插入一条相同主键 ID 的记录，数据库会帮助我们自动进行主键冲突检查，也就是说，所有进行插入操作的客户端机器中，只有一台机器能够成功——那么，我们就认为向数据库中成功插入数据的客户端机器成为 Master。

乍一看，这个方案确实可行，依靠关系型数据库的主键特性能够很好地保证在集群中选举出唯一的一个 Master。但是我们需要考虑的另一个问题是，如果当前选举出的 Master 挂了，那么该如何处理？谁来告诉我 Master 挂了呢？显然，关系型数据库没法通知我们这个事件。那么，如果使用 ZooKeeper 是否可以做到这一点呢？

在 5.3.2 节中，我们介绍了 ZooKeeper 创建节点的 API 接口，其中提到的一个重要特性便是：利用 ZooKeeper 的强一致性，能够很好地保证在分布式高并发情况下节点的创建一定能够保证全局唯一性，即 ZooKeeper 将会保证客户端无法重复创建一个已经存在的数据节点。也就是说，如果同时有多个客户端请求创建同一个节点，那么最终一定只有一个客户端请求能够创建成功。利用这个特性，就能很容易地在分布式环境中进行 Master 选举了。

在这个系统中，首先会在 ZooKeeper 上创建一个日期节点，例如"2013-09-20"，如图 6-13 所示。

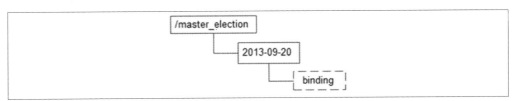

图 6-13. 一种海量数据处理与共享模型的 ZooKeeper 节点示意图

客户端集群每天都会定时往 ZooKeeper 上创建一个临时节点，例如 */master_election/2013-09-20/binding*。在这个过程中，只有一个客户端能够成功创建这个节点，那么这个客户端所在的机器就成为了 Master。同时，其他没有在 ZooKeeper 上成功创建节点的客户端，都会在节点 */master_election/2013-09-20* 上注册一个子节点变更的 Watcher，用于监控当前的 Master 机器是否存活，一旦发现当前的 Master 挂了，那么其余的客户端将会重新进行 Master 选举。

从上面的讲解中，我们可以看到，如果仅仅只是想实现 Master 选举的话，那么其实只需要有一个能够保证数据唯一性的组件即可，例如关系型数据库的主键模型就是非常不错的选择。但是，如果希望能够快速地进行集群 Master 动态选举，那么基于 ZooKeeper 来实现是一个不错的新思路。

6.1.7 分布式锁

分布式锁是控制分布式系统之间同步访问共享资源的一种方式。如果不同的系统或是同一个系统的不同主机之间共享了一个或一组资源，那么访问这些资源的时候，往往需要通过一些互斥手段来防止彼此之间的干扰，以保证一致性，在这种情况下，就需要使用分布式锁了。

在平时的实际项目开发中，我们往往很少会去在意分布式锁，而是依赖于关系型数据库固有的排他性来实现不同进程之间的互斥。这确实是一种非常简便且被广泛使用的分布式锁实现方式。然而有一个不争的事实是，目前绝大多数大型分布式系统的性能瓶颈都集中在数据库操作上。因此，如果上层业务再给数据库添加一些额外的锁，例如行锁、表锁甚至是繁重的事务处理，那么是不是会让数据库更加不堪重负呢？下面我们来看看使用 ZooKeeper 如何实现分布式锁，这里主要讲解排他锁和共享锁两类分布式锁。

排他锁

排他锁（Exclusive Locks，简称 X 锁），又称为写锁或独占锁，是一种基本的锁类型。如果事务 T_1 对数据对象 O_1 加上了排他锁，那么在整个加锁期间，只允许事务 T_1 对 O_1 进行读取和更新操作，其他任何事务都不能再对这个数据对象进行任何类型的操作——直到 T_1 释放了排他锁。

从上面讲解的排他锁的基本概念中，我们可以看到，排他锁的核心是如何保证当前有且仅有一个事务获得锁，并且锁被释放后，所有正在等待获取锁的事务都能够被通知到。下面我们就来看看如何借助 ZooKeeper 实现排他锁。

定义锁

在通常的 Java 开发编程中，有两种常见的方式可以用来定义锁，分别是 synchronized 机制和 JDK5 提供的 ReentrantLock。然而，在 ZooKeeper 中，没有类似于这样的 API 可以直接使用，而是通过 ZooKeeper 上的数据节点来表示一个锁，例如/*exclusive_lock/lock*节点就可以被定义为一个锁，如图 6-14 所示。

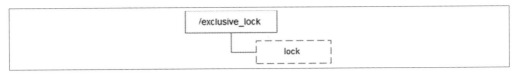

图 6-14. 排他锁的 ZooKeepr 节点示意图

获取锁

在需要获取排他锁时,所有的客户端都会试图通过调用 create() 接口,在 /exclusive_lock 节点下创建临时子节点 /exclusive_lock/lock。在前面几节中我们也介绍了,ZooKeeper 会保证在所有的客户端中,最终只有一个客户端能够创建成功,那么就可以认为该客户端获取了锁。同时,所有没有获取到锁的客户端就需要到 /exclusive_lock 节点上注册一个子节点变更的 Watcher 监听,以便实时监听到 lock 节点的变更情况。

释放锁

在"定义锁"部分,我们已经提到,/exclusive_lock/lock 是一个临时节点,因此在以下两种情况下,都有可能释放锁。

- 当前获取锁的客户端机器发生宕机,那么 ZooKeeper 上的这个临时节点就会被移除。
- 正常执行完业务逻辑后,客户端就会主动将自己创建的临时节点删除。

无论在什么情况下移除了 lock 节点,ZooKeeper 都会通知所有在 /exclusive_lock 节点上注册了子节点变更 Watcher 监听的客户端。这些客户端在接收到通知后,再次重新发起分布式锁获取,即重复"获取锁"过程。整个排他锁的获取和释放流程,可以用图 6-15 来表示。

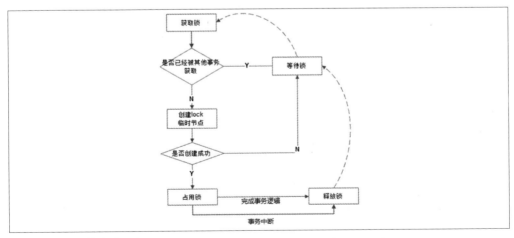

图 6-15. 排他锁的流程图

共享锁

共享锁（Shared Locks，简称 S 锁），又称为读锁，同样是一种基本的锁类型。如果事务 T_1 对数据对象 O_1 加上了共享锁，那么当前事务只能对 O_1 进行读取操作，其他事务也只能对这个数据对象加共享锁——直到该数据对象上的所有共享锁都被释放。

共享锁和排他锁最根本的区别在于，加上排他锁后，数据对象只对一个事务可见，而加上共享锁后，数据对所有事务都可见。下面我们就来看看如何借助 ZooKeeper 来实现共享锁。

定义锁

和排他锁一样，同样是通过 ZooKeeper 上的数据节点来表示一个锁，是一个类似于 "*/shared_lock/[Hostname]-请求类型-序号*" 的临时顺序节点，例如 */shared_lock/192.168.0.1-R-0000000001*，那么，这个节点就代表了一个共享锁，如图 6-16 所示。

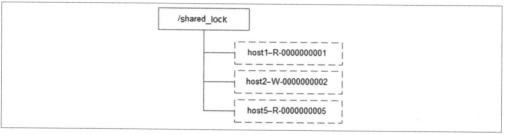

图 6-16. 共享锁的 ZooKeeper 节点示意图

获取锁

在需要获取共享锁时，所有客户端都会到/shared_lock 这个节点下面创建一个临时顺序节点，如果当前是读请求，那么就创建例如/shared_lock/192.168.0.1-R-0000000001 的节点；如果是写请求，那么就创建例如/shared_lock/192.168.0.1-W-0000000001 的节点。

判断读写顺序

根据共享锁的定义，不同的事务都可以同时对同一个数据对象进行读取操作，而更新操作必须在当前没有任何事务进行读写操作的情况下进行。基于这个原则，我们来看看如何通过 ZooKeeper 的节点来确定分布式读写顺序，大致可以分为如下 4 个步骤。

1. 创建完节点后，获取/shared_lock 节点下的所有子节点，并对该节点注册子节点变更的 Watcher 监听。

2．确定自己的节点序号在所有子节点中的顺序。

3．对于读请求：

如果没有比自己序号小的子节点，或是所有比自己序号小的子节点都是读请求，那么表明自己已经成功获取到了共享锁，同时开始执行读取逻辑。

如果比自己序号小的子节点中有写请求，那么就需要进入等待。

对于写请求：

如果自己不是序号最小的子节点，那么就需要进入等待。

4．接收到 Watcher 通知后，重复步骤 1。

释放锁

释放锁的逻辑和排他锁是一致的，这里不再赘述。整个共享锁的获取和释放流程，可以用图 6-17 来表示。

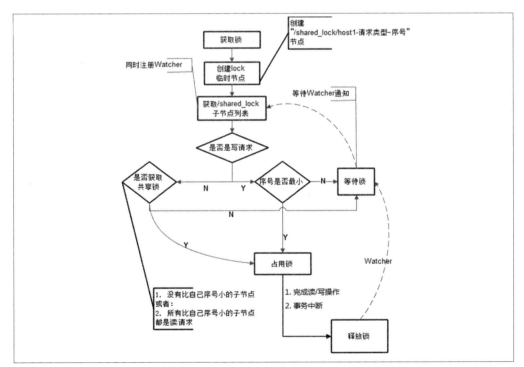

图 6-17. 共享锁的流程图

羊群效应

上面讲解的这个共享锁实现,大体上能够满足一般的分布式集群竞争锁的需求,并且性能都还可以——这里说的一般场景是指集群规模不是特别大,一般是在 10 台机器以内。但是如果机器规模扩大之后,会有什么问题呢?我们着重来看上面"判断读写顺序"过程的步骤 3,结合图 6-18 给出的实例,看看实际运行中的情况。

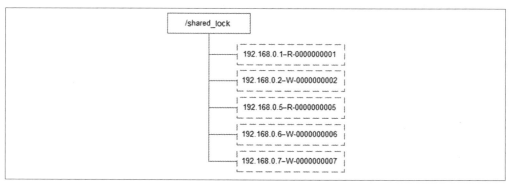

图 6-18. 共享锁的实例

针对图 6-18 中的实际情况,我们看看会发生什么事情。

1. 192.168.0.1 这台机器首先进行读操作,完成读操作后将节点 */192.168.0.1-R-0000000001* 删除。

2. 余下的 4 台机器均收到了这个节点被移除的通知,然后重新从 */shared_lock* 节点上获取一份新的子节点列表。

3. 每个机器判断自己的读写顺序。其中 192.168.0.2 这台机器检测到自己已经是序号最小的机器了,于是开始进行写操作,而余下的其他机器发现没有轮到自己进行读取或更新操作,于是继续等待。

4. 继续……

上面这个过程就是共享锁在实际运行中最主要的步骤了,我们着重看下上面步骤 3 中提到的:"而余下的其他机器发现没有轮到自己进行读取或更新操作,于是继续等待。"很明显,我们看到,192.168.0.1 这个客户端在移除自己的共享锁后,ZooKeeper 发送了子节点变更 Watcher 通知给所有机器,然而这个通知除了给 192.168.0.2 这台机器产生实际影响外,对于余下的其他所有机器都没有任何作用。

相信读者也已经意识到了,在这整个分布式锁的竞争过程中,大量的"Watcher 通知"

和"子节点列表获取"两个操作重复运行，并且绝大多数的运行结果都是判断出自己并非是序号最小的节点，从而继续等待下一次通知——这个看起来显然不怎么科学。客户端无端地接收到过多和自己并不相关的事件通知，如果在集群规模比较大的情况下，不仅会对 ZooKeeper 服务器造成巨大的性能影响和网络冲击，更为严重的是，如果同一时间有多个节点对应的客户端完成事务或是事务中断引起节点消失，ZooKeeper 服务器就会在短时间内向其余客户端发送大量的事件通知——这就是所谓的羊群效应。

上面这个 ZooKeeper 分布式共享锁实现中出现羊群效应的根源在于，没有找准客户端真正的关注点。我们再来回顾一下上面的分布式锁竞争过程，它的核心逻辑在于：判断自己是否是所有子节点中序号最小的。于是，很容易可以联想到，每个节点对应的客户端只需要关注比自己序号小的那个相关节点的变更情况就可以了——而不需要关注全局的子列表变更情况。

改进后的分布式锁实现

现在我们来看看如何改进上面的分布式锁实现。首先，我们需要肯定的一点是，上面提到的共享锁实现，从整体思路上来说完全正确。这里主要的改动在于：每个锁竞争者，只需要关注 */shared_lock* 节点下序号比自己小的那个节点是否存在即可，具体实现如下。

1. 客户端调用 `create()` 方法创建一个类似于 "*/shared_lock/[Hostname]-请求类型-序号*" 的临时顺序节点。

2. 客户端调用 `getChildren()` 接口来获取所有已经创建的子节点列表，注意，这里不注册任何 Watcher。

3. 如果无法获取共享锁，那么就调用 `exist()` 来对比自己小的那个节点注册 Watcher。注意，这里"比自己小的节点"只是一个笼统的说法，具体对于读请求和写请求不一样。

   读请求：向比自己序号小的最后一个写请求节点注册 Watcher 监听。

   写请求：向比自己序号小的最后一个节点注册 Watcher 监听。

4. 等待 Watcher 通知，继续进入步骤 2。

改进后的分布式锁流程如图 6-19 所示。

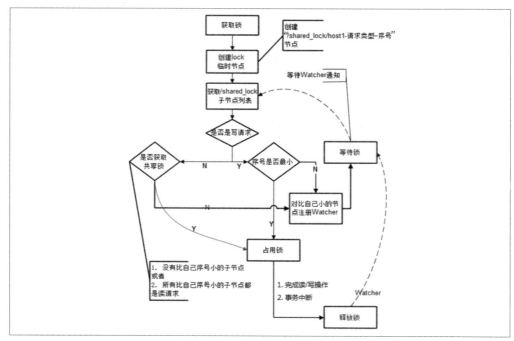

图 6-19. 改进后的共享锁流程图

注意

看到这里,相信很多读者都会觉得改进后的分布式锁实现相对来说比较麻烦。确实如此,如同在多线程并发编程实践中,我们会去尽量缩小锁的范围——对于分布式锁实现的改进其实也是同样的思路。那么对于开发人员来说,是否必须按照改进后的思路来设计实现自己的分布式锁呢?答案是否定的。在具体的实际开发过程中,我们提倡根据具体的业务场景和集群规模来选择适合自己的分布式锁实现:在集群规模不大、网络资源丰富的情况下,第一种分布式锁实现方式是简单实用的选择;而如果集群规模达到一定程度,并且希望能够精细化地控制分布式锁机制,那么不妨试试改进版的分布式锁实现。

6.1.8 分布式队列

业界有不少分布式队列产品,不过绝大多数都是类似于 ActiveMQ、Metamorphosis、Kafka 和 HornetQ 等的消息中间件(或称为消息队列)。在本节中,我们主要介绍基于 ZooKeeper 实现的分布式队列。分布式队列,简单地讲分为两大类,一种是常规的先入先出队列,另一种则是要等到队列元素集聚之后才统一安排执行的 Barrier 模型。

FIFO：先入先出

FIFO（First Input First Output，先入先出）的算法思想，以其简单明了的特点，广泛应用于计算机科学的各个方面。而 FIFO 队列也是一种非常典型且应用广泛的按序执行的队列模型：先进入队列的请求操作先完成后，才会开始处理后面的请求。

使用 ZooKeeper 实现 FIFO 队列，和 6.1.7 节中提到的共享锁的实现非常类似。FIFO 队列就类似于一个全写的共享锁模型，大体的设计思路其实非常简单：所有客户端都会到 /queue_fifo 这个节点下面创建一个临时顺序节点，例如 /queue_fifo/192.168.0.1-0000000001，如图 6-20 所示。

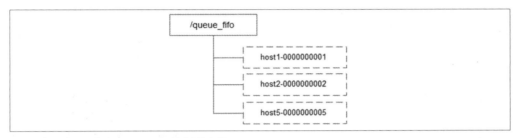

图 6-20. FIFO 的 ZooKeeper 节点示意图

创建完节点之后，根据如下 4 个步骤来确定执行顺序。

1. 通过调用 `getChildren()` 接口来获取 /queue_fifo 节点下的所有子节点，即获取队列中所有的元素。
2. 确定自己的节点序号在所有子节点中的顺序。
3. 如果自己不是序号最小的子节点，那么就需要进入等待，同时向比自己序号小的最后一个节点注册 Watcher 监听。
4. 接收到 Watcher 通知后，重复步骤 1。

整个 FIFO 队列的工作流程，可以用图 6-21 来表示。

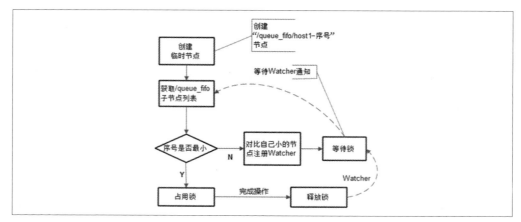

图 6-21. FIFO 的流程图

Barrier：分布式屏障

Barrier 原意是指障碍物、屏障，而在分布式系统中，特指系统之间的一个协调条件，规定了一个队列的元素必须集聚后才能统一进行安排，否则一直等待。这往往出现在那些大规模分布式并行计算的应用场景上：最终的合并计算需要基于很多并行计算的子结果来进行。这些队列其实是在 FIFO 队列的基础上进行了增强，大致的设计思想如下：开始时，/queue_barrier 节点是一个已经存在的默认节点，并且将其节点的数据内容赋值为一个数字 n 来代表 Barrier 值，例如 n=10 表示只有当/queue_barrier 节点下的子节点个数达到 10 后，才会打开 Barrier。之后，所有的客户端都会到/queue_barrier 节点下创建一个临时节点，例如/queue_barrier/192.168.0.1，如图 6-22 所示。

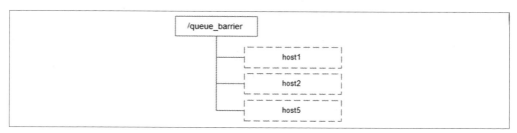

图 6-22. Barrier 的 ZooKeepr 节点示意图

创建完节点之后，根据如下 5 个步骤来确定执行顺序。

1. 通过调用 getData()接口获取/queue_barrier 节点的数据内容：10。

2. 通过调用 getChildren()接口获取/queue_barrier 节点下的所有子节点，即获取队列中的所有元素，同时注册对子节点列表变更的 Watcher 监听。

3．统计子节点的个数。

4．如果子节点个数还不足 10 个，那么就需要进入等待。

5．接收到 Watcher 通知后，重复步骤 2。

整个 Barrier 队列的工作流程，可以用图 6-23 来表示。

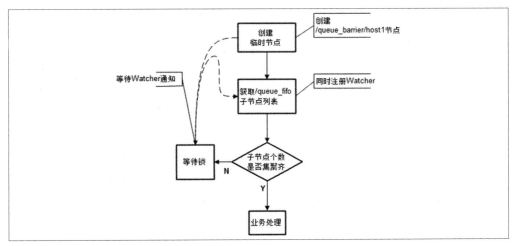

图 6-23. Barrier 的流程图

小结

本节通过对数据发布/订阅、负载均衡、命名服务和分布式协调/通知等一系列典型应用场景的展开讲解，向读者初步展示了 ZooKeeper 在解决分布式问题上的强大作用。基于 ZooKeeper 对分布式数据一致性的保证及其提供的一系列分布式特性，开发人员能够构建出自己的分布式系统。

从理论上了解了 ZooKeeper 的典型应用场景之后，在下一节中，我们将结合 Hadoop、HBase 和 Kafka 等广泛使用的开源系统，来讲解 ZooKeeper 在大型分布式系统中的实际应用。

6.2　ZooKeeper 在大型分布式系统中的应用

在 6.1 节中，我们已经从理论上详细地讲解了 ZooKeeper 的典型应用场景及其实现细节。而在实际工业实践中，由于 ZooKeeper 便捷的使用方式、卓越的运行性能以及良好的稳定性，已经被广泛地应用在越来越多的大型分布式系统中，用来解决诸如配置管理、分布式通知/协调、集群管理和 Master 选举等一系列分布式问题,其中最著名的就是 Hadoop、HBase 和 Kafka 等开源系统。在本节中，我们将围绕这些大型分布式系统的技术原理，向读者介绍 ZooKeeper 在其中的应用场景和具体的实现方式，帮助读者更好地理解 ZooKeeper 的分布式应用场景。

6.2.1 Hadoop

Hadoop 是 Apache 开源的一个大型分布式计算框架，由 Lucene 创始人 Doug Cutting 牵头创建，其定义了一种能够开发和运行处理海量数据的软件规范，用来实现一个在大规模集群中对海量数据进行分布式计算的软件平台。Hadoop 的核心是 HDFS 和 MapReduce，分别提供了对海量数据的存储和计算能力，自 0.23.0 版本开始，Hadoop 又引入了全新一代 MapReduce 框架 YARN。

在海量数据存储及处理领域，Hadoop 是目前业界公认的最成熟也是最卓越的开源解决方案。本书不会去过多地介绍 Hadoop 技术本身，感兴趣的读者可以访问 Hadoop 的官方网站[注3]了解更多关于这一分布式计算框架的内容。本书主要讨论 ZooKeeper 在 Hadoop 中的使用场景。

在 Hadoop 中，ZooKeeper 主要用于实现 HA（High Availability），这部分逻辑主要集中在 Hadoop Common 的 HA 模块中，HDFS 的 NameNode 与 YARN 的 ResourceManager 都是基于此 HA 模块来实现自己的 HA 功能的。同时，在 YARN 中又特别提供了 ZooKeeper 来存储应用的运行状态。本书将以 Cloudera 的 5.0 发布版本为例，围绕 YARN 中 ZooKeeper 的使用场景来讲解。

YARN 介绍

YARN 是 Hadoop 为了提高计算节点 Master(JT)的扩展性，同时为了支持多计算模型和提供资源的细粒度调度而引入的全新一代分布式调度框架。其上可以支持 MapReduce 计算引擎，也支持其他的一些计算引擎，如 Tez、Spark、Storm、Imlala 和 Open MPI 等。其架构体系如图 6-24 所示。

注3：Hadoop 官方网站：*http://hadoop.apache.org/*。

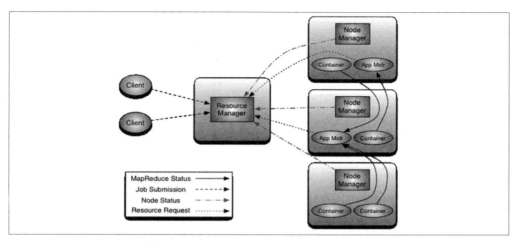

图 6-24. YARN 架构体系[注4]

从图 6-24 中可以看出，YARN 主要由 ResourceManager（RM）、NodeManager（NM）、ApplicationMaster(AM)和 Container 四部分组成。其中最为核心的就是 ResourceManager，它作为全局的资源管理器，负责整个系统的资源管理和分配。关于 YARN 的更多介绍，读者可以访问 YARN 的官方网站[注5]进行查阅。

ResourceManager 单点问题

看完 YARN 的架构体系之后，相信细心的读者也已经看出了上述架构体系中存在的一个明显的缺陷：ResourceManager 的单点问题。ResourceManager 是 YARN 中非常复杂的一个组件，负责集群中所有资源的统一管理和分配，同时接收来自各个节点（NodeManager）的资源汇报信息，并把这些信息按照一定的策略分配给各个应用程序（Application Manager），其内部维护了各个应用程序的 ApplictionMaster 信息、NodeManager 信息以及资源使用信息等。因此，ResourceManager 的工作状况直接决定了整个 YARN 框架是否可以正常运转。

ResourceManager HA

为了解决 ResourceManager 的这个单点问题，YARN 设计了一套 Active/Standby 模式的 ResourceManager HA 架构，如图 6-25 所示。

注 4：本图来自 YARN 官方网站。
注 5：YARN 官方网站：*http://hadoop.apache.org/docs/current/hadoop-yarn/hadoop-yarn-site/YARN.html*。

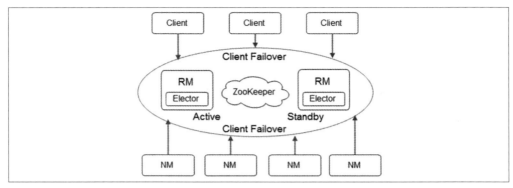

图 6-25. YARN 的 HA 架构

从图 6-25 中可以看出，在运行期间，会有多个 ResourceManager 并存，并且其中只有一个 ResourceManager 处于 Active 状态，另外的一些（允许一个或者多个）则是处于 Standby 状态，当 Active 节点无法正常工作（如机器挂掉或重启等）时，其余处于 Standby 状态的节点则会通过竞争选举产生新的 Active 节点。

主备切换

下面我们就来看看 YARN 是如何实现多个 ResourceManager 之间的主备切换的。ResourceManager 使用基于 ZooKeeper 实现的 ActiveStandbyElector 组件来确定 ResourceManager 的状态：Active 或 Standby。具体做法如下。

1. 创建锁节点。

   在 ZooKeeper 上会有一个类似于 /yarn-leader-election/pseudo-yarn-rm-cluster 的锁节点，所有的 ResourceManager 在启动的时候，都会去竞争写一个 Lock 子节点：/yarn-leader-election/pseudo-yarn-rm-cluster/ActiveStandbyElectorLock，同时需要注意的是，该子节点的类型是临时节点。在前面章节的讲解中，我们已经明确了，ZooKeeper 能够为我们保证最终只有一个 ResourceManager 能够创建成功。创建成功的那个 ResourceManager 就切换为 Active 状态，没有成功的那些 ResourceManager 则切换为 Standby 状态。

2. 注册 Watcher 监听。

   所有 Standby 状态的 ResourceManager 都会向 /yarn-leader-election/pseudo-yarn-rm-cluster/ActiveStandbyElectorLock 节点注册一个节点变更的 Watcher 监听，利用临时节点的特性，能够快速感知到 Active 状态的 ResourceManager 的运行情况。

3. 主备切换。

   当 Active 状态的 ResourceManager 出现诸如重启或挂掉的异常情况时，其在 ZooKeeper 上创建的 Lock 节点也会随之被删除。此时其余各个 Standby 状态的 ResourceManager 都会接收到来自 ZooKeeper 服务端的 Watcher 事件通知，然后会重复进行步骤 1 的操作。

以上就是利用 ZooKeeper 来实现 ResourceManager 的主备切换的过程。ActiveStandbyElector 组件位于 Hadoop-Common 工程的 org.apache.hadoop.ha 包中，其封装了 ResourceManager 和 ZooKeeper 之间的通信与交互过程，图 6-26 中展示了 ActiveStandbyElector 的概要类图。

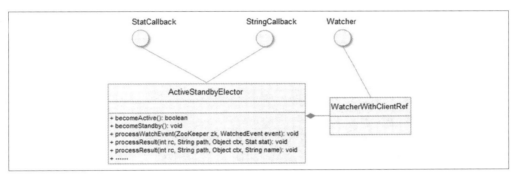

图 6-26. ActiveStandbyElector 概要类图

HDFS 中的 NameNode 和 ResourceManager 模块都是使用该组件来实现各自的 HA 的，感兴趣的读者可以结合其源代码做进一步的详细了解。

Fencing（隔离）

在分布式环境中，经常会出现诸如单机"假死"的情况。所谓的"假死"是指机器由于网络闪断或是其自身由于负载过高（常见的有 GC 占用时间过长或 CPU 的负载过高等）而导致无法正常地对外进行及时响应。在上述主备切换过程中，我们假设 RM 集群由 ResourceManager1 和 ResourceManager2 两台机器组成，且 ResourceManager1 为 Active 状态，ResourceManager2 为 Standby 状态。某一时刻，ResourceManager1 发生了"假死"现象，此时 ZooKeeper 认为 ResourceManager1 挂了，根据上述主备切换逻辑，ResourceManager2 就会成为 Active 状态。但是在随后，ResourceManager1 恢复了正常，其依然认为自己还处于 Active 状态。这就是我们常说的分布式"脑裂"（Brain-Split）现象，即存在了多个处于 Active 状态的 ResourceManager 各司其职。那么该如何解决这样的问题呢？

YARN 中引入了 Fencing 机制，借助 ZooKeeper 数据节点的 ACL 权限控制机制来实现不同 RM 之间的隔离。具体做法其实非常简单，在上文的"主备切换"部分中我们讲到，多个 RM 之间通过竞争创建锁节点来实现主备状态的确定。这个地方需要改进的一点是，创建的根节点必须携带 ZooKeeper 的 ACL 信息，目的是为了独占该根节点，以防止其他 RM 对该节点进行更新。

经过上述改进后，我们再回过头来看，在主备切换过程中，Fencing 机制是如何避免"脑裂"现象出现的。延续上述提到的实例，RM1 出现假死后，ZooKeeper 就会将其创建的锁节点移除掉，此时 RM2 会创建相应的锁节点，并切换为 Active 状态。RM1 恢复之后，会试图去更新 ZooKeeper 的相关数据，但是此时发现其没有权限更新 ZooKeeper 的相关节点数据，也就是说，RM1 发现 ZooKeeper 上的相关节点不是自己创建的，于是就自动切换为 Standby 状态，这样就避免了"脑裂"现象的出现。

ResourceManager 状态存储

在 ResourceManager 中，RMStateStore 能够存储一些 RM 的内部状态信息，包括 Application 以及它们的 Attempts 信息、Delegation Token 及 Version Information 等。需要注意的是，RMStateStore 中的绝大多数状态信息都是不需要持久化存储的，因为很容易从上下文信息中将其重构出来，如资源的使用情况。在存储的设计方案中，提供了三种可能的实现，分别如下。

- 基于内存实现，一般是用于日常开发测试。
- 基于文件系统的实现，如 HDFS。
- 基于 ZooKeeper 的实现。

由于这些状态信息的数据量都不是特别大，因此 Hadoop 官方建议基于 ZooKeeper 来实现状态信息的存储。在 ZooKeeper 上，ResourceManager 的状态信息都被存储在/*rmstore* 这个根节点下面，其数据节点的组织结构如图 6-27 所示。

通过图 6-27 我们可以大致了解 RMStateStore 状态信息在 ZooKeeper 上的存储结构，其中 RMAppRoot 节点下存储的是与各个 Application 相关的信息，RMDTSecretManagerRoot 存储的是与安全相关的 Token 等信息。每个 Active 状态的 ResourceManager 在初始化阶段都会从 ZooKeeper 上读取到这些状态信息，并根据这些状态信息继续进行相应的处理。

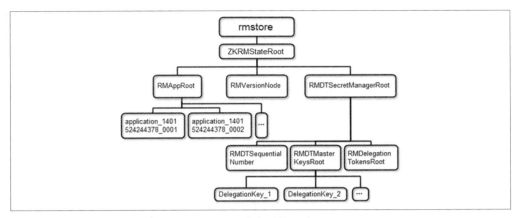

图 6-27. RMStateStore 的 ZooKeeper 数据节点结构示意图

小结

ZooKeeper 一开始是 Hadoop 的子项目，因此很多设计之初的原始需求都是为了解决 Hadoop 系统中碰到的一系列分布式问题。虽然 Hadoop 的架构几经变迁后，ZooKeeper 在 Hadoop 的使用场景也有所变化，但其出色的分布式协调功能依然是 Hadoop 解决单点和状态信息存储的重要组件。

6.2.2　HBase

HBase，全称 Hadoop Database，是 Google Bigtable 的开源实现，是一个基于 Hadoop 文件系统设计的面向海量数据的高可靠性、高性能、面向列、可伸缩的分布式存储系统，利用 HBase 技术可以在廉价的 PC 服务器上搭建起大规模结构化的存储集群。

与大部分分布式 NoSQL 数据库不同的是，HBase 针对数据写入具有强一致性的特性，甚至包括索引列也都实现了强一致性，因此受到了很多互联网企业的青睐。根据公开报道的数据，Facebook 和阿里集团都分别拥有数千台的 HBase 服务器，存储和使用了数以 PB 计的在线数据。面对如此海量的数据以及如此大规模的服务器集群，如何更好地进行分布式状态协调成为了整个 HBase 系统正常运转的关键所在。

HBase 在实现上严格遵守了 Google BigTable 论文的设计思想。BigTable 使用 Chubby 来负责分布式状态的协调。在 3.1 节中我们已经讲解了 Chubby，这是 Google 实现的一种基于 Paxos 算法的分布式锁服务，而 HBase 则采用了开源的 ZooKeeper 服务来完成对整个系统的分布式协调工作。图 6-28 中展示了整个 HBase 架构及其与 ZooKeeper 之间的结构关系。

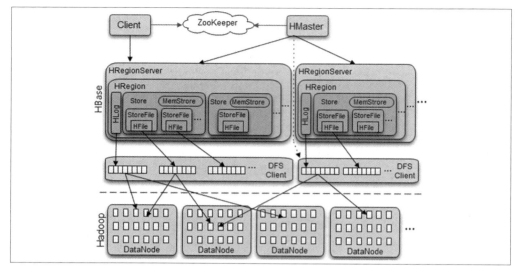

图 6-28. HBase 整体架构示意图

从图 6-28 中可以看到，在 HBase 的整个架构体系中，ZooKeeper 是串联起 HBase 集群与 Client 的关键所在。有趣的是，在 2009 年以前的 HBase 代码中，还看不到 ZooKeeper 的影子，因为当时 HBase 的定位是离线数据库。随着 HBase 逐步向在线分布式存储方向发展，出现了一系列难以解决的问题，例如开发者发现如果有 RegionServer 服务器挂掉时，系统无法及时得知信息，客户端也无法知晓，因此服务难以快速迁移至其他 RegionServer 服务器上——类似问题都是因为缺少相应的分布式协调组件，于是后来 ZooKeeper 被加入到 HBase 的技术体系中。直到今天，ZooKeeper 依然是 HBase 的核心组件，而且 ZooKeeper 在 HBase 中的应用场景范围也已经得到了进一步的拓展。下面我们从系统冗错、RootRegion 管理、Region 状态管理、分布式 SplitLog 任务管理和 Replication 管理五大方面来讲解 ZooKeeper 在 HBase 中的应用场景。

系统冗错

当 HBase 启动的时候，每个 RegionServer 服务器都会到 ZooKeeper 的 /hbase/rs 节点下创建一个信息节点（下文中，我们称该节点为"rs 状态节点"），例如 /hbase/rs/[Hostname]，同时，HMaster 会对这个节点注册监听。当某个 RegionServer 挂掉的时候，ZooKeeper 会因为在一段时间内无法接收其心跳信息（即 Session 失效），而删除掉该 RegionServer 服务器对应的 rs 状态节点。与此同时，HMaster 则会接收到 ZooKeeper 的 NodeDelete 通知，从而感知到某个节点断开，并立即开始冗错工作——在 HBase 的实现中，HMaster 会将该 RegionServer 所处理的数据分片（Region）重新路由到其他节点上，并记录到 Meta 信息中供客户端查询。

讲到这里，可能有的读者会发问：HBase 为什么不直接让 HMaster 来负责进行 RegionServer 的监控呢？HBase 之所以不使用 HMaster 直接通过心跳机制等来管理 RegionServer 状态，是因为在这种方式下，随着系统容量的不断增加，HMaster 的管理负担会越来越重，另外它自身也有挂掉的可能，因此数据还需要有持久化的必要。在这种情况下，ZooKeeper 就成为了理想的选择。

RootRegion 管理

对于 HBase 集群来说，数据存储的位置信息是记录在元数据分片，也就是 RootRegion 上的。每次客户端发起新的请求，需要知道数据的位置，就会去查询 RootRegion，而 RootRegion 自身的位置则是记录在 ZooKeeper 上的（默认情况下，是记录在 ZooKeeper 的 /hbase/root-region-server 节点中）。当 RootRegion 发生变化，比如 Region 的手工移动、Balance 或者是 RootRegion 所在服务器发生了故障等时，就能够通过 ZooKeeper 来感知到这一变化并做出一系列相应的容灾措施，从而保障客户端总是能拿到正确的 RootRegion 信息。

Region 状态管理

Region 是 HBase 中数据的物理切片，每个 Region 中记录了全局数据的一小部分，并且不同的 Region 之间的数据是相互不重复的。但对于一个分布式系统来说，Region 是会经常发生变更的，这些变更的原因来自于系统故障、负载均衡、配置修改、Region 分裂与合并等。一旦 Region 发生移动，它必然会经历 Offline 和重新 Online 的过程。

在 Offline 期间数据是不能被访问的，并且 Region 的这个状态变化必须让全局知晓，否则可能会出现某些事务性的异常。而对于 HBase 集群来说，Region 的数量可能会多达 10 万级别，甚至更多，因此这样规模的 Region 状态管理也只有依靠 ZooKeeper 这样的系统才能做到。

分布式 SplitLog 任务管理

当某台 RegionServer 服务器挂掉时，由于总有一部分新写入的数据还没有持久化到 HFile 中，因此在迁移该 RegionServer 的服务时，一个重要的工作就是从 HLog 中恢复这部分还在内存中的数据，而这部分工作最关键的一步就是 SplitLog，即 HMaster 需要遍历该 RegionServer 服务器的 HLog，并按 Region 切分成小块移动到新的地址下，并进行数据的 Replay。

由于单个 RegionServer 的日志量相对庞大(可能有数千个 Region，上 GB 的日志)，而用户又往往希望系统能够快速完成日志的恢复工作。因此一个可行的方案是将这个处理

HLog 的任务分配给多台 RegionServer 服务器来共同处理，而这就又需要一个持久化组件来辅助 HMaster 完成任务的分配。当前的做法是，HMaster 会在 ZooKeeper 上创建一个 splitlog 的节点（默认情况下，是 /hbase/splitlog 节点），将"哪个 RegionServer 处理哪个 Region"这样的信息以列表的形式存放到该节点上，然后由各个 RegionServer 服务器自行到该节点上去领取任务并在任务执行成功或失败后再更新该节点的信息，以通知 HMaster 继续进行后面的步骤。ZooKeeper 在这里担负起了分布式集群中相互通知和信息持久化的角色。

Replication 管理

Replication 是实现 HBase 中主备集群间的实时同步的重要模块。有了 Replication，HBase 就能实现实时的主备同步，从而拥有了容灾和分流等关系型数据库才拥有的功能，从而大大加强了 HBase 的可用性，同时也拓展了其应用场景。和传统关系型数据库的 Replication 功能所不同的是，HBase 作为分布式系统，它的 Replication 是多对多的，且每个节点随时都有可能挂掉，因此在这样的场景下做 Replication 要比普通数据库复杂得多。

HBase 同样借助 ZooKeeper 来完成 Replication 功能。做法是在 ZooKeeper 上记录一个 replication 节点（默认情况下，是 /hbase/replication 节点），然后把不同的 RegionServer 服务器对应的 HLog 文件名称记录到相应的节点上，HMaster 集群会将新增的数据推送给 Slave 集群，并同时将推送信息记录到 ZooKeeper 上（我们将这个信息称为"断点记录"），然后再重复以上过程。当服务器挂掉时，由于 ZooKeeper 上已经保存了断点信息，因此只要有 HMaster 能够根据这些断点信息来协调用来推送 HLog 数据的主节点服务器，就可以继续复制了。

ZooKeeper 部署

下面我们再来看下 HBase 中是如何进行 ZooKeeper 部署的。HBase 的启动脚本（hbase-env.sh）中可以选择是由 HBase 启动其自带的默认 ZooKeeper，还是使用一个已有的外部 ZooKeeper 集群。一般的建议是使用第二种方式，因为这样就可以使得多个 HBase 集群复用同一套 ZooKeeper 集群，从而大大节省机器成本。当然，如果一个 ZooKeeper 集群需要被几个 HBase 复用的话，那么务必为每一个 HBase 集群明确指明对应的 ZooKeeper 根节点配置（对应的配置项是 zookeeper.znode.parent），以确保各个 HBase 集群间互不干扰。而对于 HBase 的客户端来说，只需要指明 ZooKeeper 的集群地址以及对应的 HBase 根节点配置即可，不需要任何其他配置。当 HBase 集群启动的时候，会在 ZooKeeper 上逐个添加相应的初始化节点，并在 HMaster 以及 RegionServer 进程中进行相应节点的 Watcher 注册。

小结

以上就是一些 HBase 系统中依赖 ZooKeeper 完成分布式协调功能的典型场景。但事实上，HBase 对于 ZooKeeper 的依赖还不止这些，比如 HMaster 依赖 ZooKeeper 来完成 ActiveMaster 的选举、BackupMaster 的实时接管、Table 的 enable/disable 状态记录，以及 HBase 中几乎所有的元数据存储都是放在 ZooKeeper 上的。有趣的是，HBase 甚至还通过 ZooKeeper 来实现 DrainingServer 这样的增强功能（相当于降级标志）。事实上，由于 ZooKeeper 出色的分布式协调能力以及良好的通知机制，HBase 在各版本的演进过程中越来越多地增加了 ZooKeeper 的应用场景，从趋势上来看两者的交集越来越多。HBase 中所有对 ZooKeeper 的操作都封装在了 org.apache.hadoop.hbase.zookeeper 这个包中，感兴趣的读者可以自行研究。

6.2.3　Kafka

Kafka 是知名社交网络公司 LinkedIn 于 2010 年 12 月份开源的分布式消息系统，主要由 Scala 语言开发，于 2012 年成为 Apache 的顶级项目[注6]，目前被广泛应用在包括 Twitter、Netflix 和 Tumblr 等在内的一系列大型互联网站点上。

Kafka 主要用于实现低延迟的发送和收集大量的事件和日志数据——这些数据通常都是活跃的数据。所谓活跃数据，在互联网大型的 Web 网站应用中非常常见，通常是指网站的 PV 数和用户访问记录等。这些数据通常以日志的形式记录下来，然后由一个专门的系统来进行日志的收集与统计。

Kafka 是一个吞吐量极高的分布式消息系统，其整体设计是典型的发布与订阅模式系统。在 Kafka 集群中，没有"中心主节点"的概念，集群中所有的服务器都是对等的，因此，可以在不做任何配置更改的情况下实现服务器的添加与删除，同样，消息的生产者和消费者也能够做到随意重启和机器的上下线。Kafka 服务器及消息生产者和消费者之间的部署关系如图 6-29 所示。

注 6：Kafka 官方网站：*http://kafka.apache.org/*。

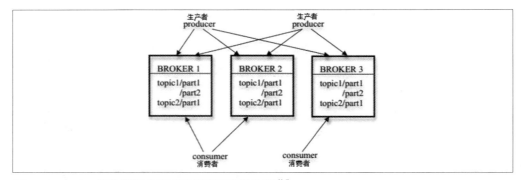

图 6-29. Kafka 消息系统生产者和消费者部署关系[注7]

术语介绍

尽管 Kafka 是一个近似符合 JMS 规范的消息中间件实现,但是为了让读者能够更好地理解本节余下部分的内容,这里首先对 Kafka 中的一些术语进行简单的介绍。

- **消息生产者**,即 Producer,是消息产生的源头,负责生成消息并发送到 Kafka 服务器上。

- **消息消费者**,即 Consumer,是消息的使用方,负责消费 Kafka 服务器上的消息。

- **主题**,即 Topic,由用户定义并配置在 Kafka 服务端,用于建立生产者和消费者之间的订阅关系:生产者发送消息到指定 Topic 下,消费者从这个 Topic 下消费消息。

- **消息分区**,即 Partition,一个 Topic 下面会分为多个分区,例如"kafka-test"这个 Topic 可以分为 10 个分区,分别由两台服务器提供,那么通常可以配置为让每台服务器提供 5 个分区,假设服务器 ID 分别为 0 和 1,则所有分区为 0-0、0-1、0-2、0-3、0-4 和 1-0、1-1、1-2、1-3、1-4。消息分区机制和分区的数量与消费者的负载均衡机制有很大关系,后面将会重点展开讲解。

- **Broker**,即 Kafka 的服务器,用于存储消息,在消息中间件中通常被称为 Broker。

- **消费者分组**,即 Group,用于归组同类消费者。在 Kafka 中,多个消费者可以共同消费一个 Topic 下的消息,每个消费者消费其中的部分消息,这些消费者就组成了一个分组,拥有同一个分组名称,通常也被称为消费者集群。

- **Offset**,消息存储在 Kafka 的 Broker 上,消费者拉取消息数据的过程中需要知道消息在文件中的偏移量,这个偏移量就是所谓的 Offset。

注 7: 图片来自 Kafka 官方论文 *Kafka: a Distributed Messaging System for Log Processing* 的插图。

Broker 注册

Kafka 是一个分布式的消息系统，这也体现在其 Broker、Producer 和 Consumer 的分布式部署上。虽然 Broker 是分布式部署并且相互之间是独立运行的，但还是需要有一个注册系统能够将整个集群中的 Broker 服务器都管理起来。在 Kafka 的设计中，选择了使用 ZooKeeper 来进行所有 Broker 的管理。

在 ZooKeeper 上会有一个专门用来进行 Broker 服务器列表记录的节点，下文中我们称之为"Broker 节点"，其节点路径为 /brokers/ids。

每个 Broker 服务器在启动时，都会到 ZooKeeper 上进行注册，即到 Broker 节点下创建属于自己的节点，其节点路径为 /broker/ids/[0...N]。

从上面的节点路径中，我们可以看出，在 Kafka 中，我们使用一个全局唯一的数字来指代每一个 Broker 服务器，可以称其为"Broker ID"，不同的 Broker 必须使用不同的 Broker ID 进行注册，例如 /broker/ids/1 和 /broker/ids/2 分别代表了两个 Broker 服务器。创建完 Broker 节点后，每个 Broker 就会将自己的 IP 地址和端口等信息写入到该节点中去。

请注意，Broker 创建的节点是一个临时节点，也就是说，一旦这个 Broker 服务器宕机或是下线后，那么对应的 Broker 节点也就被删除了。因此我们可以通过 ZooKeeper 上 Broker 节点的变化情况来动态表征 Broker 服务器的可用性。

Topic 注册

在 Kafka 中，会将同一个 Topic 的消息分成多个分区并将其分布到多个 Broker 上，而这些分区信息以及与 Broker 的对应关系也都是由 ZooKeeper 维护的，由专门的节点来记录，其节点路径为 /brokers/topics。下文中我们将这个节点称为"Topic 节点"。Kafka 中的每一个 Topic，都会以 /brokers/topics/[topic] 的形式记录在这个节点下，例如 /brokers/topics/login 和 /brokers/topics/search 等。

Broker 服务器在启动后，会到对应的 Topic 节点下注册自己的 Broker ID，并写入针对该 Topic 的分区总数。例如，/brokers/topics/login/3 → 2 这个节点表明 Broker ID 为 3 的一个 Broker 服务器，对于"login"这个 Topic 的消息，提供了 2 个分区进行消息存储。同样，这个分区数节点也是一个临时节点。

生产者负载均衡

在上面的内容中，我们讲解了 Kafka 是分布式部署 Broker 服务器的，会对同一个 Topic 的消息进行分区并将其分布到不同的 Broker 服务器上。因此，生产者需要将消息合理地发送到这些分布式的 Broker 上——这就面临一个问题:如何进行生产者的负载均衡。对于生产者的负载均衡,Kafka 支持传统的四层负载均衡,同时也支持使用 ZooKeeper 方式来实现负载均衡,这里我们首先来看使用四层负载均衡的方案。

四层负载均衡

四层负载均衡方案在设计上比较简单,一般就是根据生产者的 IP 地址和端口来为其确定一个相关联的 Broker。通常一个生产者只会对应单个 Broker,然后该生产者生成的所有消息都发送给这个 Broker。从设计上,我们可以很容易发现这种方式的优缺点:好处是整体逻辑简单,不需要引入其他三方系统,同时每个生产者也不需要同其他系统建立额外的 TCP 链接,只需要和 Broker 维护单个 TCP 链接即可。

但这种方案的弊端也是显而易见的,事实上该方案无法做到真正的负载均衡。因为在系统实际运行过程中,每个生产者生成的消息量,以及每个 Broker 的消息存储量都是不一样的,如果有些生产者产生的消息远多于其他生产者的话,那么会导致不同的 Broker 接收到的消息总数非常不均匀。另一方面,生产者也无法实时感知到 Broker 的新增与删除,因此,这种负载均衡方式无法做到动态的负载均衡。

使用 ZooKeeper 进行负载均衡

在 Kafka 中,客户端使用了基于 ZooKeeper 的负载均衡策略来解决生产者的负载均衡问题。在前面内容中也已经提到,每当一个 Broker 启动时,会首先完成 Broker 注册过程,并注册一些诸如"有哪些可订阅的 Topic"的元数据信息。生产者就能够通过这个节点的变化来动态地感知到 Broker 服务器列表的变更。在实现上,Kafka 的生产者会对 ZooKeeper 上的"Broker 的新增与减少"、"Topic 的新增与减少"和"Broker 与 Topic 关联关系的变化"等事件注册 Watcher 监听,这样就可以实现一种动态的负载均衡机制了。此外,在这种模式下,还能够允许开发人员控制生产者根据一定的规则(例如根据消费者的消费行为)来进行数据分区,而不仅仅是随机算法而已——Kafka 将这种特定的分区策略称为"语义分区"。显然,ZooKeeper 在整个生产者负载均衡的过程中扮演了非常重要的角色,通过 ZooKeeper 的 Watcher 通知能够让生产者动态地获取 Broker 和 Topic 的变化情况。

消费者负载均衡

与生产者类似,Kafka 中的消费者同样需要进行负载均衡来实现多个消费者合理地从对应的 Broker 服务器上接收消息。Kafka 有消费者分组的概念,每个消费者分组中都包含了若干个消费者,每一条消息都只会发送给分组中的一个消费者,不同的消费者分组消费自己特定 Topic 下面的消息,互不干扰,也不需要互相进行协调。因此消费者的负载均衡也可以看作是同一个消费者分组内部的消息消费策略。

消息分区与消费者关系

对于每个消费者分组，Kafka 都会为其分配一个全局唯一的 Group ID，同一个消费者分组内部的所有消费者都共享该 ID。同时，Kafka 也会为每个消费者分配一个 Consumer ID，通常采用"Hostname:UUID"的形式来表示。在 Kafka 的设计中，规定了每个消息分区有且只能同时有一个消费者进行消息的消费，因此，需要在 ZooKeeper 上记录下消息分区与消费者之间的对应关系。每个消费者一旦确定了对一个消息分区的消费权利，那么需要将其 Consumer ID 写入到对应消息分区的临时节点上，例如 /consumers/[group_id]/owners/[topic]/[broker_id-partition_id]，其中"[broker_id-partition_id]"就是一个消息分区的标识，节点内容就是消费该分区上消息的消费者的 Consumer ID。

消息消费进度 Offset 记录

在消费者对指定消息分区进行消息消费的过程中，需要定时地将分区消息的消费进度，即 Offset 记录到 ZooKeeper 上去，以便在该消费者进行重启或是其他消费者重新接管该消息分区的消息消费后，能够从之前的进度开始继续进行消息的消费。Offset 在 ZooKeeper 上的记录由一个专门的节点负责，其节点路径为 /consumers/[group_id]/offsets/[topic]/[broker_id-partition_id]，其节点内容就是 Offset 值。

消费者注册

下面我们再来看看消费者服务器在初始化启动时加入消费者分组的过程。

1. 注册到消费者分组。

   每个消费者服务器在启动的时候，都会到 ZooKeeper 的指定节点下创建一个属于自己的消费者节点，例如 /consumers/[group_id]/ids/[consumer_id]。

   完成节点创建后，消费者就会将自己订阅的 Topic 信息写入该节点。注意，该节点也是一个临时节点，也就是说，一旦消费者服务器出现故障或是下线后，其对应的消费者节点就会被删除掉。

2. 对消费者分组中消费者的变化注册监听。

   每个消费者都需要关注所属消费者分组中消费者服务器的变化情况，即对 /consumers/[group_id]/ids 节点注册子节点变化的 Watcher 监听。一旦发现消费者新增或减少，就会触发消费者的负载均衡。

3. 对 Broker 服务器的变化注册监听。

   消费者需要对 /broker/ids/[0...N] 中的节点进行监听的注册，如果发现 Broker 服务器列表发生变化，那么就根据具体情况来决定是否需要进行消费者的负载均衡。

4. 进行消费者负载均衡。

   所谓消费者负载均衡，是指为了能够让同一个 Topic 下不同分区的消息尽量均衡地被多个消费者消费而进行的一个消费者与消息分区分配的过程。通常，对于一个消费者分组，如果组内的消费者服务器发生变更或 Broker 服务器发生变更，会触发消费者负载均衡。

负载均衡

Kafka 借助 ZooKeeper 上记录的 Broker 和消费者信息，采用了一套特殊的消费者负载均衡算法。由于该算法和 ZooKeeper 本身关系并不是特别大，因此这里只是结合官方文档来对该算法进行简单的陈述，不做详细讲解。

我们将一个消费者分组的每个消费者记为 $C_1,C_2,\cdots,C_i,\cdots,C_G$，那么对于一个消费者 C_i，其对应的消息分区分配策略如下。

1. 设置 P_T 为指定 Topic 所有的消息分区。

2. 设置 C_G 为同一个消费者分组中的所有消费者。

3. 对 P_T 进行排序，使分布在同一个 Broker 服务器上的分区尽量靠在一起。

4. 对 C_G 进行排序。

5. 设置 i 为 C_i 在 C_G 中位置的索引值，同时设置 N=size（P_T）/size（C_G）。

6. 将编号为 i×N～(i+1)×N−1 的消息分区分配给消费者 C_i。

7. 重新更新 ZooKeeper 上消息分区与消费者 C_i 的关系。

关于 Kafka 消费者的负载均衡算法，读者可以访问其官方网站进行更深入的了解。

小结

Kafka 从设计之初就是一个大规模的分布式消息中间件，其服务端存在多个 Broker，同时为了达到负载均衡，将每个 Topic 的消息分成了多个分区，并分布在不同的 Broker 上，多个生产者和消费者能够同时发送和接收消息。Kafka 使用 ZooKeeper 作为其分布式协调框架，很好地将消息生产、消息存储和消息消费的过程有机地结合起来。同时借助 ZooKeeper，Kafka 能够在保持包括生产者、消费者和 Broker 在内的所有组件无状态的情况下，建立起生产者和消费者之间的订阅关系，并实现了生产者和消费者的负载均衡。

6.3 ZooKeeper 在阿里巴巴的实践与应用

随着 2010 年底 ZooKeeper 正式从 Hadoop 子项目中剥离出来，成为了 Apache 的顶级项目之后，越来越多的开源项目和商业公司在自己的生产环境中引入了 ZooKeeper，并基于该分布式协调框架来实现自己的上层业务系统，一时间，ZooKeeper 成为了最热门的分布式开发利器。

自 2011 年上半年起，阿里巴巴中间件团队的几位技术专家，率先将 ZooKeeper 引入到了阿里巴巴集团，并先后基于其开发了一系列分布式系统，其中就包括知名的分布式消息中间件 Metamorphosis 和 PAAS 解决方案 TAE 系统。经过近 3 年的开发与运维，目前中间件团队运维的 ZooKeeper 集群规模，已经从最初的 3 台服务器，增长到了 7 个集群 27 台服务器；客户端规模也已经从最初不到 100 个客户端，增长到了 1 万多个客户端，高峰时期甚至覆盖全网 1/3 的机器。同时，也滋生出了众多上层业务系统，其中包括消息中间件 Metamorphosis、RPC 服务框架 Dubbo、MySQL 复制组件 Canal 和同步组件 Otter 等一大批知名的开源系统。

在本节中，我们将围绕阿里巴巴的这些基于 ZooKeeper 构建的开源系统，来讲解 ZooKeeper 在阿里巴巴的实践与应用。

6.3.1 案例一 消息中间件：Metamorphosis

Metamorphosis 是阿里巴巴中间件团队的 killme2008 和 wq163 于 2012 年 3 月开源的一个 Java 消息中间件，目前项目主页地址为 *https://github.com/killme2008/Metamorphosis*，由开源爱好者及项目的创始人 killme2008 和 wq163 持续维护。关于消息中间件，相信读者应该都听说过 JMS 规范，以及一些典型的开源实现，如 ActiveMQ 和 HornetQ 等，Metamorphosis 也是其中之一。

Metamorphosis 是一个高性能、高可用、可扩展的分布式消息中间件，其思路起源于 LinkedIn 的 Kafka，但并不是 Kafka 的一个简单复制。Metamorphosis 具有消息存储顺序写、吞吐量大和支持本地 XA 事务等特性，适用于大吞吐量、顺序消息、消息广播和日志数据传输等分布式应用场景，目前在淘宝和支付宝都有着广泛的应用，其系统整体部署结构如图 6-30 所示。

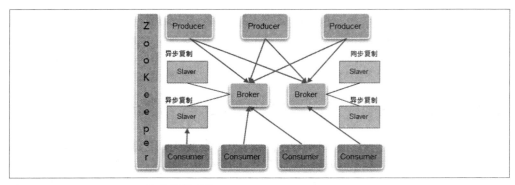

图 6-30. Metamorphosis 整体部署结构

和传统的消息中间件采用推（Push）模型所不同的是，Metamorphosis 是基于拉（Pull）模型构建的，由消费者主动从 Metamorphosis 服务器拉取数据并解析成消息来进行消费，同时大量依赖 ZooKeeper 来实现负载均衡和 Offset 的存储。

生产者的负载均衡

和 Kafka 系统一样，Metamorphosis 假定生产者、Broker 和消费者都是分布式的集群系统。生产者可以是一个集群，多台机器上的生产者可以向相同的 Topic 发送消息。而服务器 Broker 通常也是一个集群，多台 Broker 组成一个集群对外提供一系列的 Topic 消息服务，生产者按照一定的路由规则向集群里某台 Broker 发送消息，消费者按照一定的路由规则拉取某台 Broker 上的消息。每个 Broker 都可以配置一个 Topic 的多个分区，但是在生产者看来，会将一个 Topic 在所有 Broker 上的所有分区组成一个完整的分区列表来使用。

在创建生产者的时候，客户端会从 ZooKeeper 上获取已经配置好的 Topic 对应的 Broker 和分区列表，生产者在发送消息的时候必须选择一台 Broker 上的一个分区来发送消息，默认的策略是一个轮询的路由规则，如图 6-31 所示。

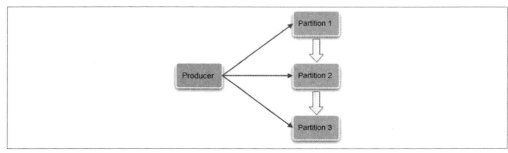

图 6-31. Metamorphosis 生产者消息分区发送示意图

生产者在通过 ZooKeeper 获取分区列表之后，会按照 Broker Id 和 Partition 的顺序排列组织成一个有序的分区列表，发送的时候按照从头到尾循环往复的方式选择一个分区来发送消息。考虑到我们的 Broker 服务器软硬件配置基本一致，因此默认的轮询策略已然足够。

在 Broker 因为重启或者故障等因素无法提供服务时，Producer 能够通过 ZooKeeper 感知到这个变化，同时将失效的分区从列表中移除，从而做到 Fail Over。需要注意的是，因为从故障到生产者感知到这个变化有一定的延迟，因此可能在那一瞬间会有部分的消息发送失败。

消费者的负载均衡

消费者的负载均衡则会相对复杂一些，我们这里讨论的是单个分组内的消费者集群的负载均衡，不同分组的负载均衡互不干扰。消费者的负载均衡跟 Topic 的分区数目和消费者的个数紧密相关，我们分几个场景来讨论。

消费者数和 Topic 分区数一致

如果单个分组内的消费者数目和 Topic 总的分区数目相同，那么每个消费者负责消费一个分区中的消息，一一对应，如图 6-32 所示。

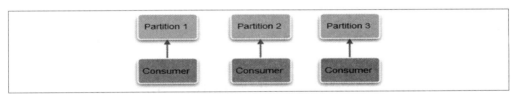

图 6-32. 消费者数和 Topic 分区数一致情况下的分区消息消费示意图

消费者数大于 Topic 分区数

如果单个分组内的消费者数目比 Topic 总的分区数目多，则多出来的消费者不参与消费，如图 6-33 所示。

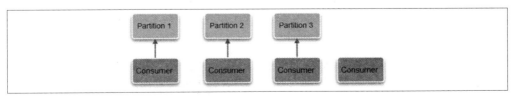

图 6-33. 消费者数大于 Topic 分区数情况下的分区消息消费示意图

消费者数小于 Topic 分区数

如果分组内的消费者数目比 Topic 总的分区数目小，则有部分消费者需要额外承担消息的消费任务，具体如图 6-34 所示。

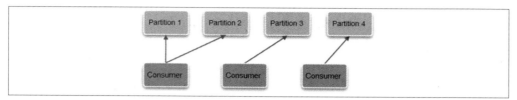

图 6-34. 消费者数小于 Topic 分区数情况下的分区消息消费示意图

当分区数目（n）大于单个 Group 的消费者数目（m）的时候，则有 n%m 个消费者需要额外承担 1/n 的消费任务，我们假设 n 无限大，那么这种策略还是能够达到负载均衡的目的的。

综上所述，单个分组内的消费者集群的负载均衡策略如下。

- 每个分区针对同一个 Group 只能挂载一个消费者，即每个分区至多同时允许被一个消费者进行消费。
- 如果同一个 Group 的消费者数目大于分区数目，则多出来的消费者将不参与消费。
- 如果同一个 Group 的消费者数目小于分区数目，则有部分消费者需要额外承担消费任务。

Metamorphosis 的客户端会自动处理消费者的负载均衡，将消费者列表和分区列表分别排序，然后按照上述规则做合理的挂载。

从上述内容来看，合理地设置分区数目至关重要。如果分区数目太小，则有部分消费者可能闲置；如果分区数目太大，则对服务器的性能有影响。

在某个消费者发生故障或者发生重启等情况时，其他消费者会感知到这一变化（通过 ZooKeeper 的"节点变化"通知），然后重新进行负载均衡，以保证所有的分区都有消费者进行消费。

消息消费位点 Offset 存储

为了保证生产者和消费者在进行消息发送与接收过程中的可靠性和顺序性，同时也是为了尽可能地保证避免出现消息的重复发送和接收，Metamorphosis 会将消息的消费记录 Offset 记录到 ZooKeeper 上去，以尽可能地确保在消费者进行负载均衡的时候，能够正确地识别出指定分区的消息进度。

6.3.2 案例二 RPC 服务框架：Dubbo

Dubbo 是阿里巴巴于 2011 年 10 月正式开源的一个由 Java 语言编写的分布式服务框架，致力于提供高性能和透明化的远程服务调用方案和基于服务框架展开的完整 SOA 服务治理方案。目前项目主页地址为 *https://github.com/alibaba/dubbo*。

Dubbo 的核心部分包含以下三块。

- **远程通信**：提供对多种基于长连接的 NIO 框架抽象封装，包括多种线程模型、序列化，以及"请求-响应"模式的信息交换方式。
- **集群容错**：提供基于接口方法的远程过程透明调用，包括对多协议的支持，以及对软负载均衡、失败容错、地址路由和动态配置等集群特性的支持。
- **自动发现**：提供基于注册中心的目录服务，使服务消费方能动态地查找服务提供方，使地址透明，使服务提供方可以平滑地增加或减少机器。

此外，Dubbo 框架还包括负责服务对象序列化的 Serialize 组件、网络传输组件 Transport、协议层 Protocol 以及服务注册中心 Registry 等，其整体模块组成和协作方式如图 6-35 所示。在本节中，我们将主要关注 Dubbo 中基于 ZooKeeper 实现的服务注册中心。

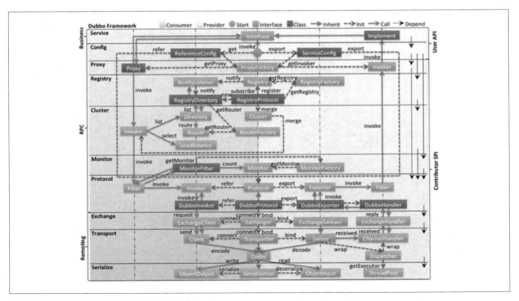

图 6-35. Dubbo 整体模块协作示意图

注册中心是 RPC 框架最核心的模块之一，用于服务的注册和订阅。在 Dubbo 的实现中，对注册中心模块进行了抽象封装，因此可以基于其提供的外部接口来实现各种不同类型的注册中心，例如数据库、ZooKeeper 和 Redis 等。在本书前面部分我们已经多次提到，ZooKeeper 是一个树形结构的目录服务，支持变更推送，因此非常适合作为 Dubbo 服务的注册中心，下面我们着重来看基于 ZooKeeper 实现的 Dubbo 注册中心。

在 Dubbo 注册中心的整体架构设计中，ZooKeeper 上服务的节点设计如图 6-36 所示。

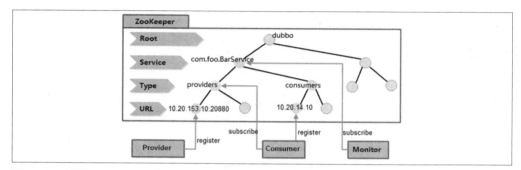

图 6-36. 基于 ZooKeeper 实现的注册中心节点结构示意图

- */dubbo*：这是 Dubbo 在 ZooKeeper 上创建的根节点。
- */dubbo/com.foo.BarService*：这是服务节点，代表了 Dubbo 的一个服务。
- */dubbo/com.foo.BarService/providers*：这是服务提供者的根节点，其子节点代表了每一个服务的真正提供者。
- */dubbo/com.foo.BarService/consumers*：这是服务消费者的根节点，其子节点代表了每一个服务的真正消费者。

结合图 6-36，我们以 "com.foo.BarService" 这个服务为例，来说明 Dubbo 基于 ZooKeeper 实现的注册中心的工作流程。

服务提供者

服务提供者在初始化启动的时候，会首先在 ZooKeeper 的*/dubbo/com.foo.BarService/providers* 节点下创建一个子节点，并写入自己的 URL 地址，这就代表了 "com.foo.BarService" 这个服务的一个提供者。

服务消费者

服务消费者会在启动的时候，读取并订阅 ZooKeeper 上*/dubbo/ com.foo. BarService/*

providers 节点下的所有子节点，并解析出所有提供者的 URL 地址来作为该服务地址列表，然后开始发起正常调用。

同时，服务消费者还会在 ZooKeeper 的*/dubbo/com.foo.BarService/consumers* 节点下创建一个临时节点，并写入自己的 URL 地址，这就代表了"com.foo.BarService"这个服务的一个消费者。

监控中心

监控中心是 Dubbo 中服务治理体系的重要一部分，其需要知道一个服务的所有提供者和订阅者，及其变化情况。因此，监控中心在启动的时候，会通过 ZooKeeper 的*/dubbo/com.foo.BarService* 节点来获取所有提供者和消费者的 URL 地址，并注册 Watcher 来监听其子节点变化。

另外需要注意的是，所有提供者在 ZooKeeper 上创建的节点都是临时节点，利用的是临时节点的生命周期和客户端会话相关的特性，因此一旦提供者所在的机器出现故障导致该提供者无法对外提供服务时，该临时节点就会自动从 ZooKeeper 上删除，这样服务的消费者和监控中心都能感知到服务提供者的变化。

在 ZooKeeper 节点结构设计上，以服务名和类型作为节点路径，符合 Dubbo 订阅和通知的需求，这样保证了以服务为粒度的变更通知，通知范围易于控制，即使在服务的提供者和消费者变更频繁的情况下，也不会对 ZooKeeper 造成太大的性能影响。

6.3.3 案例三 基于 MySQL Binlog 的增量订阅和消费组件：Canal

Canal 是阿里巴巴于 2013 年 1 月正式开源的一个由纯 Java 语言编写的基于 MySQL 数据库 Binlog 实现的增量订阅和消费组件。目前项目主页地址为 *https://github.Com /alibaba/canal*，由项目主要负责人，同时也是资深的开源爱好者 agapple 持续维护。

项目名 Canal 取自"管道"的英文单词，寓意数据的流转，是一个定位为基于 MySQL 数据库的 Binlog 增量日志来实现数据库镜像、实时备份和增量数据消费的通用组件。

早期的数据库同步业务，大多都是使用 MySQL 数据库的触发器机制（即 Trigger）来获取数据库的增量变更。不过从 2010 年开始，阿里系下属各公司开始逐步尝试基于数据库的日志解析来获取增量变更，并在此基础上实现数据的同步，由此衍生出了数据库的增量订阅和消费业务——Canal 项目也由此诞生了。

Canal 的工作原理相对比较简单，其核心思想就是模拟 MySQL Slave 的交互协议，将自已伪装成一个 MySQL 的 Slave 机器，然后不断地向 Master 服务器发送 Dump 请求。Master 收到 Dump 请求后，就会开始推送相应的 Binary Log 给该 Slave（也就是 Canal）。Canal 收到 Binary Log，解析出相应的 Binary Log 对象后就可以进行二次消费了，其基本工作原理如图 6-37 所示。

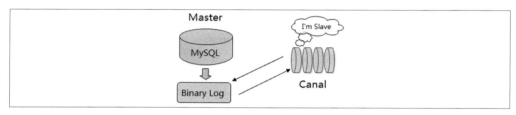

图 6-37. Canal 基本工作原理示意图

Canal Server 主备切换设计

在 Canal 的设计中，基于对容灾的考虑，往往会配置两个或更多个 Canal Server 来负责一个 MySQL 数据库实例的数据增量复制。另一方面，为了减少 Canal Server 的 Dump 请求对 MySQL Master 所带来的性能影响，就要求不同的 Canal Server 上的 instance 在同一时刻只能有一个处于 Running 状态，其他的 instance 都处于 Standby 状态，这就使得 Canal 必须具备主备自动切换的能力。在 Canal 中，整个主备切换过程控制主要是依赖于 ZooKeeper 来完成的，如图 6-38 所示。

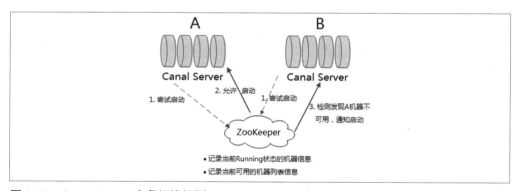

图 6-38. Canal Server 主备切换机制

1. 尝试启动。

    每个 Canal Server 在启动某个 Canal instance 的时候都会首先向 ZooKeeper 进行一次尝试启动判断。具体的做法是向 ZooKeeper 创建一个相同的临时节点，哪个 Canal Server 创建成功了，那么就让哪个 Server 启动。

以"example"这个 instance 为例来说明，所有的 Canal Server 在启动的时候，都会去创建 /otter/canal/destinations/example/running 节点，并且无论有多少个 Canal Server 同时并发启动，ZooKeeper 都会保证最终只有一个 Canal Server 能够成功创建该节点。

2．启动 instance。

假设最终 IP 地址为 10.20.144.51 的 Canal Server 成功创建了该节点，那么它就会将自己的机器信息写入到该节点中去：

```
{"active":true,"address":"10.20.144.51:11111","cid":1}
```

并同时启动 instance。而其他 Canal Server 由于没有成功创建节点，于是就会将自己的状态置为 Standby，同时对 /otter/canal/destinations/example/running 节点注册 Watcher 监听，以监听该节点的变化情况。

3．主备切换。

Canal Server 在运行过程中，难免会发生一些异常情况导致其无法正常工作，这个时候就需要进行主备切换了。基于 ZooKeeper 临时节点的特性，当原本处于 Running 状态的 Canal Server 因为挂掉或网络等原因断开了与 ZooKeeper 的连接，那么 /otter/canal/destinations/example/running 节点就会在一段时间后消失。

由于之前处于 Standby 状态的所有 Canal Server 已经对该节点进行了监听，因此它们在接收到 ZooKeeper 发送过来的节点消失通知后，会重复进行步骤 1——以此实现主备切换。

下面我们再来看看在主备切换设计过程中最容易碰到的一个问题，就是"假死"。所谓假死状态是指，Canal Server 所在服务器的网络出现闪断，导致 ZooKeeper 认为其会话失效，从而释放了 Running 节点——但此时 Canal Server 对应的 JVM 并未退出，其工作状态是正常的。

在 Canal 的设计中，为了保护假死状态的 Canal Server，避免因瞬间 Running 节点失效导致 instance 重新分布带来的资源消耗，所以设计了一个策略：

状态为 Standby 的 Canal Server 在收到 Running 节点释放的通知后，会延迟一段时间抢占 Running 节点，而原本处于 Running 状态的 instance，即 Running 节点的拥有者可以不需要等待延迟，直接取得 Running 节点。

这样就可以尽可能地保证假死状态下一些无谓的资源释放和重新分配了。目前延迟时间的默认值为 5 秒,即 Running 节点针对假死状态的保护期为 5 秒。

Canal Client 的 HA 设计

Canal Client 在进行数据消费前,首先当然需要找到当前正在提供服务的 Canal Server,即 Master。在上面"主备切换"部分中我们已经讲到,针对每一个数据复制实例,例如 example,都会在 /otter/canal/destinations/example/running 节点中记录下当前正在运行的 Canal Server。因此,Canal Client 只需要连接 ZooKeeper,并从对应的节点上读取 Canal Server 信息即可。

1. 从 ZooKeeper 中读取出当前处于 Running 状态的 Server。

   Canal Client 在启动的时候,会首先从 /otter/canal/destinations/example/running 节点上读取出当前处于 Running 状态的 Server。同时,客户端也会将自己的信息注册到 ZooKeeper 的 /otter/canal/destinations/example/1001/running 节点上,其中 "1001"代表了该客户端的唯一标识,其节点内容如下:

   ```
   {"active":true,"address":"10.12.48.171:50544","clientId":1001}
   ```

2. 注册 Running 节点数据变化的监听。

   由于 Canal Server 存在挂掉的风险,因此 Canal Client 还会对 /otter/canal/destinations/example/running 节点注册一个节点变化的监听,这样一旦发生 Server 的主备切换,Client 就可以随时感知到。

3. 连接对应的 Running Server 进行数据消费。

数据消费位点记录

由于存在 Canal Client 的重启或其他变化,为了避免数据消费的重复性和顺序错乱,Canal 必须对数据消费的位点进行实时记录。数据消费成功后,Canal Server 会在 ZooKeeper 中记录下当前最后一次消费成功的 Binary Log 位点,一旦发生 Client 重启,只需要从这最后一个位点继续进行消费即可。具体的做法是在 ZooKeeper 的 /otter/canal/destinations/example/1001/cursor 节点中记录下客户端消费的详细位点信息:

```
{"@type":"com.alibaba.otter.canal.protocol.position.LogPosition","identity":{"slaveId":-1,"sourceAddress":{"address":"10.20.144.15","port":3306}},"position":{"included":false,"journalName":"mysql-bin.002253","position":2574756,"timestamp":1363688722000}}
```

6.3.4 案例四 分布式数据库同步系统：Otter

Otter 是阿里巴巴于 2013 年 8 月正式开源的一个由纯 Java 语言编写的分布式数据库同步系统，主要用于异地双 A 机房的数据库数据同步，致力于解决长距离机房的数据同步及双 A 机房架构下的数据一致性问题。目前项目主页地址为 *https://github.com/alibaba/otter*，由项目主要负责人，同时也是资深的开源爱好者 agapple 持续维护。

项目名 Otter 取自"水獭"的英文单词，寓意数据搬运工，是一个定位为基于数据库增量日志解析，在本机房或异地机房的 MySQL/Oracle 数据库之间进行准实时同步的分布式数据库同步系统。Otter 的第一个版本可以追溯到 2004 年，初衷是为了解决阿里巴巴中美机房之间的数据同步问题，从 4.0 版本开始开源，并逐渐演变成一个通用的分布式数据库同步系统。其基本架构如图 6-39 所示。

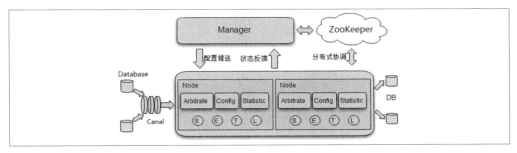

图 6-39. Otter 基本架构示意图

从图 6-39 中，我们可以看出，在 Otter 中也是使用 ZooKeeper 来实现一些与分布式协调相关的功能，下面我们将从 Otter 的分布式 SEDA[注8] 模型调度和面向全球机房服务的 ZooKeeper 集群搭建两方面来讲解 Otter 中的 ZooKeeper 使用。

分布式 SEDA 模型调度

为了更好地提高整个系统的扩展性和灵活性，在 Otter 中将整个数据同步流程抽象为类似于 ETL 的处理模型，具体分为四个阶段（Stage）。

- **Select**：数据接入。
- **Extract**：数据提取。

注 8：SEDA（Staged Event-Driven Architecture）是阶段事件驱动架构的简称，也称为阶段式服务器模型。读者可以到哈佛大学的网站上查看更多关于 SEDA 的内容：*http://www.eecs.harvard.edu/~mdw/proj/seda/*。

- **Transform**：数据转换。
- **Load**：数据载入。

其中 Select 阶段是为了解决数据来源的差异性，比如可以接入来自 Canal 的增量数据，也可以接入其他系统的数据源。Extract/Transform/Load 阶段则类似于数据仓库的 ETL 模型，具体可分为数据 Join、数据转化和数据 Load 等过程。同时，为了保证系统的高可用性，SEDA 的每个阶段都会有多个节点进行协同处理。如图 6-40 所示是该 SEDA 模型的示意图。

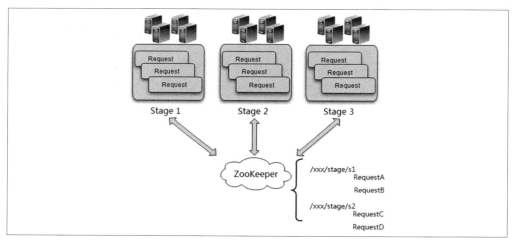

图 6-40. 分布式 SEDA 模型调度示意图

整个模型分为 Stage 管理和 Schedule 调度两部分。

Stage 管理

Stage 管理主要就是维护一组工作线程，在接收到 Schedule 的 Event 任务信号后，分配一个工作线程来进行任务处理，并在任务处理完成后，反馈信息到 Schedule。

Schedule 调度

Schedule 调度主要是指基于 ZooKeeper 来管理 Stage 之间的任务消息传递，其具体实现逻辑如下。

1. 创建节点。

   Otter 首先会为每个 Stage 在 ZooKeeper 上创建一个节点，例如 /seda/stage/s1，其中 s1 即为该 Stage 的名称，每个任务事件都会对应于该节点下的一个子节点，例

如 /seda/stage/s1/RequestA。

2. 任务分配。

   当 s1 的上一级 Stage 完成 RequestA 任务后，就会通知"Schedule 调度器"其已完成了该请求。根据预先定义的 Stage 流程，Schedule 调度器便会在 Stage s1 的目录下创建一个 RequestA 的子节点，告知 s1 有一个新的请求需要其处理——以此完成一次任务的分配。

3. 任务通知。

   每个 Stage 都会有一个 Schedule 监听线程，利用 ZooKeeper 的 Watcher 机制来关注 ZooKeeper 中对应 Stage 节点的子节点变化，比如关注 s1 就是关注 /seda/stage/s1 的子节点的变化情况。此时，如果步骤 2 中调度器在 s1 的节点下创建了一个 RequestA，那么 ZooKeeper 就会通过 Watcher 机制通知到该 Schedule 线程，然后 Schedule 就会通知 Stage 进行任务处理——以此完成一次任务的通知。

4. 任务完成。

   当 s1 完成了 RequestA 任务后，会删除 s1 目录下的 RequestA 任务，代表处理完成，然后继续步骤 2，分配下一个 Stage 的任务。

在上面的步骤 3 中，还有一个需要注意的细节是，在真正的生产环境部署中，往往都会由多台机器共同组成一个 Stage 来处理 Request，因此就涉及多个机器节点之间的分布式协调。

如果 s1 有多个节点协同处理，每个节点都会有该 Stage 的一个 Shedule 线程，其在 s1 目录变化时都会收到通知。在这种情况下，往往可以采取抢占式的模式，尝试在 RequestA 目录下创建一个 lock 节点，谁创建成功就可以代表当前谁抢到了任务，而没抢到该任务的节点，便会关注该 lock 节点的变化（因为一旦该 lock 节点消失，那么代表当前抢到任务的节点可能出现了异常退出，没有完成任务），然后继续抢占模型。

中美跨机房 ZooKeeper 集群的部署

由于 Otter 主要用于异地双 A 机房的数据库同步，致力于解决长距离机房的数据同步及双 A 机房架构下的数据一致性问题，因此其本身就有面向中美机房服务的需求，也就会有每个机房都要对 ZooKeeper 进行读写操作的需求。于是，希望可以部署一个面向全球机房服务的 ZooKeeper 集群，保证读写数据一致性。

这里就需要使用 ZooKeeper 的 Observer 功能了。从 3.3.0 版本开始，ZooKeeper 新增了

Observer 模式,该角色提供只读服务,且不参与事务请求的投票,主要用来提升整个 ZooKeeper 集群对非事务请求的处理能力。

因此,借助 ZooKeeper 的 Observer 特性,Otter 将 ZooKeeper 集群进行了三地部署。

- 杭州机房部署 Leader/Follower 集群,为了保障系统高可用,可以部署 3 个机房。每个机房的部署实例可为 1/1/1 或者 3/2/2 的模式。
- 美国机房部署 Observer 集群,为了保证系统高可用,可以部署 2 个机房,每个机房的部署实例可以为 1/1。
- 青岛机房部署 Observer 集群。

图 6-41 所示是 ZooKeeper 集群三地部署示意图。

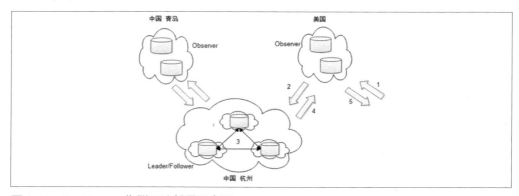

图 6-41. ZooKeeper 集群三地部署示意图

当美国机房的客户端发起一个非事务请求时,就直接从部署在美国机房的 Observer ZooKeeper 读取数据即可,这将大大减少中美机房之间网络延迟对 ZooKeeper 操作的影响。而如果是事务请求,那么美国机房的 Observer 就会将该事务请求转发到杭州机房的 Leader/Follower 集群上进行投票处理,然后再通知美国机房的 Observer,最后再由美国机房的 Observer 负责响应客户端。

上面这个部署结构,不仅大大提升了 ZooKeeper 集群对美国机房客户端的非事务请求处理能力,同时,由于对事务请求的投票处理都是在杭州机房内部完成,因此也大大提升了集群对事务请求的处理能力。

6.3.5 案例五 轻量级分布式通用搜索平台:终搜

终搜(Terminator)是阿里早期的一款产品,最早应用在淘江湖,基于 Lucene、Solr、

ZooKeeper 和 Hadoop 等开源技术构建，全方位支持各种检索需求，是一款实时性高、接入成本低、支持个性化检索定制的分布式全文检索系统。历经发展，终搜目前已成为服务于阿里集团内部各大业务线的通用搜索平台，截止 2014 年 4 月，已经有 200 多个不同规模、不同查询特征的应用接入使用。

终搜系统主要由前端业务查询处理、后台索引构建、数据存储和后台管理四大部分组成，其整体架构如图 6-42 所示。

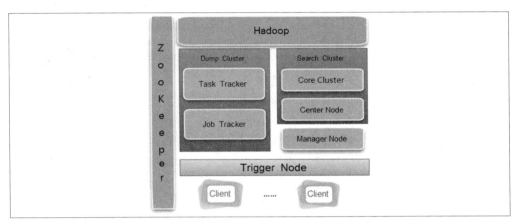

图 6-42. 终搜系统整体架构

CenterNode

  该节点收集和监控整个集群平台所有检索节点机器和引擎 SolrCore 的状态，并且根据这些状态信息来决定业务对应的引擎是否需要进行发布、变更、删除、容灾恢复和在线扩容等操作。

CoreNode

  该节点负责从 CenterNode 的任务池领取任务指令，并对相应的业务引擎 SolrCore 进行创建、变更和删除等动作，同时在引擎 SolrCore 对象正常创建后提供检索服务。

JobNode

  该节点接收 CoreNode 提交的业务对应的全量任务指令，并根据 TaskNode 当时的空闲程度将任务分配给最空闲的 TaskNode 节点进行全量索引构建任务。

TaskNode

  该节点接收来自 JobNode 节点分配的全量任务，根据 JobNode 提交的任务配置项启动全量任务，将 HDFS 上对应业务的全量源数据构建成 Lucene 的索引文件，构建索引完毕后再回流到 HDFS。

TriggerNode

该节点根据每个业务所配置的时间表达式定时触发业务方的 ClientNode 客户端的增量和全量任务。

ClientNode

该节点是业务方发起查询请求的节点，如果本节点从 ZooKeeper 上抢到执行导入的锁，那么该节点将会接收到 TriggerNode 的定时触发指令，然后会根据分库分表规则将数据库的源数据通过增量和全量模式导入到 HDFS。

ManagerNode

该节点是整个引擎平台的后台管理节点，负责所有接入业务的发布、扩容和配置变更等指令的触发，并提供整个引擎平台所有业务状态信息的可视化查询。

ZooKeeper

该节点负责整个引擎平台所有的 CoreNode 角色协调，以及所有 ClientNode 间的分布式导入锁的控制。

Hadoop

该平台负责整个引擎平台所有业务引擎所需要的源数据和索引数据的存储。

终搜系统大量依赖 ZooKeeper 来实现分布式协调和分布式锁功能，接下来我们就从元数据管理、中心节点架构、应用配置文件管理和全量任务执行等方面来讲解 ZooKeeper 在终搜中的使用。

元数据管理

为了对所有业务实例的生命周期进行全局的管理，必须对所有业务实例元数据信息进行结构化的管理。通过各种技术调研，最终选择了 ZooKeeper 来进行元数据管理——准确地讲，在终搜中并不是直接简单地拿 ZooKeeper 来做这件事，而是开发了一个封装了 ZooKeeper 内核的中心节点（CenterNode）集群来负责引擎状态数据收集和搜索业务实例元数据保存。具体来讲就是 CenterNode 内部关于搜索业务实例持久化的工作统一交给了 ZooKeeper。之所以选择 ZooKeeper，主要考虑以下两个因素。

- 元数据信息属于目录型的轻量级数据,而 ZooKeeper 对目录型的轻量级数据的存储有天然的优势。
- 元数据的信息非常重要,需要副本容灾,而 ZooKeeper 正是用来解决分布式数据多副本存储及数据一致性问题的。

下面我们就来看看如何利用 ZooKeeper 对业务实例进行元数据信息的持久化,核心的实现思路是让 CenterNode 掌控整个搜索集群平台所有业务的客户端机器视图和机器状态等信息,同时监控各个 CoreNode 节点(在这里我们将承载搜索实例的节点称为 CoreNode)的健康状态,CenterNode 节点主要收集的内容如下。

- 机器状态信息收集,包括:
  - 机器操作系统版本;
  - 机器磁盘使用率;
  - 机器内存使用率;
  - 机器 CPU Load 情况;
  - JVM 版本信息;
  - JVM 内存使用率。
- 检索服务状态收集,包括:
  - 索引构建时间和容量大小;
  - 每秒响应请求次数;
  - 索引数据总量;
  - 请求平均响应时间。

这些状态信息收集后需要和具体的 CoreNode 一一对应起来,在 CenterNode 内存中 CoreNode 状态信息的视图关系如图 6-43 所示。

在 CenterNode 中,主要包括两种数据结构。

- NameSpaceFile 中的静态 Core。
- CorenodeDescrptor 中的动态 DynCore。

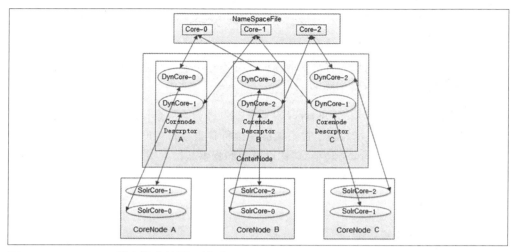

图 6-43. CoreNode 状态信息的视图关系

DynCore 不在本书讨论范围内，这里主要介绍下 NameSpaceFile 中的静态 Core。NameSpaceFile 是在创建搜索业务时就会在 CenterNode 中生成的一个元数据结构，是搜索业务在 CenterNode 中的一个管理抽象和业务抽象，主要内容包括该业务 Shard 的数量、副本数量以及涉及的配置文件名称等。例如，某个业务存在 3 个 Shard 分片，那么就会在 NameSpaceFile 中存在 3 个 Core 的抽象。这些信息一旦发布基本都不大会改变，除非出现扩容情况。

CenterNode 对于每个业务的管理和操作都是基于 NameSpaceFile 进行的，例如扩容和容灾等。同时，这些信息是需要持久化存储的，所以在这里使用 ZooKeeper 来做持久化，其在 ZooKeeper 上的数据节点结构如下：

  /tsearcher/centernode/namespace/search4A/seq

  /tsearcher/centernode/namespace/search4B/seq

  /tsearcher/centernode/namespace/search4C/seq

其中每个 seq 节点中保存的都是一个序列化的 NameSpaceFile 数据。

Leader/Follower 模式的中心节点架构

在上文中我们已经提到，中心节点（CenterNode）在整个终搜平台中起到了中心调度的作用，是终搜系统完成信息收集、汇总和分发的中转节点，是把整个系统串联在一起的一个重要组成部分。因此，中心节点是整个终搜的核心，如果中心节点机器宕机导致无法对外服务的话，那么终搜所有业务机器的状态信息将全部丢失。于是，如何处理好中心节点的容灾问题成为了终搜中最关键也是最棘手的一环。

旧版本终搜的中心节点采用的是类似于 HDFS 的 NameNode 处理方式：使用两台机器来保证中心节点的稳定性，一台用来部署中心节点的组件，另一台用来同步中心节点的数据文件到本地，实现中心节点中元数据文件的远程备份，该节点称为 ImageNode。ImageNode 对中心节点进行数据冗余备份，负责对中心节点中业务元数据信息（NameSpaceFile 信息）的定期快照，如图 6-44 所示。

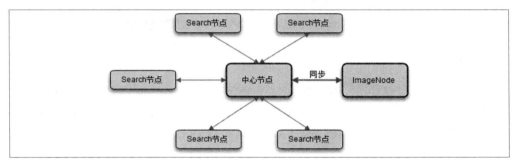

图 6-44. 中心节点的 ImageNode 模式主备架构

利用 HDFS 的 ImageNode 解决中心节点单点失败的方式虽然可以在一定程度上恢复宕机之前的业务元数据信息，但是还是会存在一些问题。

- 该方案必须通过人工手动处理的方式寻找并复制在远程 ImageNode 机器中保存的快照文件，然后手工重启中心节点——无法自动化完成在宕机之后的数据复制和机器重启，从而自动完成中心节点的恢复。
- 在中心节点失败期间，无法收集机器的状态信息，也无法对业务进行操作，系统不可用时间完全取决于人工恢复中心节点的时间长短。
- 中心节点和 ImageNode 之间的异步化的数据同步，在一些极端情况下会出现数据丢失的情况。

正是由于以上三个问题的存在，使得虽然可以在中心节点失败后利用 ImageNode 中保存的快照文件对业务进行恢复，但还是会存在一些不足之处，所以考虑采用 ZooKeeper 多机器副本原理改造中心节点，使得中心节点能具备多副本概念，当其中一台主节点宕机的时候，能够自动地从其余从节点中选举出主节点来，再重新提供服务，如图 6-45 所示。

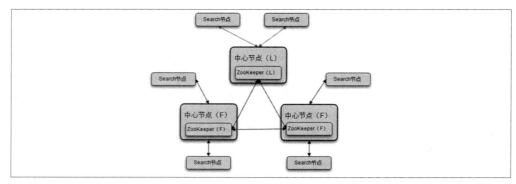

图 6-45. 基于 ZooKeeper 的 Leader/Follower 模式的中心节点架构示意图

选主机制

从图 6-45 中我们可以看到,终搜的中心节点都是基于 ZooKeeper 架构的。事实上,中心节点就是在 ZooKeeper 基础上进行二次开发的,其中 Leader 选举完全使用 ZooKeeper 的底层实现,这样就能很好地在多台中心节点中选举出一台主节点来。

当某一个中心节点失败时,如果该中心节点是 Leader 节点,那么就从其他 Follower 节点中重新进行选举(这些都是依靠底层 ZooKeeper 原生支持的),选举出来的 Leader 节点充当主节点作用;如果挂掉的中心节点不是 Leader 节点,则不用进行选举,同时所有和这台失败的机器连接的 Search 节点会自动重连到其他中心节点机器,对于后续的读写请求,则依然交给 Leader 节点进行处理,这对于用户来说是透明的,可以说是完成了一个平滑的恢复。

CenterNode 基于 Zookeeper 版本的二次开发工作

CenterNode 是基于 3.4.5 版本的 ZooKeeper 进行二次开发的,其核心改造点如图 6-46 所示。

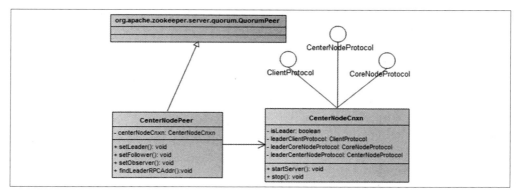

图 6-46. 终搜基于 ZooKeeper 进行二次开发

从图 6-46 中，可以看到，中心节点对 ZooKeeper 进行的二次开发，主要集中在 CenterNodePeer 和 CenterNodeCnxn 这两个类上。

CenterNodePeer

CenterNodePeer 类继承自 ZooKeeper 中原生的 QuorumPeer 类。QuorumPeer 是一个线程类，继承自 Thread，主要负责检测 ZooKeeper 服务器状态并触发 Leader 选举。一个 QuorumPeer 代表了一个 ZooKeeper 节点，或者说一个 ZooKeeper 进程。

QuorumPeer 线程启动之后，首先会进行 Leader 选举。在运行期间，QuorumPeer 共有 4 种可能的状态，分别是 LOOKING、FOLLOWING、LEADING 和 OBSERVING。启动时的初始状态是 LOOKING，表示正在寻找确定新的 Leader 服务器。在 ZooKeeper 中，Leader 选举的默认算法是基于 TCP 实现的 FastLeaderElection。关于 ZooKeeper 的 Leader 选举的具体细节，可以参考本书 7.6 节。

当某一台 ZooKeeper 服务器被选举成为 Leader 节点后，会调用被 CenterNodePeer 重写了的 setLeader 方法，来初始化 CenterNodeCnxn 服务，这样就完成了正常的调用逻辑。同样道理，被选举成为 Follower 节点或是 Observer 节点的 CenterNode，也会调用对应的 Set 方法来完成相关逻辑。

当出现因为某些机器宕机了而造成集群需要重新选举 Leader 的情况时，首先会调用对应的 Set 方法，通过传递 NULL 参数的方式来标识当前服务要重新选举 Leader，服务需要暂停，CenterNodeCnxn 就会处理一系列的逻辑故障从而恢复逻辑。

所以，在 CenterNodePeer 类中，终搜只是重写了 QuorumPeer 的 setLeader (Leader leader)、setFollower(Follower follwer)以及 setObserver (Observer observer)这 3 个方法，加上终搜服务对应的处理逻辑，就能完成 CenterNode 基于 ZooKeeper 的二次开发。

CeterNodeCnxn

CeterNodeCnxn 类主要就是中心节点对外提供服务的入口类，所有 Search 节点的请求都会先发送到 CenterNodeCnxn 类，然后 CenterNode 会根据自己是否是 Leader 节点来对请求做出相应的处理逻辑。

请求处理

中心节点的请求处理也是参考 ZooKeeper 的请求实现的，即 Leader 节点负责请求处理，

Follower 节点负责转发。具体当用户发起一个业务创建请求的时候，处理过程如下：

中心节点收到业务请求，首先会检查自身是否是 Leader 角色，如果是 Leader 角色，则进行正常的业务处理；否则把该请求发送到 Leader 节点上去，然后等待 Leader 节点返回操作结果，如果 Leader 节点长时间未响应或者请求失败，则给请求方返回异常信息，否则返回正常的业务响应。

应用配置文件管理

在终搜构建索引的过程中，会使用到的关键配置包括 *schema.xml* 和 *solrconfig.xml* 两个文件，分别定义了索引结构和查询入口，是串联应用和索引之间的桥梁，因此需要为每个应用定制特有的配置。在终搜中，使用 ZooKeeper 对这些配置文件进行了管理，基本步骤如下：

1. 配置初始化

    例如，对于某应用 App1，首先会在本地根据该应用的结构化特征数据和查询特性配置好 *schema.xml* 和 *solrconfig.xml* 两个配置文件，然后将这两份配置分别写入 ZooKeeper 指定数据节点：

    /terminator/terminator-node/[Hostname]/search4App1-0/schema.xml

    /terminator/terminator-node/[Hostname]/search4App1-0/solrconfig.xml

    其中的"[Hostname]"是指该应用的数据内容所在的终搜机器。

2. 动态更新配置。

    上述配置文件初始化完毕后，应用 App1 会到 ZooKeeper 指定节点（即上述两个节点）上获取相关配置，同时注册对这两个节点的"数据变更"Watcher 监听——这样，一旦配置文件发生变化，应用就可以实时获取到最新的配置了。

使用 ZooKeeper 来实现应用配置文件的管理，能够做到配置的实时性和全局的一致性，同时解除了应用系统和终搜后台索引系统的耦合，但同时受限于 ZooKeeper 数据节点数据大小的限制，配置文件的配置需要非常精简。

选举机器执行全量任务

在 6.1.6 节中我们已经讲到，在分布式系统中，有些特别耗费资源（包括网络、CPU 和内存等）的任务，通常只需要选举集群中的一台机器来执行，然后再将执行结果同步给集群中的其他机器,这样能够大大提高集群对外的整体服务能力——在终搜中,数据的定时全量 DUMP 就是这样一个典型的任务。

通常应用会被部署在多台机器上,如果每台机器都进行增量和全量数据导入,那么会存在多份重复数据,如果只让其中一台机器进行导入操作,那么该机器出现宕机后,导入任务将会终止。因为,基于对容灾的考虑,我们需要解决如下问题:在保证全局执行导入的机器只有一台的同时,还要在该台机器出现宕机后,保证将有其他机器能够继续执行下一次的增量和全量导入任务。而解决该问题最好的实现方式便是利用 ZooKeeper 的分布式锁。

1. 注册节点。

    我们还是以应用 App1 为例,在应用启动初始化的时候,会检查 ZooKeeper 的指定节点(该节点是临时节点,下文中我们称该节点为"Master 节点")是否存在:

    /terminator/terminator-node/search4App1-0/full-dump/master

    - 如果节点不存在,那么就创建该临时节点,同时将自己所在的服务器 IP 地址写入该节点。
    - 如果节点已经存在,或者是在上述创建过程中出现"被其他机器抢先创建导致节点创建失败"的现象,那么就对已经存在的节点注册"节点变更"的 Watcher 监听。

2. 执行任务。

    在应用集群开始执行定时全量任务时,会首先访问 ZooKeeper 上的 Master 节点,读取出节点的 IP 信息,如果该 IP 信息和自身服务器地址一致,则说明自己有执行全量任务的权限;如果和自身服务器地址不一致,则不进行全量任务。

3. Master 选举。

    在整个系统运行过程中,会出现 Master 节点上 IP 信息对应的服务器出现问题导致 Master 节点也随之消失的情况。由于我们在步骤 1 中已经注册了对该 Master 节点的"节点变更"Watcher 监听,因此所有其他机器都会收到通知,于是再次按照步骤 1 的逻辑进行节点注册。

服务路由

应用在使用终搜的过程中,初始化阶段需要找到"查询服务"的提供方,我们称这个过程为服务路由。在传统的方案中,可以使用域名的方式来实现——通过分配不同的域名,为其配置不同的 IP，而在终搜中是使用 ZooKeeper 来完成服务器路由的功能。在一个应用申请接入的过程中，终搜后台会为其分配查询服务的分组，对应一个集群的机器，并将这个集群的机器配置到指定节点：

/terminator/terminator-node/search4App1-0/query-group

应用服务器在启动的过程中，会首先从 ZooKeeper 集群上读取出查询服务的分组信息，并同时对该节点注册"数据变化"通知。另外，客户端还会将从 ZooKeeper 上获取到的数据信息持久化存储到本地文件系统中，以便在出现多次尝试连接 ZooKeeper 服务器失败时，能够使用这份本地的信息。通过这种方式，每个应用就可以动态获取查询服务的分组信息，完成服务路由，同时也便于终搜的运维人员进行全局运维，提高了实时性。

索引分区

在传统的关系型数据库中，随着数据库数据量的不断增加，单台数据库的存储空间查询性能已经不能满足业务需求，这时候就需要进行分库操作。在终搜中也同样面临这样的问题，主要体现在索引上，不断增长的索引量成为了制约查询性能的瓶颈，针对这个问题，约定俗成的解决方案通常就是将索引进行分区——终搜基于 ZooKeeper 配置来进行索引分区。

在终搜中，每次完成全量索引构建后，都会将当前应用的索引分区同步到 ZooKeeper 上，如图 6-47 所示。

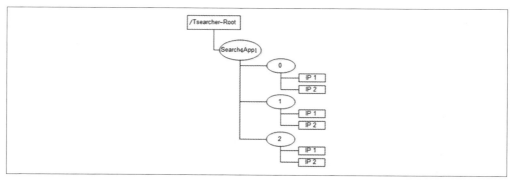

图 6-47. 终搜索引分区示意图

从图 6-47 中我们可以看到，该应用的全量索引被分成了 0、1 和 2 三个分区，同时每个分区里面又分配了两台机器来存储索引副本。应用在启动的时候，会首先到 ZooKeeper 节点上获取相应的索引分区，以及每个分区索引副本的服务器地址。

垂直扩容

所谓垂直扩容，是指为每一个索引分区添加更多的机器以保证分区数据的安全性。假如一次垂直扩容，添加了一台 IP3 的机器，那么垂直扩容后 ZooKeeper 上的分区如图 6-48 所示。

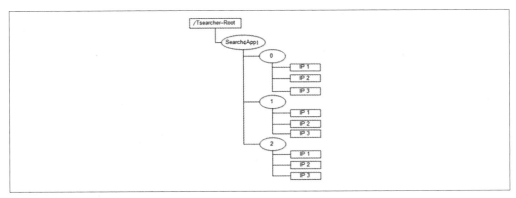

图 6-48. 索引垂直扩容示意图

水平扩容

水平扩容和垂直扩容非常相近，只是水平扩容是对分区的扩容，因此改动的是 ZooKeeper 上对应的分区节点，如图 6-49 所示。

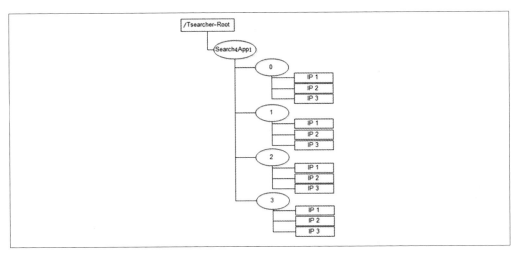

图 6-49. 索引水平扩容示意图

图 6-49 中就是在原来索引分区的基础上，进行了分区扩容，添加了新的分区：3。

6.3.6　案例六　实时计算引擎：JStorm

随着互联网大数据技术的不断发展，人们对数据实时性的要求越来越高，传统 Hadoop 的 Map Reduce 技术已经逐渐无法满足这些需求，因此实时计算成为了眼下大数据领域最热门的研究方向之一，出现了诸如 Storm 和 JStorm 这样的实时计算引擎。Storm 是 Twitter 开源的一个高容错的分布式实时计算系统，而 JStorm 是阿里巴巴集团中间件团队在 Storm 基础上改造和优化的一个分布式实时计算引擎，使用 Java 语言编写，于 2013 年 9 月正式开源[注9]。相较于 Storm，JStorm 在功能上更强大，在稳定性和性能上有更卓越的表现，目前广泛应用于日志分析、消息转化器和统计分析器等一系列无状态的实时计算系统上。

JStorm 是一个类似于 Hadoop MapReduce 的分布式任务调度系统，用户按照指定的接口编写一个任务程序，然后将这个任务程序提交给 JStorm 系统，JStorm 会负责 7×24 小时运行并调度该任务。在运行过程中如果某个任务执行器（Worker）发生意外情况或其他故障，调度器会立即分配一个新的 Worker 替换这个失效的 Worker 来继续执行任务。

JStorm 是一个典型的分布式调度系统，其系统整体架构如图 6-50 所示。

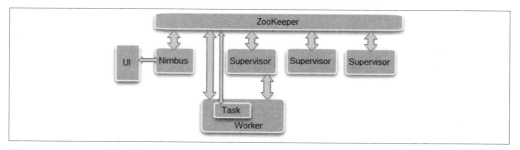

图 6-50.　JStorm 整体架构图

其核心部分由 Nimbus、Supervisor、Worker、Task 和 ZooKeeper 五部分组成。

- **Nimbus** 是任务的中央调度器。
- **Supervisor** 作为 Worker 的代理角色，负责管理 Worker 的生命周期。
- **Worker** 是 Task 的容器。
- **Task** 对应每一个任务的真正执行体。
- **ZooKeeper** 是整个系统中的协调者。

注 9：JStorm 的开源站点：*https://github.com/alibaba/jstorm*。

无论是 Storm 还是 JStorm，都高度依赖 ZooKeeper 来实现诸如同步心跳、同步任务配置和调度器选举等功能，可以说，如果脱离了 ZooKeeper，这两个实时计算系统都无法正常工作。

同步心跳

在 JStorm 中，需要在集群内部实时同步三种心跳检测。

- Worker 向 Supervisor 汇报心跳。
- Supervisor 向 Nimbus 汇报心跳。
- Task 向 Nimbus 汇报心跳。

其中后两种心跳检测机制都是通过 ZooKeeper 来实现的。

在 JStorm 的实现中，Supervisor 每隔 10 秒就会将自己拥有的资源数同步到 ZooKeeper 的 /supervisors 节点上，Nimbus 就可以通过查询这些节点来检测有哪些机器是活着的，并且能够清楚地知道这些机器上有哪些资源。

而每个 Task 同样会每隔 10 秒就将自己的心跳和运行状态同步到 ZooKeeper 的 /tasks 节点上，这样 Nimbus 就能够检测到哪些 Task 是活着的。同时，一旦检测到某个 Task 的心跳超时，则会触发 Nimbus 对该 Task 执行 Reassign 动作（重新分配任务）。

同步任务配置

在上文中已经提到，JStorm 是一个类似于 Hadoop MapReduce 的分布式任务调度系统，用户按照指定的接口编写一个任务程序，然后将这个任务程序提交给 JStorm 系统，由 JStorm 来负责运行并调度该任务，因此同步任务配置是 JStorm 的一大核心功能。整个同步任务配置过程大体可以分为提交任务和同步 Topology 状态两大环节。

提交任务

提交任务的过程如下。

1. 客户端提交一个 JAR 包到 Nimbus。
2. Nimbus 扫描 ZooKeeper 上的 /supervisors 节点，来获取本集群中的所有资源信息。
3. Nimbus 还会扫描 ZooKeeper 上的 /assignments 节点，来获取已经分配的任务的资源占用情况。

4. Nimbus 根据平衡算法，将 Task 分配到每台机器上，同时确定 Task 绑定的端口和资源占用情况（CPU Slot、Memory Slot 和 Disk Slot）。

5. 完成任务分配后，Nimbus 会将任务的分配结果写入 ZooKeeper 的 /assignments 节点。

6. Nimbus 还需要设置 Topology 的状态为 Active，做法就是在 ZooKeeper 上的 /topolog 节点下找到以该 Topology 的 topology-id 命名的对应子节点，并将其设置为 Active。

7. 重新分配任务。每个 Supervisor 都会监听 ZooKeeper 上的 /assignments 节点，当检测到节点发生变更时，就会立即获取本机的任务配置，然后启动或杀死对应的 Worker。

同步 Topology 状态

JStorm 提供了一系列的命令来控制 Storm 服务，这里以客户端的 deactivate 命令为例来说明 JStorm 是如何借助 ZooKeeper 来同步 Topology 状态的。

1. 客户端发出 deactivate 命令。

2. Nimbus 在接收到该命令后，会设置 ZooKeeper 中的 /StormBase 节点对应的 Topology 的状态为 deactivate。

3. 同时，Worker 进程会对 Zookeeper 中的 /StormBase 节点注册监听，当节点发生变更时，立即设置 Worker 的状态为 deactivate。

4. Worker 内部的 Task 每执行一个 batch 操作后，就会检查 Worker 的状态，如果状态变更为 deactivate，那么 Task 就会立即将自己置为挂起状态。

调度器选举

和 Storm 相比，JStorm 中增加了调度器的 HA 机制，用于实现调度器的动态选举。每一个 Nimbus 在启动的时候，都会试图到 ZooKeeper 上创建一个临时节点 /nimbus_master。在创建的过程中，如果发现该节点已经存在，则表示 Nimbus 的 Master 已经存在，那么当前 Nimbus 就会在 ZooKeeper 的 /nimbus_slave 节点下创建一个临时子节点，并将自己的机器名和端口号写入到该节点中，同时注册对 /nimbus_master 节点的监听。

在运行过程中，该 Nimbus（这里指创建 /nimbus_slave 节点对应的机器）还会启动一个 Follower 线程，用于：

- 反复扫描/nimbus_master 是否存在。
- 如果/nimbus_master 节点存在，则同步/nimbus_master 的 Topology 到本机中。
- 如果/nimbus_master 节点已经消失，则会触发调度器的重新选举，具体流程和上面提到的初始化流程是一致的，简单地讲，就是集群中所有机器都去创建/nimbus_master 节点，如果节点创建成功，那么该机器就是 Master，创建失败，那么就是 Slave。

ZooKeeper 使用优化

JStorm 是从 Storm 中改造而来的，在使用 ZooKeeper 方面也进行了大量的改进与优化。

减少对 Zookeeper 的全量扫描

在 Storm 中，判断一个 Task 是否存活的方法非常复杂，首先会通过扫描/StormBase 节点来获取 Topology 列表，将存活的 Topology 提取出来；然后扫描/assignments 节点，获取每一个 Task 的任务配置，然后以此来判断 Task 是否存活。相信读者很容易发现，在整个过程中,几乎扫描了整个 ZooKeeper 上的数据节点,这显然增加了 ZooKeeper 的压力。

而在 JStorm 中,判断一个 Task 是否存活的方法只需要扫描/tasks 中该 Topology 的节点，通过对心跳时间进行判断即可。

减少无用的 Watcher 操作

- 在 JStorm 中，Nimbus 取消了对/supervisors 节点的 Watcher 操作，因为增加或减少 Supervisor 没有必要触发 Rebalance 动作，而 Storm 的设计却画蛇添足地触发了 Rebalance 动作，直到 0.9.0 版本后，Storm 官方才取消了该 Rebalance 动作。

- 在 JStorm 中，Supervisor 取消了对/StormBase 节点的 Watcher 操作，Supervisor 只需监听/assignments 节点即可,没有必要重复性地监听/StormBase 节点——举个例子，假如有 200 台机器，那么后者至少额外增加了 200 多次的 Watcher 通知。

延长心跳设置

- Task 的心跳频率，由原来的 3 秒改为了 10 秒。这个改动使得 JStorm 对 ZooKeeper 的压力减轻了许多：

  > 在 JStorm 中，每一台机器上通常会运行 20 多个 Worker，假设当集群的规模上升到 200 台时，整个集群可能运行着 5000 个以上的 Task,这样就会造成对 ZooKeeper 每秒至少 1600 次的心跳请求。同时，每一个 Task 的心跳包大小为 200 多个字节，因此，将 Task 的心跳频率延长到 10 秒，可以明显减轻对 ZooKeeper 的压力。

- 增加 ZooKeeper 的 Timeout 重连次数。

  在 Strom 中，当失去与 ZooKeeper 连接的时候会进行 5 次重连操作。但在实际运行过程中，ZooKeeper 很容易在某个瞬间处于无应答的状态，一旦 Storm 连续 5 次请求连接 ZooKeeper 失败后，Nimbus、Supervisor 和 Worker 就会自动退出，而如果 Nimbus 自动退出，就很容易导致集群丧失中央调度器功能。而在大部分的情况下，ZooKeeper 只是短暂地处于无应答状态，一段时间后就会恢复正常。因此，增加重试次数，可以明显降低 Supervisor、Nimbus 和 Worker 的自动退出概率。

小结

ZooKeeper 是一个高可用的分布式数据管理与系统协调框架。基于对 ZAB 算法的实现，该框架很好地保证了分布式环境中数据的一致性。也正是基于这样的特性，使得 ZooKeeper 成为了解决分布式一致性问题的利器。随着近年来互联网系统规模的不断扩大，大数据时代飞速到来，越来越多的分布式系统将 ZooKeeper 作为核心组件使用，如 Hadoop、Hbase 和 Kafka 等。因此，正确地理解 ZooKeeper 的应用场景，对于研发人员来说，显得尤为重要。

本章首先从数据发布/订阅、负载均衡、命名服务、分布式通知/协调、集群管理、Master 选举、分布式锁和分布式队列等这些分布式系统中常见的应用场景展开，从理论上向读者讲解了 ZooKeeper 的最佳实践，同时结合 Hadoop、HBase 和 Kafka 等这些大型分布式系统以及阿里巴巴的一系列开源系统，向读者展现了如何借助 ZooKeeper 解决实际生产中的分布式问题。

第 7 章
ZooKeeper 技术内幕

好了，到现在为止，在学习了前面几章的内容之后，相信读者已经能够在应用中很好地使用 ZooKeeper 了。尤其在数据发布/订阅、负载均衡、命名服务、分布式协调/通知、集群管理、Master 选举、分布式锁以及分布式队列等分布式场景中，能够很好地利用 ZooKeeper 来解决实际的分布式问题了。

当然，相信读者也一定对 ZooKeeper 内部如何做到分布式数据一致性而感到好奇。在本章中，我们将从系统模型、序列化与协议、客户端工作原理、会话、服务端工作原理以及数据存储等方面来向读者揭示 ZooKeeper 的技术内幕，帮助读者更深入地了解 ZooKeeper 这一分布式协调框架。

7.1 系统模型

在本节中，我们首先将从数据模型、节点特性、版本、Watcher 和 ACL 五方面来讲述 ZooKeeper 的系统模型。

7.1.1 数据模型

ZooKeeper 的视图结构和标准的 Unix 文件系统非常类似，但没有引入传统文件系统中目录和文件等相关概念，而是使用了其特有的"数据节点"概念，我们称之为 ZNode。ZNode 是 ZooKeeper 中数据的最小单元，每个 ZNode 上都可以保存数据，同时还可以挂载子节点，因此构成了一个层次化的命名空间，我们称之为树。

树

首先我们来看图 7-1 所示的 ZooKeeper 数据节点示意图，从而对 ZooKeeper 上的数据节点有一个大体上的认识。在 ZooKeeper 中，每一个数据节点都被称为一个 ZNode，所有 ZNode 按层次化结构进行组织，形成一棵树。ZNode 的节点路径标识方式和 Unix 文件系统路径非常相似，都是由一系列使用斜杠（/）进行分割的路径表示，开发人员可以向这个节点中写入数据，也可以在节点下面创建子节点。

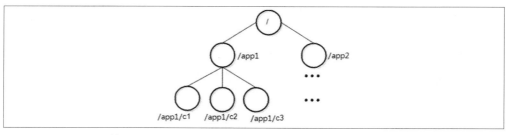

图 7-1. Zookeeper 数据模型

事务 ID

在《事务处理：概念与技术》一书中提到，事务是对物理和抽象的应用状态上的操作集合。在现在的计算机科学中，狭义上的事务通常指的是数据库事务，一般包含了一系列对数据库有序的读写操作，这些数据库事务具有所谓的 ACID 特性，即原子性（Atomic）、一致性（Consistency）、隔离性（Isolation）和持久性（Durability）。

在 ZooKeeper 中，事务是指能够改变 ZooKeeper 服务器状态的操作，我们也称之为事务操作或更新操作，一般包括数据节点创建与删除、数据节点内容更新和客户端会话创建与失效等操作。对于每一个事务请求，ZooKeeper 都会为其分配一个全局唯一的事务 ID，用 ZXID 来表示，通常是一个 64 位的数字。每一个 ZXID 对应一次更新操作，从这些 ZXID 中可以间接地识别出 ZooKeeper 处理这些更新操作请求的全局顺序。

7.1.2 节点特性

在上一节中，我们已经了解到，ZooKeeper 的命名空间是由一系列数据节点组成的，在本节中，我们将对数据节点做详细讲解。

节点类型

在 ZooKeeper 中，每个数据节点都是有生命周期的，其生命周期的长短取决于数据节点的节点类型。在 ZooKeeper 中，节点类型可以分为持久节点（PERSISTENT）、临时节点（EPHEMERAL）和顺序节点（SEQUENTIAL）三大类，具体在节点创建过程中，通过组合使用，可以生成以下四种组合型节点类型：

持久节点（PERSISTENT）

持久节点是 ZooKeeper 中最常见的一种节点类型。所谓持久节点，是指该数据节点被创建后，就会一直存在于 ZooKeeper 服务器上，直到有删除操作来主动清除这个节点。

持久顺序节点（PERSISTENT_SEQUENTIAL）

持久顺序节点的基本特性和持久节点是一致的，额外的特性表现在顺序性上。在 ZooKeeper 中，每个父节点都会为它的第一级子节点维护一份顺序，用于记录下每个子节点创建的先后顺序。基于这个顺序特性，在创建子节点的时候，可以设置这个标记，那么在创建节点过程中，ZooKeeper 会自动为给定节点名加上一个数字后缀，作为一个新的、完整的节点名。另外需要注意的是，这个数字后缀的上限是整型的最大值。

临时节点（EPHEMERAL）

和持久节点不同的是，临时节点的生命周期和客户端的会话绑定在一起，也就是说，如果客户端会话失效，那么这个节点就会被自动清理掉。注意，这里提到的是客户端会话失效，而非 TCP 连接断开。关于 ZooKeeper 客户端会话和连接，将在 7.4 节中做详细讲解。另外，ZooKeeper 规定了不能基于临时节点来创建子节点，即临时节点只能作为叶子节点。

临时顺序节点（EPHEMERAL_SEQUENTIAL）

临时顺序节点的基本特性和临时节点也是一致的，同样是在临时节点的基础上，添加了顺序的特性。

状态信息

在 7.1.1 节中，我们提到可以针对 ZooKeeper 上的数据节点进行数据的写入和子节点的创建。事实上，每个数据节点除了存储了数据内容之外，还存储了数据节点本身的一些状态信息。在 5.2.2 节中，我们介绍了如何使用 `get` 命令来获取一个数据节点的内容，如图 7-2 所示。

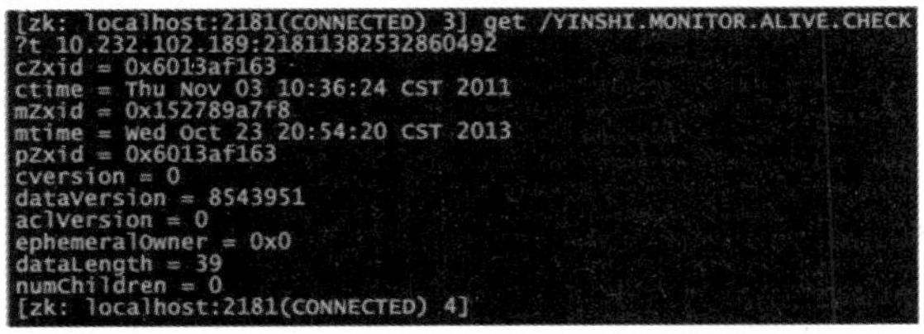

```
[zk: localhost:2181(CONNECTED) 3] get /YINSHI.MONITOR.ALIVE.CHECK
?t 10.232.102.189:21811382532860492
cZxid = 0x6013af163
ctime = Thu Nov 03 10:36:24 CST 2011
mZxid = 0x152789a7f8
mtime = Wed Oct 23 20:54:20 CST 2013
pZxid = 0x6013af163
cversion = 0
dataVersion = 8543951
aclVersion = 0
ephemeralOwner = 0x0
dataLength = 39
numChildren = 0
[zk: localhost:2181(CONNECTED) 4]
```

图 7-2. 命令行获取节点信息

从图 7-2 所示的返回结果中，我们可以看到，第一行是当前数据节点的数据内容，从第二行开始就是节点的状态信息了，这其实就是数据节点的 Stat 对象的格式化输出，图 7-3 展示了 ZooKeeper 中 Stat 类的数据结构。

图 7-3. Stat 类图

从图 7-3 中可以看到，Stat 类中包含了 ZooKeeper 上一个数据节点的所有状态信息，包括事务 ID、版本信息和子节点个数等，表 7-1 中对所有这些属性进行了说明。

表 7-1. Stat 对象状态属性说明

状态属性	说明
czxid	即 Created ZXID，表示该数据节点被创建时的事务 ID
mzxid	即 Modified ZXID，表示该节点最后一次被更新时的事务 ID
ctime	即 Created Time，表示节点被创建的时间
mtime	即 Modified Time，表示该节点最后一次被更新的时间
version	数据节点的版本号。关于 ZooKeeper 中版本相关的内容，将在 7.1.3 节中做详细讲解
cversion	子节点的版本号
aversion	节点的 ACL 版本号
ephemeralOwner	创建该临时节点的会话的 sessionID。如果该节点是持久节点，那么这个属性值为 0
dataLength	数据内容的长度
numChildren	当前节点的子节点个数
pzxid	表示该节点的子节点列表最后一次被修改时的事务 ID。注意，只有子节点列表变更了才会变更 pzxid，子节点内容变更不会影响 pzxid

7.1.3 版本——保证分布式数据原子性操作

ZooKeeper 中为数据节点引入了版本的概念，每个数据节点都具有三种类型的版本信息，对数据节点的任何更新操作都会引起版本号的变化，表 7-2 中对这三类版本信息分别进行了说明。

表 7-2. 数据节点版本类型说明

版本类型	说　　明
version	当前数据节点数据内容的版本号
cversion	当前数据节点子节点的版本号
aversion	当前数据节点 ACL 变更版本号

ZooKeeper 中的版本概念和传统意义上的软件版本有很大的区别，它表示的是对数据节点的数据内容、子节点列表，或是节点 ACL 信息的修改次数，我们以其中的 version 这种版本类型为例来说明。在一个数据节点 /zk-book 被创建完毕之后，节点的 version 值是 0，表示的含义是"当前节点自从创建之后，被更新过 0 次"。如果现在对该节点的数据内容进行更新操作，那么随后，version 的值就会变成 1。同时需要注意的是，在上文中提到的关于 version 的说明，其表示的是对数据节点数据内容的变更次数，强调的是变更次数，因此即使前后两次变更并没有使得数据内容的值发生变化，version 的值依然会变更。

在上面的介绍中，我们基本了解了 ZooKeeper 中的版本概念。那么版本究竟用来干嘛呢？在讲解版本的作用之前，我们首先来看下分布式领域中最常见的一个概念——锁。

一个多线程应用，尤其是分布式系统，在运行过程中往往需要保证数据访问的排他性。例如在最常见的车站售票系统上，在对系统中车票"剩余量"的更新处理中，我们希望在针对某个时间点的数据进行更新操作时（这可能是一个极短的时间间隔，例如几秒或几毫秒，甚至是几纳秒，在计算机科学的有些应用场景中，几纳秒可能也算不上太短的时间间隔），数据不会因为其他人或系统的操作再次发生变化。也就是说，车站的售票员在卖票的过程中，必须要保证在自己的操作过程中，其他售票员不会同时也在出售这个车次的车票。

为保证上面这个场景的正常运作，一种可能的做法或许是这样，车站某售票窗口的售票员突然向其他售票员大喊一声："现在你们不要出售杭州到北京的 XXX 次车票！"然后当他售票完毕后，再次通知大家："该车次已经可以售票啦！"

当然在现实生活中，不会依靠这么原始的人工方式来实现数据访问的排他性，但这个例子给我们的启发是：在并发环境中，我们需要通过一些机制来保证这些数据在某个操作过程中不会被外界修改，我们称这样的机制为"锁"。在数据库技术中，通常提到的"悲观锁"和"乐观锁"就是这种机制的典型实现。

悲观锁，又被称作悲观并发控制（Pessimistic Concurrency Control，PCC），是数据库中一种非常典型且非常严格的并发控制策略。悲观锁具有强烈的独占和排他特性，能够有效地避免不同事务对同一数据并发更新而造成的数据一致性问题。在悲观锁的实现原理中，如果一个事务（假定事务 A）正在对数据进行处理，那么在整个处理过程中，都会将数据处于锁定状态，在这期间，其他事务将无法对这个数据进行更新操作，直到事务 A 完成对该数据的处理，释放了对应的锁之后，其他事务才能够重新竞争来对数据进行更新操作。也就是说，对于一份独立的数据，系统只分配了一把唯一的钥匙，谁获得了这把钥匙，谁就有权力更新这份数据。一般我们认为，在实际生产应用中，悲观锁策略适合解决那些对于数据更新竞争十分激烈的场景——在这类场景中，通常采用简单粗暴的悲观锁机制来解决并发控制问题。

乐观锁，又被称作乐观并发控制（Optimistic Concurrency Control，OCC），也是一种常见的并发控制策略。相对于悲观锁而言，乐观锁机制显得更加宽松与友好。从上面对悲观锁的讲解中我们可以看到，悲观锁假定不同事务之间的处理一定会出现互相干扰，从而需要在一个事务从头到尾的过程中都对数据进行加锁处理。而乐观锁则正好相反，它假定多个事务在处理过程中不会彼此影响，因此在事务处理的绝大部分时间里不需要进行加锁处理。当然，既然有并发，就一定会存在数据更新冲突的可能。在乐观锁机制中，在更新请求提交之前，每个事务都会首先检查当前事务读取数据后，是否有其他事务对该数据进行了修改。如果其他事务有更新的话，那么正在提交的事务就需要回滚。乐观锁通常适合使用在数据并发竞争不大、事务冲突较少的应用场景中。

从上面的讲解中，我们其实可以把一个乐观锁控制的事务分成如下三个阶段：数据读取、写入校验和数据写入，其中写入校验阶段是整个乐观锁控制的关键所在。在写入校验阶段，事务会检查数据在读取阶段后是否有其他事务对数据进行过更新，以确保数据更新的一致性。那么，如何来进行写入校验呢？我们首先可以来看下 JDK 中最典型的乐观锁实现——CAS。在 5.3.5 节中，我们已经对 CAS 理论有过阐述，简单地讲就是"对于值 V，每次更新前都会比对其值是否是预期值 A，只有符合预期，才会将 V 原子化地更新到新值 B"，其中是否符合预期便是乐观锁中的"写入校验"阶段。

好了，现在我们再回过头来看看 ZooKeeper 中版本的作用。事实上，在 ZooKeeper 中，`version` 属性正是用来实现乐观锁机制中的"写入校验"的。在 5.3.5 节中，我们已经详细地讲解了如何正确地使用 `version` 属性来实现乐观锁机制，在这里我们重点看下 ZooKeeper 的内部实现。在 ZooKeeper 服务器的 `PrepRequestProcessor` 处理器类中，在处理每一个数据更新（`setDataRequest`）请求时，会进行如清单 7-1 所示的版本检查。

清单 7-1. `setData` 请求版本检查

```
399     version = setDataRequest.getVersion();
400     int currentVersion = nodeRecord.stat.getVersion();
401     if (version != -1 && version != currentVersion) {
402         throw new KeeperException.BadVersionException(path);
```

```
403        }
404        version = currentVersion + 1;
```

从上面的执行逻辑中,我们可以看出,在进行一次 `setDataRequest` 请求处理时,首先进行了版本检查:ZooKeeper会从 `setDataRequest` 请求中获取到当前请求的版本 `version`,同时从数据记录 `nodeRecord` 中获取到当前服务器上该数据的最新版本 `currentVersion`。如果 `version` 为 "–1",那么说明客户端并不要求使用乐观锁,可以忽略版本比对;如果 `version` 不是 "–1",那么就比对 `version` 和 `currentVersion`,如果两个版本不匹配,那么将会抛出 `BadVersionException` 异常。

7.1.4　Watcher——数据变更的通知

在 6.1.1 节中,我们已经提到,ZooKeeper 提供了分布式数据的发布/订阅功能。一个典型的发布/订阅模型系统定义了一种一对多的订阅关系,能够让多个订阅者同时监听某一个主题对象,当这个主题对象自身状态变化时,会通知所有订阅者,使它们能够做出相应的处理。在 ZooKeeper 中,引入了 Watcher 机制来实现这种分布式的通知功能。ZooKeeper 允许客户端向服务端注册一个 Watcher 监听,当服务端的一些指定事件触发了这个 Watcher,那么就会向指定客户端发送一个事件通知来实现分布式的通知功能。整个 Watcher 注册与通知过程如图 7-4 所示。

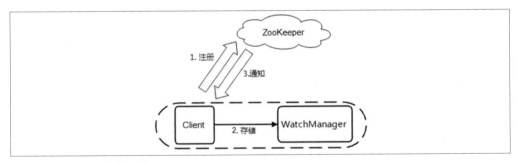

图 7-4.　Watcher 机制概述

从图 7-4 中,我们可以看到,ZooKeeper 的 Watcher 机制主要包括客户端线程、客户端 WatchManager 和 ZooKeeper 服务器三部分。在具体工作流程上,简单地讲,客户端在向 ZooKeeper 服务器注册 Watcher 的同时,会将 Watcher 对象存储在客户端的 WatchManager 中。当 ZooKeeper 服务器端触发 Watcher 事件后,会向客户端发送通知,客户端线程从 WatchManager 中取出对应的 Watcher 对象来执行回调逻辑。

Watcher 接口

在 ZooKeeper 中，接口类 `Watcher` 用于表示一个标准的事件处理器，其定义了事件通知相关的逻辑，包含 `KeeperState` 和 `EventType` 两个枚举类，分别代表了通知状态和事件类型，同时定义了事件的回调方法：`process(WatchedEvent event)`。

Watcher 事件

同一个事件类型在不同的通知状态中代表的含义有所不同，表 7-3 列举了常见的通知状态和事件类型。

表 7-3. Watcher 通知状态与事件类型一览

KeeperState	EventType	触发条件	说　明
SyncConnected (3)	None (-1)	客户端与服务器成功建立会话	此时客户端和服务器处于连接状态
	NodeCreated (1)	Watcher 监听的对应数据节点被创建	
	NodeDeleted (2)	Watcher 监听的对应数据节点被删除	
	NodeDataChanged (3)	Watcher 监听的对应数据节点的数据内容发生变更	
	NodeChildrenChanged (4)	Watcher 监听的对应数据节点的子节点列表发生变更	
Disconnected (0)	None (-1)	客户端与 ZooKeeper 服务器断开连接	此时客户端和服务器处于断开连接状态
Expired (-112)	None (-1)	会话超时	此时客户端会话失效，通常同时也会收到 SessionExpiredException 异常
AuthFailed (4)	None (-1)	通常有两种情况： • 使用错误的 scheme 进行权限检查。 • SASL 权限检查失败。	通常同时也会收到 AuthFailedException 异常
~~Unknown (-1)~~			从 3.1.0 版本开始已废弃
~~NoSyncConnected (1)~~			

表 7-3 中列举了 ZooKeeper 中最常见的几个通知状态和事件类型。其中，针对 `NodeDataChanged` 事件，在 5.3.5 节中也有提到，此处说的变更包括节点的数据内容和数据的版本号 `dataVersion`。因此，即使使用相同的数据内容来更新，还是会触发这个事件通知，因为对于 ZooKeeper 来说，无论数据内容是否变更，一旦有客户端调用了数据更新的接口，且更新成功，就会更新 `dataVersion` 值。

`NodeChildrenChanged` 事件会在数据节点的子节点列表发生变更的时候被触发，这里说的子节点列表变化特指子节点个数和组成情况的变更，即新增子节点或删除子节点，而子节点内容的变化是不会触发这个事件的。

对于 `AuthFailed` 这个事件，需要注意的地方是，它的触发条件并不是简简单单因为当前客户端会话没有权限，而是授权失败。我们首先通过清单 7-2 和清单 7-3 所示的两个例子来看看 `AuthFailed` 这个事件。

清单 7-2. 使用正确的 *Scheme* 进行授权
```
zkClient = new ZooKeeper( SERVER_LIST, 3000, new Sample_AuthFailed1() );
zkClient.addAuthInfo( "digest", "taokeeper:true".getBytes() );
zkClient.create( "/zk-book", "".getBytes(), acls, CreateMode.EPHEMERAL );

zkClient_error = new ZooKeeper( SERVER_LIST, 3000, new Sample_AuthFailed1() );
zkClient_error.addAuthInfo( "digest", "taokeeper:error".getBytes() );
zkClient_error.getData( "/zk-book", true, null );
```

清单 7-3. 使用错误的 *Scheme* 进行授权
```
zkClient = new ZooKeeper( SERVER_LIST, 3000, new Sample_AuthFailed2() );
zkClient.addAuthInfo( "digest", "taokeeper:true".getBytes() );
zkClient.create( "/zk-book", "".getBytes(), acls, CreateMode.EPHEMERAL );

zkClient_error = new ZooKeeper( SERVER_LIST, 3000, new Sample_AuthFailed2() );
zkClient_error.addAuthInfo( "digest2", "taokeeper:error".getBytes() );
zkClient_error.getData( "/zk-book", true, null );
```

上面两个示例程序都创建了一个受到权限控制的数据节点，然后使用了不同的权限 Scheme 进行权限检查。在第一个示例程序中，使用了正确的权限 Scheme：`digest`；而第二个示例程序中使用了错误的 Scheme：`digest2`。另外，无论哪个程序，都使用了错误的 Auth：`taokeeper:error`，因此在运行第一个程序的时候，会抛出 `NoAuthException` 异常，而第二个程序运行后，抛出的是 `AuthFailedException` 异常，同时，会收到对应的 Watcher 事件通知：(`AuthFailed`, `None`)。关于这两个示例的完整程序，可以到本书对应的源代码包中获取，包名为 *book.chapter07.$7_1_4*。

回调方法 `process()`

`process` 方法是 Watcher 接口中的一个回调方法，当 ZooKeeper 向客户端发送一个 Watcher 事件通知时，客户端就会对相应的 `process` 方法进行回调，从而实现对事件的处理。`process` 方法的定义如下：

```
abstract public void process(WatchedEvent event);
```

这个回调方法的定义非常简单，我们重点看下方法的参数定义：`WatchedEvent`。

WatchedEvent 包含了每一个事件的三个基本属性：通知状态（keeperState）、事件类型（eventType）和节点路径（path），其数据结构如图 7-5 所示。ZooKeeper 使用 WatchedEvent 对象来封装服务端事件并传递给 Watcher，从而方便回调方法 process 对服务端事件进行处理。

图 7-5. WatchedEvent 类图

提到 WatchedEvent，不得不讲下 WatcherEvent 实体。笼统地讲，两者表示的是同一个事物，都是对一个服务端事件的封装。不同的是，WatchedEvent 是一个逻辑事件，用于服务端和客户端程序执行过程中所需的逻辑对象，而 WatcherEvent 因为实现了序列化接口，因此可以用于网络传输，其数据结构如图 7-6 所示。

图 7-6. WatcherEvent 类图

服务端在生成 WatchedEvent 事件之后，会调用 getWrapper 方法将自己包装成一个可序列化的 WatcherEvent 事件，以便通过网络传输到客户端。客户端在接收到服务端的这个事件对象后，首先会将 WatcherEvent 事件还原成一个 WatchedEvent 事件，并传递给 process 方法处理，回调方法 process 根据入参就能够解析出完整的服务端事件了。

需要注意的一点是，无论是 WatchedEvent 还是 WatcherEvent，其对 ZooKeeper 服务端事件的封装都是极其简单的。举个例子来说，当 /zk-book 这个节点的数据发生变更时，服务端会发送给客户端一个"ZNode 数据内容变更"事件，客户端只能够接收到如下信息：

KeeperState：SyncConnected
EventType：NodeDataChanged
Path：/zk-book

从上面展示的信息中，我们可以看到，客户端无法直接从该事件中获取到对应数据节点的原始数据内容以及变更后的新数据内容，而是需要客户端再次主动去重新获取数据——这也是 ZooKeeper Watcher 机制的一个非常重要的特性。

工作机制

ZooKeeper 的 Watcher 机制，总的来说可以概括为以下三个过程：客户端注册 Watcher、服务端处理 Watcher 和客户端回调 Watcher，其内部各组件之间的关系如图 7-7 所示。

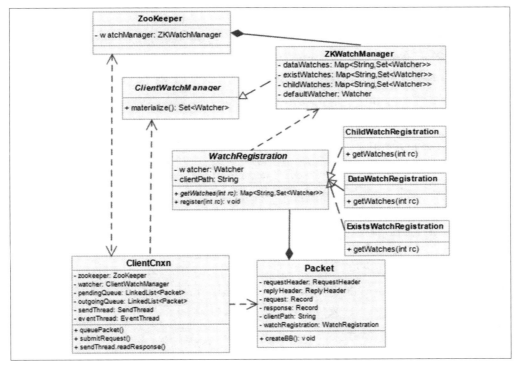

图 7-7. Watcher 相关 UML

客户端注册 Watcher

在 5.3.1 节中，我们提到在创建一个 ZooKeeper 客户端对象实例时，可以向构造方法中传入一个默认的 Watcher：

  public ZooKeeper(String connectString, int sessionTimeout, **Watcher watcher**);

这个 Watcher 将作为整个 ZooKeeper 会话期间的默认 Watcher，会一直被保存在客户端 ZKWatchManager 的 defaultWatcher 中。另外，ZooKeeper 客户端也可以通过

getData、getChildren 和 exist 三个接口来向 ZooKeeper 服务器注册 Watcher，无论使用哪种方式，注册 Watcher 的工作原理都是一致的，这里我们以 getData 这个接口为例来说明。getData 接口用于获取指定节点的数据内容，主要有两个方法：

```
public byte[] getData(String path, boolean watch, Stat stat)
public byte[] getData(final String path, Watcher watcher, Stat stat)
```

在这两个接口上都可以进行 Watcher 的注册，第一个接口通过一个 boolean 参数来标识是否使用上文中提到的默认 Watcher 来进行注册，具体的注册逻辑和第二个接口是一致的。

在向 getData 接口注册 Watcher 后，客户端首先会对当前客户端请求 request 进行标记，将其设置为"使用 Watcher 监听"，同时会封装一个 Watcher 的注册信息 WatchRegistration 对象，用于暂时保存数据节点的路径和 Watcher 的对应关系，具体的逻辑代码如下：

```
public Stat getData(final String path, Watcher watcher, Stat stat)
{
    ……
    WatchRegistration wcb = null;
    if (watcher != null) {
        wcb = new DataWatchRegistration(watcher, clientPath);
    }
    ……
    request.setWatch(watcher != null);
    ReplyHeader r = cnxn.submitRequest(h, request, response, wcb);
    ……
}
```

在 ZooKeeper 中，Packet 可以被看作一个最小的通信协议单元，用于进行客户端与服务端之间的网络传输，任何需要传输的对象都需要包装成一个 Packet 对象。因此，在 ClientCnxn 中 WatchRegistration 又会被封装到 Packet 中去，然后放入发送队列中等待客户端发送：

```
Packet queuePacket(RequestHeader h, ReplyHeader r, Record request,
        Record response, AsyncCallback cb, String clientPath,
        String serverPath, Object ctx, WatchRegistration watchRegistration){
    Packet packet = null;
    ……
    synchronized (outgoingQueue) {
    packet = new Packet(h, r, request, response, watchRegistration);
        ……
    outgoingQueue.add(packet);
        ……
    }
```

随后，ZooKeeper 客户端就会向服务端发送这个请求，同时等待请求的返回。完成请求发送后，会由客户端 SendThread 线程的 readResponse 方法负责接收来自服务端的响应，finishPacket 方法会从 Packet 中取出对应的 Watcher 并注册到 ZKWatchManager 中去：

```
private void finishPacket(Packet p) {
    if (p.watchRegistration != null) {
        p.watchRegistration.register(p.replyHeader.getErr());
    }
    ......
}
```

从上面的内容中，我们已经了解到客户端已经将 Watcher 暂时封装在了 WatchRegistration 对象中，现在就需要从这个封装对象中再次提取出 Watcher 来：

```
protected Map<String, Set<Watcher>> getWatches(int rc) {
    return watchManager.dataWatches;
}
public void register(int rc) {
    if (shouldAddWatch(rc)) {
        Map<String, Set<Watcher>> watches = getWatches(rc);
        synchronized(watches) {
            Set<Watcher> watchers = watches.get(clientPath);
            if (watchers == null) {
                watchers = new HashSet<Watcher>();
                watches.put(clientPath, watchers);
            }
            watchers.add(watcher);
        }
    }
}
```

在 register 方法中，客户端会将之前暂时保存的 Watcher 对象转交给 ZKWatchManager，并最终保存到 dataWatches 中去。ZKWatchManager.dataWatches 是一个 Map<String, Set<Watcher>> 类型的数据结构，用于将数据节点的路径和 Watcher 对象进行一一映射后管理起来。整个客户端 Watcher 的注册流程如图 7-8 所示。

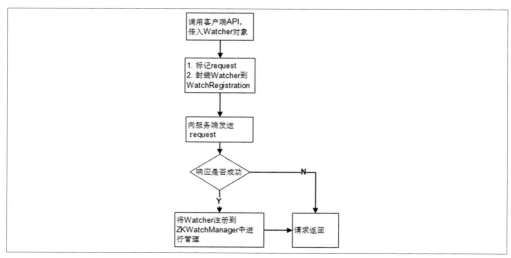

图 7-8. 客户端 Watcher 注册流程图

通过上面的讲解，相信读者已经对客户端的 Watcher 注册流程有了一个大概的了解。但同时我们也可以发现，极端情况下，客户端每调用一次 `getData()` 接口，就会注册上一个 Watcher，那么这些 Watcher 实体都会随着客户端请求被发送到服务端去吗？

答案是否定的。如果客户端注册的所有 Watcher 都被传递到服务端的话，那么服务端肯定会出现内存紧张或其他性能问题了，幸运的是，在 ZooKeeper 的设计中充分考虑到了这个问题。在上面的流程中，我们提到把 `WatchRegistration` 封装到了 `Packet` 对象中去，但事实上，在底层实际的网络传输序列化过程中，并没有将 `WatchRegistration` 对象完全地序列化到底层字节数组中去。为了证实这一点，我们可以看下 `Packet` 内部的序列化过程：

```
public void createBB() {
    try {
        ByteArrayOutputStream baos = new ByteArrayOutputStream();
        BinaryOutputArchive boa = BinaryOutputArchive.getArchive(baos);
        boa.writeInt(-1, "len"); // We'll fill this in later
        if (requestHeader != null) {
            requestHeader.serialize(boa, "header");
        }
        if (request instanceof ConnectRequest) {
            request.serialize(boa, "connect");
            // append "am-I-allowed-to-be-readonly" flag
            boa.writeBool(readOnly, "readOnly");
        } else if (request != null) {
            request.serialize(boa, "request");
        }
    }
    ……
```

}

从上面的代码片段中，我们可以看到，在 `Packet.createBB()` 方法中，ZooKeeper 只会将 `requestHeader` 和 `request` 两个属性进行序列化，也就是说，尽管 `WatchRegistration` 被封装在了 `Packet` 中，但是并没有被序列化到底层字节数组中去，因此也就不会进行网络传输了。

服务端处理 Watcher

上面主要讲解了客户端注册 Watcher 的过程，并且已经了解了最终客户端并不会将 Watcher 对象真正传递到服务端。那么，服务端究竟是如何完成客户端的 Watcher 注册，又是如何来处理这个 Watcher 的呢？本节将主要围绕这两个问题展开进行讲解。

`ServerCnxn` 存储

我们首先来看下服务端接收 Watcher 并将其存储起来的过程，如图 7-9 所示是 ZooKeeper 服务端处理 Watcher 的序列图。

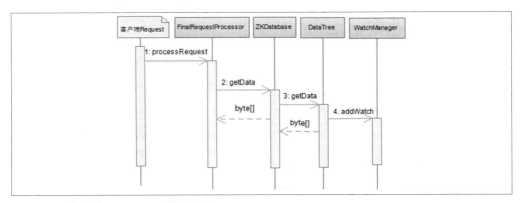

图 7-9. 服务端处理 Watcher 的序列图

从图 7-9 中我们可以看到，服务端收到来自客户端的请求之后，在 `FinalRequestProcessor.processRequest()` 中会判断当前请求是否需要注册 Watcher：

```
case OpCode.getData: {
    ……
    byte b[] = zks.getZKDatabase().getData(getDataRequest.getPath(), stat,
            getDataRequest.getWatch() ? cnxn : null);
    rsp = new GetDataResponse(b, stat);
    break;
}
```

从 `getData` 请求的处理逻辑中，我们可以看到，当 `getDataRequest.getWatch()`

为 true 的时候，ZooKeeper 就认为当前客户端请求需要进行 Watcher 注册，于是就会将当前的 `ServerCnxn` 对象和数据节点路径传入 `getData` 方法中去。那么为什么要传入 `ServerCnxn` 呢？`ServerCnxn` 是一个 ZooKeeper 客户端和服务器之间的连接接口，代表了一个客户端和服务器的连接。`ServerCnxn` 接口的默认实现是 `NIOServerCnxn`，同时从 3.4.0 版本开始，引入了基于 Netty 的实现：`NettyServerCnxn`。无论采用哪种实现方式，都实现了 Watcher 的 `process` 接口，因此我们可以把 `ServerCnxn` 看作是一个 Watcher 对象。数据节点的节点路径和 `ServerCnxn` 最终会被存储在 `WatchManager` 的 `watchTable` 和 `watch2Paths` 中。

`WatchManager` 是 ZooKeeper 服务端 Watcher 的管理者，其内部管理的 `watchTable` 和 `watch2Paths` 两个存储结构，分别从两个维度对 Watcher 进行存储。

- `watchTable` 是从数据节点路径的粒度来托管 Watcher。
- `watch2Paths` 是从 Watcher 的粒度来控制事件触发需要触发的数据节点。

同时，`WatchManager` 还负责 Watcher 事件的触发，并移除那些已经被触发的 Watcher。注意，`WatchManager` 只是一个统称，在服务端，`DataTree` 中会托管两个 `WatchManager`，分别是 `dataWatches` 和 `childWatches`，分别对应数据变更 Watcher 和子节点变更 Watcher。在本例中，因为是 `getData` 接口，因此最终会被存储在 `dataWatches` 中，其数据结构如图 7-10 所示。

图 7-10. WatchManager 数据结构

Watcher 触发

在上面的讲解中，我们了解了对于标记了 Watcher 注册的请求，ZooKeeper 会将其对应的 `ServerCnxn` 存储到 `WatchManager` 中，下面我们来看看服务端是如何触发 Watcher 的。在表 7-3 中我们提到，`NodeDataChanged` 事件的触发条件是"Watcher 监听的对应数据节点的数据内容发生变更"，其具体实现如下：

```
public Stat setData(String path, byte data[], int version, long zxid,
        long time) throws KeeperException.NoNodeException {
    Stat s = new Stat();
```

```
        DataNode n = nodes.get(path);
        if (n == null) {
            throw new KeeperException.NoNodeException();
        }
        byte lastdata[] = null;
        synchronized (n) {
            lastdata = n.data;
            n.data = data;
            n.stat.setMtime(time);
            n.stat.setMzxid(zxid);
            n.stat.setVersion(version);
            n.copyStat(s);
        }
        //……
        dataWatches.triggerWatch(path, EventType.NodeDataChanged);
        return s;
    }
```

在对指定节点进行数据更新后，通过调用 `WatchManager` 的 `triggerWatch` 方法来触发相关的事件：

```
    public Set<Watcher> triggerWatch(String path, EventType type) {
    return triggerWatch(path, type, null);
    }
    public Set<Watcher> triggerWatch(String path, EventType type, Set<Watcher> supress) {
        WatchedEvent e = new WatchedEvent(type,
                KeeperState.SyncConnected, path);
        HashSet<Watcher> watchers;
        synchronized (this) {
            watchers = watchTable.remove(path);
            //……
    //如果不存在Watcher，直接返回
            for (Watcher w : watchers) {
                HashSet<String> paths = watch2Paths.get(w);
                if (paths != null) {
                    paths.remove(path);
                }
            }
        }
        for (Watcher w : watchers) {
            if (supress != null && supress.contains(w)) {
                continue;
            }
            w.process(e);
        }
        return watchers;
    }
```

无论是 `dataWatches` 还是 `childWatches` 管理器，Watcher 的触发逻辑都是一致的，基本步骤如下。

1. 封装 WatchedEvent。

   首先将通知状态（KeeperState）、事件类型（EventType）以及节点路径（Path）封装成一个 WatchedEvent 对象。

2. 查询 Watcher。

   根据数据节点的节点路径从 `watchTable` 中取出对应的 Watcher。如果没有找到 Watcher，说明没有任何客户端在该数据节点上注册过 Watcher，直接退出。而如果找到了这个 Watcher，会将其提取出来，同时会直接从 `watchTable` 和 `watch2Paths` 中将其删除——从这里我们也可以看出，Watcher 在服务端是一次性的，即触发一次就失效了。

3. 调用 `process` 方法来触发 Watcher。

   在这一步中，会逐个依次地调用从步骤 2 中找出的所有 Watcher 的 `process` 方法。那么这里的 `process` 方法究竟做了些什么呢？在上文中我们已经提到，对于需要注册 Watcher 的请求，ZooKeeper 会把当前请求对应的 `ServerCnxn` 作为一个 Watcher 进行存储，因此，这里调用的 `process` 方法，事实上就是 `ServerCnxn` 的对应方法：

   ```
   public class NIOServerCnxn extends ServerCnxn {
   //……
   synchronized public void process(WatchedEvent event) {
       ReplyHeader h = new ReplyHeader(-1, -1L, 0);
       //……
       // Convert WatchedEvent to a type that can be sent over the wire
       WatcherEvent e = event.getWrapper();
   sendResponse(h, e, "notification");
   }
   //……
   ```

   从上面的代码片段中，我们可以看出在 process 方法中，主要逻辑如下。

   - 在请求头中标记 "-1"，表明当前是一个通知。
   - 将 `WatchedEvent` 包装成 `WatcherEvent`，以便进行网络传输序列化。
   - 向客户端发送该通知。

从以上几个步骤中可以看到，`ServerCnxn` 的 `process` 方法中的逻辑非常简单，本质上并不是处理客户端 Watcher 真正的业务逻辑，而是借助当前客户端连接的 `ServerCnxn` 对象来实现对客户端的 `WatchedEvent` 传递，真正的客户端 Watcher 回调与业务逻辑执行都在客户端。

客户端回调 Watcher

上面我们已经讲解了服务端是如何进行 Watcher 触发的，并且知道了最终服务端会通过使用 `ServerCnxn` 对应的 TCP 连接来向客户端发送一个 `WatcherEvent` 事件，下面我们来看看客户端是如何处理这个事件的。

SendThread 接收事件通知

首先我们来看下 ZooKeeper 客户端是如何接收这个客户端事件通知的：

```
class SendThread extends Thread {
    //……
    void readResponse(ByteBuffer incomingBuffer) throws IOException {
        //……
        if (replyHdr.getXid() == -1) {
            // -1 means notification
            //……
            WatcherEvent event = new WatcherEvent();
            event.deserialize(bbia, "response");
            // convert from a server path to a client path
            if (chrootPath != null) {
                String serverPath = event.getPath();
                if(serverPath.compareTo(chrootPath)==0)
                    event.setPath("/");
                else if (serverPath.length() > chrootPath.length())
                    event.setPath(serverPath.substring(chrootPath.length()));
                //……
            }
            WatchedEvent we = new WatchedEvent(event);
            //……
            eventThread.queueEvent( we );
            return;
        }
    //……
```

对于一个来自服务端的响应，客户端都是由 `SendThread.readResponse(ByteBuffer incomingBuffer)` 方法来统一进行处理的，如果响应头 `replyHdr` 中标识了 XID 为–1，表明这是一个通知类型的响应，对其的处理大体上分为以下 4 个主要步骤。

1. 反序列化。

   ZooKeeper 客户端接到请求后,首先会将字节流转换成 `WatcherEvent` 对象。

2. 处理 `chrootPath`。

   如果客户端设置了 `chrootPath` 属性,那么需要对服务端传过来的完整的节点路径进行 `chrootPath` 处理,生成客户端的一个相对节点路径。例如客户端设置了 `chrootPath` 为 */app1*,那么针对服务端传过来的响应包含的节点路径为 */app1/locks*,经过 `chrootPath` 处理后,就会变成一个相对路径:*/locks*。关于 ZooKeeper 的 `chrootPath`,将在 7.3.2 节中做详细讲解。

3. 还原 `WatchedEvent`。

   在本节的"回调方法 `process()` 部分"中提到,`process` 接口的参数定义是 `WatchedEvent`,因此这里需要将 `WatcherEvent` 对象转换成 `WatchedEvent`。

4. 回调 `Watcher`。

   最后将 `WatchedEvent` 对象交给 `EventThread` 线程,在下一个轮询周期中进行 `Watcher` 回调。

EventThread 处理事件通知

在上面内容中我们讲到,服务端的 Watcher 事件通知,最终交给了 `EventThread` 线程来处理,现在我们就来看看 `EventThread` 的一些核心逻辑。`EventThread` 线程是 ZooKeeper 客户端中专门用来处理服务端通知事件的线程,其数据结构如图 7-11 所示。

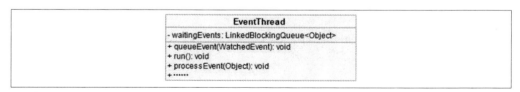

图 7-11. EventThread 数据结构

在上文中,我们讲到 `SendThread` 接收到服务端的通知事件后,会通过调用 `EventThread.queueEvent` 方法将事件传给 `EventThread` 线程,其逻辑如下:

```
public void queueEvent(WatchedEvent event) {
    if (event.getType() == EventType.None
```

```
                && sessionState == event.getState()) {
            return;
        }
        sessionState = event.getState();
        // materialize the watchers based on the event
        WatcherSetEventPair pair = new WatcherSetEventPair(
                watcher.materialize(event.getState(), event.getType(),
                        event.getPath()),
                        event);
        // queue the pair (watch set & event) for later processing
        waitingEvents.add(pair);
    }
```

queueEvent 方法首先会根据该通知事件，从 ZKWatchManager 中取出所有相关的 Watcher：

```
    public Set<Watcher> materialize(Watcher.Event.KeeperState state,
                                    Watcher.Event.EventType type,
                                    String clientPath){
        Set<Watcher> result = new HashSet<Watcher>();
        switch (type) {
        //……
        case NodeDataChanged:
        case NodeCreated:
            synchronized (dataWatches) {
                addTo(dataWatches.remove(clientPath), result);
            }
            synchronized (existWatches) {
                addTo(existWatches.remove(clientPath), result);
            }
            break;
        //……
    return result;
    }
    final private void addTo(Set<Watcher> from, Set<Watcher> to) {
        if (from != null) {
            to.addAll(from);
        }
    }
```

客户端在识别出事件类型 EventType 后，会从相应的 Watcher 存储（即 dataWatches、existWatches 或 childWatches 中的一个或多个，本例中就是从 dataWatches 和 existWatches 两个存储中获取）中去除对应的 Watcher。注意，此处使用的是 remove 接口，因此也表明了客户端的 Watcher 机制同样也是一次性的，即一旦被触发后，该 Watcher 就失效了。

获取到相关的所有 Watcher 之后，会将其放入 waitingEvents 这个队列中去。

`WaitingEvents` 是一个待处理 Watcher 的队列，`EventThread` 的 `run` 方法会不断对该队列进行处理：

```
public void run() {
try {
    isRunning = true;
    while (true) {
        Object event = waitingEvents.take();
        if (event == eventOfDeath) {
            wasKilled = true;
        } else {
            processEvent(event);
        }
      //……
    }
private void processEvent(Object event) {
try {
    if (event instanceof WatcherSetEventPair) {
    // each watcher will process the event
    WatcherSetEventPair pair = (WatcherSetEventPair) event;
    for (Watcher watcher : pair.watchers) {
    try {
        watcher.process(pair.event);
      } catch (Throwable t) {
//……
```

从上面的代码片段中我们可以看出，`EventThread` 线程每次都会从 `waitingEvents` 队列中取出一个 Watcher，并进行串行同步处理。注意，此处 `processEvent` 方法中的 Watcher 才是之前客户端真正注册的 Watcher，调用其 `process` 方法就可以实现 Watcher 的回调了。

Watcher 特性总结

到目前为止，相信读者已经了解了 ZooKeeper 中 Watcher 机制的相关接口定义以及 Watcher 的各类事件。同时，我们以 ZooKeeper 节点的数据内容获取接口为例，从 ZooKeeper 客户端进行 Watcher 注册、服务端处理 Watcher 以及客户端回调 Watcher 三方面分阶段讲解了 ZooKeeper 的 Watcher 工作机制。

通过上面内容的讲解，我们不难发现 ZooKeeper 的 Watcher 具有以下几个特性。

一次性

从上面的介绍中可以看到，无论是服务端还是客户端，一旦一个 Watcher 被触发，ZooKeeper 都会将其从相应的存储中移除。因此，开发人员在 Watcher 的使用上要记住的一点是需要反复注册。这样的设计有效地减轻了服务端的压力。试想，如果注册一个 Watcher 之后一直有效，那么，针对那些更新非常频繁的节点，服务端会不断地向客户端发送事件通知，这无论对于网络还是服务端性能的影响都非常大。

客户端串行执行

客户端 Watcher 回调的过程是一个串行同步的过程，这为我们保证了顺序，同时，需要开发人员注意的一点是，千万不要因为一个 Watcher 的处理逻辑影响了整个客户端的 Watcher 回调。

轻量

`WatchedEvent` 是 ZooKeeper 整个 Watcher 通知机制的最小通知单元，这个数据结构中只包含三部分内容：通知状态、事件类型和节点路径。也就是说，Watcher 通知非常简单，只会告诉客户端发生了事件，而不会说明事件的具体内容。例如针对 `NodeDataChanged` 事件，ZooKeeper 的 Watcher 只会通知客户端指定数据节点的数据内容发生了变更，而对于原始数据以及变更后的新数据都无法从这个事件中直接获取到，而是需要客户端主动重新去获取数据——这也是 ZooKeeper 的 Watcher 机制的一个非常重要的特性。

另外，客户端向服务端注册 Watcher 的时候，并不会把客户端真实的 Watcher 对象传递到服务端，仅仅只是在客户端请求中使用 `boolean` 类型属性进行了标记，同时服务端也仅仅只是保存了当前连接的 `ServerCnxn` 对象。

如此轻量的 Watcher 机制设计，在网络开销和服务端内存开销上都是非常廉价的。

7.1.5　ACL——保障数据的安全

从前面的介绍中，我们已经了解到，ZooKeeper 作为一个分布式协调框架，其内部存储的都是一些关乎分布式系统运行时状态的元数据，尤其是一些涉及分布式锁、Master 选举和分布式协调等应用场景的数据，会直接影响基于 ZooKeeper 进行构建的分布式系统的运行状态。因此，如何有效地保障 ZooKeeper 中数据的安全，从而避免因误操作而带来的数据随意变更导致的分布式系统异常就显得格外重要了。所幸的是，ZooKeeper 提供了一套完善的 ACL（Access Control List）权限控制机制来保障数据的安全。

提到权限控制，我们首先来看看大家都熟悉的、在 Unix/Linux 文件系统中使用的，也是目前应用最广泛的权限控制方式——UGO（User、Group 和 Others）权限控制机制。简单地讲，UGO 就是针对一个文件或目录，对创建者（User）、创建者所在的组（Group）

和其他用户（Other）分别配置不同的权限。从这里可以看出，UGO 其实是一种粗粒度的文件系统权限控制模式，利用 UGO 只能对三类用户进行权限控制，即文件的创建者、创建者所在的组以及其他所有用户，很显然，UGO 无法解决下面这个场景：

> 用户 U_1 创建了文件 F_1，希望 U_1 所在的用户组 G_1 拥有对 F_1 读写和执行的权限，另一个用户组 G_2 拥有读权限，而另外一个用户 U_3 则没有任何权限。

接下去我们来看另外一种典型的权限控制方式：ACL。ACL，即访问控制列表，是一种相对来说比较新颖且更细粒度的权限管理方式，可以针对任意用户和组进行细粒度的权限控制。目前绝大部分 Unix 系统都已经支持了 ACL 方式的权限控制，Linux 也从 2.6 版本的内核开始支持这个特性。

ACL 介绍

在 5.3.7 节中，我们已经讲解了如何使用 ZooKeeper 的 ACL 机制来实现对数据节点的权限控制，在本节中，我们将重点来看看 ZooKeeper 中 ACL 机制的技术内幕。

ZooKeeper 的 ACL 权限控制和 Unix/Linux 操作系统中的 ACL 有一些区别，读者可以从三个方面来理解 ACL 机制，分别是：权限模式（Scheme）、授权对象(ID)和权限(Permission)，通常使用 "scheme:id:permission" 来标识一个有效的 ACL 信息。

权限模式：Scheme

权限模式用来确定权限验证过程中使用的检验策略。在 ZooKeeper 中，开发人员使用最多的就是以下四种权限模式。

IP

> IP 模式通过 IP 地址粒度来进行权限控制，例如配置了 "ip:192.168.0.110"，即表示权限控制都是针对这个 IP 地址的。同时，IP 模式也支持按照网段的方式进行配置，例如 "ip:192.168.0.1/24" 表示针对 192.168.0.* 这个 IP 段进行权限控制。

Digest

> Digest 是最常用的权限控制模式，也更符合我们对于权限控制的认识，其以类似于 "username:password" 形式的权限标识来进行权限配置，便于区分不同应用来进行权限控制。
>
> 当我们通过 "username:password" 形式配置了权限标识后，ZooKeeper 会对其先后进行两次编码处理，分别是 SHA-1 算法加密和 BASE64 编码，其具体实现由

`DigestAuthenticationProvider.generateDigest(String idPassword)`函数进行封装,清单 7-4 所示为使用该函数进行"username:password"编码的一个实例。

清单 7-4. 对 "*password*" 进行编码
```
package book.chapter07.$7_1_5;
import java.security.NoSuchAlgorithmException;
import org.apache.zookeeper.server.auth.DigestAuthenticationProvider;

//对 "username:password" 进行编码
public class DigestAuthenticationProviderUsage {
    public static void main( String[] args ) throws NoSuchAlgorithmException
{
    System.out.println( DigestAuthenticationProvider.generateDigest( "foo:zk-book" ) );
    }
}
```

运行程序,输出结果如下:

foo:kWN6aNSbjcKWPqjiV7cg0N24raU=

从上面的运行结果中可以看出,"username:password" 最终会被混淆为一个无法辨识的字符串。

World

World 是一种最开放的权限控制模式,从其名字中也可以看出,事实上这种权限控制方式几乎没有任何作用,数据节点的访问权限对所有用户开放,即所有用户都可以在不进行任何权限校验的情况下操作 ZooKeeper 上的数据。另外,World 模式也可以看作是一种特殊的 Digest 模式,它只有一个权限标识,即 "world:anyone"。

Super

Super 模式,顾名思义就是超级用户的意思,也是一种特殊的 Digest 模式。在 Super 模式下,超级用户可以对任意 ZooKeeper 上的数据节点进行任何操作。关于 Super 模式的用法,本节后面会进行详细的讲解。

授权对象:ID

授权对象指的是权限赋予的用户或一个指定实体,例如 IP 地址或是机器等。在不同的权限模式下,授权对象是不同的,表 7-4 中列出了各个权限模式和授权对象之间的对应关系。

表 7-4. 权限模式和授权对象的对应关系

权限模式	授权对象
IP	通常是一个 IP 地址或是 IP 段,例如 "192.168.0.110" 或 "192.168.0.1/24"
Digest	自定义,通常是 "username:BASE64(SHA-1(username:password))",例如 "foo: kWN6aNSbjcKWPqjiV7cg0N24raU="
World	只有一个 ID:"anyone"
Super	与 Digest 模式一致

权限:Permission

权限就是指那些通过权限检查后可以被允许执行的操作。在 ZooKeeper 中,所有对数据的操作权限分为以下五大类:

- **CREATE(C)**:数据节点的创建权限,允许授权对象在该数据节点下创建子节点。
- **DELETE(D)**:子节点的删除权限,允许授权对象删除该数据节点的子节点。
- **READ(R)**:数据节点的读取权限,允许授权对象访问该数据节点并读取其数据内容或子节点列表等。
- **WRITE(W)**:数据节点的更新权限,允许授权对象对该数据节点进行更新操作。
- **ADMIN(A)**:数据节点的管理权限,允许授权对象对该数据节点进行 ACL 相关的设置操作。

权限扩展体系

在上文中,我们已经讲解了 ZooKeeper 默认提供的 IP、Digest、World 和 Super 这四种权限模式,在绝大部分的场景下,这四种权限模式已经能够很好地实现权限控制的目的。同时,ZooKeeper 提供了特殊的权限控制插件体系,允许开发人员通过指定方式对 ZooKeeper 的权限进行扩展。这些扩展的权限控制方式就像插件一样插入到 ZooKeeper 的权限体系中去,因此在 ZooKeeper 的官方文档中,也称该机制为 "Pluggable ZooKeeper Authentication"。

实现自定义权限控制器

要实现自定义权限控制器非常简单,ZooKeeper 定义了一个标准权限控制器需要实现的接口:`org.apache.zookeeper.server.auth.AuthenticationProvider`,其接口定义如清单 7-5 所示。

清单 7-5. 权限控制器 `AuthenticationProvider` 接口定义

```
public interface AuthenticationProvider {
    String getScheme();
```

```
    KeeperException.Code handleAuthentication(ServerCnxn cnxn, byte authData[]);
boolean matches(String id, String aclExpr);
boolean isAuthenticated();
boolean isValid(String id);
}
```

用户可以基于该接口来进行自定义权限控制器的实现。事实上，在前面内容中提到的几个权限模式，对应的就是 ZooKeeper 自带的 `DigestAuthenticationProvider` 和 `IPAuthenticationProvider` 两个权限控制器。

注册自定义权限控制器

完成自定义权限控制器的开发后，接下去就需要将该权限控制器注册到 ZooKeeper 服务器中去了。ZooKeeper 支持通过系统属性和配置文件两种方式来注册自定义的权限控制器。

系统属性-`Dzookeeeper.authProvider.X`

  在 ZooKeeper 启动参数中配置类似于如下的系统属性：

    `-Dzookeeper.authProvider.1=com.zkbook.CustomAuthenticationProvider`

配置文件方式

  在 *zoo.cfg* 配置文件中配置类似于如下的配置项：

    `authProvider.1=com.zkbook.CustomAuthenticationProvider`

对于权限控制器的注册，ZooKeeper 采用了延迟加载的策略，即只有在第一次处理包含权限控制的客户端请求时，才会进行权限控制器的初始化。同时，ZooKeeper 还会将所有的权限控制器都注册到 `ProviderRegistry` 中去。在具体的实现中，ZooKeeper 首先会将 `DigestAuthenticationProvider` 和 `IPAuthenticationProvider` 这两个默认的控制器初始化，然后通过扫描 `zookeeper.authProvider.` 这一系统属性，获取到所有用户配置的自定义权限控制器，并完成其初始化。

ACL 管理

讲解完 ZooKeeper 的 ACL 及其扩展机制后，我们来看看如何进行 ACL 管理。

设置 ACL

通过 zkCli 脚本登录 ZooKeeper 服务器后，可以通过两种方式进行 ACL 的设置。一种是在数据节点创建的同时进行 ACL 权限的设置，命令格式如下：

```
create [-s] [-e] path data acl
```

具体使用如清单 7-6 所示。

清单 7-6. *创建数据节点的同时设置 ACL*
```
[zk: localhost CONNECTED 2] create -e /zk-book init digest: foo:
MiGs3Eiy1pP4rvH1Q1NwbP+oUF8=:cdrwa
Created /zk-book
[zk: localhost CONNECTED 3] getAcl /zk-book
'digest,'foo:MiGs3Eiy1pP4rvH1Q1NwbP+oUF8=
: cdrwa
```

另一种方式则是使用 setAcl 命令单独对已经存在的数据节点进行 ACL 设置:

```
setAcl path acl
```

具体使用如清单 7-7 所示。

清单 7-7. *使用 setAcl 命令对数据节点设置 ACL*
```
[zk: localhost CONNECTED 0] create -e /zk-book init
Created /zk-book
[zk: localhost CONNECTED 1] setAcl /zk-book digest:foo:MiGs3Eiy1pP4rvH1Q1NwbP+oUF8=:
cdrwa
cZxid = 0x400000042
ctime = Sun Jul 13 22:14:13 CST 2014
mZxid = 0x400000042
mtime = Sun Jul 13 22:14:13 CST 2014
pZxid = 0x400000042
cversion = 0
dataVersion = 0
aclVersion = 1
ephemeralOwner = 0x1472ff49b020003
dataLength = 4
numChildren = 0
[zk: localhost CONNECTED 3] getAcl /zk-book
'digest,'foo:MiGs3Eiy1pP4rvH1Q1NwbP+oUF8=
: cdrwa
```

Super 模式的用法

根据 ACL 权限控制的原理，一旦对一个数据节点设置了 ACL 权限控制，那么其他没有被授权的 ZooKeeper 客户端将无法访问该数据节点，这的确很好地保证了 ZooKeeper 的数据安全。但同时，ACL 权限控制也给 ZooKeeper 的运维人员带来了一个困扰：如果一个持久数据节点包含了 ACL 权限控制，而其创建者客户端已经退出或已不再使用，那么这些数据节点该如何清理呢？这个时候，就需要在 ACL 的 Super 模式下，使用超级管理员权限来进行处理了。要使用超级管理员权限，首先需要在 ZooKeeper 服务器上开

启 Super 模式,方法是在 ZooKeeper 服务器启动的时候,添加如下系统属性:

-Dzookeeper.DigestAuthenticationProvider.superDigest=**foo:kWN6aNSbjcKWPqjiV7c g0N24raU=**

其中,"foo"代表了一个超级管理员的用户名;"kWN6aNSbjcKWPqjiV7cg0N24raU="是可变的,由 ZooKeeper 的系统管理员来进行自主配置,此例中使用的是"foo:zk-book"的编码。完成对 ZooKeeper 服务器的 Super 模式的开启后,就可以在应用程序中使用了,清单 7-8 是一个使用超级管理员权限操作 ZooKeeper 数据节点的示例程序。

清单 7-8. 使用超级管理员权限操作 *ZooKeeper* 数据节点

```
package book.chapter07.$7_1_5;
import org.apache.zookeeper.CreateMode;
import org.apache.zookeeper.ZooDefs.Ids;
import org.apache.zookeeper.ZooKeeper;
//使用 Super 权限模式进行权限控制
public class AuthSample_Super {

final static String PATH = "/zk-book";
public static void main(String[] args) throws Exception {

    ZooKeeper zookeeper1 = new ZooKeeper("domain1.book.zookeeper:2181",5000, null);
    zookeeper1.addAuthInfo("digest", "foo:true".getBytes());
    zookeeper1.create( PATH, "init".getBytes(), Ids.CREATOR_ALL_ACL, CreateMode.EPHEMERAL );

    ZooKeeper zookeeper2 = new ZooKeeper("domain1.book.zookeeper: 2181",50000, null);
    zookeeper2.addAuthInfo("digest", "foo:zk-book".getBytes());
    System.out.println(zookeeper2.getData( PATH, false, null ));

    ZooKeeper zookeeper3 = new ZooKeeper("domain1.book.zookeeper: 2181",50000, null);
    zookeeper3.addAuthInfo("digest", "foo:false".getBytes());
    System.out.println(zookeeper3.getData( PATH, false, null ));
    }
}
```

运行程序,输出结果如下:

[B@7b7072
org.apache.zookeeper.KeeperException$NoAuthException:
KeeperErrorCode = NoAuth for /zk-book

从上面的输出结果中,我们可以看出,由于"foo:zk-book"是一个超级管理员账户,因此能够针对一个受权限控制的数据节点 *zk-book* 随意进行操作,但是对于"foo:false"这个普通用户，就无法通过权限校验了。

7.2 序列化与协议

在前面的章节中，我们对整个 ZooKeeper 的系统模型进行了全局性的了解，从本节开始，我们将深入 ZooKeeper 的每个组成部分来讲解其内部的实现原理。

从上面的介绍中，我们已经了解到，ZooKeeper 的客户端和服务端之间会进行一系列的网络通信以实现数据的传输。对于一个网络通信，首先需要解决的就是对数据的序列化和反序列化处理，在 ZooKeeper 中，使用了 Jute 这一序列化组件来进行数据的序列化和反序列化操作。同时，为了实现一个高效的网络通信程序，良好的通信协议设计也是至关重要的。本章将围绕 ZooKeeper 的序列化组件 Jute 以及通信协议的设计原理来讲解 ZooKeeper 在网络通信底层的一些技术内幕。

7.2.1 Jute 介绍

Jute 是 ZooKeeper 中的序列化组件，最初也是 Hadoop 中的默认序列化组件，其前身是 Hadoop Record IO 中的序列化组件，后来由于 Apache Avro[注1]具有出众的跨语言特性、丰富的数据结构和对 MapReduce 的天生支持，并且能非常方便地用于 RPC 调用，从而深深吸引了 Hadoop。因此 Hadoop 从 0.21.0 版本开始，废弃了 Record IO，使用了 Avro 这个序列化框架，同时 Jute 也从 Hadoop 工程中被剥离出来，成为了独立的序列化组件。

ZooKeeper 则从第一个正式对外发布的版本（0.0.1 版本）开始，就一直使用 Jute 组件来进行网络数据传输和本地磁盘数据存储的序列化和反序列化工作，一直使用至今。其实在前些年，ZooKeeper 官方也一直在寻求一种高性能的跨语言序列化组件，期间也多次提出要替换 ZooKeeper 的序列化组件。关于序列化组件的改造还需要追溯到 2008 年左右，那时候 ZooKeeper 官方就提出要使用类似于 Apache Avro、Thrift 或是 Google 的 protobuf 这样的组件来替换 Jute，但是考虑到新老版本序列化组件的兼容性，官方团队一直对替换序列化组件工作的推进持保守和观望态度。值得一提的是，在替换序列化组件这件事上，ZooKeeper 官方团队曾经也有过类似于下面这样的方案：服务器开启两个客户端服务端口，让包含新序列化组件的新版客户端连接单独的服务器端口，老版本的客户端则连接另一个端口。但考虑到其实施的复杂性，这个想法设计一直没有落地。更为有趣的是，ZooKeeper 开发团队曾经甚至考虑将"如何让依赖 Jute 组件的老版本客户

注 1： Apache Avro 最初是 Hadoop 的子项目，是由 Hadoop 之父 Doug Cutting 牵头发起开发的跨语言序列化框架，目前已是 Apache 的顶级项目，其官方主页为：*http://avro.apache.org*。

端/服务器和依赖 Avro 组件的新版本客户端/服务器进行无缝通信"这个问题作为 Google Summer of Code 的题目。当然,另一个重要原因是针对 Avro 早期的发布版本,ZooKeeper 官方做了一个 Jute 和 Avro 的性能测试,但是测试结果并不理想,因此也并没有决定使用 Avro——时至今日,Jute 的序列化能力都不曾是 ZooKeeper 的性能瓶颈。

总之,因为种种原因以及 2009 年以后 ZooKeeper 快速地被越来越多的系统使用,开发团队需要将更多的精力放在解决更多优先级更高的需求和 Bug 修复上,以致于替换 Jute 序列化组件的工作一度被搁置——于是我们现在看到,在最新版本的 ZooKeeper 中,底层依然使用了 Jute 这个古老的,并且似乎没有更多其他系统在使用的序列化组件。

在本节接下来的部分,我们将向读者重点介绍 Jute 这种序列化组件在 Java 语言中的使用和实现原理。

7.2.2　使用 Jute 进行序列化

下面我们通过一个例子来看看如何使用 Jute 来完成 Java 对象的序列化和反序列化。假设我们有一个实体类 `MockReqHeader`(代表了一个简单的请求头),其定义如清单 7-9 所示。

清单 7-9. MockReqHeader 实体类定义
```
public class MockReqHeader implements Record {
    private long sessionId;
    private String type;
    public MockReqHeader() {}
    public MockReqHeader( long sessionId, String type ) {
        this.sessionId = sessionId;
        this.type = type;
    }
    public long getSessionId() {
        return sessionId;
    }
    public void setSessionId( long sessionId ) {
        this.sessionId = sessionId;
    }
    public String getType() {
        return type;
    }
    public void setType( String m_ ){
        type = m_;
    }
    public void serialize( OutputArchive a_, String tag ) throws java.io.IOException
    {
        a_.startRecord( this, tag );
```

```
        a_.writeLong( sessionId, "sessionId" );
        a_.writeString( type, "type" );
        a_.endRecord( this, tag );
    }
    public void deserialize( InputArchive a_, String tag ) throws java.io.IOException
    {
        a_.startRecord( tag );
        sessionId = a_.readLong( "sessionId" );
        type = a_.readString( "type" );
        a_.endRecord( tag );
    }
}
```

上面即为一个非常简单的请求头定义，包含了两个成员变量：`sessionId` 和 `type`。接下来我们看看如何使用 Jute 来进行序列化和反序列化。

清单 7-10．`MockReqHeader` 实体类的序列化和反序列化
```
//开始序列化
ByteArrayOutputStream baos = new ByteArrayOutputStream();
BinaryOutputArchive boa = BinaryOutputArchive.getArchive(baos);
new MockReqHeader( 0x34221eccb92a34el, "ping" ).serialize(boa, "header");
//这里通常是 TCP 网络传输对象
ByteBuffer bb = ByteBuffer.wrap( baos.toByteArray() );
//开始反序列化
ByteBufferInputStream bbis = new ByteBufferInputStream(bb);
BinaryInputArchive bbia = BinaryInputArchive.getArchive(bbis);
MockReqHeader header2 = new MockReqHeader();
header2.deserialize(bbia, "header");
bbis.close();
baos.close();
```

上面这个代码片段演示了如何使用 Jute 来对 `MockReqHeader` 对象进行序列化和反序列化，总的来说，大体可以分为 4 步。

1. 实体类需要实现 `Record` 接口的 `serialize` 和 `deserialize` 方法。

2. 构建一个序列化器 `BinaryOutputArchive`。

3. 序列化。

   调用实体类的 `serialize` 方法，将对象序列化到指定 `tag` 中去。例如在本例中就将 `MockReqHeader` 对象序列化到 `header` 中去。

4. 反序列化。

   调用实体类的 `deserialize`，从指定的 `tag` 中反序列化出数据内容。

以上就是 Jute 进行序列化和反序列化的基本过程，读者可以到源代码包 *book.chapter07.$7_2_2* 中查看完整的样例程序。

7.2.3 深入 Jute

从上面的讲解中可以看出，使用 Jute 来进行 Java 对象的序列化和反序列化是非常简单的。接下去我们再通过 Record 序列化接口、序列化器和 Jute 配置文件三方面来深入了解下 Jute。

Record 接口

Jute 定义了自己独特的序列化格式 Record，ZooKeeper 中所有需要进行网络传输或是本地磁盘存储的类型定义，都实现了该接口，其结构简单明了，操作灵活可变，是 Jute 序列化的核心。Record 接口定义了两个最基本的方法，分别是 serialize 和 deserialize，分别用于序列化和反序列化：

```
package org.apache.jute;
import java.io.IOException;
public interface Record {
public void serialize(OutputArchive archive, String tag) throws IOException;
public void deserialize(InputArchive archive, String tag) throws IOException;
}
```

所有实体类通过实现 Record 接口的这两个方法，来定义自己将如何被序列化和反序列化。其中 archive 是底层真正的序列化器和反序列化器，并且每个 archive 中可以包含对多个对象的序列化和反序列化，因此两个接口方法中都标记了参数 tag，用于向序列化器和反序列化器标识对象自己的标记。例如在清单 7-10 所示的代码片段中，将 MockReqHeader 对象交付给 boa 序列化器进行序列化，并标记为 header。

我们再重点来看清单 7-9 中对序列化和反序列化接口方法的实现：

```
public void serialize( OutputArchive a_, String tag ) throws java.io.IOException
{
    a_.startRecord( this, tag );
    a_.writeLong( sessionId, "sessionId" );
    a_.writeString( type, "type" );
    a_.endRecord( this, tag );
}
public void deserialize( InputArchive a_, String tag ) throws java.io.IOException
{
    a_.startRecord( tag );
    sessionId = a_.readLong( "sessionId" );
    type = a_.readString( "type" );
```

```
        a_.endRecord( tag );
    }
```

我们可以看到，在这个样例实现中，serialize 和 deserialize 的过程基本上是两个相反的过程，serialize 过程就是将当前对象的各个成员变量以一定的标记（tag）写入到序列化器中去；而 deserialize 过程则正好相反，是从反序列化器中根据指定的标记（tag）将数据读取出来，并赋值给相应的成员变量。

OutputArchive 和 InputArchive

OutputArchive 和 InputArchive 分别是 Jute 底层的序列化器和反序列化器接口定义。在最新版本的 Jute 中，分别有 BinaryOutputArchive/BinaryInputArchive、CsvOutputArchive/CsvInputArchive 和 XmlOutputArchive/ XmlInputArchive 三种实现。无论哪种实现，都是基于 OutputStream 和 InputStream 进行操作。

关于三种序列化/反序列化器的实现，读者可以到 ZooKeeper 的 org.apache.jute 包下面进行查阅。BinaryOutputArchive 对数据对象的序列化和反序列化，主要用于进行网络传输和本地磁盘的存储，是 ZooKeeper 底层最主要的序列化方式。CsvOutputArchive 对数据的序列化，则更多的是方便数据对象的可视化展现，因此被使用在 toString 方法中。最后一种 XmlOutputArchive，则是为了将数据对象以 XML 格式保存和还原，但是目前在 ZooKeeper 中基本没有被使用到。

zookeeper.jute

很多读者在阅读 ZooKeeper 的代码的过程中，都会发现一个有趣的现象，那就是在很多 ZooKeeper 类的说明中，都写着 "File generated by hadoop record compiler. Do not edit." 这是因为该类并不是 ZooKeeper 的开发人员编写的，而是通过 Jute 组件在编译过程中动态生成的。在 ZooKeeper 的 *src* 目录下，有一个名叫 *zookeeper.jute* 的文件：

清单 7-11. *zookeeper.jute 定义*
```
module org.apache.zookeeper.data {
class Id {
ustring scheme;
ustring id;
    }
class ACL {
int perms;
    Id id;
    }
    ……
```

在这个文件中定义了所有实体类的所属包名、类名以及该类的所有成员变量及其类型。

例如清单 7-11 中的代码片段就分别定义了 `org.apache.zookeeper.data.Id` 和 `org.apache.zookeeper.data.ACL` 两个类。

有了这个定义文件后，在源代码编译阶段，Jute 会使用不同的代码生成器来为这些类定义生成实际编程语言（Java 或 C/C++）的类文件。以 Java 语言为例，Jute 会使用 `JavaGenerator` 来生成相应的类文件，这些类文件都会被存放在 *src\java\generated* 目录下。需要注意的一点是，使用这种方式生成的类，都会实现 `Record` 接口。

7.2.4 通信协议

基于 TCP/IP 协议，ZooKeeper 实现了自己的通信协议来完成客户端与服务端、服务端与服务端之间的网络通信。ZooKeeper 通信协议整体上的设计非常简单，对于请求，主要包含请求头和请求体，而对于响应，则主要包含响应头和响应体，如图 7-12 所示。

len	请求头	请求体

len	响应头	响应体

图 7-12. 通信协议体

协议解析：请求部分

我们首先来看请求协议的详细设计，图 7-13 定义了一个"获取节点数据"请求的完整协议定义。

Bit Offset	0 – 3	4 – 11		12 – n		
		4 – 7	8 – 11	12 – 15	16 – (n-1)	n
Protocol Part	len	xid	type	len	path	watch

图 7-13. GetDataRequest 请求完整协议定义

接下来，我们将从请求头和请求体两方面分别解析 ZooKeeper 请求的协议设计。

请求头：`RequestHeader`

请求头中包含了请求最基本的信息，包括 `xid` 和 `type`：

```
module org.apache.zookeeper.proto {
    ……
    class RequestHeader {
    int xid;
```

```
int type;
}
......
```

xid 用于记录客户端请求发起的先后序号，用来确保单个客户端请求的响应顺序。type 代表请求的操作类型，常见的包括创建节点（OpCode.create：1）、删除节点（OpCode.create：2）和获取节点数据（OpCode.getData：4）等，所有这些操作类型都被定义在类 org.apache.zookeeper.ZooDefs.OpCode 中。根据协议规定，除非是"会话创建"请求，其他所有的客户端请求中都会带上请求头。

请求体：Request

协议的请求体部分是指请求的主体内容部分，包含了请求的所有操作内容。不同的请求类型，其请求体部分的结构是不同的，下面我们以会话创建、获取节点数据和更新节点数据这三个典型的请求体为例来对请求体进行详细分析。

ConnectRequest：会话创建

ZooKeeper 客户端和服务器在创建会话的时候，会发送 ConnectRequest 请求，该请求体中包含了协议的版本号 protocolVersion、最近一次接收到的服务器 ZXID lastZxidSeen、会话超时时间 timeOut、会话标识 sessionId 和会话密码 passwd，其数据结构定义如下：

```
module org.apache.zookeeper.proto {
class ConnectRequest {
int protocolVersion;
long lastZxidSeen;
int timeOut;
long sessionId;
buffer passwd;
}
......
```

GetDataRequest：获取节点数据

ZooKeeper 客户端在向服务器发送获取节点数据请求的时候，会发送 GetDataRequest 请求，该请求体中包含了数据节点的节点路径 path 和是否注册 Watcher 的标识 watch，其数据结构定义如下：

```
module org.apache.zookeeper.proto {
class GetDataRequest {
ustring path;
boolean watch;
}
```

……

SetDataRequest：更新节点数据

ZooKeeper 客户端在向服务器发送更新节点数据请求的时候，会发送 SetDataRequest 请求，该请求体中包含了数据节点的节点路径 path、数据内容 data 和节点数据的期望版本号 version，其数据结构定义如下：

```
module org.apache.zookeeper.proto {
class SetDataRequest {
ustring path;
buffer data;
int version;
}
……
```

以上介绍了常见的三种典型请求体定义，针对不同的请求类型，ZooKeeper 都会定义不同的请求体，读者可以到 org.apache.zookeeper.proto 包下自行查看。

请求协议实例：获取节点数据

上面我们分别介绍了请求头和请求体的协议定义，现在我们通过一个客户端"获取节点数据"的具体例子来进一步了解请求协议。

清单 7-12. 发起一次简单的获取节点数据请求
```
public class A_simple_get_data_request implements Watcher {
public static void main(String[] args) throws Exception {
    ZooKeeper zk = new ZooKeeper("domain1.book.zookeeper",//
        5000,//
        new A_simple_get_data_request());
zk.getData("/$7_2_4/get_data", true, null);
    }
public void process(WatchedEvent event) {}
}
```

清单 7-12 是一个发起一次简单的获取节点数据内容请求的样例程序，读者可以到 *book.chapter07.$7_2_4* 包中查看完整的源代码。客户端调用 getData 接口，实际上就是向 ZooKeeper 服务端发送了一个 GetDataRequest 请求。使用 Wireshark[注2] 获取到其发送的网络 TCP 包，如图 7-14 所示。

注 2： Wireshark（前称 Ethereal）是一个网络封包分析软件，由 GeraldCombs 在 1997 年开发，于 1998 年开源至今，已经吸引数以千计的开发人员参与开发与改进。其官方网站是：*www.wireshark.org*。

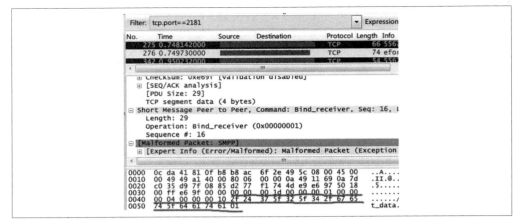

图 7-14. GetDataRequest 请求完整协议十六进制表示

在图 7-14 中,我们获取到了 ZooKeeper 客户端请求发出后,在 TCP 层数据传输的十六进制表示,其中带下划线的部分就是对应的 GetDataRequest 请求,即"[00,00,00,1d,00,00,00,01,00,00,00,04,00,00,00,10,2f,24,37,5f,32,5f,34,2f,67,65,74,5f,64,61,74,61,01]"。通过比对图 7-13 中的 GetDataRequest 请求的完整协议定义,我们来分析下这个十六进制字节数组的含义,如表 7-5 所示。

表 7-5. GetDataRequest 请求协议解析

十六进制位	协议部分	数值或字符串
00,00,00,1d	0~3 位是 len,代表整个请求的数据包长度	29
00,00,00,01	4~7 位是 xid,代表客户端请求的发起序号	1
00,00,00,04	8~11 位是 type,代表客户端请求类型	4(代表 OpCode.getData)
00,00,00,10	12~15 位是 len,代表节点路径的长度	16(代表节点路径长度转换成十六进制是 16 位)
2f,24,37,5f, 32,5f,34,2f, 67,65,74,5f, 64,61,74,61	16~31 位是 path,代表节点路径	/$7_2_4/get_data(通过比对 ASCII 码表转换成十进制即可)
01	32 位是 watch,代表是否注册 Watcher	1(代表注册 Watcher)

表 7-5 中分段解析了 ZooKeeper 客户端的 GetDataRequest 请求发送的数据,其他请求也都类似,感兴趣的读者可以使用相同的方法自行分析。

协议解析:响应部分

上面我们已经对 ZooKeeper 请求部分的协议进行了解析,接下来我们看看服务器端响应的协议解析。我们首先来看响应协议的详细设计,图 7-15 定义了一个"获取节点数据"响应的完整协议定义。

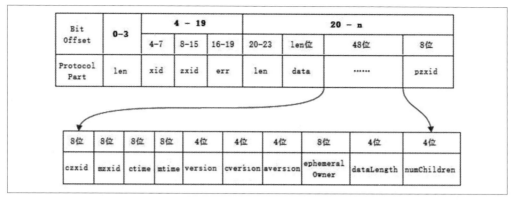

图 7-15. GetDataResponse 响应完整协议定义

响应头：ReplyHeader

响应头中包含了每一个响应最基本的信息，包括 xid、zxid 和 err：

```
module org.apache.zookeeper.proto {
……
class ReplyHeader {
int xid;
long zxid;
int err;
}
……
```

xid 和上文中提到的请求头中的 xid 是一致的，响应中只是将请求中的 xid 原值返回。zxid 代表 ZooKeeper 服务器上当前最新的事务 ID。err 则是一个错误码，当请求处理过程中出现异常情况时，会在这个错误码中标识出来，常见的包括处理成功（Code.OK：0）、节点不存在（Code.NONODE：101）和没有权限（Code.NOAUTH：102）等，所有这些错误码都被定义在类 org.apache.zookeeper.KeeperException.Code 中。

响应体：Response

协议的响应体部分是指响应的主体内容部分，包含了响应的所有返回数据。不同的响应类型，其响应体部分的结构是不同的，下面我们以会话创建、获取节点数据和更新节点数据这三个典型的响应体为例来对响应体进行详细分析。

ConnectResponse：会话创建

针对客户端的会话创建请求，服务端会返回客户端一个 ConnectResponse 响应，该响应体中包含了协议的版本号 `protocolVersion`、会话的超时时间 `timeOut`、会话标识 `sessionId` 和会话密码 `passwd`，其数据结构定义如下：

```
module org.apache.zookeeper.proto {
class ConnectResponse {
int protocolVersion;
int timeOut;
long sessionId;
buffer passwd;
    }
......
```

GetDataResponse：获取节点数据

针对客户端的获取节点数据请求，服务端会返回客户端一个 `GetDataResponse` 响应，该响应体中包含了数据节点的数据内容 `data` 和节点状态 `stat`，其数据结构定义如下：

```
module org.apache.zookeeper.proto {
class GetDataResponse {
buffer data;
org.apache.zookeeper.data.Stat stat;
    }
......
```

SetDataResponse：更新节点数据

针对客户端的更新节点数据请求，服务端会返回客户端一个 `SetDataResponse` 响应，该响应体中包含了最新的节点状态 `stat`，其数据结构定义如下：

```
module org.apache.zookeeper.proto {
class SetDataResponse {
org.apache.zookeeper.data.Stat stat;
    }
......
```

以上介绍了常见的三种典型响应体定义，针对不同的响应类型，ZooKeeper 都会定义不同的响应体，读者可以到 `org.apache.zookeeper.proto` 包下自行查看。

响应协议实例：获取节点数据

在上面的内容中，我们分别介绍了响应头和响应体的协议定义，现在我们再次通过上文中提到的客户端"获取节点数据"的例子来对响应协议做一个实际分析。

这里的测试用例还是使用清单 7-12 中的示例程序，只是这次我们使用 Wireshark 获取到服务端响应客户端时的网络 TCP 包，如图 7-16 所示。

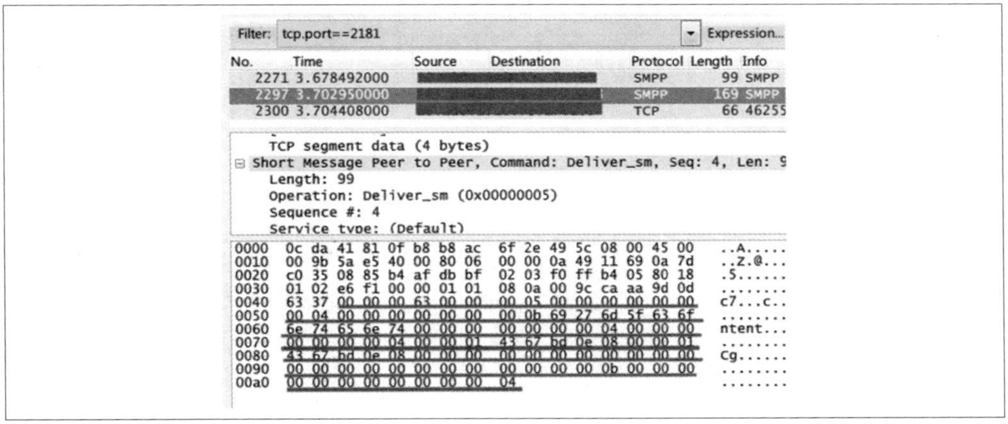

图 7-16. GetDataResponse 完整协议十六进制表示

在图 7-16 中，我们获取到了 ZooKeeper 服务端响应发出之后，在 TCP 层数据传输的十六进制表示，其中带下划线的部分就是对应的 GetDataResponse 响应，即 "[00,00,00, 63,00,00,00,05,00,00,00,00,00,00,00,04,00,00,00,00,00,00,00,0b,69,27,6d,5f,63,6f,6e,74,65, 6e,74,00,00,00,00,00,00,00,04,00,00,00,00,00,00,00,04,00,00,01,43,67,bd,0e,08,00,00,01,43, 67,bd,0e,08,00,00,00,00,00,00,00,00,00,00,00,00,00,00,00,00,00,00,00,00,00,00,0b,00,00, 00,00,00,00,00,00,00,00,04]"。通过比对图 7-15 中的 GetDataResponse 响应完整协议定义，我们来分析下这个十六进制字节数组的含义，如表 7-6 所示。

表 7-6. GetDataResponse 响应协议解析

十六进制位	协议部分	数值或字符串
00,00,00,63	0～3 位是 len，代表整个响应的数据包长度	99
00,00,00,05	4～7 位是 xid，代表客户端请求发起的序号	5（代表本次请求是客户端会话创建后的第 5 次请求发送）
00,00,00,00, 00,00,00,04	8～15 位是 zxid，代表当前服务端处理过的最新的 ZXID 值	4
00,00,00,00	16～19 位是 err，代表错误码	0（代表 Code.OK）
00,00,00,0b	20～23 位是 len，代表节点数据内容的长度	11（代表接下去 11 位是数据内容的字节数组）
69,27,6d,5f, 63,6f,6e,74, 65,6e,74	24～34 位是 data，代表节点的数据内容	i'm_content
00,00,00,00, 00,00,00,04	35～42 位是 czxid，代表创建该数据节点时的 ZXID	4
00,00,00,00, 00,00,00,04	43～50 位是 mzxid，代表最后一次修改该数据节点时的 ZXID	4
00,00,01,43, 67,bd,0e,08	51～58 位是 ctime，代表数据节点的创建时间	1389014879752（即：2014-01-06 21:27:59）

续表

十六进制位	协议部分	数值或字符串
00,00,01,43, 67,bd,0e,08	59~66 位是 mtime,代表数据节点最后一次变更的时间	1389014879752（即：2014-01-06 21:27:59）
00,00,00,00	67~70 位是 version,代表数据节点的内容的版本号	0
00,00,00,00	71~74 位是 cversion,代表数据节点的子节点版本号	0
00,00,00,00	75~78 位是 aversion,代表数据节点的 ACL 变更版本号	0
00,00,00,00, 00,00,00,00	79~86 位是 ephemeralOwner,如果该数据节点是临时节点,那么就会记录创建该临时节点的会话 ID,如果是持久节点,则为 0	0（代表该节点是持久节点）
00,00,00,0b	87~90 位是 dataLength,代表数据节点的数据内容长度	11
00,00,00,00	91~94 位是 numChildren,代表数据节点的子节点个数	0
00,00,00,00, 00,00,00,04	95~102 位是 pzxid,代表最后一次对子节点列表变更的 PZXID	4

表 7-6 中分段解析了 ZooKeeper 服务端的 `GetDataResponse` 响应发送的数据,其他响应也都类似,感兴趣的读者可以使用相同的方法自行分析。

7.3 客户端

客户端是开发人员使用 ZooKeeper 最主要的途径,因此我们有必要对 ZooKeeper 客户端的内部原理进行详细讲解。ZooKeeper 的客户端主要由以下几个核心组件组成。

- **ZooKeeper 实例**:客户端的入口。
- **ClientWatchManager**:客户端 Watcher 管理器。
- **HostProvider**:客户端地址列表管理器。
- **ClientCnxn**:客户端核心线程,其内部又包含两个线程,即 `SendThread` 和 `EventThread`。前者是一个 I/O 线程,主要负责 ZooKeeper 客户端和服务端之间的网络 I/O 通信;后者是一个事件线程,主要负责对服务端事件进行处理。

客户端整体结构如图 7-17 所示。

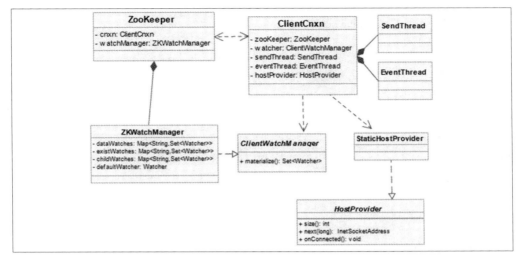

图 7-17. 客户端整体结构

ZooKeeper 客户端的初始化与启动环节,实际上就是 ZooKeeper 对象的实例化过程,因此我们首先来看下 ZooKeeper 客户端的构造方法:

```
ZooKeeper(String connectString, int sessionTimeout, Watcher watcher);
ZooKeeper(String connectString, int sessionTimeout, Watcher watcher,
boolean canBeReadOnly)
ZooKeeper(String connectString, int sessionTimeout, Watcher watcher,
long sessionId, byte[] sessionPasswd)
ZooKeeper(String connectString, int sessionTimeout, Watcher watcher,
long sessionId, byte[] sessionPasswd, boolean canBeReadOnly)
```

关于 ZooKeeper 构造方法的参数说明,在 5.3.1 节中已经做了详细的解释,这里不再赘述。客户端的整个初始化和启动过程大体可以分为以下 3 个步骤。

1. 设置默认 Watcher。

2. 设置 ZooKeeper 服务器地址列表。

3. 创建 `ClientCnxn`。

如果在 ZooKeeper 的构造方法中传入一个 Watcher 对象的话,那么 ZooKeeper 就会将这个 Watcher 对象保存在 `ZKWatchManager` 的 `defaultWatcher` 中,作为整个客户端会话期间的默认 Watcher。关于 Watcher 的更多详细讲解,已经在 7.1.4 节中做了详细说明。

7.3 客户端 | 285

7.3.1 一次会话的创建过程

为了帮助读者更好地了解 ZooKeeper 客户端的工作原理，我们首先从一次客户端会话的创建过程讲起，从而先对 ZooKeeper 的客户端及其几个重要组件之间的协作关系有一个宏观上的了解，如图 7-18 所示是客户端一次会话创建的基本过程。在这个流程图中，所有以白色作为底色的框图流程可以看作是第一阶段，我们称之为初始化阶段；以斜线底纹表示的流程是第二阶段，称之为会话创建阶段；以点状底纹表示的则是客户端在接收到服务端响应后的对应处理，称之为响应处理阶段。

初始化阶段

1. 初始化 ZooKeeper 对象。

   通过调用 ZooKeeper 的构造方法来实例化一个 ZooKeeper 对象，在初始化过程中，会创建一个客户端的 Watcher 管理器：`ClientWatchManager`。

2. 设置会话默认 Watcher。

   如果在构造方法中传入了一个 Watcher 对象，那么客户端会将这个对象作为默认 Watcher 保存在 `ClientWatchManager` 中。

3. 构造 ZooKeeper 服务器地址列表管理器：`HostProvider`。

   对于构造方法中传入的服务器地址，客户端会将其存放在服务器地址列表管理器 `HostProvider` 中。

4. 创建并初始化客户端网络连接器：`ClientCnxn`。

   ZooKeeper 客户端首先会创建一个网络连接器 `ClientCnxn`，用来管理客户端与服务器的网络交互。另外，客户端在创建 `ClientCnxn` 的同时，还会初始化客户端两个核心队列 `outgoingQueue` 和 `pendingQueue`，分别作为客户端的请求发送队列和服务端响应的等待队列。

   在后面的章节中我们也会讲到，`ClientCnxn` 连接器的底层 I/O 处理器是 `ClientCnxnSocket`，因此在这一步中，客户端还会同时创建 `ClientCnxnSocket` 处理器。

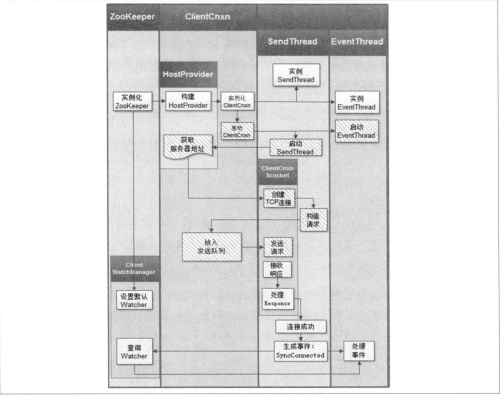

图 7-18. ZooKeeper 客户端一次会话的创建过程

5. 初始化 `SendThread` 和 `EventThread`。

   客户端会创建两个核心网络线程 `SendThread` 和 `EventThread`，前者用于管理客户端和服务端之间的所有网络 I/O，后者则用于进行客户端的事件处理。同时，客户端还会将 `ClientCnxnSocket` 分配给 `SendThread` 作为底层网络 I/O 处理器，并初始化 `EventThread` 的待处理事件队列 `waitingEvents`，用于存放所有等待被客户端处理的事件。

会话创建阶段

6. 启动 `SendThread` 和 `EventThread`

   `SendThread` 首先会判断当前客户端的状态，进行一系列清理性工作，为客户端发送"会话创建"请求做准备。

7.3 客户端 | 287

7. 获取一个服务器地址。

    在开始创建 TCP 连接之前，`SendThread` 首先需要获取一个 ZooKeeper 服务器的目标地址，这通常是从 `HostProvider` 中随机获取出一个地址，然后委托给 `ClientCnxnSocket` 去创建与 ZooKeeper 服务器之间的 TCP 连接。

8. 创建 TCP 连接。

    获取到一个服务器地址后，`ClientCnxnSocket` 负责和服务器创建一个 TCP 长连接。

9. 构造 ConnectRequest 请求。

    在 TCP 连接创建完毕后，可能有的读者会认为，这样是否就说明已经和 ZooKeeper 服务器完成连接了呢？其实不然，步骤 8 只是纯粹地从网络 TCP 层面完成了客户端与服务端之间的 Socket 连接，但远未完成 ZooKeeper 客户端的会话创建。

    `SendThread` 会负责根据当前客户端的实际设置，构造出一个 `ConnectRequest` 请求，该请求代表了客户端试图与服务器创建一个会话。同时，ZooKeeper 客户端还会进一步将该请求包装成网络 I/O 层的 `Packet` 对象，放入请求发送队列 `outgoingQueue` 中去。

10. 发送请求

    当客户端请求准备完毕后，就可以开始向服务端发送请求了。`ClientCnxnSocket` 负责从 `outgoingQueue` 中取出一个待发送的 `Packet` 对象，将其序列化成 `ByteBuffer` 后，向服务端进行发送。

响应处理阶段

11. 接收服务端响应。

    `ClientCnxnSocket` 接收到服务端的响应后，会首先判断当前的客户端状态是否是"已初始化"，如果尚未完成初始化，那么就认为该响应一定是会话创建请求的响应，直接交由 `readConnectResult` 方法来处理该响应。

12. 处理 Response。

    `ClientCnxnSocket` 会对接收到的服务端响应进行反序列化，得到 `ConnectResponse` 对象，并从中获取到 ZooKeeper 服务端分配的会话 `sessionId`。

13. 连接成功。

    连接成功后，一方面需要通知 `SendThread` 线程，进一步对客户端进行会话参数的设置，包括 `readTimeout` 和 `connectTimeout` 等，并更新客户端状态；另一方面，需要通知地址管理器 `HostProvider` 当前成功连接的服务器地址。

14. 生成事件：`SyncConnected-None`。

    为了能够让上层应用感知到会话的成功创建，`SendThread` 会生成一个事件 `SyncConnected-None`，代表客户端与服务器会话创建成功，并将该事件传递给 `EventThread` 线程。

15. 查询 Watcher。

    `EventThread` 线程收到事件后，会从 `ClientWatchManager` 管理器中查询出对应的 Watcher，针对 `SyncConnected-None` 事件，那么就直接找出步骤 2 中存储的默认 Watcher，然后将其放到 `EventThread` 的 `waitingEvents` 队列中去。

16. 处理事件

    `EventThread` 不断地从 `waitingEvents` 队列中取出待处理的 Watcher 对象，然后直接调用该对象的 `process` 接口方法，以达到触发 Watcher 的目的。

至此，ZooKeeper 客户端完整的一次会话创建过程已经全部完成了。上面讲解的这 16 个步骤虽然都是比较粗略的说明，但也能帮助我们对 ZooKeeper 客户端整个会话的创建过程有一个很好的理解。另外，通过对客户端一次会话的创建过程的讲解，相信读者对地址列表管理器、`ClientCnxn` 和 `ClientCnxnSocket` 等这些 ZooKeeper 客户端的核心组件及其之间的关系和协作过程也有了一个大体上的认识。本节余下部分将重点从这些组件展开来进一步讲解 ZooKeeper 客户端的技术内幕。

7.3.2 服务器地址列表

在使用 ZooKeeper 构造方法时，用户传入的 ZooKeeper 服务器地址列表，即 `connectString` 参数，通常是这样一个使用英文状态逗号分隔的多个 IP 地址和端口的字符串：

    192.168.0.1:2181,192.168.0.1:2181,192.168.0.1:2181

从这个地址串中我们可以看出，ZooKeeper 客户端允许我们将服务器的所有地址都配置在一个字符串上，于是一个问题就来了：ZooKeeper 客户端在连接服务器的过程中，是如何从这个服务器列表中选择服务器机器的呢？是按序访问，还是随机访问呢？

ZooKeeper 客户端内部在接收到这个服务器地址列表后，会将其首先放入一个 `ConnectStringParser` 对象中封装起来。`ConnectStringParser` 是一个服务器地址列表的解析器，该类的基本结构如下：

```
public final class ConnectStringParser {
  String chrootPath;
  ArrayList<InetSocketAddress> serverAddresses = new ArrayList< InetSocketAddress>();
}
```

`ConnectStringParser` 解析器将会对传入的 `connectString` 做两个主要处理：解析 chrootPath；保存服务器地址列表。

Chroot：客户端隔离命名空间

在 3.2.0 及其之后版本的 ZooKeeper 中，添加了"Chroot"特性[注3]，该特性允许每个客户端为自己设置一个命名空间（Namespace）。如果一个 ZooKeeper 客户端设置了 Chroot，那么该客户端对服务器的任何操作，都将会被限制在其自己的命名空间下。

举个例子来说，如果我们希望为应用 X 分配 /apps/X 下的所有子节点，那么该应用可以将其所有 ZooKeeper 客户端的 Chroot 设置为 /apps/X 的。一旦设置了 Chroot 之后，那么对这个客户端来说，所有的节点路径都以 /apps/X 为根节点，它和 ZooKeeper 发起的所有请求中相关的节点路径，都将是一个相对路径——相对于 /apps/X 的路径。例如通过 ZooKeeper 客户端 API 创建节点 /test_chroot，那么实际上在服务端被创建的节点是 /apps/X/test_chroot。通过设置 Chroot，我们能够将一个客户端应用与 ZooKeeper 服务端的一棵子树相对应，在那些多个应用共用一个 ZooKeeper 集群的场景下，这对于实现不同应用之间的相互隔离非常有帮助。

客户端可以通过在 `connectString` 中添加后缀的方式来设置 Chroot，如下所示：

    192.168.0.1:2181,192.168.0.1:2181,192.168.0.1:2181/apps/X

将这样一个 `connectString` 传入客户端的 `ConnectStringParser` 后就能够解析出 Chroot 并保存在 `chrootPath` 属性中。

注3：读者可以访问 ZooKeeper 的官方 JIRA，了解更多关于 ZooKeeper 的 Chroot 特性的介绍：https://issues.apache.org/jira/browse/ZOOKEEPER-237。

HostProvider：地址列表管理器

在 `ConnectStringParser` 解析器中会对服务器地址做一个简单的处理，并将服务器地址和相应的端口封装成一个 `InetSocketAddress` 对象，以 `ArrayList` 形式保存在 `ConnectStringParser.serverAddresses` 属性中。然后，经过处理的地址列表会被进一步封装到 `StaticHostProvider` 类中。

在讲解 `StaticHostProvider` 之前，我们首先来看其对应的接口：`HostProvider`。`HostProvider` 类定义了一个客户端的服务器地址管理器：

```
public interface HostProvider {
public int size();
   /**
    * The next host to try to connect to.
    * For a spinDelay of 0 there should be no wait.
    * @param spinDelay
    *         Milliseconds to wait if all hosts have been tried once.
    */
public InetSocketAddress next(long spinDelay);
   /**
    * Notify the HostProvider of a successful connection.
    * The HostProvider may use this notification to reset it's inner state.
    */
public void onConnected();
}
```

其各接口方法的定义说明如表 7-7 所示。

表 7-7. HostProvider 接口定义说明

接口方法	说　　明
int size()	该方法用于返回当前服务器地址列表的个数
InetSocketAddress next(long spinDelay)	该方法用于返回一个服务器地址 InetSocketAddress，以便客户端进行服务器连接
void onConnected()	这是一个回调方法，如果客户端与服务器成功创建连接，就通过调用这个方法来通知 HostProvider

ZooKeeper 规定，任何对于该接口的实现必须满足以下 3 点，这里简称为 "HostProvider 三要素"。

- next() 方法必须要有合法的返回值

    ZooKeeper 规定，凡是对该方法的调用，必须要返回一个合法的 `InetSocketAddress` 对象。也就是说，不能返回 null 或其他不合法的 Inet SocketAddress。

- next() 方法必须返回已解析的 `InetSocketAddress` 对象。

在上面我们已经提到，服务器的地址列表已经被保存在 `ConnectStringParser.serverAddresses` 中，但是需要注意的一点是，此时里面存放的都是没有被解析的 `InetSocketAddress`。在进一步传递到 `HostProvider` 后，`HostProvider` 需要负责来对这个 `InetSocketAddress` 列表进行解析，不一定是在 `next()` 方法中来解析，但是无论如何，最终在 `next()` 方法中返回的必须是已被解析的 `InetSocketAddress` 对象。

- `size()` 方法不能返回 0。

  ZooKeeper 规定了该方法不能返回 0，也就是说，`HostProvider` 中必须至少有一个服务器地址。

StaticHostProvider

接下来我们看看 ZooKeeper 客户端中对 `HostProvider` 的默认实现：`StaticHostProvider`，其数据结构如图 7-19 所示。

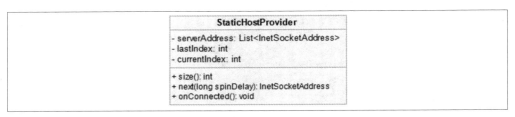

图 7-19. StaticHostProvider 数据结构

解析服务器地址

针对 `ConnectStringParser.serverAddresses` 集合中那些没有被解析的服务器地址，`StaticHostProvider` 首先会对这些地址逐个进行解析，然后再放入 `serverAddresses` 集合中去。同时，使用 `Collections` 工具类的 `shuffle` 方法来将这个服务器地址列表进行随机的打散。

获取可用的服务器地址

通过调用 `StaticHostProvider` 的 `next()` 方法，能够从 `StaticHostProvider` 中获取一个可用的服务器地址。这个 `next()` 方法并非简单地从 `serverAddresses` 中依次获取一个服务器地址，而是先将随机打散后的服务器地址列表拼装成一个环形循环队列，如图 7-20 所示。注意，这个随机过程是一次性的，也就是说，之后的使用过程中一直是按照这样的顺序来获取服务器地址的。

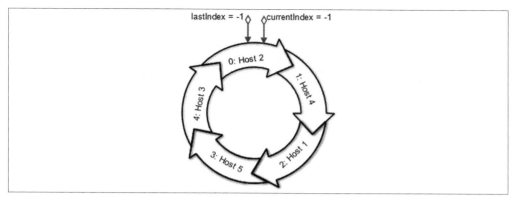

图 7-20. 环形地址列表队列

举个例子来说，假如客户端传入这样一个地址列表："host1,host2,host3,host4,host5"。经过一轮随机打散后，可能的一种顺序变成了"host2,host4,host1,host5,host3"，并且形成了图 7-20 所示的循环队列。此外，`HostProvider` 还会为该循环队列创建两个游标：`currentIndex` 和 `lastIndex`。`currentIndex` 表示循环队列中当前遍历到的那个元素位置，`lastIndex` 则表示当前正在使用的服务器地址位置。初始化的时候，`currentIndex` 和 `lastIndex` 的值都为 –1。

在每次尝试获取一个服务器地址的时候，都会首先将 `currentIndex` 游标向前移动 1 位，如果发现游标移动超过了整个地址列表的长度，那么就重置为 0，回到开始的位置重新开始，这样一来，就实现了循环队列。当然，对于那些服务器地址列表提供得比较少的场景，`StaticHostProvider` 中做了一个小技巧，就是如果发现当前游标的位置和上次已经使用过的地址位置一样，即当 `currentIndex` 和 `lastIndex` 游标值相同时，就进行 `spinDelay` 毫秒时间的等待。

总的来说，`StaticHostProvider` 就是不断地从图 7-20 所示的环形地址列表队列中去获取一个地址，整个过程非常类似于 "Round Robin" 的调度策略。

对 HostProvider 的几个设想

`StaticHostProvider` 只是 ZooKeeper 官方提供的对于地址列表管理器的默认实现方式，也是最通用和最简单的一种实现方式。读者如果有需要的话，完全可以在满足上面提到的 "`HostProvider` 三要素"的前提下，实现自己的服务器地址列表管理器。

配置文件方式

在 ZooKeeper 默认的实现方式中，是通过在构造方法中传入服务器地址列表的方式来实现地址列表的设置，但其实通常开发人员更习惯于将例如 IP 地址这样的配置信息保存在一个单独的配置文件中统一管理起来。针对这样的需求，我们可以自己实现一个 `HostProvider`，通过在应用启动的时候加载这个配置文件来实现对服务器地址列表的获取。

动态变更的地址列表管理器

在 ZooKeeper 的使用过程中，我们会碰到这样的问题：ZooKeeper 服务器集群的整体迁移或个别机器的变更，会导致大批客户端应用也跟着一起进行变更。出现这个尴尬局面的本质原因是因为我们将一些可能会动态变更的 IP 地址写死在程序中了。因此，实现动态变更的地址列表管理器，对于提升 ZooKeeper 客户端用户使用体验非常重要。

为了解决这个问题，最简单的一种方式就是实现这样一个 `HostProvider`：地址列表管理器能够定时从 DNS 或一个配置管理中心上解析出 ZooKeeper 服务器地址列表，如果这个地址列表变更了，那么就同时更新到 `serverAddresses` 集合中去，这样在下次需要获取服务器地址（即调用 `next()` 方法）的时候，就自然而然使用了新的服务器地址，随着时间推移，慢慢地就能够在保证客户端透明的情况下实现 ZooKeeper 服务器机器的变更。

实现同机房优先策略

随着业务增长，系统规模不断扩大，我们对于服务器机房的需求也日益旺盛。同时，随着系统稳定性和系统容灾等问题越来越被重视，很多互联网公司会出现多个机房，甚至是异地机房。多机房，在提高系统稳定性和容灾能力的同时，也给我们带来了一个新的困扰：如何解决不同机房之间的延时。我们以目前主流的采用光电波传输的网络带宽架构（光纤中光速大约为 20 万公里每秒，千兆带宽）为例，对于杭州和北京之间相隔 1500 公里的两个机房计算其网络延时：

$(1500 \times 2) / (20 \times 10^4) = 15$（毫秒）

需要注意的是，这个 15 毫秒仅仅是一个理论上的最小值，在实际的情况中，我们的网络线路并不能实现直线铺设，同时信号的干扰、光电信号的转换以及自身的容错修复对网络通信都会有不小的影响，导致了在实际情况中，两个机房之间可能达到 30～40 毫秒，甚至更大的延时。

所以在目前大规模的分布式系统设计中，我们开始考虑引入"同机房优先"的策略。所谓的"同机房优先"是指服务的消费者优先消费同一个机房中提供的服务。举个例子来说，一个服务 F 在杭州机房和北京机房中都有部署，那么对于杭州机房中的服务消费者，会优先调用杭州机房中的服务，对于北京机房的客户端也一样。

对于 ZooKeeper 集群来说，为了达到容灾要求，通常会将集群中的机器分开部署在多个机房中，因此同样面临上述网络延时问题。对于这种情况，就可以实现一个能够优先和同机房 ZooKeeper 服务器创建会话的 `HostProvider`。

7.3.3 ClientCnxn：网络 I/O

`ClientCnxn` 是 ZooKeeper 客户端的核心工作类，负责维护客户端与服务端之间的网络连接并进行一系列网络通信。在 7.3.1 节中，我们已经看到 `ClientCnxn` 在一次会话创建过程中的工作机制，现在我们再来看看 `ClientCnxn` 内部的工作原理。

Packet

`Packet` 是 `ClientCnxn` 内部定义的一个对协议层的封装，作为 ZooKeeper 中请求与响应的载体，其数据结构如图 7-21 所示。

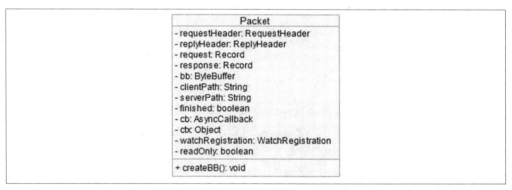

图 7-21. Packet 数据结构

从图 7-21 中可以看到，`Packet` 中包含了最基本的请求头（`requestHeader`）、响应头（`replyHeader`）、请求体（`request`）、响应体（`response`）、节点路径（`clientPath/serverPath`）和注册的 Watcher（`watchRegistration`）等信息。

针对 `Packet` 中这么多的属性，读者可能会疑惑它们是否都会在客户端和服务端之间进行网络传输？答案是否定的。`Packet` 的 `createBB()` 方法负责对 `Packet` 对象进行序列化，最终生成可用于底层网络传输的 `ByteBuffer` 对象。在这个过程中，只会将 `requestHeader`、`request` 和 `readOnly` 三个属性进行序列化，其余属性都保存在客户端的上下文中，不会进行与服务端之间的网络传输。

outgoingQueue 和 pendingQueue

ClientCnxn 中，有两个比较核心的队列 outgoingQueue 和 pendingQueue，分别代表客户端的请求发送队列和服务端响应的等待队列。Outgoing 队列是一个请求发送队列，专门用于存储那些需要发送到服务端的 Packet 集合。Pending 队列是为了存储那些已经从客户端发送到服务端的，但是需要等待服务端响应的 Packet 集合。

ClientCnxnSocket：底层 Socket 通信层

ClientCnxnSocket 定义了底层 Socket 通信的接口。在 ZooKeeper 3.4.0 以前的版本中，客户端的这个底层通信层并没有被独立出来，而是混合在了 ClientCnxn 代码中。但后来为了使客户端代码结构更为清晰，同时也是为了便于对底层 Socket 层进行扩展（例如使用 Netty 来实现），因此从 3.4.0 版本开始，抽取出了这个接口类。在使用 ZooKeeper 客户端的时候，可以通过在 zookeeper.clientCnxnSocket 这个系统变量中配置 ClientCnxnSocket 实现类的全类名，以指定底层 Socket 通信层的自定义实现，例如，-Dzookeeper.clientCnxnSocket= org. apache. zookeeper. ClientCnxnSocketNIO。在 ZooKeeper 中，其默认的实现是 ClientCnxnSocketNIO。该实现类使用 Java 原生的 NIO 接口，其核心是 doIO 逻辑，主要负责对请求的发送和响应接收过程。

请求发送

在正常情况下（即客户端与服务端之间的 TCP 连接正常且会话有效的情况下），会从 outgoingQueue 队列中提取出一个可发送的 Packet 对象，同时生成一个客户端请求序号 XID 并将其设置到 Packet 请求头中去，然后将其序列化后进行发送。这里提到了"获取一个可发送的 Packet 对象"，那么什么样的 Packet 是可发送的呢？在 outgoingQueue 队列中的 Packet 整体上是按照先进先出的顺序被处理的，但是如果检测到客户端与服务端之间正在处理 SASL 权限的话，那么那些不含请求头（requestHeader）的 Packet（例如会话创建请求）是可以被发送的，其余的都无法被发送。

请求发送完毕后，会立即将该 Packet 保存到 pendingQueue 队列中，以便等待服务端响应返回后进行相应的处理，如图 7-22 所示。

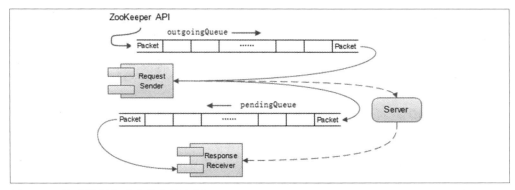

图 7-22. 请求发送与响应接收示意图

响应接收

客户端获取到来自服务端的完整响应数据后，根据不同的客户端请求类型，会进行不同的处理。

- 如果检测到当前客户端还尚未进行初始化，那么说明当前客户端与服务端之间正在进行会话创建，那么就直接将接收到的 `ByteBuffer（incomingBuffer）` 序列化成 `ConnectResponse` 对象。

- 如果当前客户端已经处于正常的会话周期，并且接收到的服务端响应是一个事件，那么 ZooKeeper 客户端会将接收到的 `ByteBuffer（incomingBuffer）` 序列化成 `WatcherEvent` 对象，并将该事件放入待处理队列中。

- 如果是一个常规的请求响应（指的是 `Create`、`GetData` 和 `Exist` 等操作请求），那么会从 `pendingQueue` 队列中取出一个 `Packet` 来进行相应的处理。ZooKeeper 客户端首先会通过检验服务端响应中包含的 XID 值来确保请求处理的顺序性，然后再将接收到的 `ByteBuffer（incomingBuffer）` 序列化成相应的 `Response` 对象。

最后，会在 `finishPacket` 方法中处理 Watcher 注册等逻辑。

SendThread

`SendThread` 是客户端 `ClientCnxn` 内部一个核心的 I/O 调度线程，用于管理客户端和服务端之间的所有网络 I/O 操作。在 ZooKeeper 客户端的实际运行过程中，一方面，`SendThread` 维护了客户端与服务端之间的会话生命周期，其通过在一定的周期频率内向服务端发送一个 PING 包来实现心跳检测。同时，在会话周期内，如果客户端与服务端之间出现 TCP 连接断开的情况，那么就会自动且透明化地完成重连操作。

另一方面，`SendThread` 管理了客户端所有的请求发送和响应接收操作，其将上层客户端 API 操作转换成相应的请求协议并发送到服务端，并完成对同步调用的返回和异步调用的回调。同时，`SendThread` 还负责将来自服务端的事件传递给 `EventThread` 去处理。

EventThread

`EventThread` 是客户端 `ClientCnxn` 内部的另一个核心线程，负责客户端的事件处理，并触发客户端注册的 Watcher 监听。`EventThread` 中有一个 `waitingEvents` 队列，用于临时存放那些需要被触发的 Object，包括那些客户端注册的 Watcher 和异步接口中注册的回调器 AsyncCallback。同时，`EventThread` 会不断地从 `waitingEvents` 这个队列中取出 Object，识别出其具体类型（Watcher 或者 AsyncCallback），并分别调用 `process` 和 `processResult` 接口方法来实现对事件的触发和回调。

7.4 会话

会话（Session）是 ZooKeeper 中最重要的概念之一，客户端与服务端之间的任何交互操作都与会话息息相关，这其中就包括临时节点的生命周期、客户端请求的顺序执行以及 Watcher 通知机制等。

在 7.3.1 节中，我们已经讲解了 ZooKeeper 客户端与服务端之间一次会话创建的大体过程。以 Java 语言为例，简单地说，ZooKeeper 的连接与会话就是客户端通过实例化 ZooKeeper 对象来实现客户端与服务器创建并保持 TCP 连接的过程。在本节中，我们将从会话状态、会话创建和会话管理等方面来讲解 ZooKeeper 连接与会话的技术内幕。

7.4.1 会话状态

在 ZooKeeper 客户端与服务端成功完成连接创建后，就建立了一个会话。ZooKeeper 会话在整个运行期间的生命周期中，会在不同的会话状态之间进行切换，这些状态一般可以分为 CONNECTING、CONNECTED、RECONNECTING、RECONNECTED 和 CLOSE 等。

正如 7.3.1 节中讲的，如果客户端需要与服务端创建一个会话，那么客户端必须提供一个使用字符串表示的服务器地址列表："host1:port,host2:port,host3:port"。例如，"192.168.0.1:2181" 或是 "192.168.0.1:2181,192.168.0.2:2181,192.168.0.3:2181"。一旦客户端开始创建 ZooKeeper 对象，那么客户端状态就会变成 CONNECTING，同时客户端开始从上述服务器地址列表中逐个选取 IP 地址来尝试进行网络连接，直到成功连接上服务器，然后将客户端状态变更为 CONNECTED。

通常情况下，伴随着网络闪断或是其他原因，客户端与服务器之间的连接会出现断开情况。一旦碰到这种情况，ZooKeeper 客户端会自动进行重连操作，同时客户端的状态再次变为 CONNECTING，直到重新连接上 ZooKeeper 服务器后，客户端状态又会再次转变成 CONNECTED。因此，通常情况下，在 ZooKeeper 运行期间，客户端的状态总是介于 CONNECTING 和 CONNECTED 两者之一。

另外，如果出现诸如会话超时、权限检查失败或是客户端主动退出程序等情况，那么客户端的状态就会直接变更为 CLOSE。图 7-23 展示了 ZooKeeper 客户端会话状态的变更情况。

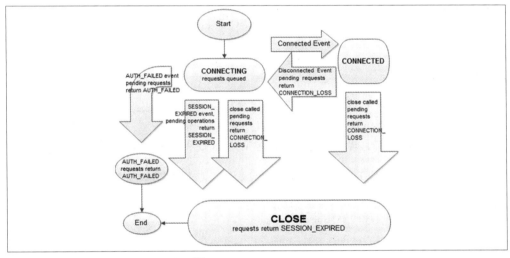

图 7-23. ZooKeeper 会话状态变更[注4]

7.4.2 会话创建

在 7.3.1 节中，我们曾经介绍了会话创建过程中 ZooKeeper 客户端的大体工作流程。在本节中，我们再一起来看看会话创建过程中 ZooKeeper 服务端的工作原理。

Session

Session 是 ZooKeeper 中的会话实体，代表了一个客户端会话。其包含以下 4 个基本属性。

注 4：图 7-23 引自 ZooKeeper 官方网站文档。

- sessionID：会话 ID，用来唯一标识一个会话，每次客户端创建新会话的时候，ZooKeeper 都会为其分配一个全局唯一的 sessionID。

- TimeOut：会话超时时间。客户端在构造 ZooKeeper 实例的时候，会配置一个 `sessionTimeout` 参数用于指定会话的超时时间。ZooKeeper 客户端向服务器发送这个超时时间后，服务器会根据自己的超时时间限制最终确定会话的超时时间。

- TickTime：下次会话超时时间点。为了便于 ZooKeeper 对会话实行"分桶策略"管理，同时也是为了高效低耗地实现会话的超时检查与清理，ZooKeeper 会为每个会话标记一个下次会话超时时间点。TickTime 是一个 13 位的 `long` 型数据，其值接近于当前时间加上 TimeOut，但不完全相等。关于 TickTime 的计算方式，将在 7.4.3 节的"分桶策略"部分做详细讲解。

- isClosing：该属性用于标记一个会话是否已经被关闭。通常当服务端检测到一个会话已经超时失效的时候，会将该会话的 isClosing 属性标记为"已关闭"，这样就能确保不再处理来自该会话的新请求了。

sessionID

在上面我们也已经提到了，sessionID 用来唯一标识一个会话，因此 ZooKeeper 必须保证 sessionID 的全局唯一性。在每次客户端向服务端发起"会话创建"请求时，服务端都会为其分配一个 sessionID，现在我们就来看看 sessionID 究竟是如何生成的。

在 SessionTracker 初始化的时候，会调用 `initializeNextSession` 方法来生成一个初始化的 sessionID，之后在 ZooKeeper 的正常运行过程中，会在该 sessionID 的基础上为每个会话进行分配，其初始化算法如下：

```
public static long initializeNextSession(long id) {
    long nextSid = 0;
    nextSid = (System.currentTimeMillis() << 24) >> 8;
    nextSid =  nextSid | (id <<56);
    return nextSid;
}
```

上面这个方法就是 ZooKeeper 初始化 sessionID 的算法，我们一起来深入地探究下其实现内幕。从上面的代码片段中，可以看出 sessionID 的生成大体可以分为以下 5 个步骤。

1. 获取当前时间的毫秒表示。

    我们假设 `System.currentTimeMillis()` 取出的值是 1380895182327，其 64 位二进制表示是：

0000000000000000000000001010000011000001111000100010011011111 0111

其中阴影部分表示高 24 位，下划线部分表示低 40 位。

2. 左移 24 位。

将步骤 1 中的数值左移 24 位，得到如下二进制表示的数值：

0100000110000011110001000100110111110111000000000000000000000000

从上面这个数值中，我们可以看到，之前的高 24 位已经被移出，同时低 24 位全部使用 0 进行了补齐。

3. 右移 8 位。

再将步骤 2 中的数值右移 8 位，得到如下二进制表示的数值：

0000000001000001100000111100010001001101111101110000000000000000

从上面这个数值中，我们可以看到，高位添加了 8 个 0。

4. 添加机器标识：SID。

在 `initializeNextSession` 方法中，出现了一个 id 变量，该变量就是当前 ZooKeeper 服务器的 SID 值。相信读者还记得，在 5.1 节中进行 ZooKeeper 部署的过程中，SID 就是当时配置在 *myid* 文件中的值，该值通常是一个整数，例如 1、2 或 3，这里我们为了便于表述，假设该值为 2。整数 2 的 64 位二进制表示如下：

0000000000000000000000000000000000000000000000000000000000000010

可以发现其高 56 位都是 0，将其左移 56 位后，可以得到如下二进制表示的数值：

0000001000000000000000000000000000000000000000000000000000000000

5. 将步骤 3 和步骤 4 得到的两个 64 位表示的数值进行 "|" 操作

0000000001000001100000111100010001001101111101110000000000000000
|
0000001000000000000000000000000000000000000000000000000000000000

可以得到如下数值：

0000001001000001100000111100010001001101111101110000000000000000

通过以上 5 步，就完成了一个 sessionID 的初始化。因为 ID 是一个机器编号，比如 1、2 或 3，因此经过上述算法计算之后，我们就可以得到一个单机唯一的序列号。简单地讲，可以将上述算法概括为：高 8 位确定了所在机器，后 56 位使用当前时间的毫秒表示进行随机。

接下来，我们从几个算法细节上再来看下 sessionID 的初始化算法。

为什么是左移 24 位？

我们以上述步骤 1 中使用的当前时间为例：

00000000000000000000000001010000011000001111000100010011011111110111

左移 24 位后是：

0100000110000011110001000100110111110111000000000000000000000000

我们发现左移 24 位后，将高位的 1 移出了，剩下的最高位是 0——这样做的目的是为了防止负数的出现。试想，如果是左移 23 位，那么左移的数值是：

1010000011000001111000100010011011111101110000000000000000000000

显然，这是一个负数（-6862955700079820800），在此基础上即使进行右移 8 位操作，其数值最高位依然是 "1"，因此之后就无法清晰地从 sessionID 中分辨出 SID 的值。

该算法是否完美？

上述算法虽然看起来非常严谨，基本看不出什么明显的问题，但其实并不完美。上述算法的根基在步骤 1，即能够获取到一个随机的，且在单机范围内不会出现重复的随机数，我们将其称为"基数"——ZooKeeper 选择了使用 Java 语言自带的当前时间的毫秒数来作为该基数。针对当前时间的毫秒表示，通常情况下没有什么问题，但如果假设到了 2022 年 04 月 08 日时，`System.currentTimeMillis()` 的值会是多少呢？可以通过如下计算方式得到：

```
Date d = new Date(2022-1900,3,8);
System.out.println( Long.toBinaryString(d.getTime() ));
```

计算结果如下：

00000000000000000000000001100000000000010011000001000010000000000

在这种情况下，相信读者已经发现了，即使左移 24 位，还是有问题，因为 24 位后还是负数，所以完美的解决方案是：

```
public static long initializeNextSession(long id) {
long nextSid = 0;
```

```
nextSid = (System.currentTimeMillis() << 24) >>> 8;
nextSid = nextSid | (id <<56);
return nextSid;
    }
```

在上述代码中，我们使用阴影部分重点表示出了改进点，即使用无符号右移，而非有符号右移，这样就可以避免高位数值对 SID 的干扰了。该缺陷在 3.4.6 版本的 ZooKeeper 中已经得到了修复[注5]。

SessionTracker

SessionTracker 是 ZooKeeper 服务端的会话管理器，负责会话的创建、管理和清理等工作。可以说，整个会话的生命周期都离不开 SessionTracker 的管理。每一个会话在 SessionTracker 内部都保留了三份，具体如下。

- `sessionsById`：这是一个 `HashMap<Long, SessionImpl>` 类型的数据结构，用于根据 sessionID 来管理 Session 实体。

- `sessionsWithTimeout`：这是一个 `ConcurrentHashMap<Long, Integer>` 类型的数据结构，用于根据 sessionID 来管理会话的超时时间。该数据结构和 ZooKeeper 内存数据库相连通，会被定期持久化到快照文件中去。

- `sessionSets`：这是一个 `HashMap<Long, SessionSet>` 类型的数据结构，用于根据下次会话超时时间点来归档会话，便于进行会话管理和超时检查。在下文"分桶策略"会话管理的介绍中，我们还会对该数据结构进行详细讲解。

创建连接

服务端对于客户端的"会话创建"请求的处理，大体可以分为四大步骤，分别是处理 `ConnectRequest` 请求、会话创建、处理器链路处理和会话响应。在 ZooKeeper 服务端，首先将会由 `NIOServerCnxn` 来负责接收来自客户端的"会话创建"请求，并反序列化出 `ConnectRequest` 请求，然后根据 ZooKeeper 服务端的配置完成会话超时时间的协商。随后，SessionTracker 将会为该会话分配一个 sessionID，并将其注册到 `sessionsById` 和 `sessionsWithTimeout` 中去，同时进行会话的激活。之后，该"会话请求"还会在 ZooKeeper 服务端的各个请求处理器之间进行顺序流转，最终完成会话的创建。关于 ZooKeeper 会话创建的详细过程以及一些细节上的处理，将在 7.8.1 节的"会话创建"部分做详细讲解。

注5：读者也可以访问 ZooKeeper 的官方 JIRA，查看该缺陷及其修复：*https://issues.apache.org/jira/browse/ZOOKEEPER-1622*。

7.4.3 会话管理

在上一节中,我们已经讲解了 ZooKeeper 客户端和服务端之间创建一次会话的整个过程,本节我们将开始讲解 ZooKeeper 服务端是如何管理这些会话的。

分桶策略

ZooKeeper 的会话管理主要是由 SessionTracker 负责的,其采用了一种特殊的会话管理方式,我们称之为"分桶策略"。所谓分桶策略,是指将类似的会话放在同一区块中进行管理,以便于 ZooKeeper 对会话进行不同区块的隔离处理以及同一区块的统一处理,如图 7-24 所示。

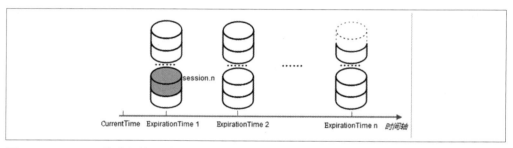

图 7-24. Session 的分桶管理策略

在图 7-24 中,我们可以看到,ZooKeeper 将所有的会话都分配在了不同的区块之中,分配的原则是每个会话的"下次超时时间点"(ExpirationTime)。ExpirationTime 是指该会话最近一次可能超时的时间点,对于一个新创建的会话而言,其会话创建完毕后,ZooKeeper 就会为其计算 ExpirationTime,计算方式如下:

```
ExpirationTime = CurrentTime + SessionTimeout
```

其中 CurrentTime 指当前时间,单位是毫秒;SessionTimeout 指该会话设置的超时时间,单位也是毫秒。那么,图 7-24 中横坐标所标识的时间,是否就是通过上述公式计算出来的呢?答案是否定的,在 ZooKeeper 的实际实现中,还做了一个处理。ZooKeeper 的 Leader 服务器在运行期间会定时地进行会话超时检查,其时间间隔是 ExpirationInterval,单位是毫秒,默认值是 tickTime 的值,即默认情况下,每隔 2000 毫秒进行一次会话超时检查。为了方便对多个会话同时进行超时检查,完整的 ExpirationTime 的计算方式如下:

```
ExpirationTime_ = CurrentTime + SessionTimeout
ExpirationTime = (ExpirationTime_ / ExpirationInterval + 1) × ExpirationInterval
```

也就是说，图 7-24 中横坐标的 ExpirationTime 值总是 ExpirationInterval 的整数倍数。举个实际例子，假设当前时间的毫秒表示是 1370907000000，客户端会话设置的超时时间是 15000 毫秒，ZooKeeper 服务器设置的 tickTime 为 2000 毫秒，那么 ExpirationInterval 的值同样为 2000 毫秒，于是我们可以计算该会话的 ExpirationTime 值为 1370907016000，计算过程如下：

```
ExpirationTime_ = 1370907000000 + 15000 = 1370907015000
ExpirationTime =( 1370907015000 / 2000 + 1 ) × 2000 = 1370907016000
```

会话激活

为了保持客户端会话的有效性，在 ZooKeeper 的运行过程中，客户端会在会话超时时间过期范围内向服务端发送 PING 请求来保持会话的有效性，我们俗称"心跳检测"。同时，服务端需要不断地接收来自客户端的这个心跳检测，并且需要重新激活对应的客户端会话，我们将这个重新激活的过程称为 TouchSession。会话激活的过程，不仅能够使服务端检测到对应客户端的存活性，同时也能让客户端自己保持连接状态。其主要流程如图 7-25 所示。

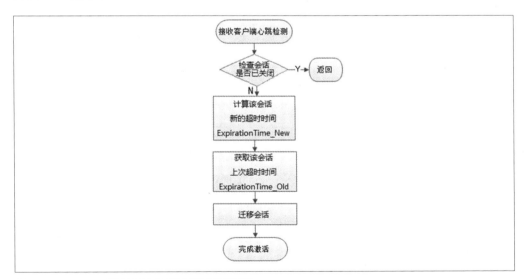

图 7-25. Leader 服务器激活客户端会话流程

1. 检验该会话是否已经被关闭。

   Leader 会检查该会话是否已经被关闭，如果该会话已经被关闭，那么不再继续激活该会话。

2. 计算该会话新的超时时间 ExpirationTime_New。

   如果该会话尚未关闭,那么就开始激活会话。首先需要计算出该会话下一次超时时间点,使用的就是上面提到的计算公式。

3. 定位该会话当前的区块。

   获取该会话老的超时时间 ExpirationTime_Old,并根据该超时时间来定位到其所在的区块。

4. 迁移会话

   将该会话从老的区块中取出,放入 ExpirationTime_New 对应的新区块中,如图 7-26 所示。

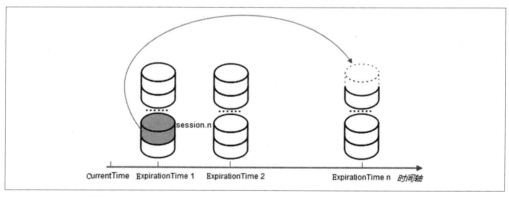

图 7-26. 会话迁移

通过以上 4 步,就基本完成会话激活的过程。在上面的会话激活过程中,我们可以看到,只要客户端发来心跳检测,那么服务端就会进行一次会话激活。心跳检测由客户端主动发起,以 PING 请求的形式向服务端发送。但实际上,在 ZooKeeper 服务端的设计中,只要客户端有请求发送到服务端,那么就会触发一次会话激活。因此,总的来讲,大体会出现以下两种情况下的会话激活。

- 只要客户端向服务端发送请求,包括读或写请求,那么就会触发一次会话激活。
- 如果客户端发现在 sessionTimeout / 3 时间内尚未和服务器进行过任何通信,即没有向服务端发送任何请求,那么就会主动发起一个 PING 请求,服务端收到该请求后,就会触发上述第一种情况下的会话激活。

会话超时检查

上面我们分别介绍了 ZooKeeper 会话的分桶管理策略和会话激活的过程，现在我们再来看看 ZooKeeper 是如何进行会话超时检查的。

在 ZooKeeper 中，会话超时检查同样是由 SessionTracker 负责的。SessionTracker 中有一个单独的线程专门进行会话超时检查，这里我们将其称为"超时检查线程"，其工作机制的核心思路其实非常简单：逐个依次地对会话桶中剩下的会话进行清理。

在图 7-24 中，我们可以看到，如果一个会话被激活，那么 ZooKeeper 会将其从上一个会话桶迁移到下一个会话桶中，例如图中的 session.n 这个会话，由于触发了会话激活，因此 ZooKeeper 会将其从 expirationTime 1 桶迁移到 expirationTime n 桶中去。于是，expirationTime 1 中留下的所有会话都是尚未被激活的。因此，超时检查线程的任务就是定时检查出这个会话桶中所有剩下的未被迁移的会话。

那么超时检查线程是如何做到定时检查的呢？这里就和 ZooKeeper 会话的分桶策略紧密联系起来了。在会话分桶策略中，我们将 ExpirationInterval 的倍数作为时间点来分布会话，因此，超时检查线程只要在这些指定的时间点上进行检查即可，这样既提高了会话检查的效率，而且由于是批量清理，因此性能非常好——这也是为什么 ZooKeeper 要通过分桶策略来管理客户端会话的最主要的原因。因为在实际生产环境中，一个 ZooKeeper 集群的客户端会话数可能会非常多，逐个依次检查会话的方式会非常耗费时间。

7.4.4 会话清理

当 SessionTracker 的会话超时检查线程整理出一些已经过期的会话后，那么就要开始进行会话清理了。会话清理的步骤大致可以分为以下 7 步。

1. 标记会话状态为"已关闭"。

    由于整个会话清理过程需要一段的时间，因此为了保证在此期间不再处理来自该客户端的新请求，SessionTracker 会首先将该会话的 isClosing 属性标记为 true。这样，即使在会话清理期间接收到该客户端的新请求，也无法继续处理了。

2. 发起"会话关闭"请求。

    为了使对该会话的关闭操作在整个服务端集群中都生效，ZooKeeper 使用了提交"会话关闭"请求的方式，并立即交付给 `PrepRequestProcessor` 处理器进行处理。

3. 收集需要清理的临时节点

    在 ZooKeeper 中，一旦某个会话失效后，那么和该会话相关的临时（EPHEMERAL）节点都需要被一并清除掉。因此，在清理临时节点之前，首先需要将服务器上所有和该会话相关的临时节点都整理出来。

    在 ZooKeeper 的内存数据库中，为每个会话都单独保存了一份由该会话维护的所有临时节点集合，因此在会话清理阶段，只需要根据当前即将关闭的会话的 sessionID 从内存数据库中获取到这份临时节点列表即可。

    但是，在实际应用场景中，情况并没有那么简单，有如下的细节需要处理：在 ZooKeeper 处理会话关闭请求之前，正好有以下两类请求到达了服务端并正在处理中。

    - 节点删除请求，删除的目标节点正好是上述临时节点中的一个。
    - 临时节点创建请求，创建的目标节点正好是上述临时节点中的一个。

    对于这两类请求，其共同点都是事务处理尚未完成，因此还没有应用到内存数据库中，所以上述获取到的临时节点列表在遇上这两类事务请求的时候，会存在不一致的情况。

    假定我们当前获取的临时节点列表是 `ephemerals`，那么针对第一类请求，我们需要将所有这些请求对应的数据节点路径从 `ephemerals` 中移除，以避免重复删除。针对第二类请求，我们需要将所有这些请求对应的数据节点路径添加到 `ephemerals` 中去，以删除这些即将会被创建但是尚未保存到内存数据库中去的临时节点。

4. 添加"节点删除"事务变更。

    完成该会话相关的临时节点收集后，ZooKeeper 会逐个将这些临时节点转换成"节点删除"请求，并放入事务变更队列 `outstandingChanges` 中去。

5. 删除临时节点。

    在上面的步骤中，我们已经收集了所有需要删除的临时节点，并创建了对应的"节点删除"请求，`FinalRequestProcessor` 处理器会触发内存数据库，删除该会话对应的所有临时节点。

6. 移除会话。

   完成节点删除后，需要将会话从 SessionTracker 中移除。主要就是从上面提到的三个数据结构（`sessionsById`、`sessionsWithTimeout` 和 `sessionSets`）中将该会话移除掉。

7. 关闭 `NIOServerCnxn`。

   最后，从 `NIOServerCnxnFactory` 找到该会话对应的 `NIOServerCnxn`，将其关闭。

7.4.5 重连

在 7.4.1 节中，我们已经讲过，当客户端和服务端之间的网络连接断开时，ZooKeeper 客户端会自动进行反复的重连，直到最终成功连接上 ZooKeeper 集群中的一台机器。在这种情况下，再次连接上服务端的客户端有可能会处于以下两种状态之一。

- **CONNECTED**：如果在会话超时时间内重新连接上了 ZooKeeper 集群中任意一台机器，那么被视为重连成功。
- **EXPIRED**：如果是在会话超时时间以外重新连接上，那么服务端其实已经对该会话进行了会话清理操作，因此再次连接上的会话将被视为非法会话。

在本章前面几节关于会话生命周期的讲解中，我们已经了解到，在 ZooKeeper 中，客户端与服务端之间维持的是一个长连接，在 sessionTimeout 时间内，服务端会不断地检测该客户端是否还处于正常连接——服务端会将客户端的每次操作视为一次有效的心跳检测来反复地进行会话激活。因此，在正常情况下，客户端会话是一直有效的。然而，当客户端与服务端之间的连接断开后，用户在客户端可能主要会看到两类异常：CONNECTION_LOSS（连接断开）和 SESSION_EXPIRED（会话过期）。那么该如何正确处理 CONNECTION_LOSS 和 SESSION_EXPIRED 呢？

连接断开：CONNECTION_LOSS

有时会因为网络闪断导致客户端与服务器断开连接，或是因为客户端当前连接的服务器出现问题导致连接断开，我们统称这类问题为"客户端与服务器连接断开"现象，即 CONNECTION_LOSS。在这种情况下，ZooKeeper 客户端会自动从地址列表中重新逐个选取新的地址并尝试进行重新连接，直到最终成功连接上服务器。

举个例子，假设某应用在使用 ZooKeeper 客户端进行 `setData` 操作的时候，正好出现了 CONNECTION_LOSS 现象，那么客户端会立即接收到事件 None-Disconnected 通知，同时会抛出异常：`org.apache.zookeeper.KeeperException$ConnectionLossException`。在这种情况下，我们的应用需要做的事情就是捕获住 Connection LossException，然后等待 ZooKeeper 的客户端自动完成重连。一旦客户端成功连接上一台 ZooKeeper 机器后，那么客户端就会收到事件 None-SyncConnected 通知，之后就可以重试刚刚出错的 `setData` 操作。

会话失效：SESSION_EXPIRED

SESSION_EXPIRED 是指会话过期，通常发生在 CONNECTION_LOSS 期间。客户端和服务器连接断开之后，由于重连期间耗时过长，超过了会话超时时间（sessionTimeout）限制后还没有成功连接上服务器，那么服务器认为这个会话已经结束了，就会开始进行会话清理。但是另一方面，该客户端本身不知道会话已经失效，并且其客户端状态还是 DISCONNECTED。之后，如果客户端重新连接上了服务器，那么很不幸，服务器会告诉客户端该会话已经失效（SESSION_EXPIRED）。在这种情况下，用户就需要重新实例化一个 ZooKeeper 对象，并且看应用的复杂情况，重新恢复临时数据。

会话转移：SESSION_MOVED

会话转移是指客户端会话从一台服务器机器转移到了另一台服务器机器上。正如上文中提到，假设客户端和服务器 S1 之间的连接断开后，如果通过尝试重连后，成功连接上了新的服务器 S2 并且延续了有效会话，那么就可以说会话从 S1 转移到了 S2 上。

会话转移现象其实在 ZooKeeper 中一直存在，但是在 3.2.0 版本之前，会话转移的概念并没有被明确地提出来，于是就会出现如下所述的异常场景。

> 假设我们的 ZooKeeper 服务器集群有三台机器：S1、S2 和 S3。在开始的时候，客户端 C1 与服务器 S1 建立连接且维持着正常的会话，某一个时刻，C1 向服务器发送了一个请求 R1：`setData ('/$7_4_4/session_moved',1)`。但是在请求发送到服务器之前，客户端和服务器恰好发生了连接断开，并且在很短的时间内重新连接上了新的 ZooKeeper 服务器 S2。之后，C1 又向服务器 S2 发送了一个请求 R2：`setData ('/$7_4_4/session_moved', 2)`。这个时候，S2 能够正确地处理请求 R2，但是很不幸的事情发生了，请求 R1 也最终到达了服务器 S1，于是，S1 同样处理了请求 R1，于是，对于客户端 C1 来说，它的第 2 次请求 R2 就被请求 R1 覆盖了。

当然，上面这个问题非常罕见，只有在 C1 和 S1 之间的网络非常慢的情况下才会发生，读者也可以参见 ZooKeeper 的 ISSUE：ZOOKEEPER-417 了解更多相关的内容。但是，不得不说,一旦发生这个问题,将会产生非常严重的后果。

因此,在 3.2.0 版本之后,ZooKeeper 明确提出了会话转移的概念,同时封装了 `SessionMovedException` 异常。之后,在处理客户端请求的时候,会首先检查会话的所有者(Owner):如果客户端请求的会话 Owner 不是当前服务器的话,那么就会直接抛出 `SessionMovedException` 异常。当然,由于客户端已经和这个服务器断开了连接,因此无法收到这个异常的响应。只有多个客户端使用相同的 `sessionId/sessionPasswd` 创建会话时,才会收到这样的异常。因为一旦有一个客户端会话创建成功,那么 ZooKeeper 服务器就会认为该 `sessionId` 对应的那个会话已经发生了转移,于是,等到第二个客户端连接上服务器后,就被认为是"会话转移"的情况了。关于 `sessionId/sessionPasswd` 的具体用法,已经在 5.3.1 节中进行了详细讲解。

7.5 服务器启动

从本节开始,我们将真正进入 ZooKeeper 服务端相关的技术内幕介绍。首先我们来看看 ZooKeeper 服务端的整体架构,如图 7-27 所示。

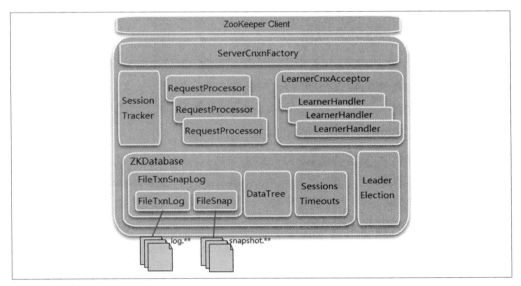

图 7-27. ZooKeeper 服务端整体架构

本节将向读者介绍 ZooKeeper 服务器的启动过程,下面先从单机版的服务器开始介绍。

7.5.1 单机版服务器启动

ZooKeeper 服务器的启动,大体可以分为以下五个主要步骤:配置文件解析、初始化数据管理器、初始化网络 I/O 管理器、数据恢复和对外服务。图 7-28 所示是单机版 ZooKeeper 服务器的启动流程图。

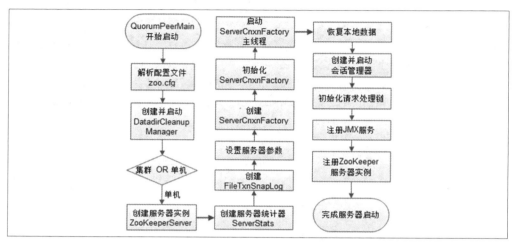

图 7-28. 单机版 ZooKeeper 服务器启动流程

预启动

预启动的步骤如下。

1. 统一由 `QuorumPeerMain` 作为启动类。

    无论是单机版还是集群模式启动 ZooKeeper 服务器,在 *zkServer.cmd* 和 *zkServer.sh* 两个脚本中,都配置了使用 `org.apache.zookeeper.server.quorum.QuorumPeerMain` 作为启动入口类。

2. 解析配置文件 *zoo.cfg*。

    ZooKeeper 首先会进行配置文件的解析,配置文件的解析其实就是对 *zoo.cfg* 文件的解析。在 5.1.2 节中,我们曾经提到在部署 ZooKeeer 服务器时,需要使用到 *zoo.cfg* 这个文件。该文件配置了 ZooKeeper 运行时的基本参数,包括 `tickTime`、`dataDir` 和 `clientPort` 等参数。关于 ZooKeeper 参数配置,将在 8.1 节中做详细讲解。

3. 创建并启动历史文件清理器 `DatadirCleanupManager`。

从 3.4.0 版本开始，ZooKeeper 增加了自动清理历史数据文件的机制，包括对事务日志和快照数据文件进行定时清理。

4. 判断当前是集群模式还是单机模式的启动。

   ZooKeeper 根据步骤 2 中解析出的集群服务器地址列表来判断当前是集群模式还是单机模式，如果是单机模式，那么就委托给 `ZooKeeperServerMain` 进行启动处理。

5. 再次进行配置文件 *zoo.cfg* 的解析。

6. 创建服务器实例 `ZooKeeperServer`。

   `org.apache.zookeeper.server.ZooKeeperServer` 是单机版 ZooKeeper 服务端最为核心的实体类。ZooKeeper 服务器首先会进行服务器实例的创建，接下去的步骤则都是对该服务器实例的初始化工作，包括连接器、内存数据库和请求处理器等组件的初始化。

初始化

初始化的步骤如下。

1. 创建服务器统计器 `ServerStats`。

   `ServerStats` 是 ZooKeeper 服务器运行时的统计器，包含了最基本的运行时信息，如表 7-8 所示。

表 7-8. ZooKeeper 服务器基本统计信息

属 性	说 明
packetsSent	从 ZooKeeper 启动开始，或是最近一次重置服务端统计信息之后，服务端向客户端发送的响应包次数
packetsReceived	从 ZooKeeper 启动开始，或是最近一次重置服务端统计信息之后，服务端接收到的来自客户端的请求包次数
maxLatency minLatency totalLatency	从 ZooKeeper 启动开始，或是最近一次重置服务端统计信息之后，服务端请求处理的最大延时、最小延时以及总延时
count	从 ZooKeeper 启动开始，或是最近一次重置服务端统计信息之后，服务端处理的客户端请求总次数

2. 创建 ZooKeeper 数据管理器 `FileTxnSnapLog`。

   `FileTxnSnapLog` 是 ZooKeeper 上层服务器和底层数据存储之间的对接层，提供了一系列操作数据文件的接口，包括事务日志文件和快照数据文件。ZooKeeper

根据 *zoo.cfg* 文件中解析出的快照数据目录 `dataDir` 和事务日志目录 `dataLogDir` 来创建 `FileTxnSnapLog`。

3. 设置服务器 `tickTime` 和会话超时时间限制。

4. 创建 `ServerCnxnFactory`。

   在早期版本中，ZooKeeper 都是自己实现 NIO 框架，从 3.4.0 版本开始，引入了 Netty。读者可以通过配置系统属性 `zookeeper.serverCnxnFactory` 来指定使用 ZooKeeper 自己实现的 NIO 还是使用 Netty 框架来作为 ZooKeeper 服务端网络连接工厂。

5. 初始化 `ServerCnxnFactory`。

   ZooKeeper 首先会初始化一个 Thread，作为整个 `ServerCnxnFactory` 的主线程，然后再初始化 NIO 服务器。

6. 启动 `ServerCnxnFactory` 主线程。

   启动步骤 5 中已经初始化的主线程 `ServerCnxnFactory` 的主逻辑（`run` 方法）。需要注意的一点是，虽然这里 ZooKeeper 的 NIO 服务器已经对外开放端口，客户端能够访问到 ZooKeeper 的客户端服务端口 2181，但是此时 ZooKeeper 服务器是无法正常处理客户端请求的。

7. 恢复本地数据。

   每次在 ZooKeeper 启动的时候，都需要从本地快照数据文件和事务日志文件中进行数据恢复。ZooKeeper 的本地数据恢复比较复杂，本书将会在 7.9.4 节中做单独的详细讲解。

8. 创建并启动会话管理器。

   在 ZooKeeper 启动阶段，会创建一个会话管理器 SessionTracker。关于 SessionTracker，我们已经在 7.4.2 节中进行了讲解，它主要负责 ZooKeeper 服务端的会话管理。创建 SessionTracker 的时候，会初始化 `expirationInterval`、`nextExpirationTime` 和 `sessionsWithTimeout`（用于保存每个会话的超时时间），同时还会计算出一个初始化的 sessionID。

   SessionTracker 初始化完毕后，ZooKeeper 就会立即开始会话管理器的会话超时检查。

9. 初始化 ZooKeeper 的请求处理链。

ZooKeeper 的请求处理方式是典型的责任链模式的实现,在 ZooKeeper 服务器上,会有多个请求处理器依次来处理一个客户端请求。在服务器启动的时候,会将这些请求处理器串联起来形成一个请求处理链。单机版服务器的请求处理链主要包括 `PrepRequestProcessor`、`SyncRequestProcessor` 和 `FinalRequestProcessor` 三个请求处理器,如图 7-29 所示。

图 7-29. 单机版 ZooKeeper 服务器请求处理链

针对每个处理器的详细工作原理,将在 7.7.1 节中做详细讲解。

10. 注册 JMX 服务。

    ZooKeeper 会将服务器运行时的一些信息以 JMX 的方式暴露给外部,关于 ZooKeeper 的 JMX,将在 8.3 节中做详细讲解。

11. 注册 ZooKeeper 服务器实例。

    在步骤 6 中,ZooKeeper 已经将 `ServerCnxnFactory` 主线程启动,但是同时我们提到此时 ZooKeeper 依旧无法处理客户端请求,原因就是此时网络层尚不能够访问 ZooKeeper 服务器实例。在经过后续步骤的初始化后,ZooKeeper 服务器实例已经初始化完毕,只需要注册给 `ServerCnxnFactory` 即可,之后,ZooKeeper 就可以对外提供正常的服务了。

至此,单机版的 ZooKeeper 服务器启动完毕。

7.5.2 集群版服务器启动

在 7.5.1 节中,我们已经讲解了单机版 ZooKeeper 服务器的启动过程,在本节中,我们将对集群版 ZooKeeper 服务器的启动过程做详细讲解。集群版和单机版 ZooKeeper 服务器的启动过程在很多地方都是一致的,因此本节只会对有差异的地方展开进行讲解。图 7-30 所示是集群版 ZooKeeper 服务器的启动流程图。

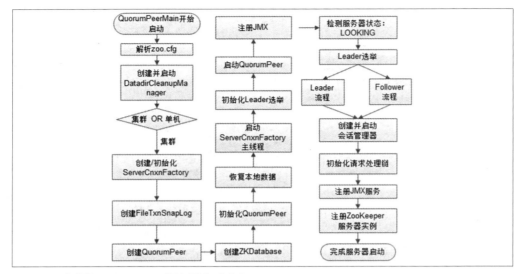

图 7-30. 集群版 ZooKeeper 服务器启动流程

预启动

预启动的步骤如下。

1. 统一由 `QuorumPeerMain` 作为启动类。

2. 解析配置文件 *zoo.cfg*。

3. 创建并启动历史文件清理器 `DatadirCleanupManager`。

4. 判断当前是集群模式还是单机模式的启动。

    在集群模式中,由于已经在 *zoo.cfg* 中配置了多个服务器地址,因此此处选择集群模式启动 ZooKeeper。

初始化

初始化的步骤如下。

1. 创建 `ServerCnxnFactory`。

2. 初始化 `ServerCnxnFactory`。

3. 创建 ZooKeeper 数据管理器 `FileTxnSnapLog`。

4. 创建 `QuorumPeer` 实例。

   `Quorum` 是集群模式下特有的对象,是 ZooKeeper 服务器实例 (`ZooKeeperServer`) 的托管者,从集群层面看,`QuorumPeer` 代表了 ZooKeeper 集群中的一台机器。在运行期间,`QuorumPeer` 会不断检测当前服务器实例的运行状态,同时根据情况发起 Leader 选举。

5. 创建内存数据库 `ZKDatabase`。

   `ZKDatabase` 是 ZooKeeper 的内存数据库,负责管理 ZooKeeper 的所有会话记录以及 DataTree 和事务日志的存储。

6. 初始化 `QuorumPeer`。

   在步骤 5 中我们已经提到,`QuorumPeer` 是 `ZooKeeperServer` 的托管者,因此需要将一些核心组件注册到 `QuorumPeer` 中去,包括 `FileTxnSnapLog`、`ServerCnxnFactory` 和 `ZKDatabase`。同时 ZooKeeper 还会对 `QuorumPeer` 配置一些参数,包括服务器地址列表、Leader 选举算法和会话超时时间限制等。

7. 恢复本地数据。

8. 启动 `ServerCnxnFactory` 主线程。

Leader 选举

Leader 选举的步骤如下。

1. 初始化 Leader 选举。

   Leader 选举可以说是集群和单机模式启动 ZooKeeper 最大的不同点。ZooKeeper 首先会根据自身的 SID (服务器 ID)、`lastLoggedZxid` (最新的 ZXID) 和当前的服务器 epoch (`currentEpoch`) 来生成一个初始化的投票——简单地讲,在初始化过程中,每个服务器都会给自己投票。

   然后,ZooKeeper 会根据 *zoo.cfg* 中的配置,创建相应的 Leader 选举算法实现。在 ZooKeeper 中,默认提供了三种 Leader 选举算法的实现,分别是 LeaderElection、AuthFastLeaderElection 和 FastLeaderElection,可以通过在配置文件 (*zoo.cfg*) 中使用 `electionAlg` 属性来指定,分别使用数字 0~3 来表示。读者可以在 7.6.2 节中查看关于 Leader 选举算法的详细讲解。从 3.4.0 版本开始,ZooKeeper 废弃了前两种 Leader 选举算法,只支持 FastLeaderElection 选举算法了。

在初始化阶段，ZooKeeper 会首先创建 Leader 选举所需的网络 I/O 层 `QuorumCnxManager`，同时启动对 Leader 选举端口的监听，等待集群中其他服务器创建连接。

2. 注册 JMX 服务。

3. 检测当前服务器状态。

   在上文中，我们已经提到 `QuorumPeer` 是 ZooKeeper 服务器实例的托管者，在运行期间，`QuorumPeer` 的核心工作就是不断地检测当前服务器的状态，并做出相应的处理。在正常情况下，ZooKeeper 服务器的状态在 LOOKING、LEADING 和 FOLLOWING/OBSERVING 之间进行切换。而在启动阶段，`QuorumPeer` 的初始状态是 LOOKING，因此开始进行 Leader 选举。

4. Leader 选举

   ZooKeeper 的 Leader 选举过程，简单地讲，就是一个集群中所有的机器相互之间进行一系列投票，选举产生最合适的机器成为 Leader，同时其余机器成为 Follower 或是 Observer 的集群机器角色初始化过程。关于 Leader 选举算法，简而言之，就是集群中哪个机器处理的数据越新（通常我们根据每个服务器处理过的最大 ZXID 来比较确定其数据是否更新），其越有可能成为 Leader。当然，如果集群中的所有机器处理的 ZXID 一致的话，那么 SID 最大的服务器成为 Leader。关于 ZooKeeper 的 Leader 选举，将在本书 7.6 节中做详细讲解。

Leader 和 Follower 启动期交互过程

到这里为止，ZooKeeper 已经完成了 Leader 选举，并且集群中每个服务器都已经确定了自己的角色——通常情况下就分为 Leader 和 Follower 两种角色。下面我们来对 Leader 和 Follower 在启动期间的工作原理进行讲解，其大致交互流程如图 7-31 所示。

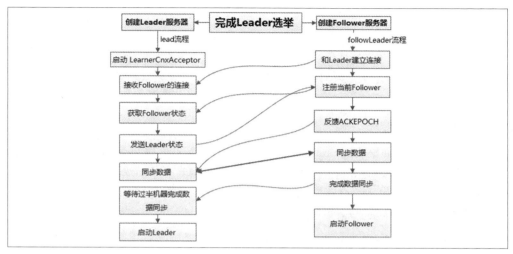

图 7-31. Leader 和 Follower 服务器启动期交互过程

Leader 和 Follower 服务器启动期交互过程包括如下步骤。

1. 创建 Leader 服务器和 Follower 服务器。

   完成 Leader 选举之后，每个服务器都会根据自己的服务器角色创建相应的服务器实例，并开始进入各自角色的主流程。

2. Leader 服务器启动 Follower 接收器 `LearnerCnxAcceptor`。

   在 ZooKeeper 集群运行期间，Leader 服务器需要和所有其余的服务器（本书余下部分，我们使用 "Learner" 来指代这类机器）保持连接以确定集群的机器存活情况。`LearnerCnxAcceptor` 接收器用于负责接收所有非 Leader 服务器的连接请求。

3. Learner 服务器开始和 Leader 建立连接。

   所有的 Learner 服务器在启动完毕后，会从 Leader 选举的投票结果中找到当前集群中的 Leader 服务器，然后与其建立连接。

4. Leader 服务器创建 `LearnerHandler`。

   Leader 接收到来自其他机器的连接创建请求后，会创建一个 `LearnerHandler` 实例。每个 `LearnerHandler` 实例都对应了一个 Leader 与 Learner 服务器之间的连接，其负责 Leader 和 Learner 服务器之间几乎所有的消息通信和数据同步。

5. 向 Leader 注册。

   当和 Leader 建立起连接后，Learner 就会开始向 Leader 进行注册——所谓的注册，其实就是将 Learner 服务器自己的基本信息发送给 Leader 服务器，我们称之为 `LearnerInfo`，包括当前服务器的 SID 和服务器处理的最新的 ZXID。

6. Leader 解析 Learner 信息，计算新的 epoch。

   Leader 服务器在接收到 Learner 的基本信息后，会解析出该 Learner 的 SID 和 ZXID，然后根据该 Learner 的 ZXID 解析出其对应的 epoch_of_learner，和当前 Leader 服务器的 epoch_of_leader 进行比较，如果该 Learner 的 epoch_of_learner 更大的话，那么就更新 Leader 的 epoch：

   epoch_of_leader = epoch_of_learner + 1

   然后，`LearnerHandler` 会进行等待，直到过半的 Learner 已经向 Leader 进行了注册，同时更新了 epoch_of_leader 之后，Leader 就可以确定当前集群的 epoch 了。

7. 发送 Leader 状态。

   计算出新的 epoch 之后，Leader 会将该信息以一个 `LEADERINFO` 消息的形式发送给 Learner，同时等待 Learner 的响应。

8. Learner 发送 ACK 消息。

   Follower 在收到来自 Leader 的 `LEADERINFO` 消息后，会解析出 epoch 和 ZXID，然后向 Leader 反馈一个 `ACKEPOCH` 响应。

9. 数据同步。

   Leader 服务器接收到 Learner 的这个 ACK 消息后，就可以开始与其进行数据同步了。关于 ZooKeeper 集群服务器间的数据同步，将在 7.9.5 节中做详细讲解。

10. 启动 Leader 和 Learner 服务器。

    当有过半的 Learner 已经完成了数据同步，那么 Leader 和 Learner 服务器实例就可以开始启动了。

Leader 和 Follower 启动

Leader 和 Follower 启动的步骤如下。

1. 创建并启动会话管理器。

2. 初始化 ZooKeeper 的请求处理链。

   和单机版服务器一样，集群模式下，每个服务器都会在启动阶段串联请求处理链，只是根据服务器角色不同，会有不同的请求处理链路，在 7.7.1 节中有对 ZooKeeper 请求处理链的详细讲解。

3. 注册 JMX 服务。

   至此，集群版的 ZooKeeper 服务器启动完毕。

7.6 Leader 选举

在 4.1.3 节中，我们已经了解了 ZooKeeper 集群中的三种服务器角色：Leader、Follower 和 Observer。接下来，我们将从 Leader 选举概述、算法分析和实现细节三方面来看看 ZooKeeper 是如何进行 Leader 选举的。

7.6.1 Leader 选举概述

Leader 选举是 ZooKeeper 中最重要的技术之一，也是保证分布式数据一致性的关键所在。在本节中，我们将先从整体上来对 ZooKeeper 的 Leader 选举进行介绍。

服务器启动时期的 Leader 选举

在我们讲解 Leader 选举的时候，需要注意的一点是，隐式条件便是 ZooKeeper 的集群规模至少是 2 台机器，这里我们以 3 台机器组成的服务器集群为例。在服务器集群初始化阶段，当有一台服务器（我们假设这台机器的 myid 为 1，因此称其为 Server1）启动的时候，它是无法完成 Leader 选举的，是无法进行 Leader 选举的。当第二台机器（同样，我们假设这台服务器的 myid 为 2，称其为 Server2）也启动后，此时这两台机器已经能够进行互相通信，每台机器都试图找到一个 Leader，于是便进入了 Leader 选举流程。

1. 每个 Server 会发出一个投票。

   由于是初始情况，因此对于 Server1 和 Server2 来说，都会将自己作为 Leader 服务器来进行投票，每次投票包含的最基本的元素包括：所推举的服务器的 myid 和 ZXID，我们以（myid，ZXID）的形式来表示。因为是初始化阶段，因此无论是 Server1 还是 Server2，都会投给自己，即 Server1 的投票为（1，0），Server2 的投票为（2，0），然后各自将这个投票发给集群中其他所有机器。

2. 接收来自各个服务器的投票。

    每个服务器都会接收来自其他服务器的投票。集群中的每个服务器在接收到投票后，首先会判断该投票的有效性，包括检查是否是本轮投票、是否来自 LOOKING 状态的服务器。

3. 处理投票。

    在接收到来自其他服务器的投票后，针对每一个投票，服务器都需要将别人的投票和自己的投票进行 PK，PK 的规则如下。

    - 优先检查 ZXID。ZXID 比较大的服务器优先作为 Leader。
    - 如果 ZXID 相同的话，那么就比较 myid。myid 比较大的服务器作为 Leader 服务器。

    现在我们来看 Server1 和 Server2 实际是如何进行投票处理的。对于 Server1 来说，它自己的投票是（1，0），而接收到的投票为（2，0）。首先会对比两者的 ZXID，因为都是 0，所以无法决定谁是 Leader。接下来会对比两者的 myid，很显然，Server1 发现接收到的投票中的 myid 是 2，大于自己，于是就会更新自己的投票为（2，0），然后重新将投票发出去。而对于 Server2 来说，不需要更新自己的投票信息，只是再一次向集群中所有机器发出上一次投票信息即可。

4. 统计投票。

    每次投票后，服务器都会统计所有投票，判断是否已经有过半的机器接收到相同的投票信息。对于 Server1 和 Server2 服务器来说，都统计出集群中已经有两台机器接受了（2，0）这个投票信息。这里我们需要对"过半"的概念做一个简单的介绍。所谓"过半"就是指大于集群机器数量的一半，即大于或等于（n/2+1）。对于这里由 3 台机器构成的集群，大于等于 2 台即为达到"过半"要求。

    那么，当 Server1 和 Server2 都收到相同的投票信息（2，0）的时候，即认为已经选出了 Leader。

5. 改变服务器状态。

    一旦确定了 Leader，每个服务器就会更新自己的状态：如果是 Follower，那么就变更为 FOLLOWING，如果是 Leader，那么就变更为 LEADING。

服务器运行期间的 Leader 选举

在 ZooKeeper 集群正常运行过程中，一旦选出一个 Leader，那么所有服务器的集群角色一般不会再发生变化——也就是说，Leader 服务器将一直作为集群的 Leader，即使集群中有非 Leader 集群挂了或是有新机器加入集群也不会影响 Leader。但是一旦 Leader 所在的机器挂了，那么整个集群将暂时无法对外服务，而是进入新一轮的 Leader 选举。服务器运行期间的 Leader 选举和启动时期的 Leader 选举基本过程是一致的。

我们假设当前正在运行的 ZooKeeper 服务器由 3 台机器组成，分别是 Server1、Server2 和 Server3，当前的 Leader 是 Server2。假设在某一个瞬间，Leader 挂了，这个时候便开始了 Leader 选举。

1. 变更状态。

   当 Leader 挂了之后，余下的非 Observer 服务器都会将自己的服务器状态变更为 LOOKING，然后开始进入 Leader 选举流程。

2. 每个 Server 会发出一个投票。

   在这个过程中，需要生成投票信息（myid，ZXID）。因为是运行期间，因此每个服务器上的 ZXID 可能不同，我们假定 Server1 的 ZXID 为 123，而 Server3 的 ZXID 为 122。在第一轮投票中，Server1 和 Server3 都会投自己，即分别产生投票（1，123）和（3，122），然后各自将这个投票发给集群中所有机器。

3. 接收来自各个服务器的投票。

4. 处理投票。

   对于投票的处理，和上面提到的服务器启动期间的处理规则是一致的。在这个例子里面，由于 Server1 的 ZXID 为 123，Server3 的 ZXID 为 122，那么显然，Server1 会成为 Leader。

5. 统计投票。

6. 改变服务器状态。

7.6.2　Leader 选举的算法分析

在 7.6.1 节中，我们已经大体了解了 ZooKeeper 的 Leader 选举过程，接下来让我们看看 ZooKeeper 的 Leader 选举算法。

在 ZooKeeper 中，提供了三种 Leader 选举的算法，分别是 LeaderElection、UDP 版本的 FastLeaderElection 和 TCP 版本的 FastLeaderElection，可以通过在配置文件 *zoo.cfg* 中使用 `electionAlg` 属性来指定，分别使用数字 0~3 来表示。0 代表 LeaderElection，这是一种纯 UDP 实现的 Leader 选举算法；1 代表 UDP 版本的 FastLeaderElection，并且是非授权模式；2 也代表 UDP 版本的 FastLeaderElection，但使用授权模式；3 代表 TCP 版本的 FastLeaderElection。值得一提的是，从 3.4.0 版本开始，ZooKeeper 废弃了 0、1 和 2 这三种 Leader 选举算法，只保留了 TCP 版本的 FastLeaderElection 选举算法。下文即仅对此算法进行介绍。

由于在官方文档以及一些外文资料中，对于概念的描述非常的"晦涩"，因此本书在讲解 ZooKeeper 的 Leader 选举算法的时候，尽量使用一些外文的专有术语来保持一致性，以便于读者理解相关内容。

术语解释

首先我们对 ZooKeeper 的 Leader 选举算法介绍中会出现的一些专有术语进行简单介绍，以便读者更好地理解本书内容。

SID：服务器 ID

SID 是一个数字，用来唯一标识一台 ZooKeeper 集群中的机器，每台机器不能重复，和 myid 的值一致。关于 myid，我们已经在 5.1.2 节讲解如何部署一个 ZooKeeper 集群的时候提到过。

ZXID：事务 ID

ZXID 是一个事务 ID，用来唯一标识一次服务器状态的变更。在某一个时刻，集群中每台机器的 ZXID 值不一定全都一致，这和 ZooKeeper 服务器对于客户端"更新请求"的处理逻辑有关。具体可以参见 7.8 节中对于客户端"更新请求"处理的介绍。

Vote：投票

Leader 选举，顾名思义必须通过投票来实现。当集群中的机器发现自己无法检测到 Leader 机器的时候，就会开始尝试进行投票。

Quorum：过半机器数

这是整个 Leader 选举算法中最重要的一个术语，我们可以把这个术语理解为是一个量词，指的是 ZooKeeper 集群中过半的机器数，如果集群中总的机器数是 n 的话，那么可以通过下面这个公式来计算 quorum 的值：

quorum = (n/2 + 1)

例如，如果集群机器总数是 3，那么 quorum 就是 2。

算法分析

接下来我们就一起深入 Leader 选举算法，看看 Leader 选举的技术内幕。

进入 Leader 选举

当 ZooKeeper 集群中的一台服务器出现以下两种情况之一时，就会开始进入 Leader 选举。

- 服务器初始化启动。
- 服务器运行期间无法和 Leader 保持连接。

而当一台机器进入 Leader 选举流程时，当前集群也可能会处于以下两种状态。

- 集群中本来就已经存在一个 Leader。
- 集群中确实不存在 Leader。

我们首先来看第一种已经存在 Leader 的情况。这种情况通常是集群中的某一台机器启动比较晚，在它启动之前，集群已经可以正常工作，即已经存在了一台 Leader 服务器。针对这种情况，当该机器试图去选举 Leader 的时候，会被告知当前服务器的 Leader 信息，对于该机器来说，仅仅需要和 Leader 机器建立起连接，并进行状态同步即可。

下面我们重点来看在集群中 Leader 不存在的情况下，如何进行 Leader 选举。

开始第一次投票

通常有两种情况会导致集群中不存在 Leader，一种情况是在整个服务器刚刚初始化启动时，此时尚未产生一台 Leader 服务器；另一种情况就是在运行期间当前 Leader 所在的服务器挂了。无论是哪种情况，此时集群中的所有机器都处于一种试图选举出一个 Leader 的状态，我们把这种状态称为"LOOKING"，意思是说正在寻找 Leader。当一台服务器处于 LOOKING 状态的时候，那么它就会向集群中所有其他机器发送消息，我们称这个消息为"投票"。

在这个投票消息中包含了两个最基本的信息：所推举的服务器的 SID 和 ZXID，分别表示了被推举服务器的唯一标识和事务 ID。下文中我们将以"(SID，ZXID)"这样的形式来标识一次投票信息。举例来说，如果当前服务器要推举 SID 为 1、ZXID 为 8 的服务器成为 Leader，那么它的这次投票信息可以表示为（1，8）。

我们假设 ZooKeeper 由 5 台机器组成，SID 分别为 1、2、3、4 和 5，ZXID 分别为 9、9、9、8 和 8，并且此时 SID 为 2 的机器是 Leader 服务器。某一时刻，1 和 2 所在的机器出现故障，因此集群开始进行 Leader 选举。

在第一次投票的时候，由于还无法检测到集群中其他机器的状态信息，因此每台机器都是将自己作为被推举的对象来进行投票。于是 SID 为 3、4 和 5 的机器，投票情况分别为：(3, 9)、(4, 8) 和 (5, 8)。

变更投票

集群中的每台机器发出自己的投票后，也会接收到来自集群中其他机器的投票。每台机器都会根据一定的规则，来处理收到的其他机器的投票，并以此来决定是否需要变更自己的投票。这个规则也成为了整个 Leader 选举算法的核心所在。为了便于描述，我们首先定义一些术语。

- **vote_sid**：接收到的投票中所推举 Leader 服务器的 SID。
- **vote_zxid**：接收到的投票中所推举 Leader 服务器的 ZXID。
- **self_sid**：当前服务器自己的 SID。
- **self_zxid**：当前服务器自己的 ZXID。

每次对于收到的投票的处理，都是一个对 (vote_sid, vote_zxid) 和 (self_sid, self_zxid) 对比的过程。

- **规则 1**：如果 vote_zxid 大于 self_zxid，就认可当前收到的投票，并再次将该投票发送出去。
- **规则 2**：如果 vote_zxid 小于 self_zxid，那么就坚持自己的投票，不做任何变更。
- **规则 3**：如果 vote_zxid 等于 self_zxid，那么就对比两者的 SID。如果 vote_sid 大于 self_sid，那么就认可当前接收到的投票，并再次将该投票发送出去。
- **规则 4**：如果 vote_zxid 等于 self_zxid，并且 vote_sid 小于 self_sid，那么同样坚持自己的投票，不做变更。

根据上面这个规则，我们结合图 7-32 来分析上面提到的 5 台机器组成的 ZooKeeper 集群的投票变更过程。

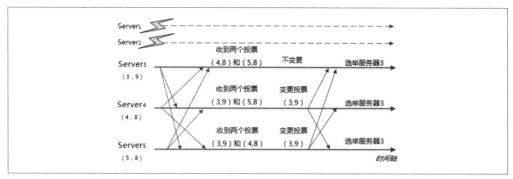

图 7-32. Leader 选举过程中发生投票变更

每台机器都把投票发出后，同时也会接收到来自另外两台机器的投票。

- 对于 Server3 来说，它接收到了（4，8）和（5，8）两个投票，对比后，由于自己的 ZXID 要大于接收到的两个投票，因此不需要做任何变更。

- 对于 Server4 来说，它接收到了（3，9）和（5，8）两个投票，对比后，由于（3，9）这个投票的 ZXID 大于自己，因此需要变更投票为（3，9），然后继续将这个投票发送给另外两台机器。

- 同样，对于 Server5 来说，它接收到了（3，9）和（4，8）两个投票，对比后，由于（3，9）这个投票的 ZXID 大于自己，因此需要变更投票为（3，9），然后继续将这个投票发送给另外两台机器。

确定 Leader

经过这第二次投票后，集群中的每台机器都会再次收到其他机器的投票，然后开始统计投票。如果一台机器收到了超过半数的相同的投票，那么这个投票对应的 SID 机器即为 Leader。

如图 7-32 所示的 Leader 选举例子中，因为 ZooKeeper 集群的总机器数为 5 台，那么

  quorum =（5/2 + 1）= 3

也就是说，只要收到 3 个或 3 个以上（含当前服务器自身在内）一致的投票即可。在这里，Server3、Server4 和 Server5 都投票（3，9），因此确定了 Server3 为 Leader。

小结

简单地说，通常哪台服务器上的数据越新，那么越有可能成为 Leader，原因很简单，数据越新，那么它的 ZXID 也就越大，也就越能够保证数据的恢复。当然，如果集群中有

几个服务器具有相同的 ZXID，那么 SID 较大的那台服务器成为 Leader。

7.6.3　Leader 选举的实现细节

在 7.6.2 节中，我们介绍了整个 Leader 选举的算法设计。从算法复杂度来说，FastLeaderElection 算法的设计并不复杂，但在真正的实现过程中，对于一个需要应用在生产环境的产品来说，还是有很多实际问题需要解决。在本节中，我们就来看看 ZooKeeper 中对 FastLeaderElection 的实现。

服务器状态

为了能够清楚地对 ZooKeeper 集群中每台机器的状态进行标识，在 `org.apache.zookeeper.server.quorum.QuorumPeer.ServerState` 类中列举了 4 种服务器状态，分别是：LOOKING、FOLLOWING、LEADING 和 OBSERVING。

- **LOOKING**：寻找 Leader 状态。当服务器处于该状态时，它会认为当前集群中没有 Leader，因此需要进入 Leader 选举流程。
- **FOLLOWING**：跟随者状态，表明当前服务器角色是 Follower。
- **LEADING**：领导者状态，表明当前服务器角色是 Leader。
- **OBSERVING**：观察者状态，表明当前服务器角色是 Observer。

投票数据结构

在 7.6.2 节中，我们已经提到，Leader 的选举过程是通过投票来实现的，同时每个投票中包含两个最基本的信息：所推举服务器的 SID 和 ZXID。现在我们来看在 ZooKeeper 中对 `Vote` 数据结构的定义，如图 7-33 所示。

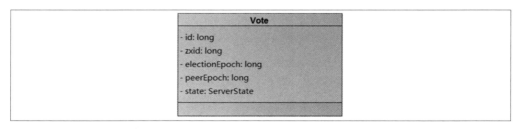

图 7-33.　Vote 数据结构

读者可以在 `org.apache.zookeeper.server.quorum.Vote` 类中查看其完整的定义，表 7-9 中列举了 `Vote` 中的几个属性。

表 7-9. Vote 属性说明

属　　性	说　　明
id	被推举的 Leader 的 SID 值
zxid	被推举的 Leader 的事务 ID
electionEpoch	逻辑时钟，用来判断多个投票是否在同一轮选举周期中。该值在服务端是一个自增序列。每次进入新一轮的投票后，都会对该值进行加 1 操作
peerEpoch	被推举的 Leader 的 epoch
state	当前服务器的状态

QuorumCnxManager：网络 I/O

在 7.3.3 节中，我们曾讲解过，`ClientCnxn` 是 ZooKeeper 客户端中用于处理网络 I/O 的一个管理器。在 Leader 选举的过程中也有类似的角色，那就是 `QuorumCnxManager`——每台服务器启动的时候，都会启动一个 `QuorumCnxManager`，负责各台服务器之间的底层 Leader 选举过程中的网络通信。

消息队列

在 `QuorumCnxManager` 这个类内部维护了一系列的队列，用于保存接收到的、待发送的消息，以及消息的发送器。除接收队列以外，这里提到的所有队列都有一个共同点——按 SID 分组形成队列集合，我们以发送队列为例来说明这个分组的概念。假设集群中除自身外还有 4 台机器，那么当前服务器就会为这 4 台服务器分别创建一个发送队列，互不干扰。

- `recvQueue`：消息接收队列，用于存放那些从其他服务器接收到的消息。

- `queueSendMap`：消息发送队列，用于保存那些待发送的消息。`queueSendMap` 是一个 Map，按照 SID 进行分组，分别为集群中的每台机器分配了一个单独队列，从而保证各台机器之间的消息发送互不影响。

- `senderWorkerMap`：发送器集合。每个 `SendWorker` 消息发送器，都对应一台远程 ZooKeeper 服务器，负责消息的发送。同样，在 `senderWorkerMap` 中，也按照 SID 进行了分组。

- `lastMessageSent`：最近发送过的消息。在这个集合中，为每个 SID 保留最近发送过的一个消息。

建立连接

为了能够进行互相投票，ZooKeeper 集群中的所有机器都需要两两建立起网络连接。`QuorumCnxManager` 在启动的时候，会创建一个 `ServerSocket` 来监听 Leader 选举的通信端口（Leader 选举的通信端口默认是 3888，在 8.1 节中有详细讲解）。开启端口监听后，ZooKeepr 就能够不断地接收到来自其他服务器的"创建连接"请求，在接收到其他服务器的 TCP 连接请求时，会交由 `receiveConnection` 函数来处理。为了避免两台机器之间重复地创建 TCP 连接，ZooKeeper 设计了一种建立 TCP 连接的规则：只允许 SID 大的服务器主动和其他服务器建立连接，否则断开连接。在 `ReceiveConnection` 函数中，服务器通过对比自己和远程服务器的 SID 值，来判断是否接受连接请求。如果当前服务器发现自己的 SID 值更大，那么会断开当前连接，然后自己主动去和远程服务器建立连接。

一旦建立起连接，就会根据远程服务器的 SID 来创建相应的消息发送器 `SendWorker` 和消息接收器 `RecvWorker`，并启动他们。

消息接收与发送

消息的接收过程是由消息接收器 `RecvWorker` 来负责的。在上面的讲解中，我们已经提到了 ZooKeeper 会为每个远程服务器分配一个单独的 `RecvWorker`，因此，每个 `RecvWorker` 只需要不断地从这个 TCP 连接中读取消息，并将其保存到 `recvQueue` 队列中。

消息的发送过程也比较简单，由于 ZooKeeper 同样也已经为每个远程服务器单独分别分配了消息发送器 `SendWorker`，那么每个 `SendWorker` 只需要不断地从对应的消息发送队列中获取出一个消息来发送即可，同时将这个消息放入 `lastMessageSent` 中来作为最近发送过的消息。在 `SendWorker` 的具体实现中，有一个细节需要我们注意一下：一旦 ZooKeeper 发现针对当前远程服务器的消息发送队列为空，那么这个时候就需要从 `lastMessageSent` 中取出一个最近发送过的消息来进行再次发送。这个细节的处理主要是为了解决这样一类分布式问题：接收方在消息接收前，或者是在接收到消息后服务器挂掉了，导致消息尚未被正确处理。那么如此重复发送是否会导致其他问题呢？当然，这里可以放心的一点是，ZooKeeper 能够保证接收方在处理消息的时候，会对重复消息进行正确的处理。

FastLeaderElection：选举算法的核心部分

下面我们来看 Leader 选举的核心算法部分的实现。在讲解之前，我们首先约定几个概念。

- **外部投票**：特指其他服务器发来的投票。
- **内部投票**：服务器自身当前的投票。
- **选举轮次**：ZooKeeper 服务器 Leader 选举的轮次，即 `logicalclock`。
- **PK**：指对内部投票和外部投票进行一个对比来确定是否需要变更内部投票。

选票管理

我们已经讲解了，在 `QuorumCnxManager` 中，ZooKeeper 是如何管理服务器之间的投票发送和接收的，现在我们来看对于选票的管理。图 7-34 所示是选票管理过程中相关组件之间的协作关系。

- `sendqueue`：选票发送队列，用于保存待发送的选票。

- `recvqueue`：选票接收队列，用于保存接收到的外部投票。

- `WorkerReceiver`：选票接收器。该接收器会不断地从 `QuorumCnxManager` 中获取出其他服务器发来的选举消息，并将其转换成一个选票，然后保存到 `recvqueue` 队列中去。在选票的接收过程中，如果发现该外部投票的选举轮次小于当前服务器，那么就直接忽略这个外部投票，同时立即发出自己的内部投票。当然，如果当前服务器并不是 LOOKING 状态，即已经选举出了 Leader，那么也将忽略这个外部投票，同时将 Leader 信息以投票的形式发送出去。

  另外，对于选票接收器，还有一个细节需要注意，如果接收到的消息来自 Observer 服务器，那么就忽略该消息，并将自己当前的投票发送出去。

- `WorkerSender`：选票发送器，会不断地从 `sendqueue` 队列中获取待发送的选票，并将其传递到底层 `QuorumCnxManager` 中去。

算法核心

在图 7-34 中，我们可以看到 `FastLeaderElection` 模块是如何与底层的网络 I/O 进行交互的，其中不难发现，在"选举算法"中将会对接收到的选票进行处理。下面我们就来看看这个选举过程的核心算法实现，图 7-35 展示了 Leader 选举算法实现的流程示意图。

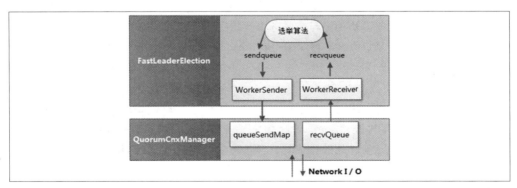

图 7-34. 选票管理

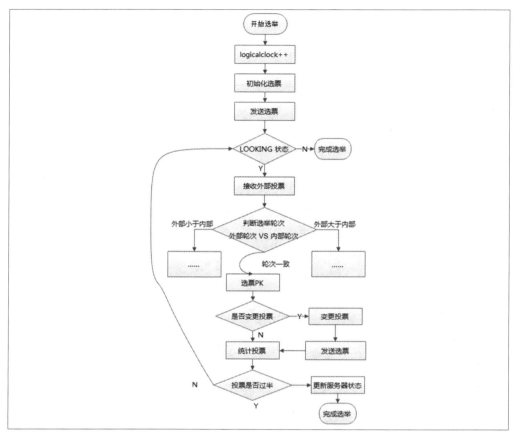

图 7-35. Leader 选举算法实现的流程示意图

图 7-35 中展示了 Leader 选举算法的基本流程，其实也就是 `lookForLeader` 方法的逻辑。当 ZooKeeper 服务器检测到当前服务器状态变成 LOOKING 时，就会触发 Leader 选举，即调用 `lookForLeader` 方法来进行 Leader 选举。

1. 自增选举轮次。

    在 `FastLeaderElection` 实现中，有一个 `logicalclock` 属性，用于标识当前 Leader 的选举轮次，ZooKeeper 规定了所有有效的投票都必须在同一轮次中。ZooKeeper 在开始新一轮的投票时，会首先对 `logicalclock` 进行自增操作。

2. 初始化选票。

    在开始进行新一轮的投票之前,每个服务器都会首先初始化自己的选票。在图 7-33 中我们已经讲解了 `Vote` 数据结构，初始化选票也就是对 `Vote` 属性的初始化。

在初始化阶段，每台服务器都会将自己推举为 Leader，表 7-10 展示了一个初始化的选票。

表 7-10. 选票初始化

属　　性	选　票　值
id	当前服务器自身的 SID
zxid	当前服务器最新的 ZXID 值
electionEpoch	当前服务器的选举轮次
peerEpoch	被推举的服务器的选举轮次
state	LOOKING

3. 发送初始化选票。

   在完成选票的初始化后，服务器就会发起第一次投票。ZooKeeper 会将刚刚初始化好的选票放入 `sendqueue` 队列中，由发送器 `WorkerSender` 负责发送出去。

4. 接收外部投票。

   每台服务器都会不断地从 `recvqueue` 队列中获取外部投票。如果服务器发现无法获取到任何的外部投票，那么就会立即确认自己是否和集群中其他服务器保持着有效连接。如果发现没有建立连接，那么就会马上建立连接。如果已经建立了连接，那么就再次发送自己当前的内部投票。

5. 判断选举轮次。

   当发送完初始化选票之后，接下来就要开始处理外部投票了。在处理外部投票的时候，会根据选举轮次来进行不同的处理。

   - 外部投票的选举轮次大于内部投票。

     如果服务器发现自己的选举轮次已经落后于该外部投票对应服务器的选举轮次，那么就会立即更新自己的选举轮次（`logicalclock`），并且清空所有已经收到的投票，然后使用初始化的投票来进行 PK 以确定是否变更内部投票（关于 PK 的逻辑会在步骤 6 中统一讲解），最终再将内部投票发送出去。

   - 外部投票的选举轮次小于内部投票。

     如果接收到的选票的选举轮次落后于服务器自身的，那么 ZooKeeper 就会直接忽略该外部投票，不做任何处理，并返回步骤 4。

   - 外部投票的选举轮次和内部投票一致。

这也是绝大多数投票的场景，如果外部投票的选举轮次和内部投票一致的话，那么就开始进行选票 PK。

总的来说，只有在同一个选举轮次的投票才是有效的投票。

6. 选票 PK。

    在步骤 5 中提到，在收到来自其他服务器有效的外部投票后，就要进行选票 PK 了——也就是 `FastLeaderElection.totalOrderPredicate` 方法的核心逻辑。选票 PK 的目的是为了确定当前服务器是否需要变更投票，主要从选举轮次、ZXID 和 SID 三个因素来考虑，具体条件如下：在选票 PK 的时候依次判断，符合任意一个条件就需要进行投票变更。

    - 如果外部投票中被推举的 Leader 服务器的选举轮次大于内部投票，那么就需要进行投票变更。
    - 如果选举轮次一致的话，那么就对比两者的 ZXID。如果外部投票的 ZXID 大于内部投票，那么就需要进行投票变更。
    - 如果两者的 ZXID 一致，那么就对比两者的 SID。如果外部投票的 SID 大于内部投票，那么就需要进行投票变更。

7. 变更投票。

    通过选票 PK 后，如果确定了外部投票优于内部投票（所谓的"优于"，是指外部投票所推举的服务器更适合成为 Leader），那么就进行投票变更——使用外部投票的选票信息来覆盖内部投票。变更完成后，再次将这个变更后的内部投票发送出去。

8. 选票归档。

    无论是否进行了投票变更，都会将刚刚收到的那份外部投票放入"选票集合"`recvset` 中进行归档。`recvset` 用于记录当前服务器在本轮次的 Leader 选举中收到的所有外部投票——按照服务器对应的 SID 来区分，例如，{(1, vote1), (2, vote2), …}。

9. 统计投票。

    完成了选票归档之后，就可以开始统计投票了。统计投票的过程就是为了统计集群中是否已经有过半的服务器认可了当前的内部投票。如果确定已经有过半的服务器认可了该内部投票，则终止投票。否则返回步骤 4。

10. 更新服务器状态。

> 统计投票后，如果已经确定可以终止投票，那么就开始更新服务器状态。服务器会首先判断当前被过半服务器认可的投票所对应的 Leader 服务器是否是自己，如果是自己的话，那么就会将自己的服务器状态更新为 LEADING。如果自己不是被选举产生的 Leader 的话，那么就会根据具体情况来确定自己是 FOLLOWING 或是 OBSERVING。

以上 10 个步骤，就是 FastLeaderElection 选举算法的核心步骤，其中步骤 4~9 会经过几轮循环，直到 Leader 选举产生。另外还有一个细节需要注意，就是在完成步骤 9 之后，如果统计投票发现已经有过半的服务器认可了当前的选票，这个时候，ZooKeeper 并不会立即进入步骤 10 来更新服务器状态，而是会等待一段时间（默认是 200 毫秒）来确定是否有新的更优的投票。

7.7 各服务器角色介绍

通过上面的介绍，我们已经了解到，在 ZooKeeper 集群中，分别有 Leader、Follower 和 Observer 三种类型的服务器角色。在本节中，我们将一起来深入了解这三种服务器角色的技术内幕。

7.7.1 Leader

Leader 服务器是整个 ZooKeeper 集群工作机制中的核心，其主要工作有以下两个。

- 事务请求的唯一调度和处理者，保证集群事务处理的顺序性。
- 集群内部各服务器的调度者。

请求处理链

使用责任链模式来处理每一个客户端请求是 ZooKeeper 的一大特色。在 7.5.2 节的服务器启动过程讲解中，我们已经提到，在每一个服务器启动的时候，都会进行请求处理链的初始化，Leader 服务器的请求处理链如图 7-36 所示。

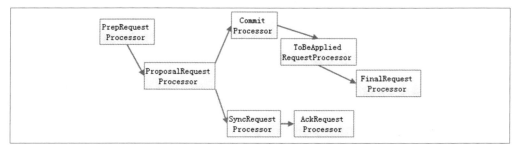

图 7-36. Leader 服务器请求处理链

从图 7-36 中可以看到，从 PrepRequestProcessor 到 FinalRequestProcessor，前后一共 7 个请求处理器组成了 Leader 服务器的请求处理链。

PrepRequestProcessor

> PrepRequestProcessor 是 Leader 服务器的请求预处理器，也是 Leader 服务器的第一个请求处理器。在 ZooKeeper 中，我们将那些会改变服务器状态的请求称为"事务请求"——通常指的就是那些创建节点、更新数据、删除节点以及创建会话等请求，PrepRequestProcessor 能够识别出当前客户端请求是否是事务请求。对于事务请求，PrepRequestProcessor 处理器会对其进行一系列预处理，诸如创建请求事务头、事务体、会话检查、ACL 检查和版本检查等。

ProposalRequestProcessor

> ProposalRequestProcessor 处理器是 Leader 服务器的事务投票处理器，也是 Leader 服务器事务处理流程的发起者。对于非事务请求，ProposalRequestProcessor 会直接将请求流转到 CommitProcessor 处理器，不再做其他处理；而对于事务请求，除了将请求交给 CommitProcessor 处理器外，还会根据请求类型创建对应的 Proposal 提议，并发送给所有的 Follower 服务器来发起一次集群内的事务投票。同时，ProposalRequestProcessor 还会将事务请求交付给 SyncRequestProcessor 进行事务日志的记录。

SyncRequestProcessor

> SyncRequestProcessor 是事务日志记录处理器，该处理器主要用来将事务请求记录到事务日志文件中去，同时还会触发 ZooKeeper 进行数据快照。关于 ZooKeeper 事务日志的记录和数据快照的技术细节，将在 7.9.2 节和 7.9.3 节中做详细讲解。

AckRequestProcessor

`AckRequestProcessor` 处理器是 Leader 特有的处理器，其主要负责在 `SyncRequestProcessor` 处理器完成事务日志记录后，向 Proposal 的投票收集器发送 ACK 反馈，以通知投票收集器当前服务器已经完成了对该 Proposal 的事务日志记录。

CommitProcessor

`CommitProcessor` 是事务提交处理器。对于非事务请求，该处理器会直接将其交付给下一级处理器进行处理；而对于事务请求，`CommitProcessor` 处理器会等待集群内针对 Proposal 的投票直到该 Proposal 可被提交。利用 `CommitProcessor` 处理器，每个服务器都可以很好地控制对事务请求的顺序处理。

ToBeCommitProcessor

`ToBeCommitProcessor` 是一个比较特别的处理器，根据其命名，相信读者也已经了解了该处理器的作用。`ToBeCommitProcessor` 处理器中有一个 `toBeApplied` 队列，专门用来存储那些已经被 `CommitProcessor` 处理过的可被提交的 Proposal。

`ToBeCommitProcessor` 处理器将这些请求逐个交付给 `FinalRequestProcessor` 处理器进行处理——等到 `FinalRequestProcessor` 处理器处理完之后，再将其从 `toBeApplied` 队列中移除。

FinalRequestProcessor

`FinalRequestProcessor` 是最后一个请求处理器。该处理器主要用来进行客户端请求返回之前的收尾工作，包括创建客户端请求的响应；针对事务请求，该处理器还会负责将事务应用到内存数据库中去。

LearnerHandler

为了保持整个集群内部的实时通信，同时也是为了确保可以控制所有的 Follower/Observer 服务器，Leader 服务器会与每一个 Follower/Observer 服务器都建立一个 TCP 长连接，同时也会为每个 Follower/Observer 服务器都创建一个名为 `LearnerHandler` 的实体。

`LearnerHandler`，顾名思义，是 ZooKeeper 集群中 Learner 服务器的管理器，主要负责 Follower/Observer 服务器和 Leader 服务器之间的一系列网络通信，包括数据同步、请求转发和 Proposal 提议的投票等。Leader 服务器中保存了所有 Follower/Observer 对应的 `LearnerHandler`。

7.7.2 Follower

从角色名字上可以看出,Follower 服务器是 ZooKeeper 集群状态的跟随者,其主要工作有以下三个。

- 处理客户端非事务请求,转发事务请求给 Leader 服务器。
- 参与事务请求 Proposal 的投票。
- 参与 Leader 选举投票。

和 Leader 服务器一样,Follower 也同样使用了采用责任链模式组装的请求处理链来处理每一个客户端请求,由于不需要负责对事务请求的投票处理,因此相对来说 Follower 服务器的请求处理链会简单一些,其请求处理链如图 7-37 所示。

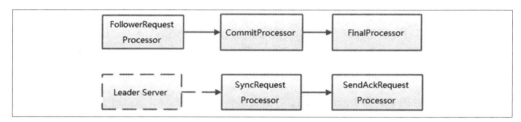

图 7-37. Follower 服务器请求处理链

从图 7-37 中可以看到,和 Leader 服务器的请求处理链最大的不同点在于,Follower 服务器的第一个处理器换成了 `FollowerRequestProcessor` 处理器,同时由于不需要处理事务请求的投票,因此也没有了 `ProposalRequestProcessor` 处理器。

`FollowerRequestProcessor`

> `FollowerRequestProcessor` 是 Follower 服务器的第一个请求处理器,其主要工作就是识别出当前请求是否是事务请求。如果是事务请求,那么 Follower 就会将该事务请求转发给 Leader 服务器,Leader 服务器在接收到这个事务请求后,就会将其提交到请求处理链,按照正常事务请求进行处理。

`SendAckRequestProcessor`

> `SendAckRequestProcessor` 是 Follower 服务器上另外一个和 Leader 服务器有差异的请求处理器。在 7.7.1 节中,我们讲到过 Leader 服务器上有一个叫 `AckRequestProcessor` 的请求处理器,其主要负责在 `SyncRequestProcessor` 处理器完成事务日志记录后,向 Proposal 的投票收集器进行反馈。而在 Follower 服务器上,

SendAckRequestProcessor 处理器同样承担了事务日志记录反馈的角色，在完成事务日志记录后，会向 Leader 服务器发送 ACK 消息以表明自身完成了事务日志的记录工作。两者的唯一区别在于，AckRequestProcessor 处理器和 Leader 服务器在同一个服务器上，因此它的 ACK 反馈仅仅是一个本地操作；而 SendAckRequestProcessor 处理器由于在 Follower 服务器上，因此需要通过以 ACK 消息的形式来向 Leader 服务器进行反馈。

7.7.3 Observer

Observer 是 ZooKeeper 自 3.3.0 版本开始引入的一个全新的服务器角色。从字面意思看，该服务器充当了一个观察者的角色——其观察 ZooKeeper 集群的最新状态变化并将这些状态变更同步过来。Observer 服务器在工作原理上和 Follower 基本是一致的，对于非事务请求，都可以进行独立的处理，而对于事务请求，则会转发给 Leader 服务器进行处理。和 Follower 唯一的区别在于，Observer 不参与任何形式的投票，包括事务请求 Proposal 的投票和 Leader 选举投票。简单地讲，Observer 服务器只提供非事务服务，通常用于在不影响集群事务处理能力的前提下提升集群的非事务处理能力。

另外，Observer 的请求处理链路和 Follower 服务器也非常相近，如图 7-38 所示。

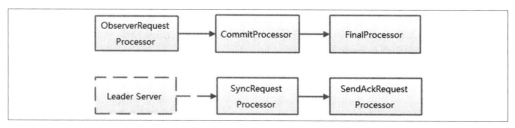

图 7-38. Observer 服务器请求处理链

另外需要注意的一点是，虽然在图 7-38 中，Observer 服务器在初始化阶段会将 SyncRequestProcessor 处理器也组装上去，但是在实际运行过程中，Leader 服务器不会将事务请求的投票发送给 Observer 服务器。

7.7.4 集群间消息通信

在 7.7.1 节中我们讲到过，在整个 ZooKeeper 集群工作过程中，都是由 Leader 服务器来负责进行各服务器之间的协调，同时，各服务器之间的网络通信，都是通过不同类型的消息传递来实现的。在本节中，我们将围绕 ZooKeeper 集群间的消息通信来讲解

ZooKeeper 集群各服务器之间是如何进行协调的。

ZooKeeper 的消息类型大体上可以分为四类，分别是：数据同步型、服务器初始化型、请求处理型和会话管理型。

数据同步型

数据同步型消息是指在 Learner 和 Leader 服务器进行数据同步的时候，网络通信所用到的消息，通常有 DIFF、TRUNC、SNAP 和 UPTODATE 四种。表 7-11 中分别对这四种消息类型进行了详细介绍。

表 7-11. ZooKeeper 集群间数据同步过程中的消息类型

消息类型	发送方→接收方	说　明
DIFF，13	Leader→Learner	用于通知 Learner 服务器，Leader 即将与其进行 "DIFF" 方式的数据同步
TRUNC，14	Leader→Learner	用于触发 Learner 服务器进行内存数据库的回滚操作
SNAP，15	Leader→Learner	用于通知 Learner 服务器，Leader 即将与其进行 "全量" 方式的数据同步
UPTODATE，12	Leader→Learner	用来告诉 Learner 服务器，已经完成了数据同步，可以开始对外提供服务了

服务器初始化型

服务器初始化型消息是指在整个集群或是某些新机器初始化的时候，Leader 和 Learner 之间相互通信所使用的消息类型，常见的有 OBSERVERINFO、FOLLOWERINFO、LEADERINFO、ACKEPOCH 和 NEWLEADER 五种。表 7-12 中对这五种消息类型进行了详细介绍。

表 7-12. ZooKeeper 集群服务器初始化过程中的消息类型

消息类型	发送方→接收方	说　明
OBSERVERINFO,16	Observer→Leader	该信息通常是由 Observer 服务器在启动的时候发送给 Leader 的，用于向 Leader 服务器注册自己，同时向 Leader 服务器表明当前 Learner 服务器的角色是 Observer。消息中包含了当前 Observer 服务器的 SID 和已经处理的最新 ZXID
FOLLOWERINFO,11	Follower→Leader	该信息通常是由 Follower 服务器在启动的时候发送给 Leader 的，用于向 Leader 服务器注册自己，同时
FOLLOWERINFO,11	Follower→Leader	向 Leader 服务器表明当前 Learner 服务器的角色是 Follower。消息中包含了当前 Follower 服务器的 SID 和已经处理的最新 ZXID

续表

消息类型	发送方→接收方	说 明
LEADERINFO, 17	Leader→Learner	在上面我们已经提到，在 Learner 连接上 Leader 后，会向 Leader 发送 LearnerInfo 消息（包含了 OBSERVERINFO 和 FOLLOWERINFO 两类消息），Leader 服务器在接收到该消息后，也会将 Leader 服务器的基本信息发送给这些 Learner，这个消息就是 LEADERINFO，通常包含了当前 Leader 服务器的最新 EPOCH 值
ACKEPOCH,18	Learner→Leader	Learner 在接收到 Leader 发来的 LEADERINFO 消息后，会将自己最新的 ZXID 和 EPOCH 以 ACKEPOCH 消息的形式发送给 Leader
NEWLEADER,10	Leader→Learner	该消息通常用于 Leader 服务器向 Learner 发送一个阶段性的标识消息——Leader 会在和 Learner 完成一个交互流程后，向 Learner 发送 NEWLEADER 消息，同时带上当前 Leader 服务器处理的最新 ZXID。这一系列交互流程包括：足够多的 Follower 服务器连接上 Leader 或是完成数据同步

请求处理型

请求处理型消息是指在进行请求处理的过程中，Leader 和 Learner 服务器之间互相通信所使用的消息，常见的有 REQUEST、PROPOSAL、ACK、COMMIT、INFORM 和 SYNC 六种。表 7-13 中对这六种消息类型进行了详细介绍。

表 7-13. ZooKeeper 集群请求处理过程中的消息类型

消息类型	发送方→接收方	说 明
REQUEST,1	Learner→Leader	该消息是 ZooKeeper 的请求转发消息。在前面的章节中，我们已经提到，在 ZooKeeper 中，所有的事务请求必须由 Leader 服务器来处理。当 Learner 服务器接收到客户端的事务请求后，就会将请求以 REQUEST 消息的形式转发给 Leader 服务器来处理
PROPOSAL,2	Leader→Follower	该消息是 ZooKeeper 实现 ZAB 算法的核心所在，即 ZAB 协议中的提议。在处理事务请求的时候，Leader 服务器会将事务请求以 PROPOSAL 消息的形式创建投票发送给集群中所有的 Follower 服务器来进行事务日志的记录
ACK,3	Follower→Leader	Follower 服务器在接收到来自 Leader 的 PROPOSAL 消息后，会进行事务日志的记录。如果完成了事务日志的记录，那么就会以 ACK 消息的形式反馈给 Leader
COMMIT,4	Leader→Follower	该消息用于通知集群中所有的 Follower 服务器，可以进行事务请求的提交了。Leader 服务器在接收到过半的 Follower 服务器发来的 ACK 消息后，就进入事务请求的最终提交流程——生成 COMMIT 消息，告知所有的 Follower 服务器进行事务请求的提交

续表

消息类型	发送方→接收方	说明
INFORM,8	Leade→Observer	在事务请求提交阶段，针对 Follower 服务器，Leader 仅仅只需要发送一个 COMMIT 消息，Follower 服务器就可以完成事务请求的提交了，因为在这之前的事务请求投票阶段，Follower 已经接收过 PROPOSAL 消息，该消息中包含了事务请求的内容，因此 Follower 可以从之前的 Proposal 缓存中再次获取到事务请求。而对于 Observer 来说，由于之前没有参与事务请求的投票，因此没有该事务请求的上下文，显然，如果 Leader 同样对其发送一个简单的 COMMIT 消息，Observer 服务器是无法完成事务请求的提交的。为了解决这个问题，ZooKeeper 特别设计了 INFORM 消息，该消息不仅能够通知 Observer 已经可以提交事务请求，同时还会在消息中携带事务请求的内容
SYNC,7	Leader→Learner	该消息用于通知 Learner 服务器已经完成了 Sync 操作

会话管理型

会话管理型消息是指 ZooKeeper 在进行会话管理的过程中，和 Learner 服务器之间互相通信所使用的消息，常见的有 PING 和 REVALIDATE 两种。表 7-14 中对这两种消息类型进行了详细的介绍。

表 7-14. ZooKeeper 集群会话管理过程中的消息类型

消息类型	发送方→接收方	说明
PING,5	Leader→Learner	该消息用于 Leader 同步 Learner 服务器上的客户端心跳检测，用以激活存活的客户端。ZooKeeper 的客户端往往会随机地和任意一个 ZooKeeper 服务器保持连接，因此 Leader 服务器无法直接接收到所有客户端的心跳检测，需要委托给 Learner 来保存这些客户端的心跳检测记录。Leader 会定时地向 Learner 服务器发送 PING 消息，Learner 服务器在接收到 PING 消息后，会将这段时间内保持心跳检测的客户端列表，同样以 PING 消息的形式反馈给 Leader 服务器，由 Leader 服务器来负责逐个对这些客户端进行会话激活
REVALIDATE,6	Learner→Leader	该消息用于 Learner 校验会话是否有效，同时也会激活会话。这通常发生在客户端重连的过程中，新的服务器需要向 Leader 发送 REVALIDATE 消息以确定该会话是否已经超时

7.8 请求处理

上文中我们已经对一个 ZooKeeper 集群的启动、Leader 选举以及各服务器的工作原理等方面进行了介绍，下面我们一起来看看，针对客户端的一次请求，ZooKeeper 究竟是如何进行处理的。

7.8.1 会话创建请求

在 7.3.1 节中,我们曾经介绍了会话创建过程中 ZooKeeper 客户端的大体流程。在本节中,我们再一起来看看会话创建过程中 ZooKeeper 服务端的一些流程细节。

ZooKeeper 服务端对于会话创建的处理,大体可以分为请求接收、会话创建、预处理、事务处理、事务应用和会话响应 6 大环节,其大体流程如图 7-39 所示。

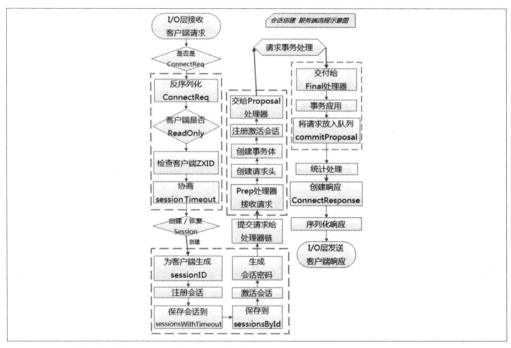

图 7-39. 会话创建处理——服务端流程示意图

其中事务处理部分的流程详见图 7-40 所示。

请求接收

1. I/O 层接收来自客户端的请求。

    在 ZooKeeper 中,`NIOServerCnxn` 实例维护每一个客户端连接,客户端与服务端的所有通信都是由 `NIOServerCnxn` 负责的——其负责统一接收来自客户端的所有请求,并将请求内容从底层网络 I/O 中完整地读取出来。

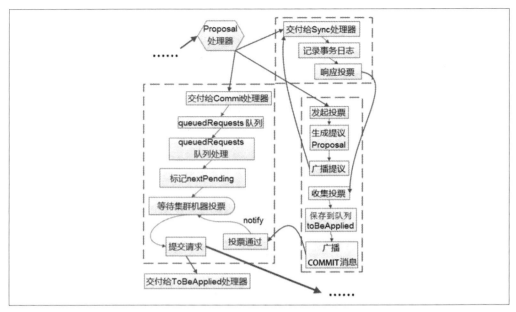

图 7-40. 请求事务处理流程

2. 判断是否是客户端"会话创建"请求。

   NIOServerCnxn 在负责网络通信的同时，自然也承担了客户端会话的载体——每个会话都会对应一个 NIOServerCnxn 实体。因此，对于每个请求，ZooKeeper 都会检查当前 NIOServerCnxn 实体是否已经被初始化。如果尚未被初始化，那么就可以确定该客户端请求一定是"会话创建"请求。很显然，在会话创建初期，NIOServerCnxn 尚未得到初始化，因此此时的第一个请求必定是"会话创建"请求。

3. 反序列化 ConnectRequest 请求

   一旦确定当前客户端请求是"会话创建"请求，那么服务端就可以对其进行反序列化，并生成一个 ConnectRequest 请求实体。

4. 判断是否是 ReadOnly 客户端。

   在 ZooKeeper 的设计实现中，如果当前 ZooKeeper 服务器是以 ReadOnly 模式启动的，那么所有来自非 ReadOnly 型客户端的请求将无法被处理。因此，针对 ConnectRequest，服务端会首先检查其是否是 ReadOnly 客户端，并以此来决定是否接受该"会话创建"请求。

5. 检查客户端 ZXID。

   在正常情况下,同一个 ZooKeeper 集群中,服务端的 ZXID 必定大于客户端的 ZXID,因此如果发现客户端的 ZXID 值大于服务端的 ZXID 值,那么服务端将不接受该客户端的"会话创建"请求。

6. 协商 sessionTimeout。

   客户端在构造 ZooKeeper 实例的时候,会有一个 sessionTimeout 参数用于指定会话的超时时间。客户端向服务器发送这个超时时间后,服务器会根据自己的超时时间限制最终确定该会话的超时时间——这个过程就是 sessionTimeout 协商过程。

   默认情况下,ZooKeeper 服务端对超时时间的限制介于 2 个 tickTime 到 20 个 tickTime 之间。即如果我们设置 tickTime 值为 2000(单位:毫秒)的话,那么服务端就会限制客户端的超时时间,使之介于 4 秒到 40 秒之间。读者可以通过 zoo.cfg 中的相关配置来调整这个超时时间的限制,具体可以参见 8.1.2 节。

7. 判断是否需要重新创建会话。

   服务端根据客户端请求中是否包含 sessionID 来判断该客户端是否需要重新创建会话。如果客户端请求中已经包含了 sessionID,那么就认为该客户端正在进行会话重连。在这种情况下,服务端只需要重新打开这个会话,否则需要重新创建。

会话创建

8. 为客户端生成 sessionID。

   在为客户端创建会话之前,服务端首先会为每个客户端都分配一个 sessionID。分配方式其实很简单,每个 ZooKeeper 服务器在启动的时候,都会初始化一个会话管理器(SessionTracker),同时初始化 sessionID,我们将其称为"基准 sessionID"。因此针对每个客户端,只需要在这个"基准 sessionID"的基础上进行逐个递增就可以了。

   由于 sessionID 是 ZooKeeper 会话的一个重要标识,许多与会话相关的运行机制都是基于这个 sessionID 的,因此,无论是哪台服务器为客户端分配的 sessionID,都务必保证全局唯一。在 ZooKeeper 中,是通过保证"基准 sessionID"的全局唯一来确保每次分配的 sessionID 在集群内部都各不相同。因此,"基准 sessionID"的初始化算法非常重要,在 7.4.2 节中已经详细介绍了 ZooKeeper 的会话管理器是如何完成 sessionID 的初始化工作的。

9. 注册会话。

    创建会话最重要的工作就是向 SessionTracker 中注册会话。SessionTracker 中维护了两个比较重要的数据结构，分别是 `sessionsWithTimeout` 和 `sessionsById`。前者根据 sessionID 保存了所有会话的超时时间，而后者则是根据 sessionID 保存了所有会话实体。在会话创建初期，就应该将该客户端会话的相关信息保存到这两个数据结构中，方便后续会话管理器进行管理。

10. 激活会话。

    向 SessionTracker 注册完会话后，接下来还需要对会话进行激活操作。激活会话过程涉及 ZooKeeper 会话管理的分桶策略，在 7.4.3 节中已经进行了详细讲解，这里就不再赘述。此处，读者需要了解的就是，激活会话的核心是为会话安排一个区块，以便会话清理程序能够快速高效地进行会话清理。

11. 生成会话密码。

    服务端在创建一个客户端会话的时候，会同时为客户端生成一个会话密码，连同 sessionID 一起发送给客户端，作为会话在集群中不同机器间转移的凭证。会话密码的生成算法非常简单，如下：

    ```
    static final private long superSecret = 0XB3415C00L;
    Random r = new Random(sessionId ^ superSecret);
    r.nextBytes(passwd);
    ```

预处理

12. 将请求交给 ZooKeeper 的 `PrepRequestProcessor` 处理器进行处理。

    ZooKeeper 对于每个客户端请求的处理模型采用了典型的责任链模式——每个客户端请求都会由几个不同的请求处理器依次进行处理。

    另外，在提交给第一个请求处理器前，ZooKeeper 还会根据该请求所属的会话，进行一次激活会话操作，以确保当前会话处于激活状态。完成会话激活之后，ZooKeeper 就会将请求提交给第一个请求处理器：`PrepRequestProcessor`。

13. 创建请求事务头。

    对于事务请求，ZooKeeper 首先会为其创建请求事务头。请求事务头是每一个 ZooKeeper 事务请求中非常重要的一部分，服务端后续的请求处理器都是基于该请求头来识别当前请求是否是事务请求。请求事务头包含了一个事务请求最基本的一些信息，包括 sessionID、ZXID、CXID 和请求类型等，如表 7-15 所示。

表 7-15. ZooKeeper 请求事务头属性说明

属性	说明
clientId	客户端 ID，用来唯一标识该请求所属的客户端
cxid	客户端的操作序列号
zxid	该事务请求对应的事务 ZXID
time	服务器开始处理该事务请求的时间
type	事务请求的类型，例如 create、delete、setData 和 createSession 等，这些事务类型都被定义在 org.apache.zookeeper.ZooDefs.OpCode 类中

14. 创建请求事务体。

    对于事务请求，ZooKeeper 还会为其创建请求的事务体。在此处由于是"会话创建"请求，因此会创建事务体 CreateSessionTxn。

15. 注册与激活会话

    此处的注册与激活会话过程，和上面步骤 9 中提到的过程是一致的，虽然重复了，但是读者可以放心，不会引起额外的问题。此处进行会话注册与激活的目的是处理由非 Leader 服务器转发过来的会话创建请求。在这种情况下，其实尚未在 Leader 的 SessionTracker 中进行会话的注册，因此需要在此处进行一次注册与激活。

事务处理

16. 将请求交给 ProposalRequestProcessor 处理器

    完成对请求的预处理后，PrepRequestProcessor 处理器会将请求交付给自己的下一级处理器：ProposalRequestProcessor。

    ProposalRequestProcessor 处理器，顾名思义，是一个与提案相关的处理器。所谓的提案，是 ZooKeeper 中针对事务请求所展开的一个投票流程中对事务操作的包装。从 ProposalRequestProcessor 处理器开始，请求的处理将会进入三个子处理流程，分别是 Sync 流程、Proposal 流程和 Commit 流程。

Sync 流程

所谓 Sync 流程，其核心就是使用 SyncRequestProcessor 处理器记录事务日志的过程。ProposalRequestProcessor 处理器在接收到一个上级处理器流转过来的请求后，首先会判断该请求是否是事务请求。针对每个事务请求，都会通过事务日志的形式将其记录下来。Leader 服务器和 Follower 服务器的请求处理链路中都会有这个处理器，两者在事务日志的记录功能上是完全一致的。在 7.9.2 节中，我们将对 ZooKeeper 事务日志的记录过程做更详细的讲解。

完成事务日志记录后，每个 Follower 服务器都会向 Leader 服务器发送 ACK 消息，表明自身完成了事务日志的记录，以便 Leader 服务器统计每个事务请求的投票情况。

Proposal 流程

在 ZooKeeper 的实现中，每一个事务请求都需要集群中过半机器投票认可才能被真正应用到 ZooKeeper 的内存数据库中去，这个投票与统计过程被称为"Proposal 流程"。

(1) 发起投票。

如果当前请求是事务请求，那么 Leader 服务器就会发起一轮事务投票。在发起事务投票之前，首先会检查当前服务端的 ZXID 是否可用。关于 ZooKeeper 的 ZXID 可用性检查，如果当前服务端的 ZXID 不可用，那么将会抛出 `XidRolloverException` 异常。

(2) 生成提议 Proposal

如果当前服务端的 ZXID 可用，那么就可以开始事务投票了。ZooKeeper 会将之前创建的请求头和事务体，以及 ZXID 和请求本身序列化到 Proposal 对象中——此处生成的 Proposal 对象就是一个提议，即针对 ZooKeeper 服务器状态的一次变更申请。

(3) 广播提议。

生成提议后，Leader 服务器会以 ZXID 作为标识，将该提议放入投票箱 outstandingProposals 中，同时会将该提议广播给所有的 Follower 服务器。

(4) 收集投票。

Follower 服务器在接收到 Leader 发来的这个提议后，会进入 Sync 流程来进行事务日志的记录，一旦日志记录完成后，就会发送 ACK 消息给 Leader 服务器，Leader 服务器根据这些 ACK 消息来统计每个提议的投票情况。

当一个提议获得了集群中过半机器的投票，那么就认为该提议通过，接下去就可以进入提议的 Commit 阶段了。

(5) 将请求放入 `toBeApplied` 队列。

在该提议被提交之前，ZooKeeper 首先会将其放入 `toBeApplied` 队列中去。

(6) 广播 COMMIT 消息。

一旦 ZooKeeper 确认一个提议已经可以被提交了，那么 Leader 服务器就会向 Follower 和 Observer 服务器发送 COMMIT 消息，以便所有服务器都能够提交该提议。这里需要注意的一点是，由于 Observer 服务器并未参加之前的提议投票，因此 Observer 服务器尚未保存任何关于该提议的信息，所以在广播 COMMIT 消息的时候，需要区别对待，Leader 会向其发送一种被称为 "INFORM" 的消息，该消息体中包含了当前提议的内容。而对于 Follower 服务器，由于已经保存了所有关于该提议的信息，因此 Leader 服务器只需要向其发送 ZXID 即可。

Commit 流程

(1) 将请求交付给 `CommitProcessor` 处理器。

`CommitProcessor` 处理器在收到请求后，并不会立即处理，而是会将其放入 `queuedRequests` 队列中。

(2) 处理 `queuedRequests` 队列请求。

`CommitProcessor` 处理器会有一个单独的线程来处理从上一级处理器流转下来的请求。当检测到 `queuedRequests` 队列中已经有新的请求进来，就会逐个从队列中取出请求进行处理。

(3) 标记 `nextPending`。

如果从 `queuedRequests` 队列中取出的请求是一个事务请求，那么就需要进行集群中各服务器之间的投票处理，同时需要将 `nextPending` 标记为当前请求。标记 `nextPending` 的作用，一方面是为了确保事务请求的顺序性，另一方面也是便于 `CommitProcessor` 处理器检测当前集群中是否正在进行事务请求的投票。

(4) 等待 Proposal 投票。

在 Commit 流程处理的同时，Leader 已经根据当前事务请求生成了一个提议 Proposal，并广播给了所有的 Follower 服务器。因此，在这个时候，Commit 流程需要等待，直到投票结束。

(5) 投票通过。

如果一个提议已经获得了过半机器的投票认可，那么将会进入请求提交阶段。ZooKeeper 会将该请求放入 `committedRequests` 队列中，同时唤醒 Commit 流程。

(6) 提交请求。

一旦发现 `committedRequests` 队列中已经有可以提交的请求了，那么 Commit 流程就会开始提交请求。当然在提交以前，为了保证事务请求的顺序执行，Commit 流程还会对比之前标记的 `nextPending` 和 `committedRequests` 队列中第一个请求是否一致。

如果检查通过，那么 Commit 流程就会将该请求放入 `toProcess` 队列中，然后交付给下一个请求处理器：`FinalRequestProcessor`。

事务应用

17. 交付给 `FinalRequestProcessor` 处理器。

    请求流转到 `FinalRequestProcessor` 处理器后，也就接近请求处理的尾声了。`FinalRequestProcessor` 处理器会首先检查 `outstandingChanges` 队列中请求的有效性，如果发现这些请求已经落后于当前正在处理的请求，那么直接从 `outstandingChanges` 队列中移除。

18. 事务应用。

    在之前的请求处理逻辑中，我们仅仅是将该事务请求记录到了事务日志中去，而内存数据库中的状态尚未变更。因此，在这个环节，我们需要将事务变更应用到内存数据库中。但是需要注意的一点是，对于"会话创建"这类事务请求，ZooKeeper 做了特殊处理——因为在 ZooKeeper 内存中，会话的管理都是由 SessionTracker 负责的，而在会话创建的步骤 9 中，ZooKeeper 已经将会话信息注册到了 SessionTracker 中，因此此处无须对内存数据库做任何处理，只需要再次向 SessionTracker 进行会话注册即可。

19. 将事务请求放入队列：`commitProposal`。

    一旦完成事务请求的内存数据库应用，就可以将该请求放入 `commitProposal` 队列中。`commitProposal` 队列用来保存最近被提交的事务请求，以便集群间机器进行数据的快速同步。

会话响应

客户端请求在经过 ZooKeeper 服务端处理链路的所有请求处理器的处理后，就进入最后的会话响应阶段了。会话响应阶段非常简单，大体分为以下 4 个步骤。

20．统计处理。

至此，客户端的"会话创建"请求已经从 ZooKeeper 请求处理链路上的所有请求处理器间完成了流转。到这一步，ZooKeeper 会计算请求在服务端处理所花费的时间，同时还会统计客户端连接的一些基本信息，包括 lastZxid（最新的 ZXID）、lastOp（最后一次和服务端的操作）和 lastLatency（最后一次请求处理所花费的时间）等。

21．创建响应 ConnectResponse。

ConnectResponse 就是一个会话创建成功后的响应，包含了当前客户端与服务端之间的通信协议版本号 protocolVersion、会话超时时间、sessionID 和会话密码。

22．序列化 ConnectResponse。

23．I/O 层发送响应给客户端。

7.8.2 SetData 请求

在 5.3.5 节中，我们已经介绍了客户端如何通过 SetData 接口来更新 ZooKeeper 服务器上数据节点的内容，在本节中，我们再一起来看看服务端对于 SetData 请求的处理逻辑。服务端对于 SetData 请求的处理，大体可以分为 4 大步骤，分别是请求的预处理、事务处理、事务应用和请求响应，如图 7-41 所示。

整个事务请求的处理流程和 7.8.1 节中会话创建请求的处理流程非常相近，尤其是事务处理的投票部分，是完全一致的。因此，对于那些重复的处理步骤，在本节中将不会重点展开讲解。

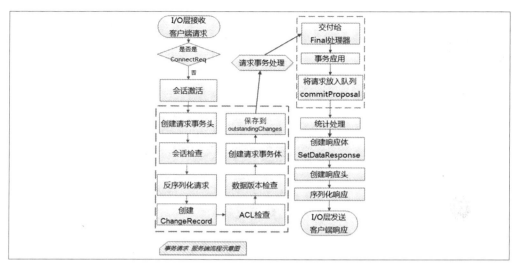

图 7-41. 事务请求处理——服务端流程示意图

预处理

1. I/O 层接收来自客户端的请求。

2. 判断是否是客户端"会话创建"请求。

   ZooKeeper 对于每一个客户端请求，都会检查是否是"会话创建"请求。如果确实是"会话创建"请求，那么就按照 7.8.1 节中讲解的"会话创建"请求处理流程执行。然而对于 `SetData` 请求，因为此时已经完成了会话创建，因此按照正常的事务请求进行处理。

3. 将请求交给 ZooKeeper 的 `PrepRequestProcessor` 处理器进行处理。

4. 创建请求事务头。

5. 会话检查。

   客户端会话检查是指检查该会话是否有效，即是否已经超时。如果该会话已经超时，那么服务端就会向客户端抛出 `SessionExpiredException` 异常。

6. 反序列化请求，并创建 `ChangeRecord` 记录。

   面对客户端请求，ZooKeeper 首先会将其进行反序列化并生成特定的 `SetDataRequest` 请求。`SetDataRequest` 请求中通常包含了数据节点路径 `path`、更新的数据内容 `data` 和期望的数据节点版本 `version`。同时，根据请

求中对应的 `path`，ZooKeeper 会生成一个 `ChangeRecord` 记录，并放入 `outstandingChanges` 队列中。

`outstandingChanges` 队列中存放了当前 ZooKeeper 服务器正在进行处理的事务请求，以便 ZooKeeper 在处理后续请求的过程中需要针对之前的客户端请求的相关处理，例如对于"会话关闭"请求来说，其需要根据当前正在处理的事务请求来收集需要清理的临时节点，关于会话清理相关的内容，读者可以在 7.4.4 节中查看具体的临时节点收集过程。

7. ACL 检查。

   由于当前请求是数据更新请求，因此 ZooKeeper 需要检查该客户端是否具有数据更新的权限。如果没有权限，那么会抛出 `NoAuthException` 异常。关于 ZooKeeper 的 ACL 权限控制，已经在 7.1.5 节中做了详细讲解。

8. 数据版本检查。

   在 7.1.3 节中，我们已经讲解了 ZooKeeper 可依靠 `version` 属性来实现乐观锁机制中的"写入校验"。如果 ZooKeeper 服务端发现当前数据内容的版本号与客户端预期的版本不匹配的话，那么将会抛出异常。

9. 创建请求事务体 `SetDataTxn`。

10. 保存事务操作到 `outstandingChanges` 队列中去。

事务处理

对于事务请求，ZooKeeper 服务端都会发起事务处理流程。无论对于会话创建请求还是 `SetData` 请求，或是其他事务请求，事务处理流程都是一致的，都是由 `ProposalRequestProcessor` 处理器发起，通过 Sync、Proposal 和 Commit 三个子流程相互协作完成的。

事务应用

11. 交付给 `FinalRequestProcessor` 处理器。

12. 事务应用。

    ZooKeeper 会将请求事务头和事务体直接交给内存数据库 `ZKDatabase` 进行事务应用，同时返回 `ProcessTxnResult` 对象，包含了数据节点内容更新后的 stat。

13. 将事务请求放入队列：`commitProposal`。

请求响应

14. 统计处理。

15. 创建响应体 `SetDataResponse`。

    `SetDataResponse` 是一个数据更新成功后的响应，主要包含了当前数据节点的最新状态 stat。

16. 创建响应头。

    响应头是每个请求响应的基本信息，方便客户端对响应进行快速的解析，包括当前响应对应的事务 ZXID 和请求处理是否成功的标识 err。

17. 序列化响应。

18. I/O 层发送响应给客户端。

7.8.3 事务请求转发

在事务请求的处理过程中，需要我们注意的一个细节是，为了保证事务请求被顺序执行，从而确保 ZooKeeper 集群的数据一致性，所有的事务请求必须由 Leader 服务器来处理。但是，相信读者很容易就会发现一个问题，并不是所有的 ZooKeeper 都和 Leader 服务器保持连接，那么如何保证所有的事务请求都由 Leader 来处理呢？

ZooKeeper 实现了非常特别的事务请求转发机制：所有非 Leader 服务器如果接收到了来自客户端的事务请求，那么必须将其转发给 Leader 服务器来处理。

在 Follower 或是 Observer 服务器中，第一个请求处理器分别是 `FollowerRequestProcessor` 和 `ObserverRequestProcessor`，无论是哪个处理器，都会检查当前请求是否是事务请求，如果是事务请求，那么就会将该客户端请求以 REQUEST 消息的形式转发给 Leader 服务器。Leader 服务器在接收到这个消息后，会解析出客户端的原始请求，然后提交到自己的请求处理链中开始进行事务请求的处理。

7.8.4 GetData 请求

在 7.8.2 中，我们已经以 `SetData` 请求为例，介绍了 ZooKeeper 服务端对于事务请求的处理流程。在本节中，我们将以 `GetData` 请求为例，向读者介绍非事务请求的处理流程。

服务端对于 `GetData` 请求的处理，大体可以分为 3 大步骤，分别是请求的预处理、非事务处理和请求响应，如图 7-42 所示。

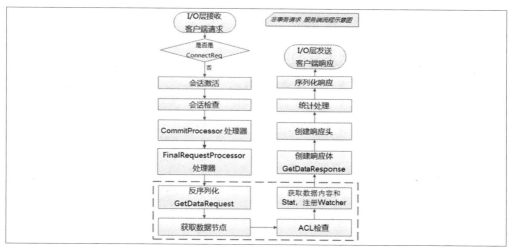

图 7-42. 非事务请求处理——服务端流程示意图

预处理

1. I/O 层接收来自客户端的请求。

2. 判断是否是客户端"会话创建"请求。

3. 将请求交给 ZooKeeper 的 `PrepRequestProcessor` 处理器进行处理。

4. 会话检查。

由于 `GetData` 请求是非事务请求，因此省去了许多事务预处理逻辑，包括创建请求事务头、`ChangeRecord` 和事务体等，以及对数据节点版本的检查。

非事务处理

5. 反序列化 `GetDataRequest` 请求。

6. 获取数据节点。

   根据步骤 5 中反序列化出的完整 `GetDataRequest` 对象(包括了数据节点的 path 和 Watcher 注册情况),ZooKeeper 会从内存数据库中获取到该节点及其 ACL 信息。

7. ACL 检查。

8. 获取数据内容和 stat,注册 Watcher。

   此处所说的注册 Watcher 和 7.1.4 节中讲解的客户端 Watcher 的注册过程是一致的。

请求响应

9. 创建响应体 `GetDataResponse`。

   `GetDataResponse` 是一个数据获取成功后的响应,主要包含了当前数据节点的内容和状态 stat。

10. 创建响应头。

11. 统计处理。

12. 序列化响应。

13. I/O 层发送响应给客户端。

7.9 数据与存储

至此,我们已经知道了整个 ZooKeeper 客户端和服务端的一些工作原理,下面我们来看看 ZooKeeper 最底层数据与存储的技术内幕。在 ZooKeeper 中,数据存储分为两部分:内存数据存储与磁盘数据存储。

7.9.1 内存数据

在 7.1.1 节中,我们已经提到,ZooKeeper 的数据模型是一棵树,而从使用角度看,ZooKeeper 就像一个内存数据库一样。在这个内存数据库中,存储了整棵树的内容,包括所有的节点路径、节点数据及其 ACL 信息等,ZooKeeper 会定时将这个数据存储到磁盘上。接下来我们就一起来看看这棵"树"的数据结构,如图 7-43 所示。

DataTree

DateTree 是 ZooKeeper 内存数据存储的核心，是一个"树"的数据结构，代表了内存中的一份完整的数据。DataTree 不包含任何与网络、客户端连接以及请求处理等相关的业务逻辑，是一个非常独立的 ZooKeeper 组件。

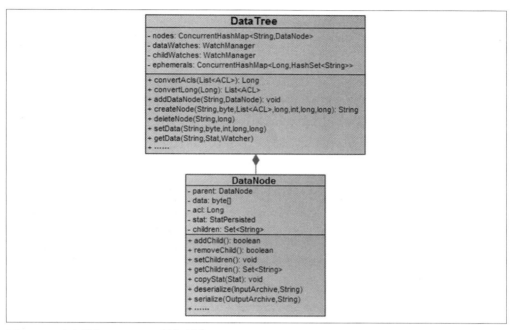

图 7-43. 内存数据 DataTree 数据结构

DataNode

DataNode 是数据存储的最小单元，其数据结构如图 7-43 所示。DataNode 内部除了保存了节点的数据内容（`data[]`）、ACL 列表（`acl`）和节点状态（`stat`）之外，正如最基本的数据结构中对树的描述，还记录了父节点（`parent`）的引用和子节点列表（`children`）两个属性。同时，DataNode 还提供了对子节点列表操作的各个接口：

```
public synchronized boolean addChild(String child) {
    if (children == null) {
        // let's be conservative on the typical number of children
        children = new HashSet<String>(8);
    }
    return children.add(child);
}
public synchronized boolean removeChild(String child) {
    if (children == null) {
```

7.9 数据与存储 | 357

```
            return false;
        }
        return children.remove(child);
    }
    public synchronized void setChildren(HashSet<String> children) {
        this.children = children;
    }
    public synchronized Set<String> getChildren() {
        return children;
    }
```

nodes

`DataTree` 用于存储所有 ZooKeeper 节点的路径、数据内容及其 ACL 信息等，底层的数据结构其实是一个典型的 `ConcurrentHashMap` 键值对结构：

```
private final ConcurrentHashMap<String, DataNode> nodes =
new ConcurrentHashMap<String, DataNode>();
```

在 `nodes` 这个 Map 中，存放了 ZooKeeper 服务器上所有的数据节点，可以说，对于 ZooKeeper 数据的所有操作，底层都是对这个 Map 结构的操作。`nodes` 以数据节点的路径（`path`）为 key，value 则是节点的数据内容：`DataNode`。

另外，对于所有的临时节点，为了便于实时访问和及时清理，`DataTree` 中还单独将临时节点保存起来：

```
private final Map<Long, HashSet<String>> ephemerals =
new ConcurrentHashMap<Long, HashSet<String>>();
```

ZKDatabase

ZKDatabase，正如其名字一样，是 ZooKeeper 的内存数据库，负责管理 ZooKeeper 的所有会话、DataTree 存储和事务日志。ZKDatabase 会定时向磁盘 dump 快照数据，同时在 ZooKeeper 服务器启动的时候，会通过磁盘上的事务日志和快照数据文件恢复成一个完整的内存数据库。

7.9.2 事务日志

在本书前面章节的内容中，我们已经多次提到了 ZooKeeper 的事务日志。在本节中，我们将从事务日志的存储、日志格式和日志写入过程几个方面，来深入讲解 ZooKeeper 底层实现数据一致性过程中最重要的一部分。

文件存储

在 5.1.2 节中，我们提到在部署 ZooKeeper 集群的时候需要配置一个目录：`dataDir`。这个目录是 ZooKeeper 中默认用于存储事务日志文件的，其实在 ZooKeeper 中可以为事务日志单独分配一个文件存储目录：`dataLogDir`。

如果我们确定 `dataLogDir` 为 */home/admin/zkData/zk_log*，那么 ZooKeeper 在运行过程中会在该目录下建立一个名字为 *version-2* 的子目录，关于这个目录，我们在下面的"日志格式"部分会再次讲解，这里只是简单提下：该目录确定了当前 ZooKeeper 使用的事务日志格式版本号。也就是说，等到下次某个 ZooKeeper 版本对事务日志格式进行变更时，这个目录也会有所变更。

运行一段时间后，我们可以发现在 */home/admin/zkData/zk_log/version-2* 目录下会生成类似下面这样的文件：

```
……
-rw-rw-r-- 1 admin admin   67108880   02-23 16:10   log.2c01631713
-rw-rw-r-- 1 admin admin   67108880   02-23 17:07   log.2c0164334d
-rw-rw-r-- 1 admin admin   67108880   02-23 18:19   log.2d01654af8
-rw-rw-r-- 1 admin admin   67108880   02-23 19:28   log.2d0166a224
……
```

这些文件就是 ZooKeeper 的事务日志了。不难发现，这些文件都具有以下两个特点。

- 文件大小都出奇地一致：这些文件的文件大小都是 67108880KB，即 64MB。
- 文件名后缀非常有规律，都是一个十六进制数字，同时随着文件修改时间的推移，这个十六进制后缀变大。

关于这个事务日志文件名的后缀，这里需要再补充一点的是，该后缀其实是一个事务 ID：ZXID，并且是写入该事务日志文件第一条事务记录的 ZXID。使用 ZXID 作为文件后缀，可以帮助我们迅速定位到某一个事务操作所在的事务日志。同时，使用 ZXID 作为事务日志后缀的另一个优势是，ZXID 本身由两部分组成，高 32 位代表当前 Leader 周期（epoch），低 32 位则是真正的操作序列号。因此，将 ZXID 作为文件后缀，我们就可以清楚地看出当前运行时 ZooKeeper 的 Leader 周期。例如上述 4 个事务日志，前两个文件的 epoch 是 44（十六进制 2c 对应十进制 44），而后面两个文件的 epoch 则是 45。

日志格式

下面我们再来看看这个事务日志里面到底有些什么内容。为此，我们首先部署一个全新的 ZooKeeper 服务器，配置相关的事务日志存储目录，启动之后，进行如下一系列操作。

1. 创建*/test_log* 节点，初始值为“v1”。

2. 更新*/test_log* 节点的数据为“v2”。

3. 创建*/test_log/c* 节点，初始值为“v1”。

4. 删除*/test_log/c* 节点。

经过如上四步操作后，在 ZooKeeper 事务日志存储目录中就可以看到产生了一个事务日志，使用二进制编辑器将这个文件打开后，就可以看到类似于如图 7-44 所示的文件内容——这就是序列化之后的事务日志了。


```
 0  1  2  3  4  5  6  7  8  9  a  b  c  d  e  f
01 44 69 97 34 6A 00 00 00 01 00 00 00 09 2F 74 ; .Di?j......../t
65 73 74 5F 6C 6F 67 00 00 00 02 76 31 00 00 00 ; est_log....v1...
01 00 00 00 1F 00 00 00 05 77 6F 72 6C 64 00 00 ; .........world..
00 06 61 6E 79 6F 6E 65 00 00 00 00 02 42 00 00 ; ..anyone.....B..
00 00 C6 A4 07 C7 00 00 00 37 01 44 69 95 52 02 ; ..皮.?..7.Di睚.
00 00 00 00 00 03 00 00 00 03 00 00 00 04 00 00 ; ................
01 44 69 97 6B 2C 00 00 00 05 00 00 00 09 2F 74 ; .Di楾,......../t
65 73 74 5F 6C 6F 67 00 00 00 02 76 32 00 00 00 ; est_log....v2...
01 42 00 00 00 00 41 75 0E 3D 00 00 00 55 01 44 ; .B....Au.=...U.D
69 95 52 02 00 00 00 00 00 04 00 00 00 03 00 00 ; i睚............
00 05 00 00 01 44 69 97 AC F3 00 00 00 01 00 00 ; .....Di楱?.....
00 0B 2F 74 65 73 74 5F 6C 6F 67 2F 63 00 00 00 ; ../test_log/c...
02 76 31 00 00 00 01 00 00 00 1F 00 00 00 05 77 ; .v1............w
6F 72 6C 64 00 00 00 06 61 6E 79 6F 6E 65 00 00 ; orld....anyone..
00 00 01 42 00 00 00 00 A5 4F 08 FA 00 00 00 2F ; ...B....  .?../
01 44 69 95 52 02 00 00 00 00 00 05 00 00 00 03 ; .Di睚...........
00 00 00 06 00 00 01 44 69 97 E6 FA 00 00 00 02 ; .......Di楉?...
00 00 00 0B 2F 74 65 73 74 5F 6C 6F 67 2F 63 42 ; ..../test_log/cB
00 00 00 00 49 62 07 FE 00 00 00 20 01 44 69 95 ; ....Ib.?.. .Di?
52 02 00 00 00 00 00 00 00 00 03 00 00 00 07 ; R...............
00 00 01 44 6B 5F E9 72 FF FF FF F5 42 00 00 00 ; ...Dk_閞       鮾.
00 00 00 00 00 00 00 00 00 00 00 00 00 00 00 00 ; ................
00 00 00 00 00 00 00 00 00 00 00 00 00 00 00 00 ; ................
00 00 00 00 00 00 00 00 00 00 00 00 00 00 00 00 ; ................
00 00 00 00 00 00 00 00 00 00 00 00 00 00 00 00 ; ................
```


图 7-44. 事务日志内容初探

对于这个事务日志，我们无法直接通过肉眼识别出其究竟包含了哪些事务操作，但可以发现的一点是，该事务日志中除前面有一些有效的文件内容外，文件后面的绝大部分都被“0”（\0）填充。这个空字符填充和 ZooKeeper 中事务日志在磁盘上的空间预分配有关，在“日志写入”部分会重点讲解 ZooKeeper 事务日志文件的磁盘空间预分配策略。

在图 7-44 中我们已经大体上看到了 ZooKeeper 事务日志的模样。显然，在图 7-44 中，除了一些节点路径我们可以隐约地分辨出来之外，就基本上无法看明白其他内容信息了。那么我们不禁要问，是否有一种方式，可以把这些事务日志转换成正常日志文件，以便让开发与运维人员能够清楚地看明白 ZooKeeper 的事务操作呢？答案是肯定的。

ZooKeeper 提供了一套简易的事务日志格式化工具 `org. apache. zookeeper. Server.`

LogFormatter，用于将这个默认的事务日志文件转换成可视化的事务操作日志，使用方法如下：

  Java LogFormatter 事务日志文件

例如，我们针对执行上述系列操作之后产生的事务日志文件，执行以下代码：

  java LogFormatter log.300000001

执行后的输出结果如图 7-45 所示。

```
ZooKeeper Transactional Log File with dbid 0 txnlog format version 2
...
..11:07:41 session 0x144699552020000 cxid 0x0 zxid 0x300000002
createSession 30000

..11:08:40 session ... cxid 0x2 zxid 0x300000003 create '/test_log,#7631,
v{s{31,s{'world,'anyone}}},F,2

..11:08:54 session ... cxid 0x3 zxid 0x300000004 setData '/test_log,#7632,1

..11:09:11 session ... cxid 0x4 zxid 0x300000005 create '/test_log/c,#7631,
v{s{31,s{'world,'anyone}}},F,1

..11:09:26 session ... cxid 0x5 zxid 0x300000006 delete '/test_log/c
...
EOF reached after 7 txns.
```

图 7-45. 事务日志可视化

在图 7-45 中，我们可以发现，所有的事务操作都被可视化显示出来了，并且每一行都对应了一次事务操作，我们列举几行事务操作日志来分析下这个文件。

第一行：

  ZooKeeper Transactional Log File with dbid 0 txnlog format version 2

这一行是事务日志的文件头信息，这里输出的主要是事务日志的 DBID 和日志格式版本号。

第二行：

  ..11:07:41 session 0x144699552020000 cxid 0x0 zxid 0x300000002 createSession 30000

这一行就是一次客户端会话创建的事务操作日志，其中我们不难看出，从左向右分别记录了事务操作时间、客户端会话 ID、CXID（客户端的操作序列号）、ZXID、操作类型和会话超时时间。

第三行(图中用"..."代替了"0x144699552020000")：

```
..11:08:40 session 0x144699552020000 cxid 0x2 zxid 0x300000003 create
'/test_log,#7631,v{s{31,s{'world,'anyone}}},F,2
```

这一行是节点创建操作的事务操作日志，从左向右分别记录了事务操作时间、客户端会话 ID、CXID、ZXID、操作类型、节点路径、节点数据内容（#7631，在上文中我们提到该节点创建时的初始值是 v1。在 `LogFormatter` 中使用如下格式输出节点内容：#+内容的 ASCII 码值）、节点的 ACL 信息、是否是临时节点（F 代表持久节点，T 代表临时节点）和父节点的子节点版本号。

其他几行事务日志的内容和以上两个示例说明基本上类似，这里就不再赘述，读者可以对照 ZooKeeper 的源代码（类 `org.apache.zookeeper.server.LogFormatter`）自行分析。通过可视化这个文件，我们还注意到一点，由于这是一个记录事务操作的日志文件，因此里面没有任何读操作的日志记录。

日志写入

FileTxnLog 负责维护事务日志对外的接口，包括事务日志的写入和读取等，首先来看日志的写入。将事务操作写入事务日志的工作主要由 `append` 方法来负责：

```
public synchronized boolean append(TxnHeader hdr, Record txn)
```

从方法定义中我们可以看到，ZooKeeper 在进行事务日志写入的过程中，会将事务头和事务体传给该方法。事务日志的写入过程大体可以分为如下 6 个步骤。

1. 确定是否有事务日志可写。

   当 ZooKeeper 服务器启动完成需要进行第一次事务日志的写入，或是上一个事务日志写满的时候，都会处于与事务日志文件断开的状态，即 ZooKeeper 服务器没有和任意一个日志文件相关联。因此，在进行事务日志写入前，ZooKeeper 首先会判断 FileTxnLog 组件是否已经关联上一个可写的事务日志文件。如果没有关联上事务日志文件，那么就会使用与该事务操作关联的 ZXID 作为后缀创建一个事务日志文件，同时构建事务日志文件头信息（包含魔数 `magic`、事务日志格式版本 `version` 和 `dbid`），并立即写入这个事务日志文件中去。同时，将该文件的文件流放入一个集合：`streamsToFlush`。`streamsToFlush` 集合是 ZooKeeper 用来记录当前需要强制进行数据落盘（将数据强制刷入磁盘上）的文件流，在后续的步骤 6 中会使用到。

2. 确定事务日志文件是否需要扩容（预分配）。

   在前面"文件存储"部分我们已经提到，ZooKeeper 的事务日志文件会采取"磁盘空间预分配"的策略。当检测到当前事务日志文件剩余空间不足4096字节(4KB)时，就会开始进行文件空间扩容。文件空间扩容的过程其实非常简单，就是在现有文件大小的基础上，将文件大小增加 65536KB（64MB），然后使用"0"（\0）填充这些被扩容的文件空间。因此在图 7-44 所示的事务日志文件中，我们会看到文件后半部分都被"0"填充了。

那么 ZooKeeper 为什么要进行事务日志文件的磁盘空间预分配呢？在前面的章节中我们已经提到，对于客户端的每一次事务操作，ZooKeeper 都会将其写入事务日志文件中。因此，事务日志的写入性能直接决定了 ZooKeeper 服务器对事务请求的响应，也就是说，事务写入近似可以被看作是一个磁盘 I/O 的过程。严格地讲，文件的不断追加写入操作会触发底层磁盘 I/O 为文件开辟新的磁盘块，即磁盘 Seek。因此，为了避免磁盘 Seek 的频率，提高磁盘 I/O 的效率，ZooKeeper 在创建事务日志的时候就会进行文件空间"预分配"——在文件创建之初就向操作系统预分配一个很大的磁盘块，默认是 64MB，而一旦已分配的文件空间不足 4KB 时，那么将会再次"预分配"，以避免随着每次事务的写入过程中文件大小增长带来的 Seek 开销，直至创建新的事务日志。事务日志"预分配"的大小可以通过系统属性 `zookeeper.preAllocSize` 来进行设置。

3. 事务序列化

事务序列化包括对事务头和事务体的序列化，分别是对 `TxnHeader`(事务头)和 `Record`(事务体)的序列化。其中事务体又可分为会话创建事务（`CreateSessionTxn`）、节点创建事务（`CreateTxn`）、节点删除事务（`DeleteTxn`）和节点数据更新事务（`SetDataTxn`）等。

序列化过程和 7.2 节中提到的序列化原理是一致的，最终生成一个字节数组，这里不再赘述。

4. 生成 Checksum。

为了保证事务日志文件的完整性和数据的准确性，ZooKeeper 在将事务日志写入文件前，会根据步骤 3 中序列化产生的字节数组来计算 Checksum。ZooKeeper 默认使用 Adler32 算法来计算 Checksum 值。

5. 写入事务日志文件流。

将序列化后的事务头、事务体及 Checksum 值写入到文件流中去。此时由于 ZooKeeper 使用的是 `BufferedOutputStream`，因此写入的数据并非真正被写入到磁盘文件上。

6. 事务日志刷入磁盘。

在步骤 5 中,已经将事务操作写入文件流中,但是由于缓存的原因,无法实时地写入磁盘文件中,因此我们需要将缓存数据强制刷入磁盘。在步骤 1 中我们已经将每个事务日志文件对应的文件流放入了 `streamsToFlush`,因此这里会从 `streamsToFlush` 中提取出文件流,并调用 `FileChannel.force(boolean metaData)` 接口来强制将数据刷入磁盘文件中去。`force` 接口对应的其实是底层的 `fsync` 接口,是一个比较耗费磁盘 I/O 资源的接口,因此 ZooKeeper 允许用户控制是否需要主动调用该接口,可以通过系统属性 `zookeeper.forceSync` 来设置。

日志截断

在 ZooKeeper 运行过程中,可能会出现这样的情况,非 Leader 机器上记录的事务 ID(我们将其称为 peerLastZxid)比 Leader 服务器大,无论这个情况是如何发生的,都是一个非法的运行时状态。同时,ZooKeeper 遵循一个原则:只要集群中存在 Leader,那么所有机器都必须与该 Leader 的数据保持同步。

因此,一旦某台机器碰到上述情况,Leader 会发送 TRUNC 命令给这个机器,要求其进行日志截断。Learner 服务器在接收到该命令后,就会删除所有包含或大于 peerLastZxid 的事务日志文件。

7.9.3 snapshot——数据快照

数据快照是 ZooKeeper 数据存储中另一个非常核心的运行机制。顾名思义,数据快照用来记录 ZooKeeper 服务器上某一个时刻的全量内存数据内容,并将其写入到指定的磁盘文件中。

文件存储

和事务日志类似,ZooKeeper 的快照数据也使用特定的磁盘目录进行存储,读者也可以通过 `dataDir` 属性进行配置。

假定我们确定 `dataDir` 为 */home/admin/zkData/zk_data*,那么 ZooKeeper 在运行过程中会在该目录下建立一个名为 *version-2* 的目录,该目录确定了当前 ZooKeeper 使用的快照数据格式版本号。运行一段时间后,我们可以发现在 */home/admin/zkData/zk_data/version-2* 目录下会生成类似下面这样的文件：

```
……
-rw-rw-r-- 1  admin  admin  1258072  03-01 17:49  snapshot.2c021384ce
-rw-rw-r-- 1  admin  admin  1258096  03-01 18:56  snapshot.2c0214dd50
-rw-rw-r-- 1  admin  admin  1258096  03-01 19:54  snapshot.2c0216054c
-rw-rw-r-- 1  admin  admin  1258459  03-01 21:06  snapshot.2c021773fc
-rw-rw-r-- 1  admin  admin  1258123  03-01 22:06  snapshot.2c0218a3ce
……
```

和事务日志文件的命名规则一致，快照数据文件也是使用 ZXID 的十六进制表示来作为文件名后缀，该后缀标识了本次数据快照开始时刻的服务器最新 ZXID。这个十六进制的文件后缀非常重要，在数据恢复阶段，ZooKeeper 会根据该 ZXID 来确定数据恢复的起始点。

和事务日志文件不同的是，ZooKeeper 的快照数据文件没有采用“预分配”机制，因此不会像事务日志文件那样内容中可能包含大量的“0”。每个快照数据文件中的所有内容都是有效的，因此该文件的大小在一定程度上能够反映当前 ZooKeeper 内存中全量数据的大小。

存储格式

现在我们来看快照数据文件的内容。和 7.9.2 节的“日志格式”部分讲解的一样，也部署一个全新的 ZooKeeper 服务器，并进行一系列简单的操作，这个时候就会生成相应的快照数据文件，使用二进制编辑器将这个文件打开后，文件内容大体如 7-46 所示。

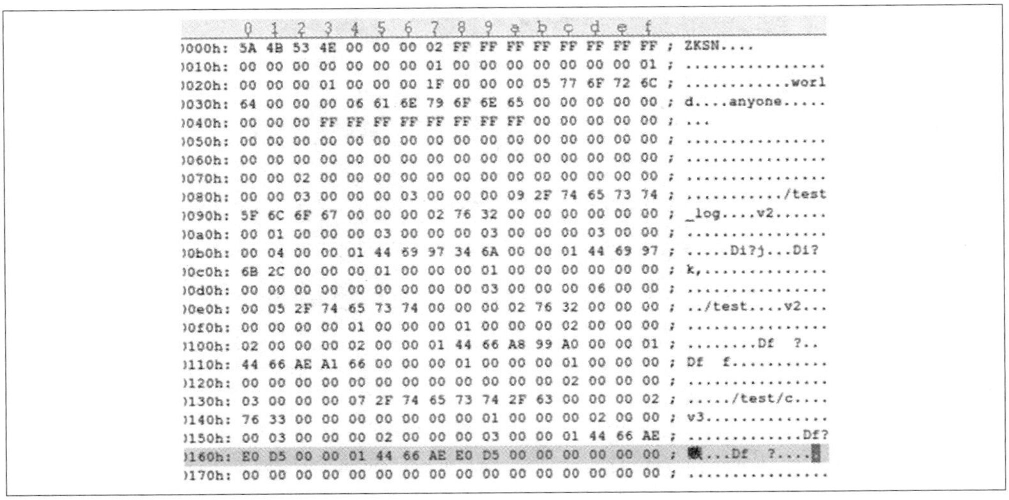

```
        0  1  2  3  4  5  6  7  8  9  a  b  c  d  e  f
)000h: 5A 4B 53 4E 00 00 00 02 FF FF FF FF FF FF FF FF ; ZKSN....
)010h: 00 00 00 00 00 00 00 01 00 00 00 00 00 00 00 01 ; ................
)020h: 00 00 00 01 00 00 00 1F 00 00 00 05 77 6F 72 6C ; ............worl
)030h: 64 00 00 00 06 61 6E 79 6F 6E 65 00 00 00 00 00 ; d....anyone.....
)040h: 00 00 00 FF FF FF FF FF FF FF FF 00 00 00 00 00 ; ...
)050h: 00 00 00 00 00 00 00 00 00 00 00 00 00 00 00 00 ; ................
)060h: 00 00 00 00 00 00 00 00 00 00 00 00 00 00 00 00 ; ................
)070h: 00 00 02 00 00 00 00 00 00 00 00 00 00 00 00 00 ; ................
)080h: 00 00 03 00 00 00 03 00 00 00 09 2F 74 65 73 74 ; .........../test
)090h: 5F 6C 6F 67 00 00 00 02 76 32 00 00 00 00 00 00 ; _log....v2......
)0a0h: 00 01 00 00 00 03 00 00 00 03 00 00 00 03 00 00 ; ................
)0b0h: 00 04 00 00 01 44 69 97 34 6A 00 00 01 44 69 97 ; .....Di?j...Di?
)0c0h: 6B 2C 00 00 00 01 00 00 00 01 00 00 00 00 00 00 ; k,..............
)0d0h: 00 00 00 00 00 00 00 00 00 03 00 00 00 06 00 00 ; ................
)0e0h: 00 05 2F 74 65 73 74 00 00 00 02 76 32 00 00 00 ; ../test....v2...
)0f0h: 00 00 00 00 01 00 00 00 01 00 00 00 02 00 00 00 ; ................
)100h: 02 00 00 00 02 00 00 01 44 66 A8 99 A0 00 00 01 ; ........Df  ?..
)110h: 44 66 AE A1 66 00 00 00 01 00 00 00 01 00 00 00 ; Df  f...........
)120h: 00 00 00 00 00 00 00 00 00 00 00 00 02 00 00 00 ; ................
)130h: 03 00 00 00 07 2F 74 65 73 74 2F 63 00 00 00 02 ; ...../test/c....
)140h: 76 33 00 00 00 00 00 00 00 01 00 00 00 02 00 00 ; v3..............
)150h: 00 03 00 00 00 02 00 00 00 03 00 00 01 44 66 AE ; .............Df?
)160h: E0 D5 00 00 01 44 66 AE E0 D5 00 00 00 00 00 00 ; 臓...Df  ?.....
)170h: 00 00 00 00 00 00 00 00 00 00 00 00 00 00 00 00 ; ................
```

图 7-46. 快照数据内容初探

图 7-46 就是一个典型的数据快照文件内容,可以看出,ZooKeeper 的数据快照文件同样让人无法看明白究竟文件内容是什么。所幸 ZooKeeper 也提供了一套简易的快照数据格式化工具 `org.apache.zookeeper.server.SnapshotFormatter`,用于将这个默认的快照数据文件转换成可视化的数据内容,使用方法如下:

```
Java SnapshotFormatter 快照数据文件
```

例如,我们针对执行上述系列操作之后产生的快照数据文件,执行以下代码:

```
java SnapshotFormatter snapshot.300000007
```

执行后的输出结果如图 7-47 所示。

```
ZNode Details (count=7):
----
/
  cZxid = 0x00000000000000
  ctime = Thu Jan 01 08:00:00 CST 1970
  mZxid = 0x00000000000000
  mtime = Thu Jan 01 08:00:00 CST 1970
  pZxid = 0x00000300000003
  cversion = 2
  dataVersion = 0
  aclVersion = 0
  ephemeralOwner = 0x00000000000000
  dataLength = 0
----
/test_log
  cZxid = 0x00000300000003
  ctime = Tue Feb 25 23:08:40 CST 2014
  mZxid = 0x00000300000004
  mtime = Tue Feb 25 23:08:54 CST 2014
  pZxid = 0x00000300000006
  cversion = 1
  dataVersion = 1
  aclVersion = 0
  ephemeralOwner = 0x00000000000000
  dataLength = 2
----
/test
  cZxid = 0x00000100000002
  ctime = Tue Feb 25 09:28:49 CST 2014
```

图 7-47. 数据快照可视化

从图 7-47 中我们可以看到,之前的二进制形式的文件内容已经被格式化输出了:`SnapshotFormatter` 会将 ZooKeeper 上的数据节点逐个依次输出,但是需要注意的一点是,这里输出的仅仅是每个数据节点的元信息,并没有输出每个节点的数据内容,但这已经对运维非常有帮助了。

数据快照

FileSnap 负责维护快照数据对外的接口,包括快照数据的写入和读取等。我们首先来看数据的写入过程——将内存数据库写入快照数据文件中其实是一个序列化过程。

在 7.9.2 节中，我们已经提到，针对客户端的每一次事务操作，ZooKeeper 都会将它们记录到事务日志中，当然，ZooKeeper 同时也会将数据变更应用到内存数据库中。另外，ZooKeeper 会在进行若干次事务日志记录之后，将内存数据库的全量数据 Dump 到本地文件中，这个过程就是数据快照。可以使用 snapCount 参数来配置每次数据快照之间的事务操作次数，即 ZooKeeper 会在 `snapCount` 次事务日志记录后进行一个数据快照。关于 `snapCount` 参数更为详细的介绍，请看 8.1 节中关于 ZooKeeper 参数的配置。下面我们重点来看数据快照的过程。

1. 确定是否需要进行数据快照。

   每进行一次事务日志记录之后，ZooKeeper 都会检测当前是否需要进行数据快照。理论上进行 snapCount 次事务操作后就会开始数据快照，但是考虑到数据快照对于 ZooKeeper 所在机器的整体性能的影响，需要尽量避免 ZooKeeper 集群中的所有机器在同一时刻进行数据快照。因此 ZooKeeper 在具体的实现中，并不是严格地按照这个策略执行的，而是采取"过半随机"策略，即符合如下条件就进行数据快照：

   ```
   logCount> (snapCount / 2 + randRoll)
   ```

   其中 logCount 代表了当前已经记录的事务日志数量，randRoll 为 1～snapCount/2 之间的随机数，因此上面的条件就相当于：如果我们配置的 snapCount 值为默认的 100000，那么 ZooKeeper 会在 50000～100000 次事务日志记录后进行一次数据快照。

2. 切换事务日志文件。

   满足上述条件之后，ZooKeeper 就要开始进行数据快照了。首先是进行事务日志文件的切换。所谓的事务日志文件切换是指当前的事务日志已经"写满"（已经写入了 snapCount 个事务日志），需要重新创建一个新的事务日志。

3. 创建数据快照异步线程。

   为了保证数据快照过程不影响 ZooKeeper 的主流程，这里需要创建一个单独的异步线程来进行数据快照。

4. 获取全量数据和会话信息。

   数据快照本质上就是将内存中的所有数据节点信息（`DataTree`）和会话信息保存到本地磁盘中去。因此这里会先从 `ZKDatabase` 中获取到 `DataTree` 和会话信息。

5. 生成快照数据文件名。

    在"文件存储"部分，我们已经提到快照数据文件名的命名规则。在这一步中，ZooKeeper 会根据当前已提交的最大 ZXID 来生成数据快照文件名。

6. 数据序列化。

    接下来就开始真正的数据序列化了。在序列化时，首先会序列化文件头信息，这里的文件头和事务日志中的一致，同样也包含了魔数、版本号和 `dbid` 信息。然后再对会话信息和 `DataTree` 分别进行序列化，同时生成一个 Checksum，一并写入快照数据文件中去。

7.9.4 初始化

在 ZooKeeper 服务器启动期间，首先会进行数据初始化工作，用于将存储在磁盘上的数据文件加载到 ZooKeeper 服务器内存中。

初始化流程

首先我们先从整体上来看 ZooKeeper 的数据初始化过程，图 7-48 展示了数据的初始化流程。

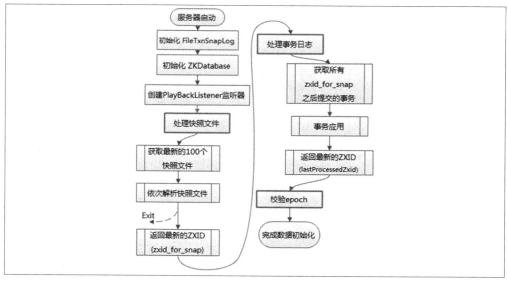

图 7-48. 服务器启动期数据初始化流程

数据的初始化工作,其实就是从磁盘中加载数据的过程,主要包括了从快照文件中加载快照数据和根据事务日志进行数据订正两个过程。

1. 初始化 `FileTxnSnapLog`。

   `FileTxnSnapLog` 是 ZooKeeper 事务日志和快照数据访问层,用于衔接上层业务与底层数据存储。底层数据包含了事务日志和快照数据两部分,因此 `FileTxnSnapLog` 内部又分为 `FileTxnLog` 和 `FileSnap` 的初始化,分别代表事务日志管理器和快照数据管理器的初始化。

2. 初始化 `ZKDatabase`。

   完成 `FileTxnSnapLog` 的初始化后,我们就完成了 ZooKeeper 服务器和底层数据存储的对接,接下来就要开始构建内存数据库 `ZKDatabase` 了。在初始化过程中,首先会构建一个初始化的 `DataTree`,同时会将步骤 1 中初始化的 `FileTxnSnapLog` 交给 `ZKDatabase`,以便内存数据库能够对事务日志和快照数据进行访问。

   `DataTree` 是 ZooKeeper 内存数据的核心模型,简而言之就是一棵树,保存了 ZooKeeper 上的所有节点信息,在每个 ZooKeeper 服务器内部都是单例。在 `ZKDatabase` 初始化的时候,`DataTree` 也会进行相应的初始化工作——创建一些 ZooKeeper 的默认节点,包括/、*/zookeeper* 和 *zookeeper/quota* 三个节点的创建。

   除了 ZooKeeper 的数据节点,在 `ZKDatabase` 的初始化阶段还会创建一个用于保存所有客户端会话超时时间的记录器:`sessionsWithTimeouts`——我们称之为"会话超时时间记录器"。

3. 创建 `PlayBackListener` 监听器。

   `PlayBackListener` 监听器主要用来接收事务应用过程中的回调。在后面读者会看到,在 ZooKeeper 数据恢复后期,会有一个事务订正的过程,在这个过程中,会回调 `PlayBackListener` 监听器来进行对应的数据订正。

4. 处理快照文件。

   完成内存数据库的初始化之后,ZooKeeper 就可以开始从磁盘中恢复数据了。在上文中我们已经提到,每一个快照数据文件中都保存了 ZooKeeper 服务器近似全量的数据,因此首先从这些快照文件开始加载。

5. 获取最新的 100 个快照文件。

一般在 ZooKeeper 服务器运行一段时间之后，磁盘上都会保留许多个快照文件。另外由于每次数据快照过程中，ZooKeeper 都会将全量数据 Dump 到磁盘快照文件中，因此往往更新时间最晚的那个文件包含了最新的全量数据。那么是否我们只需要这个最新的快照文件就可以了呢？在 ZooKeeper 的实现中，会获取最新的至多 100 个快照文件（如果磁盘上仅存在不到 100 个快照文件，那么就获取所有这些快照文件）。关于这里为什么会获取至多 100 个文件，在接下去的步骤中会讲到。

6. 解析快照文件

    获取到这至多 100 个文件之后，ZooKeeper 会开始"逐个"进行解析。每个快照文件都是内存数据序列化到磁盘的二进制文件，因此在这里需要对其进行反序列化，生成 `DataTree` 对象和 `sessionsWithTimeouts` 集合。同时在这个过程中，还会进行文件的 checkSum 校验以确定快照文件的正确性。

    需要注意的一点是，虽然在步骤 5 中获取到的是 100 个快照文件，但其实在这里的"逐个"解析过程中，如果正确性校验通过的话，那么通常只会解析最新的那个快照文件。换句话说，只有当最新的快照文件不可用的时候，才会逐个进行解析，直到将这 100 个文件全部解析完。如果将步骤 4 中获取的所有快照文件都解析完后还是无法成功恢复一个完整的 `DataTree` 和 `sessionsWithTimeouts`，则认为无法从磁盘中加载数据，服务器启动失败。

7. 获取最新的 ZXID。

    完成步骤 6 的操作之后，就已经基于快照文件构建了一个完整的 `DataTree` 实例和 `sessionsWithTimeouts` 集合了。此时根据这个快照文件的文件名就可以解析出一个最新的 ZXID：zxid_for_snap，该 ZXID 代表了 ZooKeeper 开始进行数据快照的时刻。

8. 处理事务日志。

    在经过前面 7 步流程的处理后，此时 ZooKeeper 服务器内存中已经有了一份近似全量的数据了，现在开始就要通过事务日志来更新增量数据了。

9. 获取所有 zxid_for_snap 之后提交的事务。

    到这里，我们已经获取到了快照数据的最新 ZXID。在 7.9.3 节中我们曾经提到，ZooKeeper 中数据的快照机制决定了快照文件中并非包含了所有的事务操作。但是未被包含在快照文件中的那部分事务操作是可以通过数据订正来实现的。因此这里我们只需要从事务日志中获取所有 ZXID 比步骤 7 中得到的 zxid_for_snap 大的事务操作。

10. 事务应用。

    获取到所有 ZXID 大于 zxid_for_snap 的事务后，将其逐个应用到之前基于快照数据文件恢复出来的 `DataTree` 和 `sessionsWithTimeouts` 中去。

    在事务应用的过程中，还有一个细节需要我们注意，每当有一个事务被应用到内存数据库中去后，ZooKeeper 同时会回调 `PlayBackListener` 监听器，将这一事务操作记录转换成 Proposal，并保存到 `ZKDatabase.committedLog` 中，以便 Follower 进行快速同步。

11. 获取最新 ZXID。

    待所有的事务都被完整地应用到内存数据库中之后，基本上也就完成了数据的初始化过程，此时再次获取一个 ZXID，用来标识上次服务器正常运行时提交的最大事务 ID。

12. 校验 epoch。

    epoch 是 ZooKeeper 中一个非常特别的变量，其字面意思是"纪元、时代"，在 ZooKeeper 中，epoch 标识了当前 Leader 周期。每次选举产生一个新的 Leader 服务器之后，就会生成一个新的 epoch。在运行期间集群中机器相互通信的过程中，都会带上这个 epoch 以确保彼此在同一个 Leader 周期内。

    在完成数据加载后，ZooKeeper 会从步骤 11 中确定的 ZXID 中解析出事务处理的 Leader 周期：epochOfZxid。同时也会从磁盘的 *currentEpoch* 和 *acceptedEpoch* 文件中读取出上次记录的最新的 epoch 值，进行校验。

通过以上流程的讲解，相信读者已经对 ZooKeeper 服务器启动期的数据初始化过程有了一个大体的认识，接下去将进一步从技术细节上展开，来对数据初始化过程做更深入的讲解。

PlayBackListener

`PlayBackListener` 是一个事务应用监听器，用于在事务应用过程中的回调：每当成功将一条事务日志应用到内存数据库中后，就会调用这个监听器。其接口定义非常简单，只有一个方法：

```
void onTxnLoaded(TxnHeader hdr, Record rec);
```

用于对单条事务进行处理。在完成步骤 2 `ZKDatabase` 的初始化后，ZooKeeper 会立即创建一个 `PlayBackListener` 监听器，并将其置于 `FileTxnSnapLog` 中。在之后的步骤 10 事务应用过程中，会逐条回调该接口进行事务的二次处理。

`PlayBackListener` 会将这些刚刚被应用到内存数据库中的事务转存到 `ZKDatabase.committedLog` 中，以便集群中服务器间进行快速的数据同步。关于 ZooKeeper 服务器之间的数据同步，将在 7.9.5 节中做详细讲解。

7.9.5 数据同步

在 7.5.2 节中，我们在讲解 ZooKeeper 集群服务器启动的过程中提到，整个集群完成 Leader 选举之后，Learner 会向 Leader 服务器进行注册。当 Learner 服务器向 Leader 完成注册后，就进入数据同步环节。简单地讲，数据同步过程就是 Leader 服务器将那些没有在 Learner 服务器上提交过的事务请求同步给 Learner 服务器，大体过程如图 7-49 所示。

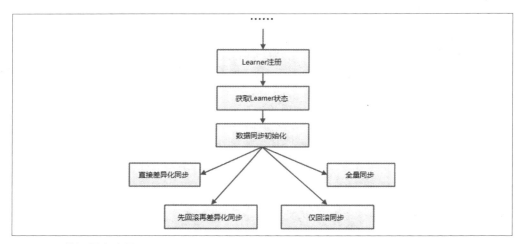

图 7-49. 数据同步流程

获取 Learner 状态

在注册 Learner 的最后阶段，Learner 服务器会发送给 Leader 服务器一个 ACKEPOCH 数据包，Leader 会从这个数据包中解析出该 Learner 的 currentEpoch 和 lastZxid。

数据同步初始化

在开始数据同步之前，Leader 服务器会进行数据同步初始化，首先会从 ZooKeeper 的内存数据库中提取出事务请求对应的提议缓存队列（下面我们用"提议缓存队列"来指代该队列）：proposals，同时完成对以下三个 ZXID 值的初始化。

- **peerLastZxid**：该 Learner 服务器最后处理的 ZXID。
- **minCommittedLog**：Leader 服务器提议缓存队列 committedLog 中的最小 ZXID。
- **maxCommittedLog**：Leader 服务器提议缓存队列 committedLog 中的最大 ZXID。

ZooKeeper 集群数据同步通常分为四类，分别是直接差异化同步（DIFF 同步）、先回滚再差异化同步（TRUNC+DIFF 同步）、仅回滚同步（TRUNC 同步）和全量同步（SNAP 同步）。在初始化阶段，Leader 服务器会优先初始化以全量同步方式来同步数据——当然，这并非最终的数据同步方式，在以下步骤中，会根据 Leader 和 Learner 服务器之间的数据差异情况来决定最终的数据同步方式。

直接差异化同步（DIFF 同步）

场景：peerLastZxid 介于 minCommittedLog 和 maxCommittedLog 之间。

对于这种场景，就使用直接差异化同步（DIFF 同步）方式即可。Leader 服务器会首先向这个 Learner 发送一个 DIFF 指令，用于通知 Learner"进入差异化数据同步阶段，Leader 服务器即将把一些 Proposal 同步给自己"。在实际 Proposal 同步过程中，针对每个 Proposal，Leader 服务器都会通过发送两个数据包来完成，分别是 PROPOSAL 内容数据包和 COMMIT 指令数据包——这和 ZooKeeper 运行时 Leader 和 Follower 之间的事务请求的提交过程是一致的。

举个例子来说，假如某个时刻 Leader 服务器的提议缓存队列对应的 ZXID 依次是：

0x500000001、0x500000002、0x500000003、0x500000004、0x500000005

而 Learner 服务器最后处理的 ZXID 为 0x500000003，于是 Leader 服务器就会依次将 0x500000004 和 0x500000005 两个提议同步给 Learner 服务器，同步过程中的数据包发送顺序如表 7-16 所示。

表 7-16. 直接差异化同步过程中 PROPOSAL 和 COMMIT 消息发送顺序

发送顺序	数据包类型	对应的 ZXID
1	PROPOSAL	0x500000004
2	COMMIT	0x500000004
3	PROPOSAL	0x500000005
4	COMMIT	0x500000005

通过以上四个数据包的发送，Learner 服务器就可以接收到自己和 Leader 服务器的所有

差异数据。Leader 服务器在发送完差异数据之后，就会将该 Learner 加入到 `forwardingFollowers` 或 `observingLearners` 队列中，这两个队列在 ZooKeeper 运行期间的事务请求处理过程中都会使用到。随后 Leader 还会立即发送一个 NEWLEADER 指令，用于通知 Learner，已经将提议缓存队列中的 Proposal 都同步给自己了。

下面我们再来看 Learner 对 Leader 发送过来的数据包的处理。根据上面讲解的 Leader 服务器的数据包发送顺序，Learner 会首先接收到一个 DIFF 指令，于是便确定了接下来进入 DIFF 同步阶段。然后依次收到表 7-16 中的四个数据包，Learner 会依次将其应用到内存数据库中。紧接着，Learner 还会接收到来自 Leader 的 NEWLEADER 指令，此时 Learner 就会反馈给 Leader 一个 ACK 消息，表明自己也确实完成了对提议缓存队列中 Proposal 的同步。

Leader 在接收到来自 Learner 的这个 ACK 消息以后，就认为当前 Learner 已经完成了数据同步，同时进入"过半策略"等待阶段——Leader 会和其他 Learner 服务器进行上述同样的数据同步流程，直到集群中有过半的 Learner 机器响应了 Leader 这个 ACK 消息。一旦满足"过半策略"后，Leader 服务器就会向所有已经完成数据同步的 Learner 发送一个 UPTODATE 指令，用来通知 Learner 已经完成了数据同步，同时集群中已经有过半机器完成了数据同步，集群已经具备了对外服务的能力了。

Learner 在接收到这个来自 Leader 的 UPTODATE 指令后，会终止数据同步流程，然后向 Leader 再次反馈一个 ACK 消息。

整个直接差异化同步过程中涉及的 Leader 和 Learner 之间的数据包通信如图 7-50 所示。

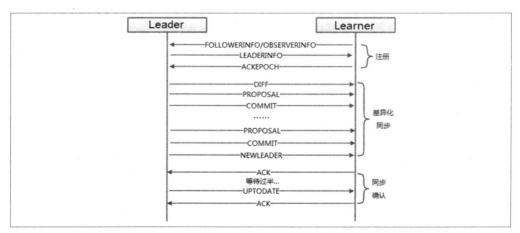

图 7-50. 直接差异化同步方式中 Leader 和 Learner 之间的数据通信

先回滚再差异化同步（TRUNC+DIFF 同步）

场景：针对上面的场景，我们已经介绍了直接差异化同步的详细过程。但是在这种场景中，会有一个罕见但是确实存在的特殊场景：设有 A、B、C 三台机器，假如某一时刻 B 是 Leader 服务器，此时的 Leader_Epoch 为 5，同时当前已经被集群中绝大部分机器都提交的 ZXID 包括：0x500000001 和 0x500000002。此时，Leader 正要处理 ZXID：0x500000003，并且已经将该事务写入到了 Leader 本地的事务日志中去——就在 Leader 恰好要将该 Proposal 发送给其他 Follower 机器进行投票的时候，Leader 服务器挂了，Proposal 没有被同步出去。此时 ZooKeeper 集群会进行新一轮的 Leader 选举，假设此次选举产生的新的 Leader 是 A，同时 Leader_Epoch 变更为 6，之后 A 和 C 两台服务器继续对外进行服务，又提交了 0x600000001 和 0x600000002 两个事务。此时，服务器 B 再次启动，并开始数据同步。

简单地讲，上面这个场景就是 Leader 服务器在已经将事务记录到了本地事务日志中，但是没有成功发起 Proposal 流程的时候就挂了。在这个特殊场景中，我们看到，peerLastZxid、minCommittedLog 和 maxCommittedLog 的值分别是 0x500000003、0x500000001 和 0x600000002，显然，peerLastZxid 介于 minCommittedLog 和 maxCommittedLog 之间。

对于这个特殊场景，就使用先回滚再差异化同步（TRUNC+DIFF 同步）的方式。当 Leader 服务器发现某个 Learner 包含了一条自己没有的事务记录，那么就需要让该 Learner 进行事务回滚——回滚到 Leader 服务器上存在的，同时也是最接近于 peerLastZxid 的 ZXID。在上面这个例子中，Leader 会需要 Learner 回滚到 ZXID 为 0x500000002 的事务记录。

先回滚再差异化同步的数据同步方式在具体实现上和差异化同步是一样的，都是会将差异化的 Proposal 发送给 Learner。同步过程中的数据包发送顺序如表 7-17 所示。

表 7-17. 先回滚再差异化同步过程中 PROPOSAL 和 COMMIT 消息发送顺序

发送顺序	数据包类型	对应的 ZXID
1	TRUNC	0x500000002
2	PROPOSAL	0x600000001
3	COMMIT	0x600000001
4	PROPOSAL	0x600000002
5	COMMIT	0x600000002

仅回滚同步（TRUNC 同步）

场景：peerLastZxid 大于 maxCommittedLog。

这种场景其实就是上述先回滚再差异化同步的简化模式，Leader 会要求 Learner 回滚到 ZXID 值为 maxCommitedLog 对应的事务操作，这里不再对该过程详细展开讲解。

全量同步（SNAP 同步）

场景 1：peerLastZxid 小于 minCommittedLog。

场景 2：Leader 服务器上没有提议缓存队列，peerLastZxid 不等于 lastProcessedZxid（Leader 服务器数据恢复后得到的最大 ZXID）。

上述这两个场景非常类似，在这两种场景下，Leader 服务器都无法直接使用提议缓存队列和 Learner 进行数据同步，因此只能进行全量同步（SNAP 同步）。

所谓全量同步就是 Leader 服务器将本机上的全量内存数据都同步给 Learner。Leader 服务器首先向 Learner 发送一个 SNAP 指令，通知 Learner 即将进行全量数据同步。随后，Leader 会从内存数据库中获取到全量的数据节点和会话超时时间记录器，将它们序列化后传输给 Learner。Learner 服务器接收到该全量数据后，会对其反序列化后载入到内存数据库中。

以上就是 ZooKeeper 集群间机器的数据同步流程了。整个数据同步流程的代码实现主要在 `LearnerHandler` 和 `Learner` 两个类中，读者可以自行进行更为深入、详细的了解。

小结

ZooKeeper 以树作为其内存数据模型，树上的每一个节点是最小的数据单元，即 ZNode。ZNode 具有不同的节点特性，同时每个节点都具有一个递增的版本号，以此可以实现分布式数据的原子性更新。

ZooKeeper 的序列化层使用从 Hadoop 中遗留下来的 Jute 组件，该组件并不是性能最好的序列化框架，但是在 ZooKeeper 中已经够用。

ZooKeeper 的客户端和服务端之间会建立起 TCP 长连接来进行网络通信，基于该 TCP 连接衍生出来的会话概念，是客户端和服务端之间所有请求与响应交互的基石。在会话的生命周期中，会出现连接断开、重连或是会话失效等一系列问题，这些都是 ZooKeeper 的会话管理器需要处理的问题——Leader 服务器会负责管理每个会话的生命周期，包括会话的创建、心跳检测和销毁等。

在服务器启动阶段，会进行磁盘数据的恢复，完成数据恢复后就会进行 Leader 选举。一旦选举产生 Leader 服务器后，就立即开始进行集群间的数据同步——在整个过程中，ZooKeeper 都处于不可用状态，直到数据同步完毕（集群中绝大部分机器数据和 Leader

一致），ZooKeeper 才可以对外提供正常服务。在运行期间，如果 Leader 服务器所在的机器挂掉或是和集群中绝大部分服务器断开连接，那么就会触发新一轮的 Leader 选举。同样，在新的 Leader 服务器选举产生之前，ZooKeeper 无法对外提供服务。

一个正常运行的 ZooKeeper 集群，其机器角色通常由 Leader、Follower 和 Observer 组成。ZooKeeper 对于客户端请求的处理，严格按照 ZAB 协议规范来进行。每一个服务器在启动初始化阶段都会组装一个请求处理链，Leader 服务器能够处理所有类型的客户端请求，而对于 Follower 或是 Observer 服务器来说，可以正常处理非事务请求，而事务请求则需要转发给 Leader 服务器来处理，同时，对于每个事务请求，Leader 都会为其分配一个全局唯一且递增的 ZXID，以此来保证事务处理的顺序性。在事务请求的处理过程中，Leader 和 Follower 服务器都会进行事务日志的记录。

ZooKeeper 通过 JDK 的 `File` 接口简单地实现了自己的数据存储系统，其底层数据存储包括事务日志和快照数据两部分，这些都是 ZooKeeper 实现数据一致性非常关键的部分。

第 8 章
ZooKeeper 运维

在前面几章中,我们已经对 ZooKeeper 进行了比较全面的介绍,其中着重讲解了 ZooKeeper 的基本使用以及 ZooKeeper 的技术内幕。从本章开始,我们着重从 ZooKeeper 运维角度来更深入地讲解如何搭建和运维一个高可用的 ZooKeeper 服务。

8.1 配置详解

在 5.1 节中,我们已经讲解了如何部署并运行一个 ZooKeeper 服务器,包括单机和集群两种模式。事实上,我们仅仅只是将一个 ZooKeeper 正常启动运行而已,如果希望能够在生产环境中提供真正的 ZooKeeper 服务,我们还需要对其进行一番详细的运维。在本节中,我们首先从 ZooKeeper 的配置入手,对每一个配置参数进行详细的讲解。

8.1.1 基本配置

首先我们来看 ZooKeeper 的一些最基本的配置参数。所谓基本的配置参数是指这些配置参数都是 ZooKeeper 运行时所必须的,如果不配置这些参数,将无法启动 ZooKeeper 服务器同时 ZooKeeper 也会为这些参数设置默认值。这些基本的配置参数包括 `clientPort`、`dataDir` 和 `tickTime`,如表 8-1 所示。

表 8-1. ZooKeeper 基本配置详解

参 数 名	说 明
clientPort	该参数无默认值，必须配置，不支持系统属性方式配置[注1]。
clientPort	参数 clientPort 用于配置当前服务器对外的服务端口，客户端会通过该端口和 ZooKeeper 服务器创建连接，一般设置为 2181。 每台 ZooKeeper 服务器都可以配置任意可用的端口，同时，集群中的所有服务器不需要保持 clientPort 端口一致。
dataDir	该参数无默认值，必须配置，不支持系统属性方式配置。 参数 dataDir 用于配置 ZooKeeper 服务器存储快照文件的目录。默认情况下，如果没有配置参数 dataLogDir，那么事务日志也会存储在这个目录中。考虑到事务日志的写性能直接影响 ZooKeeper 整体的服务能力，因此建议同时通过参数 dataLogDir 来配置 ZooKeeper 事务日志的存储目录。
tickTime	该参数有默认值：3000，单位是毫秒（ms），可以不配置，不支持系统属性方式配置。 参数 tickTime 用于配置 ZooKeeper 中最小时间单元的长度，很多运行时的时间间隔都是使用 tickTime 的倍数来表示的。例如，ZooKeeper 中会话的最小超时时间默认是 2*tickTime。

8.1.2 高级配置

下面我们再来看看 ZooKeeper 中一些高级配置参数的使用，如表 8-2 所示。

表 8-2. ZooKeeper 高级配置详解

参 数 名	说 明
dataLogDir	该参数有默认值：dataDir，可以不配置，不支持系统属性方式配置。 参数 dataLogDir 用于配置 ZooKeeper 服务器存储事务日志文件的目录。默认情况下，ZooKeeper 会将事务日志文件和快照数据存储在同一个目录中，读者应尽量将这两者的目录区分开来。 另外，如果条件允许，可以将事务日志的存储配置在一个单独的磁盘上。事务日志记录对于磁盘的性能要求非常高，为了保证数据的一致性，ZooKeeper 在返回客户端事务请求响应之前，必须将本次请求对应的事务日志写入到磁盘中。因此，事务日志写入的性能直接决定了 ZooKeeper 在处理事务请求时的吞吐。针对同一块磁盘的其他并发读写操作（例如 ZooKeeper 运行时日志输出和操作系统自身的读写等），尤其是上文中提到的数据快照操作，会极大地影响事务日志的写性能。因此尽量给事务日志的输出配置一个单独的磁盘或是挂载点，将极大地提升 ZooKeeper 的整体性能。

注1：在 Java 中，可以通过在启动的命令行参数中添加 -D 参数来达到配置系统属性的目的，例如 -Djava.library.path=/home/admin/jdk/lib，就是通过系统属性来配置 java.library.path 的典型示例。

续表

参 数 名	说 明
initLimit	该参数有默认值：10，即表示是参数 tickTime 值的 10 倍，必须配置，且需要配置一个正整数，不支持系统属性方式配置。 该参数用于配置 Leader 服务器等待 Follower 启动，并完成数据同步的时间。Follower 服务器在启动过程中，会与 Leader 建立连接并完成对数据的同步，从而确定自己对外提供服务的起始状态。Leader 服务器允许 Follower 在 initLimit 时间内完成这个工作。 通常情况下，运维人员不用太在意这个参数的配置，使用其默认值即可。但如果随着 ZooKeeper 集群管理的数据量增大，Follower 服务器在启动的时候，从 Leader 上进行同步数据的时间也会相应变长，于是无法在较短的时间完成数据同步。因此，在这种情况下，有必要适当调大这个参数。
syncLimit	该参数有默认值：5，即表示是参数 tickTime 值的 5 倍，必须配置，且需要配置一个正整数，不支持系统属性方式配置。 该参数用于配置 Leader 服务器和 Follower 之间进行心跳检测的最大延时时间。在 ZooKeeper 集群运行过程中，Leader 服务器会与所有的 Follower 进行心跳检测来确定该服务器是否存活。如果 Leader 服务器在 syncLimit 时间内无法获取到 Follower 的心跳检测响应，那么 Leader 就会认为该 Follower 已经脱离了和自己的同步。 通常情况下，运维人员使用该参数的默认值即可，但如果部署 ZooKeeper 集群的网络环境质量较低（例如网络延时较大或丢包严重），那么可以适当调大这个参数。
snapCount	该参数有默认值：100000，可以不配置，仅支持系统属性方式配置：zookeeper.snapCount。 参数 snapCount 用于配置相邻两次数据快照之间的事务操作次数，即 ZooKeeper 会在 snapCount 次事务操作之后进行一次数据快照。在 7.9.3 节中，我们已经对 ZooKeeper 的数据快照过程进行了详细讲解，这里不再赘述。
preAllocSize	该参数有默认值：65536，单位是 KB，即 64MB，可以不配置，仅支持系统属性方式配置：zookeeper.preAllocSize。 参数 preAllocSize 用于配置 ZooKeeper 事务日志文件预分配的磁盘空间大小。关于事务日志的预分配策略，我们已经在 7.9.2 中进行了详细讲解。 通常情况下，我们使用 ZooKeeper 的默认配置 65536KB 即可，但是如果我们将参数 snapCount 设置得比默认值更小或更大，那么 preAllocSize 参数也要随之做出变更。举个例子来说：如果我们将 snapCount 的值设置为 500，同时预估每次事务操作的数据量大小至多 1KB，那么参数 preAllocSize 设置为 500 就足够了。
minSessionTimeout maxSessionTimeout	这两个参数有默认值，分别是参数 tickTime 值的 2 倍和 20 倍，即默认的会话超时时间在 2 * tickTime ~ 20 * tickTime 范围内，单位毫秒，可以不配置，不支持系统属性方式配置。 这两个参数用于服务端对客户端会话的超时时间进行限制，如果客户端设置的超时时间不在该范围内，那么会被服务端强制设置为最大或最小超时时间。

续表

参数名	说明
maxClientCnxns	该参数有默认值：60，可以不配置，不支持系统属性方式配置。 从Socket层面限制单个客户端与单台服务器之间的并发连接数，即以IP地址粒度来进行连接数的限制。如果将该参数设置为0，则表示对连接数不作任何限制。 读者需要注意该连接数限制选项的使用范围，其仅仅是对单台客户端机器与单台ZooKeeper服务器之间的连接数限制，并不能控制所有客户端的连接数总和。如果读者有类似需求的话，可以尝试阿里中间件团队提供的一个简单的补丁：http://jm-blog.aliapp.com/?p=1334。 另外，在3.4.0版本以前该参数的默认值都是10，从3.4.0版本开始变成了60，因此运维人员尤其需要注意这个变化，以防ZooKeeper版本变化带来服务端连接数限制变化的隐患。
jute.maxbuffer	该参数有默认值：1048575，单位是字节，可以不配置，仅支持系统属性方式配置：jute.maxbuffer。 该参数用于配置单个数据节点（ZNode）上可以存储的最大数据量大小。通常情况下，运维人员不需要改动该参数，同时考虑到ZooKeeper上不适宜存储太多的数据，往往还需要将该参数设置的更小。 需要注意的是，在变更该参数的时候，需要在ZooKeeper集群的所有机器以及所有的客户端上均设置才能生效。
clientPortAddress	该参数没有默认值：可以不配置，不支持系统属性方式配置。 针对那些多网卡的机器，该参数允许为每个IP地址指定不同的监听端口。
server.id=host:port:port	该参数没有默认值，在单机模式下可以不配置，不支持系统属性方式配置。 该参数用于配置组成ZooKeeper集群的机器列表，其中id即为Server ID，与每台服务器myid文件中的数字相对应。同时，在该参数中，会配置两个端口：第一个端口用于指定Follower服务器与Leader进行运行时通信和数据同步时所使用的端口，第二个端口则专门用于进行Leader选举过程中的投票通信。 在ZooKeeper服务器启动的时候，其会根据myid文件中配置的Server ID来确定自己是哪台服务器，并使用对应配置的端口来进行启动。如果在实际使用过程中，需要在同一台服务器上部署多个ZooKeeper实例来构成伪集群的话，那么这些端口都需要配置成不同，例如： server.1=192.168.0.1:2777:3777 server.2=192.168.0.1:2888:3888 server.3=192.168.0.1:2999:3999
autopurge.snapRetainCount	该参数有默认值：3，可以不配置，不支持系统属性方式配置。 从3.4.0版本开始，ZooKeeper提供了对历史事务日志和快照数据自动清理的支持。参数autopurge.snapRetainCount用于配置ZooKeeper在自动清理的时候需要保留的快照数据文件数量和对应的事务日志文件。需要注意的是，并不是磁盘上的所有事务日志和快照数据文件都可以被清理掉——那样的话将无法恢复数据。因此参数autopurge.snapRetainCount的最小值是3，如果配置的autopurge.snapRetainCount值比3小的话，那么会被自动调整到3，即至少需要保留3个快照数据文件和对应的事务日志文件。

续表

参数名	说　明
autopurge.purgeInterval	该参数有默认值：0，单位是小时，可以不配置，不支持系统属性方式配置。 参数 autopurge.purgeInterval 和参数 autopurge.snapRetainCount 配套使用，用于配置 ZooKeeper 进行历史文件自动清理的频率。如果配置该值为 0 或负数，那么就表明不需要开启定时清理功能。ZooKeeper 默认不开启这项功能。 关于 ZooKeeper 数据文件和事务日志文件的自动清理，将在 8.6.1 节中做详细讲解。
fsync.warningthresholdms	该参数有默认值：1000，单位是毫秒，可以不配置，仅支持系统属性方式配置：fsync.warningthresholdms。 参数 fsync.warningthresholdms 用于配置 ZooKeeper 进行事务日志 fsync 操作时消耗时间的报警阈值。一旦进行一个 fsync 操作消耗的时间大于参数 fsync.warningthresholdms 指定的值，那么就在日志中打印出报警日志。
forceSync	该参数有默认值：yes，可以不配置，可选配置项为"yes"和"no"，仅支持系统属性方式配置：zookeeper.forceSync。 该参数用于配置 ZooKeeper 服务器是否在事务提交的时候，将日志写入操作强制刷入磁盘（即调用 java.nio.channels.FileChannel.force 接口），默认情况下是"yes"，即每次事务日志写入操作都会实时刷入磁盘。如果将其设置为"no"，则能一定程度的提高 ZooKeeper 的写性能，但同时也会存在类似于机器断电这样的安全风险。
globalOutstandingLimit	该参数有默认值：1000，可以不配置，仅支持系统属性方式配置：zookeeper.globalOutstandingLimit。 参数 globalOutstandingLimit 用于配置 ZooKeeper 服务器最大请求堆积数量。在 ZooKeeper 服务器运行的过程中，客户端会源源不断的将请求发送到服务端，为了防止服务端资源（包括 CPU、内存和网络等）耗尽，服务端必须限制同时处理的请求数，即最大请求堆积数量。
leaderServes	该参数有默认值：yes，可以不配置，可选配置项为"yes"和"no"，仅支持系统属性方式配置：zookeeper.leaderServes。 该参数用于配置 Leader 服务器是否能够接受客户端的连接，即是否允许 Leader 向客户端提供服务，默认情况下，Leader 服务器能够接受并处理客户端的所有读写请求。在 ZooKeeper 的架构设计中，Leader 服务器主要用来进行对事务更新请求的协调以及集群本身的运行时协调，因此，可以设置让 Leader 服务器不接受客户端的连接，以使其专注于进行分布式协调。
SkipAcl	该参数有默认值：no，可以不配置，可选配置项为"yes"和"no"，仅支持系统属性方式配置：zookeeper.skipACL。 该参数用于配置 ZooKeeper 服务器是否跳过 ACL 权限检查，默认情况下是"no"，即会对每一个客户端请求进行权限检查。如果将其设置为"yes"，则能一定程度的提高 ZooKeeper 的读写性能，但同时也将向所有客户端开放 ZooKeeper 的数据，包括那些之前设置过 ACL 权限的数据节点，也将不再接受权限控制。
cnxTimeout	该参数有默认值：5000，单位是毫秒，可以不配置，仅支持系统属性方式配置：zookeeper.cnxTimeout。 该参数用于配置在 Leader 选举过程中，各服务器之间进行 TCP 连接创建的超时时间。

续表

参 数 名	说　　明
`electionAlg`	在之前的版本中，可以使用该参数来配置选择 ZooKeeper 进行 Leader 选举时所使用的算法，但从 3.4.0 版本开始，ZooKeeper 废弃了其它选举算法，只留下了 FastLeaderElection 算法，因此该参数目前看来没有用了，这里也不详细展开说了。

8.2　四字命令

在 5.1.2 节中，我们曾经讲到使用 `stat` 命令来验证 ZooKeeper 服务器是否启动成功，这里的 `stat` 命令就是 ZooKeeper 中最为典型的命令之一。ZooKeeper 中有很多类似的命令，它们的长度通常都是 4 个英文字母，因此我们称之为“四字命令”。

四字命令的使用方式非常简单，通常有两种方式。第一种是通过 Telnet 方式，使用 Telnet 客户端登录 ZooKeeper 的对外服务端口，然后直接输入四字命令即可，如图 8-1 所示。

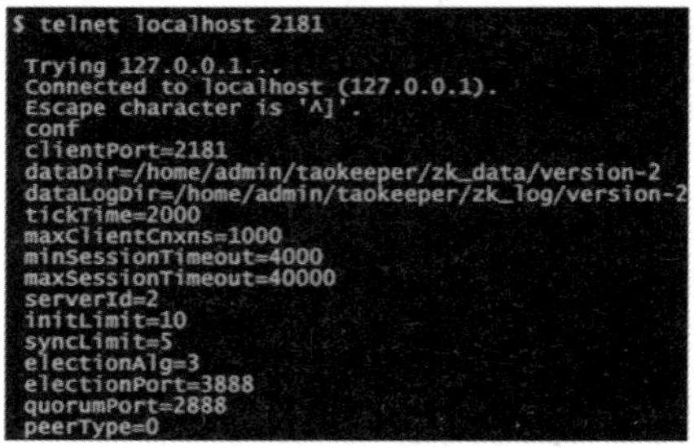

```
$ telnet localhost 2181
 Trying 127.0.0.1...
 Connected to localhost (127.0.0.1).
 Escape character is '^]'.
 conf
 clientPort=2181
 dataDir=/home/admin/taokeeper/zk_data/version-2
 dataLogDir=/home/admin/taokeeper/zk_log/version-2
 tickTime=2000
 maxClientCnxns=1000
 minSessionTimeout=4000
 maxSessionTimeout=40000
 serverId=2
 initLimit=10
 syncLimit=5
 electionAlg=3
 electionPort=3888
 quorumPort=2888
 peerType=0
```

图 8-1. Telnet 方式使用四字命令

从图 8-1 中，我们可以看到，通过 Telent 方式登录 ZooKeeper 服务器的 2181 端口后，执行 `conf` 命令，即可将当前 ZooKeeper 服务器的配置信息打印出来。

第二种则是使用 nc 方式，如图 8-2 所示。

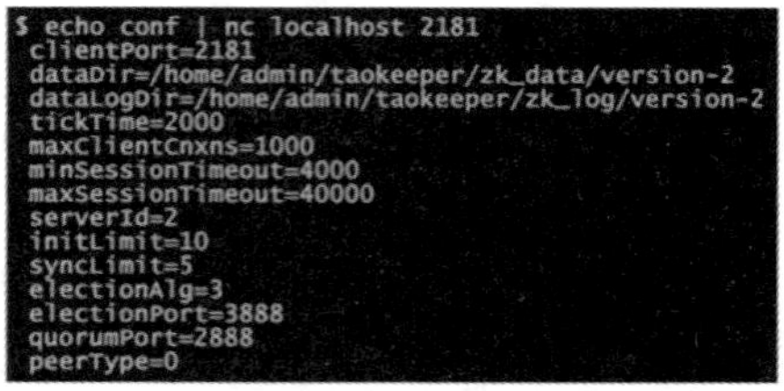

```
$ echo conf | nc localhost 2181
 clientPort=2181
 dataDir=/home/admin/taokeeper/zk_data/version-2
 dataLogDir=/home/admin/taokeeper/zk_log/version-2
 tickTime=2000
 maxClientCnxns=1000
 minSessionTimeout=4000
 maxSessionTimeout=40000
 serverId=2
 initLimit=10
 syncLimit=5
 electionAlg=3
 electionPort=3888
 quorumPort=2888
 peerType=0
```

图 8-2. nc 方式使用四字命令

以上分别通过 Telnet 方式和 nc 方式来执行 ZooKeeper 的 `conf` 命令,对于其他命令,使用方式也是一样的。在本节余下部分,我们将对 ZooKeeper 提供的所有四字命令进行详细的讲解。

conf

`conf` 命令用于输出 ZooKeeper 服务器运行时使用的基本配置信息,包括 `clientPort`、`dataDir` 和 `tickTime` 等,以便运维人员快速地查看 ZooKeeper 当前运行时的一些参数,如图 8-2 所示。注意,`conf` 命令输出的配置信息不包含 8.1 节中提到的所有参数,而仅仅是输出一些最基本的配置参数。

另外,`conf` 命令会根据当前的运行模式来决定输出的信息。图 8-2 所示的输出信息是针对集群模式下的样例,如果是单机模式(standalone),就不会输出诸如 `initLimit`、`syncLimit`、`electionAlg` 和 `electionPort` 等集群相关的配置信息。

cons

`cons` 命令用于输出当前这台服务器上所有客户端连接的详细信息,包括每个客户端的客户端 IP、会话 ID 和最后一次与服务器交互的操作类型等,如图 8-3 所示。

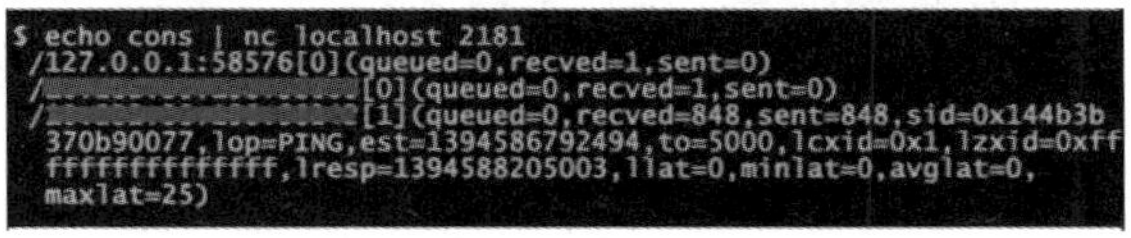

图 8-3. 四字命令 cons 示例

crst

`crst` 命令是一个功能性命令,用于重置所有的客户端连接统计信息,如图 8-4 所示。

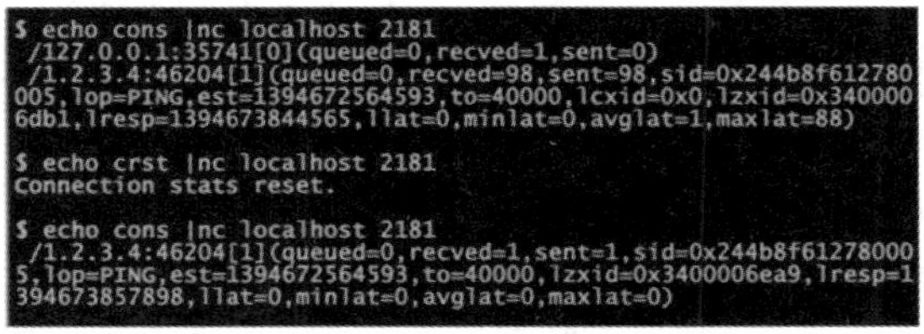

图 8-4. 四字命令 crst 示例

dump

dump 命令用于输出当前集群的所有会话信息，包括这些会话的会话 ID，以及每个会话创建的临时节点等信息。另外，从前面章节的内容中，我们了解到只有 Leader 服务器会进行所有会话的超时检测，因此，如果在 Leader 服务器上执行该命令的话，我们还能够看到每个会话的超时时间。图 8-5 和图 8-6 分别列举了在 Leader 和 Follower 服务器上的命令执行情况。

```
$ echo dump | nc localhost 2181
SessionTracker dump:
Session Sets (20):
...
4 expire at Thu Mar 13 09:03:56 CST 2014:
        0x344b8f6122c0015
        0x344b8f6122c0014
        0x344b8f6122c0010
        0x344b8f6122c0019
6 expire at Thu Mar 13 09:04:02 CST 2014:
        0x344b8f6122c0009
        0x344b8f6122c0008
        0x344b8f6122c000b
        0x344b8f6122c000c
        0x344b8f6122c000a
        0x344b8f6122c001c
4 expire at Thu Mar 13 09:04:18 CST 2014:
        0x344b8f6122c0017
        0x344b8f6122c0023
        0x244b8f612780005
        0x344b8f6122c0007
...
ephemeral nodes dump:
Sessions with Ephemerals (5):
...
0x344b8f6122c0011:
        /sample/this_is_a_sample_node/for_dump_command/1
        /sample/this_is_a_sample_node/for_dump_command/2
0x344b8f6122c0007:
        /sample/this_is_a_sample_node/for_dump_command/3
0x344b8f6122c001d:
        /sample/this_is_a_sample_node/for_dump_command/4
        /sample/this_is_a_sample_node/for_dump_command/5
...
```

图 8-5. 四字命令 dump 之 Leader 示例

```
$ echo dump | nc localhost 2181
SessionTracker dump:
org.apache.zookeeper.server.quorum.LearnerSessionTracker@ae3865e
ephemeral nodes dump:
Sessions with Ephemerals (5):
...
0x344b8f6122c0011:
        /sample/this_is_a_sample_node/for_dump_command/1
        /sample/this_is_a_sample_node/for_dump_command/2
0x344b8f6122c0007:
        /sample/this_is_a_sample_node/for_dump_command/3
0x344b8f6122c001d:
        /sample/this_is_a_sample_node/for_dump_command/4
        /sample/this_is_a_sample_node/for_dump_command/5
...
```

图 8-6. 四字命令 dump 之 Follower 示例

envi

envi 命令用于输出 ZooKeeper 所在服务器运行时的环境信息，包括 os.version、java.version 和 user.home 等，如图 8-7 所示。

图 8-7. 四字命令 envi 示例

ruok

ruok 命令用于输出当前 ZooKeeper 服务器是否正在运行。该命令的名字非常有趣，其谐音正好是"Are you ok"。执行该命令后，如果当前 ZooKeeper 服务器正在运行，那么返回"imok"，否则没有任何响应输出，如图 8-8 所示。

图 8-8. 四字命令 ruok 示例

请注意，ruok 命令的输出仅仅只能表明当前服务器是否正在运行，准确地讲，只能说明 2181 端口打开着，同时四字命令执行流程正常，但是不能代表 ZooKeeper 服务器是否运行正常。在很多时候，如果当前服务器无法正常处理客户端的读写请求，甚至已经无法和集群中的其他机器进行通信，ruok 命令依然返回"imok"。因此，一般来说，该命令并不是一个特别有用的命令，它不能反映 ZooKeeper 服务器的工作状态，想要更可靠地获取更多 ZooKeeper 运行状态信息，可以使用下面马上要讲到的 stat 命令。

stat

stat 命令用于获取 ZooKeeper 服务器的运行时状态信息，包括基本的 ZooKeeper 版本、打包信息、运行时角色、集群数据节点个数等信息，另外还会将当前服务器的客户端连接信息打印出来，如图 8-9 所示。

图 8-9. 四字命令 stat 示例

从图 8-9 中可以看出，除了一些基本的状态信息外，stat 命令还会输出一些服务器的统计信息，包括延迟情况、收到请求数和返回的响应数等。注意，所有这些统计数据都可以通过 srst 命令进行重置。

srvr

srvr 命令和 stat 命令的功能一致，唯一的区别是 srvr 不会将客户端的连接情况输出，仅仅输出服务器的自身信息，如图 8-10 所示。

```
1  $ echo srvr | nc localhost 2181
2  Zookeeper version: 3.4.5--1, built on 03/13/2014 21:59 GMT
3  Latency min/avg/max: 0/8/76
4  Received: 41
5  Sent: 43
6  Connections: 2
7  Outstanding: 0
8  Zxid: 0x70000000f
9  Mode: leader
10 Node count: 4576
```

图 8-10. 四字命令 srvr 示例

srst

srst 命令是一个功能行命令，用于重置所有服务器的统计信息，如图 8-11 所示。

```
1  $ echo srvr | nc localhost 2181
2  Zookeeper version: 3.4.5--1, built on 03/13/2014 21:59 GMT
3  Latency min/avg/max: 0/6/80
4  Received: 662
5  Sent: 750
6  Connections: 3
7  Outstanding: 0
8  Zxid: 0x70000018b
9  Mode: leader
10 Node count: 4575
11
12 $ echo srst | nc localhost 2181
13 Server stats reset.
14
15 $ echo srvr | nc localhost 2181
16 Zookeeper version: 3.4.5--1, built on 03/13/2014 21:59 GMT
17 Latency min/avg/max: 0/0/0
18 Received: 1
19 Sent: 1
20 Connections: 2
21 Outstanding: 0
22 Zxid: 0x70000018d
23 Mode: leader
24 Node count: 4575
```

图 8-11. 四字命令 srst 示例

wchs

wchs 命令用于输出当前服务器上管理的 Watcher 的概要信息，如图 8-12 所示。

```
1  $ echo wchs | nc localhost 2181
2  3 connections watching 7 paths
3  Total watches:7
```

图 8-12. 四字命令 wchs 示例

wchc

wchc 命令用于输出当前服务器上管理的 Watcher 的详细信息,以会话为单位进行归组,同时列出被该会话注册了 Watcher 的节点路径,如图 8-13 所示。

```
1 $ echo wchc | nc localhost 2181
2 0x344b8f6122c0011:
3     /sample/this_is_a_sample_node/for_dump_command/1
4     /sample/this_is_a_sample_node/for_dump_command/2
5 0x344b8f6122c0007:
6     /sample/this_is_a_sample_node/for_dump_command/3
7 0x344b8f6122c001d:
8     /sample/this_is_a_sample_node/for_dump_command/4
9     /sample/this_is_a_sample_node/for_dump_command/5
```

图 8-13. 四字命令 wchc 示例

wchp [注2]

wchp 命令和 wchc 命令非常类似,也是用于输出当前服务器上管理的 Watcher 的详细信息,不同点在于 wchp 命令的输出信息以节点路径为单位进行归组,如图 8-14 所示。

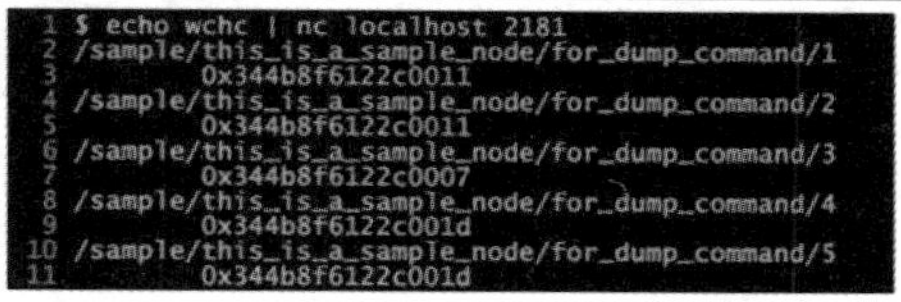

```
1  $ echo wchc | nc localhost 2181
2  /sample/this_is_a_sample_node/for_dump_command/1
3      0x344b8f6122c0011
4  /sample/this_is_a_sample_node/for_dump_command/2
5      0x344b8f6122c0011
6  /sample/this_is_a_sample_node/for_dump_command/3
7      0x344b8f6122c0007
8  /sample/this_is_a_sample_node/for_dump_command/4
9      0x344b8f6122c001d
10 /sample/this_is_a_sample_node/for_dump_command/5
11     0x344b8f6122c001d
```

图 8-14. 四字命令 wchp 示例

mntr

mntr 命令用于输出比 stat 命令更为详尽的服务器统计信息,包括请求处理的延迟情况、服务器内存数据库大小和集群的数据同步情况。在输出结果中,每一行都是一个 key-value 的键值对,运维人员可以根据这些输出信息进行 ZooKeeper 的运行时状态监控,如图 8-15 所示。

注 2: 注意,wchc 和 wchp 这两个命令执行的输出结果都是针对会话 ID 的,这对于运维人员来说可视化效果并不理想,可以尝试将执行 cons 命令输出的信息整合起来,就可以用客户端 IP 来代替会话 ID 了,具体可以看如下实现:*http://jm-blog.aliapp.com/?p=1450*。

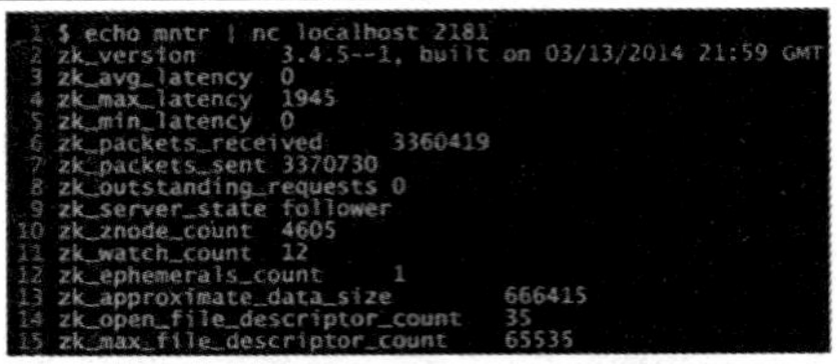

```
$ echo mntr | nc localhost 2181
zk_version      3.4.5--1, built on 03/13/2014 21:59 GMT
zk_avg_latency  0
zk_max_latency  1945
zk_min_latency  0
zk_packets_received     3360419
zk_packets_sent 3370730
zk_outstanding_requests 0
zk_server_state follower
zk_znode_count  4605
zk_watch_count  12
zk_ephemerals_count     1
zk_approximate_data_size        666415
zk_open_file_descriptor_count   35
zk_max_file_descriptor_count    65535
```

图 8-15. 四字命令 mntr 之 Follower 服务器示例

图 8-15 是在 Follower 服务器上执行 mntr 命令，如果在 Leader 服务器上执行该命令的话，还可以获取到更多的信息，如图 8-16 所示。

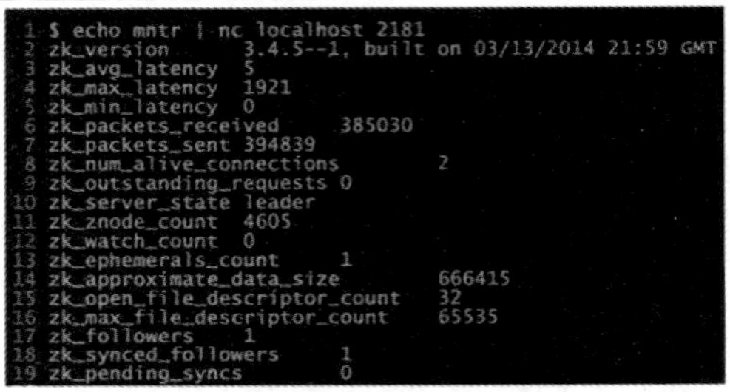

```
$ echo mntr | nc localhost 2181
zk_version      3.4.5--1, built on 03/13/2014 21:59 GMT
zk_avg_latency  5
zk_max_latency  1921
zk_min_latency  0
zk_packets_received     385030
zk_packets_sent 394839
zk_num_alive_connections        2
zk_outstanding_requests 0
zk_server_state leader
zk_znode_count  4605
zk_watch_count  0
zk_ephemerals_count     1
zk_approximate_data_size        666415
zk_open_file_descriptor_count   32
zk_max_file_descriptor_count    65535
zk_followers    1
zk_synced_followers     1
zk_pending_syncs        0
```

图 8-16. 四字命令 mntr 之 Leader 服务器示例

8.3 JMX

在 8.2 节中，我们讲解了 ZooKeeper 的四字命令，了解了如何通过这些简单的命令来获取一些 ZooKeeper 的运行时信息，尤其是通过 `mntr` 命令，我们已经能够非常方便地获取到 ZooKeeper 服务器上诸如数据节点总个数、内存数据大小和 Watcher 个数等重要的运行时信息。但有时候对于 ZooKeeper 的运维人员来说，仅仅是信息的获取还不够，四字命令虽然使用非常方便，但却无法让运维人员对 ZooKeeper 进行相应的管控。

提到对运行时 Java 系统的管控，不得不提 JMX（Java Management Extensions，Java 管理扩展）。JMX 是一个为应用程序、设备、系统等植入管理功能的框架，能够非常方便地让 Java 系统对外提供运行时数据信息获取和系统管控的接口。从 3.3.0 版本开始，ZooKeeper 也使用了标准的 JMX 方式来对外提供运行时数据信息和便捷的管控接口。在本节中，我们将重点讲解如何通过 JMX 方式来进行 ZooKeeper 的运维。

8.3.1 开启远程 JMX

从 Apache 官方网站上下载的 ZooKeeper，默认开启了 JMX 功能，但是却只限本地连接，无法通过远程连接，读者可以打开%ZK_HOME%/bin 目录下的 zkServer.sh 文件，找到如图 8-17 所示的配置。

```
ZOOMAIN="-Dcom.sun.management.jmxremote -Dcom.sun.management.
jmxremote.local.only=$JMXLOCALONLY org.apache.zookeeper.
server.quorum.QuorumPeerMain"
```

图 8-17. 默认的 JMX 配置

在这个配置中并没有开启远程连接 JMX 的端口信息，通常需要加入以下三个配置才能开启远程 JMX：

- -Dcom.sun.management.jmxremote.port=5000
- -Dcom.sun.management.jmxremote.ssl=false
- -Dcom.sun.management.jmxremote.authenticate=false

例如我们配置开启远程 JMX 端口为 21811，同时不需要任何权限，如图 8-18 所示。

```
ZOOMAIN="-Dcom.sun.management.jmxremote.port=21811
-Dcom.sun.management.jmxremote.ssl=false
-Dcom.sun.management.jmxremote.authenticate=false
org.apache.zookeeper.server.quorum.QuorumPeerMain"
```

图 8-18. 开启远程访问的 JMX 配置

通过上述配置，就可以允许远程机器和 ZooKeeper 服务器进行 JMX 连接了。

8.3.2 通过 JConsole 连接 ZooKeeper

JConsole（Java 监视和管理控制台）是一个 Java 内置的基于 JMX 的图形化管理工具，是最常用的 JMX 连接器。在本节中，我们将使用 JConsole 来进行 ZooKeeper 的 JMX 管理。

我们首先按照上一节中介绍的方法开启 ZooKeeper 服务器的远程 JMX 连接。假设我们搭建一个由三台服务器组成的 ZooKeeper 集群，分别有机器 A、B 和 C，其中 C 是 Leader，A 和 B 是 Follower，并都开启了 JMX 远程端口：21811。

使用 JConsole，我们首先连接上服务器 A，连接成功后，如图 8-19 所示。

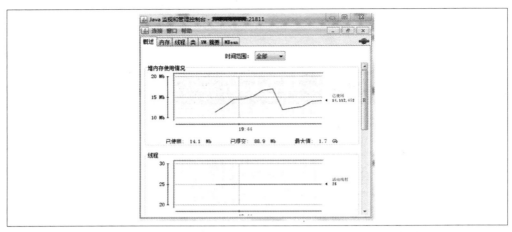

图 8-19. JConsole 连接上 ZooKeeper 的 JMX

连接成功后,我们可以看到界面上依次有"概述"、"内存"和"线程"等标签页,这些都是 JConsole 上的基本信息,读者可以通过其他书籍或是互联网资料[注3]来对其进行详细了解。本书主要讲解 MBean 标签页中的信息,如图 8-20 所示。

图 8-20. 查看 JConsole 的 MBean 标签页

在 MBean 标签页中,可以看到 org.apache.ZooKeeperService 节点,及其树状结构的子节

注3: 读者可以在 Java 的官方网站上找到更多关于 JMX 以及 JConsole 的内容:http://www.oracle.com/technetwork/java/index.html。

点列表，这些就是 ZooKeeper 服务器对外暴露的 MBean。

在 org.apache.ZooKeeperService 节点下，首先可以看到 ReplicatedServer_id1 节点，从该节点的名字中，我们可以识别出当前连接的 ZooKeeper 服务器的 SID 为 1。继续往下可以看到三个子节点：replica.1、replica.2 和 replica.3，分别代表当前集群中的三台服务器。同时我们可以发现，replica.2 和 replica.3 两个节点下面只有"属性"节点，而 replica.1 节点下还有一个 Follower 节点，这也不足为奇，原因就是当前连接的服务器就是 SID 为 1 的服务器，因此对于 SID 为 2 和 3 的 ZooKeeper 服务器，能够获取到的信息不多。从"属性"节点中，我们可以看到服务器的基本配置信息，包括所选用的 Leader 选举算法（ElectionType）、单个客户端最大连接数（MaxClientCnxnsPerHost）、会话的超时时间和启动时间等。

我们再来看 replica.1 节点下的 Follower 节点，如图 8-21 所示。

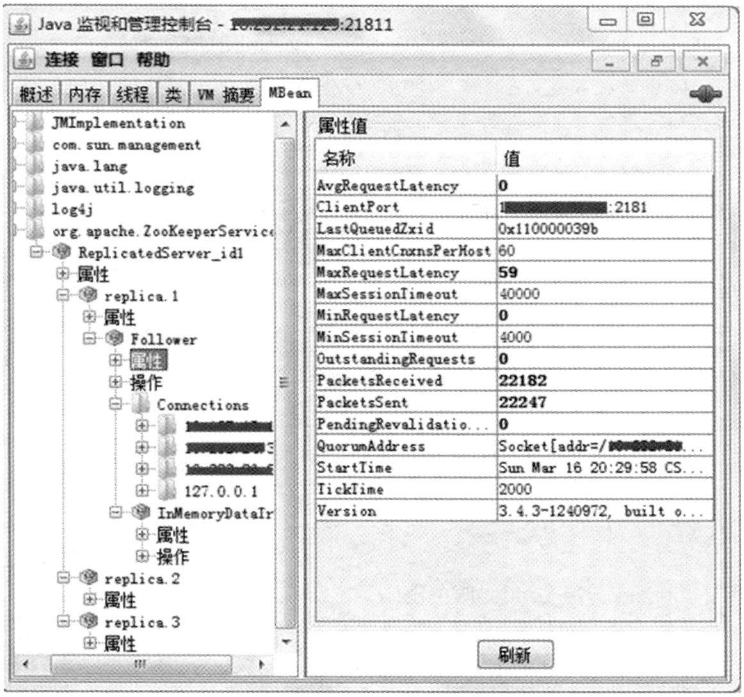

图 8-21. 查看 Follower 节点信息

在 Follower 节点下的"属性"节点上，我们可以看到 Follower 服务器当前的运行时信息，包括：请求处理的平均延时（AvgRequestLatency）、客户端服务器端口和收到/发送的数据包个数。在图 8-21 的示例中，replica.1 节点下有一个 Follower 节点，这表明当前服务器的角色是 Follower。

下面我们来看 Leader 服务器的数据信息。通过同样的方式，我们使用 JConsole 连接到服务器 C 上，如图 8-22 所示。

首先，我们可以看到在 replica.3 节点下已经出现了 Leader 节点，表明该服务器的角色是 Leader。选择"属性"节点，我们还可以发现，右侧出现了 CurrentZxid 属性，表明当前 Leader 服务器上处理的最后一个事务的 ZXID 是 0x1400000045。

图 8-22. 使用 JConsole 连接 Leader 服务器

下面我们再来看看有哪些对 Leader 服务器的操作，如图 8-23 所示。

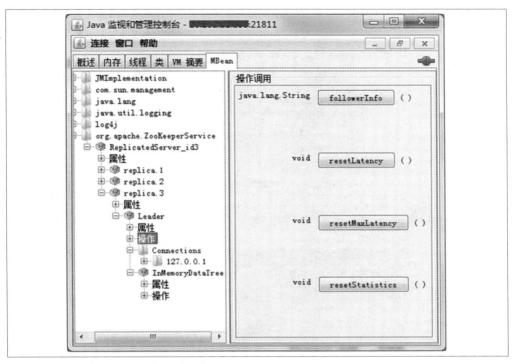

图 8-23. 查看对 Leader 服务器的操作项

从图 8-23 中我们可以看到，Leader 服务器对外提供了四个操作，表 8-3 中列举了这四个操作。

表 8-3. Leader 服务器对外暴露的操作

操　作	说　明
followerInfo()	获取所有 Follower 的运行时信息。该操作只在 Leader 服务器上提供
resetLatency()	重置所有与客户端请求处理延时相关的统计
resetMaxLatency()	重置客户端请求处理的最大延时统计
resetStatistics()	重置所有客户端请求处理延时统计，以及所有客户端数据包发送与接收量的统计

作为示例，我们执行 `followerInfo` 操作，之后就会罗列出当前集群中所有 Follower 的运行时信息，如图 8-24 所示。

从图 8-24 中我们可以看到，集群中一共有两个 Follower 服务器。

下面我们来看最后一个 MBean：InMemoryDataTree。这个 MBean 就是 ZooKeeper 服务器上的内存数据库，如图 8-25 所示。

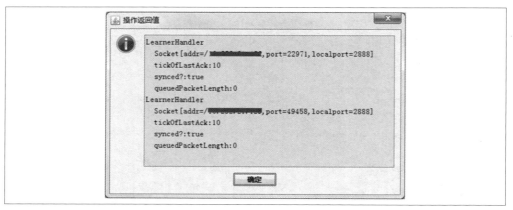

图 8-24. 查看所有 Follower 服务器的运行时信息

图 8-25. 查看 InMemoryDataTree 属性信息

选择"属性"节点,我们可以看到当前内存数据库中最后处理的事务 ID、数据节点的总个数以及 Watcher 的总个数。

下面我们再来看看针对内存数据库,我们有哪些操作,如图 8-26 所示。

从图 8-26 中我们可以看到,ZooKeeper 向我们提供了两个操作,分别用于统计内存数据库所有节点的数据总量和临时节点总个数。

图 8-26. 查看 InMemoryDataTree 的操作信息

8.4 监控

关于 ZooKeeper 的监控，这里主要介绍下阿里中间件的软负载团队开发的 TaoKeeper 监控系统[注4]，Taokeeper 主要从实时监控和数据统计两方面来保障 ZooKeeper 集群的稳定性。

8.4.1 实时监控

所谓实时监控，是指相对实时地对运行中的 ZooKeeper 集群进行运行状态监控，包括对 ZooKeeper 节点可用性的监控和集群读写 TPS 的监控。

节点可用性自检

节点可用性自检是指对一个 ZooKeeper 集群中每个服务器节点上的指定数据节点 /TAOKEEPER.MONITOR.ALIVE.CHECK 定期进行三次如下操作序列：

创建连接—发布数据—接收数据更新通知—获取数据—比对数据

三次流程均成功且每次耗费的时间在指定的时间范围内即可视为该节点处于正常状态。

注 4： TaoKeeper 系统的官方网站： https://github.com/alibaba/taokeeper 。

读写 TPS 监控

在 Apache 官方的 ZooKeeper 版本中，我们无法直接看出 ZooKeeper 的实时读写情况，为了便于 ZooKeeper 的运维人员更精准地了解到当前 ZooKeeper 服务器的负载，尤其是事务操作的负载，读写 TPS 监控功能就非常有必要了。从 TaoKeeper 上，我们可以清楚地看到每台 ZooKeeper 服务器的读写 TPS 详情，包括连接的创建与断开、数据节点的创建与删除、数据节点内容的读取与更新和子节点列表的获取等。

8.4.2 数据统计

在 8.2 节中，我们提到了 ZooKeeper 的四字命令能够帮助我们获取到 ZooKeeper 的运行时数据，Taokeeper 将这些四字命令的返回结果进行了整合，同时持久化到数据库中，这样一来，我们就能够可视化地看到 ZooKeeper 的运行时数据，并且还能看到这些数据的变化趋势，包括连接数、订阅者数、数据节点总数以及收发的数据量大小等。

8.5 构建一个高可用的集群

讲了这么多，最后我们还是要面对一个问题，那就是如何构建一个高可用的 ZooKeeper 集群。接下来，我们着重从容灾和扩容两方面来讲解如何构建一个高可用的 ZooKeeper 集群。

8.5.1 集群组成

要搭建一个高可用的 ZooKeeper 集群,我们首先需要确定好集群的规模。关于 ZooKeeper 集群的服务器组成，相信很多对 ZooKeeper 了解但是理解不深入的读者，都存在或曾经存在过这样一个错误的认识：为了使得 ZooKeeper 集群能够顺利地选举出 Leader，必须将 ZooKeeper 集群的服务器数部署成奇数。这里我们需要澄清的一点是：任意台 ZooKeeper 服务器都能部署且能够正常运行。

那么存在于这么多读者中的这个错误认识是怎么回事呢？其实关于 ZooKeeper 集群服务器数，ZooKeeper 官方确实给出了关于奇数的建议，但绝大部分 ZooKeeper 用户对这个建议认识有偏差。在本书前面提到的"过半存活即可用"特性中，我们已经了解了，一个 ZooKeeper 集群如果要对外提供可用的服务，那么集群中必须要有过半的机器正常工作并且彼此之间能够正常通信。基于这个特性，如果想搭建一个能够允许 F 台机器 down 掉的集群，那么就要部署一个由 2×F+1 台服务器构成的 ZooKeeper 集群。因此，一个由 3 台机器构成的 ZooKeeper 集群，能够在挂掉 1 台机器后依然正常工作，而对于一个由 5 台服务器构成的 ZooKeeper 集群，能够对 2 台机器挂掉的情况进行容灾。注意，如果是一个由 6 台服务器构成的 ZooKeeper 集群，同样只能够挂掉 2 台机器，因为如果挂掉 3 台，剩下的机器就无法实现过半了。

因此，从上面的讲解中，我们其实可以看出，对于一个由 6 台机器构成的 ZooKeeper 集群来说，和一个由 5 台机器构成的 ZooKeeper 集群相比，其在容灾能力上并没有任何显著的优势。基于这个原因，ZooKeeper 集群通常设计部署成奇数台服务器即可。

8.5.2 容灾

所谓容灾，在 IT 行业通常是指我们的计算机信息系统具有的一种在遭受诸如火灾、水灾、地震、断电和其他基础网络设备故障等毁灭性灾难的时候，依然能够对外提供可用服务的能力。

对于一些普通的应用，为了达到容灾标准，通常我们会选择在多台机器上进行部署来组成一个集群，这样即使在集群的一台或是若干台机器出现故障的情况下，整个集群依然能够对外提供可用的服务。

而对于一些核心应用，不仅要通过使用多台机器构建集群的方式来提供服务，而且还要将集群中的机器部署在两个机房，这样的话，即使其中一个机房遭遇灾难，依然能够对外提供可用的服务。

上面讲到的都是应用层面的容灾模式，那么对于 ZooKeeper 这种底层组件来说，如何进行容灾呢？讲到这里，可能不少读者会有疑问，ZooKeeper 既然已经解决了单点问题，那么为什么还要进行容灾呢？

单点问题

单点问题是分布式环境中最常见也是最经典的问题之一，在很多分布式系统中都会存在这样的单点问题。具体地说，单点问题是指在一个分布式系统中，如果某一个组件出现故障就会引起整个系统的可用性大大下降甚至是处于瘫痪状态，那么我们就认为该组件存在单点问题。

ZooKeeper 确实已经很好地解决了单点问题。根据前面章节对 ZooKeeper 技术内幕的讲解，我们已经可以了解到，基于"过半"设计原则，ZooKeeper 在运行期间，集群中至少有过半的机器保存了最新的数据。因此，只要集群中超过半数的机器还能够正常工作，整个集群就能够对外提供服务。

容灾

解决了单点问题，是否就不需要考虑容灾了呢？答案是否定的，在搭建一个高可用的集群的时候依然需要考虑容灾问题。正如上面讲到的，如果集群中超过半数的机器还在正常工作，集群就能够对外提供正常的服务。那么，如果整个机房出现灾难性的事故，这时显然已经不是单点问题的范畴了。

在进行 ZooKeeper 的容灾方案设计过程中，我们要充分考虑到"过半"原则。也就是说，无论发生什么情况，我们必须要保证 ZooKeeper 集群中有超过半数的机器能够正常工作。因此，通常有以下两种部署方案。

三机房部署

在进行容灾方案设计的时候，我们通常是以机房为单位来考虑问题的。假如我们有三个机房可以部署服务，并且这三个机房间的网络情况良好，那么就可以在三个机房中都部署上若干个机器来组成一个 ZooKeeper 集群。

我们假定构成 ZooKeeper 集群的机器总数为 N，在三个机房中部署的 ZooKeeper 服务器数分别为 N_1、N_2 和 N_3，那么如果要使该 ZooKeeper 集群具有容灾能力，我们可以根据如下算法来计算 ZooKeeper 集群的机器部署方案。

1. 计算 N_1。

   如果 ZooKeeper 集群的服务器总数是 N，那么 $N_1 = (N - 1)/2$。注意，在 Java 中，"/"运算符会自动对计算结果进行向下取整操作。举个例子，如果 N 为 8，那么 N_1 为 3，如果 N 为 7，那么 N_1 也为 3。

2. 计算 N_2 的可选值。

   N_2 的计算规则和 N_1 非常类似，只是 N_2 的取值是在一个取值范围内：

   N_2 的取值值范围是 $1 \sim (N - N_1)/2$。

   即如果 N 为 8，那么 N_1 则为 3，于是 N_2 的取值范围就是 1~2，分别是 1 和 2。注意，1 和 2 仅仅是 N_2 的可选值，并非最终值——如果在 N_2 为某个可选值的时候，无法计算出 N_3 的值，那么该可选值也无效。

3. 计算 N_3，同时确定 N_2 的取值。

   很显然，现在只剩下 N_3 了，可以简单地认为 N_3 的取值就是剩下的机器数，即：

   $N_3 = N - N_1 - N_2$

只是 N_3 的取值必须满足 $N_3 < N_1 + N_2$。在满足这个条件的基础下，我们遍历步骤 2 中计算得到的 N_2 的可选值，即可得到三机房部署时每个机房的服务器数量了。

现在我们以 7 台机器为例，来看看如何分配三机房的机器分布。根据算法的步骤 1，我们首先确定 N_1 的取值为 3。根据算法的步骤 2，我们再确定了 N_2 的可选值为 1 和 2。最后在步骤 3 中，我们遍历 N_2 的可选值，即可得到两种部署方案，分别是（3，1，3）和（3，2，2）。清单 8-1 所示的 Java 程序代码是对上述算法的一个简单实现。

清单 8-1. 三机房部署机器分配算法

```java
public class HostAssignment_3 {
    static int n = 9;
    public static void main( String[] args ) {
        int n1, n2, n3;
        n1 = ( n - 1 ) / 2;
        int n2_max = ( n - n1 ) / 2;
        for ( int i = 1; i <= n2_max; i++ ) {
            n2 = i;
            n3 = n - n1 - n2;
            if ( n3 >= ( n1 + n2 ) ) {
                continue;
            }
            System.out.println( "( " + n1 + ", "
                                     + n2 + ", "
                                     + n3 + " )" );
        }
    }
}
```

读者可以到本书源码包 *book.chapter08.$8_5_2* 中下载该程序。

双机房部署

上面我们讲到了如何在三机房中部署 ZooKeeper 集群来实现容灾。但是在实际情况中，很多公司的机房规模无法达到三机房的条件，因此双机房部署成为了更为现实的方案。但是很遗憾的是，在目前版本（截止本书出版时，ZooKeeper 官方给出的最新的稳定版本是 3.4.6）的 ZooKeeper 中，还没有办法能够在双机房条件下实现较好的容灾效果——因为无论哪个机房发生异常情况，都有可能使得 ZooKeeper 集群中可用的机器无法超过半数。当然，在拥有两个机房的场景下，通常有一个机房是主要机房（一般而言，公司会花费更多的钱去租用一个稳定性更好、设备更可靠的机房，这个机房就是主要机房，而另一个机房的租用费相对而言则廉价一些）。我们唯一能做的，就是尽量在主要机房中部署更多的机器。例如，对于一个由 7 台机器组成的 ZooKeeper 集群，通常在主要机房中部署 4 台机器，剩下的 3 台机器部署到另一个机房中。

8.5.3 扩容与缩容

水平可扩容可以说是对一个分布式系统在高可用性方面提出的基本的,也是非常重要的一个要求,通过水平扩容能够帮助系统在不进行或进行极少改进工作的前提下,快速提高系统对外的服务支撑能力。简单地讲,水平扩容就是向集群中添加更多的机器,以提高系统的服务容量。

很遗憾的是,ZooKeeper 在水平扩容方面做得并不十分完美,需要进行整个集群的重启。通常有两种重启方式:一种是集群整体重启,另一种是逐台进行服务器的重启。

整体重启

我们先来看第一种集群整体重启的方式。所谓集群整体重启,就是先将整个集群停止,然后更新 ZooKeeper 的配置,然后再次启动。如果在你的系统中,ZooKeeper 并不是一个非常核心的组件,并且能够允许短暂的服务停止(通常是几秒钟的时间间隔),那么不妨选择这种方式。在整体重启的过程中,所有该集群的客户端都无法连接上集群。等到集群再次启动后,这些客户端就能够自动连接上——注意,整体重启前建立起的客户端会话,并不会因为此次整体重启而失效,也就是说,在整体重启期间花费的时间将不计入会话超时时间的计算中。

逐台重启

第二种逐台重启的方式似乎更适合绝大多数的实际场景。在这种方式中,每次仅仅重启集群中的一台机器,然后逐台对整个集群中的机器进行重启操作。这种方式可以在重启期间依然保证集群对外的正常服务。

8.6 日常运维

现在我们来看看,对于一个已经部署起来的 ZooKeeper 系统,应该如何进行运维与监控。首先从数据与日志文件入手。

8.6.1 数据与日志管理

在 5.1 节中,我们已经讲解了如何部署一个 ZooKeeper 集群。在提到 ZooKeeper 的数据与事务日志文件时,我们了解到 ZooKeeper 服务器会有 `dataDir` 和 `dataLogDir` 两个目录,分别用于存储快照数据和事务日志。正常运行过程中,ZooKeeper 会不断地把快照数据和事务日志输出到这两个目录,并且如果没有人为操作的话,默认情况下

ZooKeeper 自己是不会清理这些文件的,需要运维人员来进行清理。在本节中,我们将介绍三种清理日志的方法。

纯 Shell 脚本进行清理

Shell 脚本的清理方式,是运维人员最常用的方式,通常是写一个删除历史文件的脚本,每天定时执行即可,图 8-27 所示是一份相对简单但是实用的清理脚本。

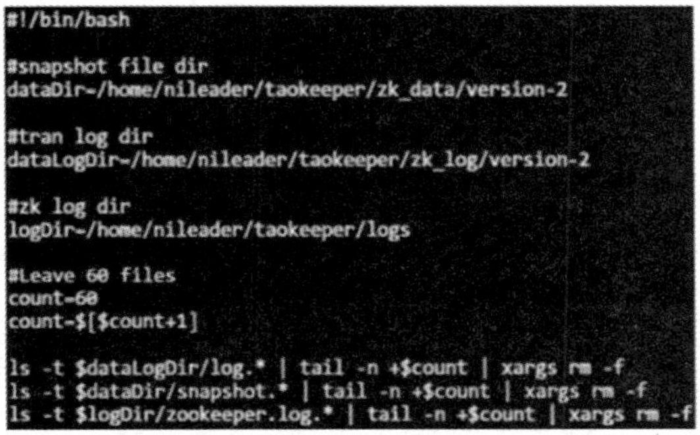

```bash
#!/bin/bash

#snapshot file dir
dataDir=/home/nileader/taokeeper/zk_data/version-2

#tran log dir
dataLogDir=/home/nileader/taokeeper/zk_log/version-2

#zk log dir
logDir=/home/nileader/taokeeper/logs

#Leave 60 files
count=60
count=$[$count+1]

ls -t $dataLogDir/log.* | tail -n +$count | xargs rm -f
ls -t $dataDir/snapshot.* | tail -n +$count | xargs rm -f
ls -t $logDir/zookeeper.log.* | tail -n +$count | xargs rm -f
```

图 8-27. 历史快照数据和事务日志文件清理脚本

在图 8-27 所示的脚本中,我们指定了快照数据、事务日志和 ZooKeeper 运行时日志文件的目录,同时还指定了目录中需要保留的文件个数为 60。通常,我们可以将该脚本的执行任务配置到 crontab 中,并设置为每天凌晨 2 点执行一次即可。

使用清理工具:PurgeTxnLog

ZooKeeper 提供了一个工具类 `org.apache.zookeeper.server.PurgeTxnLog`,实现了一种较为简单的文件清理策略,运维人员可以使用该工具进行历史文件的清理,使用方法如清单 8-2 所示。

清单 8-2. 使用 `PurgeTxnLog` 工具类进行历史快照数据和事务日志文件的清理
```
java -cp zookeeper-3.4.5.jar:lib/slf4j-api-1.6.1.jar:lib/slf4j-log4j12-1.6.1.jar:lib/log4j-1.2.15.jar:conf   org.apache.zookeeper.server.PurgeTxnLog   /home/admin/taokeeper/zk_data /home/admin/taokeeper/zk_data -n 15
```

在 ZooKeeper 根路径下执行上述命令后,就可以进行历史快照数据和事务日志文件的清理了。在该示例中,会至多保留 15 个快照数据文件和相对应的事务日志文件,如图 8-28 所示。

注意,为了避免 ZooKeeper 运维人员的误操作,同时也是 ZooKeeper 进行数据恢复的需要,`PurgeTxnLog` 工具限制了至少需要保留 3 个快照数据文件。

图 8-28. 使用清理工具：PurgeTxnLog

使用清理脚本：zkCleanup.sh

在上面的介绍中，我们已经了解了如何通过 PurgeTxnLog 工具来进行事务日志和快照数据的清理。事实上，在 ZooKeeper 的发布包中已经为用户准备了脚本：zkCleanup.sh,用来封装清理工具 PurgeTxnLog,在实际使用上也更简便，具体的使用方法如图 8-29 所示：

图 8-29. 使用清理脚本：zkCleanup

自动清理机制

从 3.4.0 版本开始，ZooKeeper 提供了一种自动清理历史快照数据和事务日志文件的机制，使用方式是通过配置 `autopurge.snapRetainCount` 和 `autopurge.purgeInterval` 这两个参数来实现定时清理，详见 8.1 节中对这两个参数的讲解。

8.6.2　Too many connections

在 8.1.2 节中，我们曾经讲解到 `maxClientCnxns` 参数，该参数用于设置 ZooKeeper 服务器运行时允许单个客户端机器创建的最大连接数。在 ZooKeeper 运行过程中，针对每一个和自己创建连接的客户端，ZooKeeper 都会将其记录下来，如果超过了上面设定的参数值，那么服务器就会拒绝与该客户端的连接。注意，触发了 ZooKeeper 服务端的"拒绝创建连接"后，在参数值范围内创建的客户端连接不会受到影响，只会拒绝超出部分的客户端连接请求。同时，一旦出现上述情况，服务器会打印出如图 8-30 所示的警告日志。

图 8-30 中显示的就是在我们配置了 `maxClientCnxns` 参数为 15 的条件下，出现了 Too many connections 的状况。

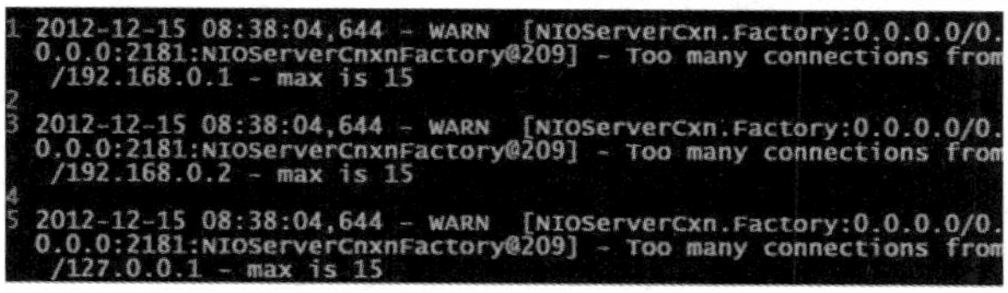

```
2012-12-15 08:38:04,644 - WARN  [NIOServerCxn.Factory:0.0.0.0/0.
0.0.0:2181:NIOServerCnxnFactory@209] - Too many connections from
 /192.168.0.1 - max is 15

2012-12-15 08:38:04,644 - WARN  [NIOServerCxn.Factory:0.0.0.0/0.
0.0.0:2181:NIOServerCnxnFactory@209] - Too many connections from
 /192.168.0.2 - max is 15

2012-12-15 08:38:04,644 - WARN  [NIOServerCxn.Factory:0.0.0.0/0.
0.0.0:2181:NIOServerCnxnFactory@209] - Too many connections from
 /127.0.0.1 - max is 15
```

图 8-30. 出现 Too_many_connections 情况

8.6.3 磁盘管理

在前面几章的讲解中，相信许多读者都已经了解到，ZooKeeper 对于磁盘的依赖非常严重。在 ZooKeeper 中，但凡对 ZooKeeper 数据状态的变更，都会以事务日志的形式写入磁盘，并且只有当集群中过半的服务器已经记录了该事务日志后，服务端才会给予客户端响应。另一方面，ZooKeeper 还会定时将内存数据库中的所有数据和所有客户端的会话信息记录进行快照，保存到磁盘上的数据快照文件中去。明白这点之后，你就会意识到磁盘的吞吐性能对于 ZooKeeper 的影响了——磁盘的 I/O 性能直接制约着 ZooKeeper 每个更新操作的处理速度。为了尽量减少 ZooKeeper 在读写磁盘上的性能损失，不仿试试下面说的几点。

- 使用单独的磁盘作为事务日志的输出目录。一方面，事务日志的写性能对 ZooKeeper 处理客户端请求，尤其是更新操作的处理性能影响很大。另一方面，ZooKeeper 的事务日志输出是一个顺序写文件的过程，因此本身性能是非常高的，所以尽量保证不要和应用程序共享一块磁盘，以避免对磁盘的竞争。作者所在的公司，就将 ZooKeeper 集群的事务日志和快照数据分别配置在两块单独挂载的磁盘上。

- 尽量避免内存与磁盘空间的交换。如果希望 ZooKeeper 能够提供完全实时的服务，那么就不能出现此类内存与磁盘空间交换的现象。因此在分配 JVM 堆大小的时候一定要非常小心。

小结

本章主要面向 ZooKeeper 的运维人员，从 ZooKeeper 的参数配置、四字命令、JMX 管理、监控以及日常运维等方面，向读者介绍了如何构建一个高可用的 ZooKeeper 集群。书中虽然涉及了很多 ZooKeeper 运维相关的内容，但无法涵盖所有 ZooKeeper 的运维工作和经验，也无法处理读者可能碰到的所有实际问题，很多运维经验和注意点都需要依赖于读者自己平时日常工作中不断的实践总结。

附录 A
Windows 平台上部署 ZooKeeper

在 5.1.2 章节中,我们已经讲解了如何在 Linux 平台上进行 ZooKeeper 的部署与运行。由于 ZooKeeper 的整个系统是基于 Java 平台构建的,因此其具备了很好的平台移植性,接下我们将以通过在 Windows 平台上搭建一个 ZooKeeper 伪集群为例来说明如何在 Windows 平台上部署与运行 ZooKeeper。

第 1 步 准备 Java 运行时环境

和在 Linux 平台上一样,第一步还是需要准备 Java 运行时环境。

第 2 步 下载 ZooKeeper 安装包

和 Apache 等开源项目一样,ZooKeeper 针对不同的平台使用的安装包是一样的。因此读者到 ZooKeeper 的下载页面 *http://zookeeper.apache.org/releases.html* 下载指定版本的 ZooKeeper 安装包即可。下载后是一个文件名为 "zookeeper-x.x.x.tar.gz" 的压缩文件,解压该文件,例如 "d:\zookeeper-bin\" 目录下。

另外,由于我们是要在 Windows 平台上搭建伪集群,因此需要拷贝三份 ZooKeeper 安装包,同时约定在下文中,用%ZK_HOME1%(d:\zookeeper-bin\peer1)代表 ZooKeeper 集群中的一个服务器目录。

如图 A-1 所示。

图 A-1. Windows 平台上的 ZooKeeper 安装目录

第 3 步　配置文件 zoo.cfg

和 Linux 平台上的配置方式一致，第一次部署 ZooKeeper 服务器的时候，需要将 %ZK_HOME1%\conf 目录下的 "zoo_sample.cfg" 文件重命名为 "zoo.cfg"，并且按照如下步骤进行配置：

```
tickTime=2000
dataDir=./data
# 不同的 peer 上，这个端口需要更改
clientPort=2181
initLimit=5
syncLimit=2
server.1=127.0.0.1:2777:3777
server.2=127.0.0.1:2888:3888
server.3=127.0.0.1:2999:3999
```

以上是在同一台机器上，通过配置不同的端口来实现伪集群的部署方式。同时将 ZooKeeper 的数据目录配置成 "d:\zookeeper-bin\peer1\bin\data"。

第 4 步　创建 myid 文件

在 dataDir 所配置的目录下，创建一个名为 "myid" 的文件，在该文件的第一行写一个数字，使其与 "zoo.cfg" 中当前机器的编号对应。

第 5 步　按照相同的步骤，在其他 peer 目录都配置上 "zoo.cfg" 和 "myid" 文件。

第 6 步　双击每个 peer 的 bin 目录下的 "zkServer.cmd" 文件来启动服务器。

第 7 步　验证服务器。

服务器启动完成后，如果读者的操作系统上安装了 Telnet 客户端，那么可以通过 Telnet 方式登录 ZooKeeper 的 2181 端口，也可以双击 bin 目录下的 "zkCli.cmd" 文件来连接本地的 ZooKeeper 服务器以验证是否启动成功。如图 A-2 所示。

图 A-2．使用 zkCli.cmd 连接 ZooKeeper 服务器

附录 B
从源代码开始构建

ZooKeeper 是一个 Apache 上顶级的开源软件,全世界工程师都可以阅读并向其贡献自己的代码。当然贡献代码必须是在本地编译通过的 ZooKeeper 源代码。那么,如何在本地进行 ZooKeeper 的运行和调试呢?下面,我将以 3.4.6 版本的 ZooKeeper 为例来讲解如何将 ZooKeeper 的源代码导入到 Eclipse 中进行开发调试,并构建出一个完整的发布包。

第 1 步　准备 JDK 和 ANT 环境

ZooKeeper 是一个使用 Java 语言编写的,基于 Ant 进行构建的开源软件,因此准备好 JDK 和 ANT 环境是必要的步骤,但是此处不再展开讲述这两个基础软件的具体安装过程了,读者可以分别到 JDK[1]和 ANT[2]的官方网站上下载并进行安装。本书分别使用 1.7.0_51-b13 版本的 JDK 和 1.9.3 版本[3]的 ANT。

第 2 步　下载源代码

读者可以到 ZooKeeper 官方的 SVN 仓库上下载各发行版本的代码,其 SVN 仓库路径为:http://svn.apache.org/repos/asf/zookeeper/tags/,本书以 3.4.6 版本的 ZooKeeper 的代码为例进行讲解。完成源代码下载后,放置到一个指定目录,例如"/home/nileader/zookeeper-source",目录结构如图 B-1 所示。

注1:　JDK 的下载官方页面:*http://www.oracle.com/technetwork/java/javase/downloads/index.html*
注2:　ANT 的下载官方页面:*http://ant.apache.org/bindownload.cgi*
注3:　不同版本的 JDK 和 ANT 在兼容性方面没有太大的问题。

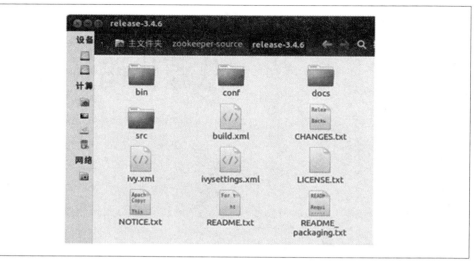

图 B-1. ZooKeeper 源代码目录结构[注4]

第 3 步　执行 ant eclipse 命令进行构建

进入到 release-3.4.6 目录中，执行命令：

　　ant eclipse

之后进行源代码的编译及依赖包的下载，如果在构建的最后阶段出现了类似下面的提示语：

```
BUILD SUCCESSFUL
Total time: 2 minutes 32 seconds
```

那么恭喜你，构建成功了，现在已经是一个符合规范的 Eclipse 工程了。

第 4 步　将工程导入 Eclipse

打开 Eclipse，选择"File→Import→Existing Projects into Workspace"，如图 B-2 所示。

注4：　本书以 Ubuntu 平台为例来讲解，Windows 平台上的构建过程是一样的。

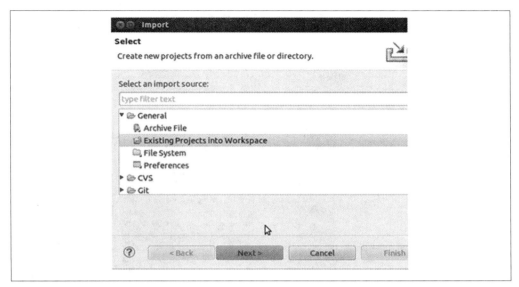

图 B-2. 将工程导入 Eclipse

然后选择工程目录:"/home/nileader/zookeeper-source/release-3.4.6",如图 B-3 所示。

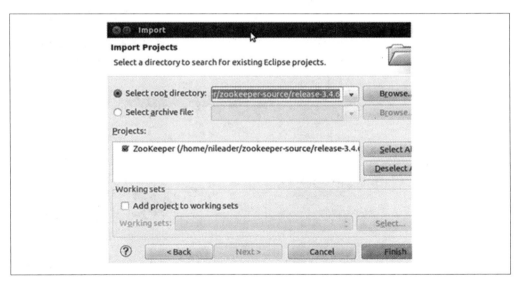

图 B-3. 选择工程目录

最后点击"Finish"即可完成工程导入。

第 5 步　解决编译问题

完成工程导入后，可能会出现如图 B-4 所示的编译错误。

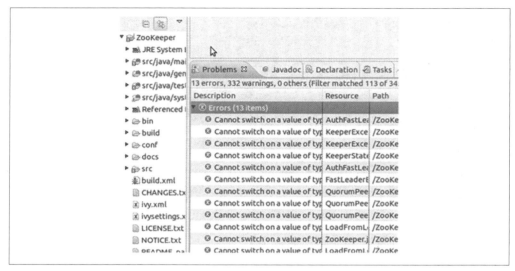

图 B-4.　出现编译错误

针对这个错误的解决方法是修改该工程的"Compiler compliance level"为 1.6，如图 B-5 所示。

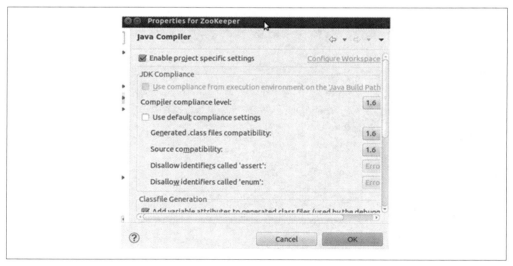

图 B-5.　修改 Compiler compliance level 为 1.6

完成以上 5 个步骤后，就完成 ZooKeeper 的源代码导入，读者就可以根据自己的需求进行修改。

第 6 步　运行 ZooKeeper

读者可以在 Eclipse 将 ZooKeeper 启动起来，方法是找到启动类："org.apache.zookeeper.server.ZooKeeperServerMain"，然后配置启动参数，如图 B-6 所示。

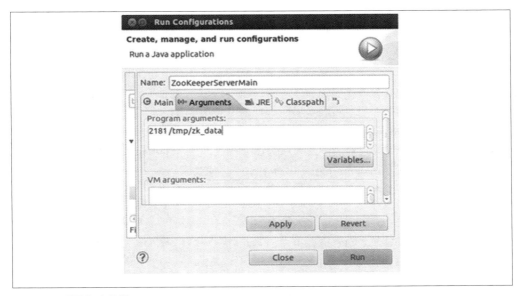

图 B-6.　配置启动参数

从上图中我们可以看出，需要为 ZooKeeper 的启动类配置启动参数：对外服务端口和数据存储目录。之后点击 "Run" 即可将 ZooKeeper 服务器启动。

关于 ZooKeeper 的启动验证和 5.1.2 章节中提到的验证方法是一致的，这里不再赘述。

第 7 步　打包

如果读者已经完成了代码修改，就可以重新打包来得到一个可运行的 ZooKeeper 了。进入到 "release-3.4.6" 目录中，执行命令：

    ant

即可在 build 目录先得到一个更新后的 "zookeeper-3.4.6.jar" 文件了。

附录 C
各发行版本重大更新记录

大概是从 2010 年下半年起,随着 ZooKeeper 本身的日趋稳定,同时也是得益于大数据时代的到来、Hadoop 和 Hbase 等越来越多基于 ZooKeeper 构建的高可用大型分布式系统的出现,ZooKeeper 被越来越多的人所关注。同年 3 月,ZooKeeper 发布了 3.3 系列版本,并于 11 月成功从 Hadoop 子项目中分离出来,成为了 Apache 的顶级项目,标志着 ZooKeeper 成为了一个真正可以被广泛使用的分布式协调框架。

时至今日,将近 4 年时间过去了,ZooKeeper 发布了很多版本,目前被广泛使用的主流版本是 3.3 和 3.4 这两个系列版本。下面,我将针对这两个系列版本,对 ZooKeeper 的各发行版本的重大更新记录作一个说明。

3.3 系列

3.3 系列版本是目前使用最广泛的版本。在该版本中,ZooKeeper 添加进入了 "Observer" 这一新型的服务器角色,同时添加了 "四字命令功能" 和 "JMX 管理"。3.3 系列的各发行版本的重大更新记录如下表所示。

3.3.0 版本

3.3.0 版本于 2010 年 3 月 25 日发布,其主要重大更新如表 C-1 所示。

表 C-1. 3.3.0 版本重大更新记录

ISSUE	说明
ZOOKEEPER-368 [注1]	添加新的服务器角色：Observer，其不参与 Leader 的选举和事务请求的投票过程，但支持对非事务请求的处理。
ZOOKEEPER-601	服务端支持对会话超时时间限制（minSessionTimeout 和 maxSessionTimeout）的配置。
ZOOKEEPER-496	添加工具 zktreeutil（Zookeeper Tree Data Utility），用于对 ZooKeeper 内存数据进行导入、导出和增量更新等。
ZOOKEEPER-678	添加工具 ZooInspector，用于查看和更新 ZooKeeper 内存数据库中的数据。

3.3.1 版本

3.3.1 版本于 2010 年 5 月 17 日发布，其主要重大更新如表 C-2 所示。

表 C-2. 3.3.1 版本重大更新记录

ISSUE	说明
ZOOKEEPER-764	修复 Observer 服务器参与 Leader 选举的 Bug。

3.3.2 版本

3.3.2 版本于 2010 年 11 月 11 日发布，其主要重大更新如表 C-3 所示。

表 C-3. 3.3.2 版本重大更新记录

ISSUE	说明
ZOOKEEPER-794	统一客户端针对同步和异步接口下连接断开后的处理。
ZOOKEEPER-795	修复客户端会话超时退出后，EventThread 线程未退出的 Bug。
ZOOKEEPER-844	客户端添加对 AuthFailed 事件的处理与通知。
ZOOKEEPER-881	修复服务器启动时期从磁盘中重复加载数据的 Bug。
ZOOKEEPER-904	修复 Super 模式下不恰当的 ACL 变更导致 Super 模式自身不生效的 Bug。

3.3.4 版本

3.3.4 版本于 2011 年 11 月 26 日发布，其主要重大更新如表 C-4 所示。

注1： ZooKeeper 采用 JIRA 来进行项目管理和 ISSUE 跟踪，读者可以到 Apache 的 JIRA 官网查看该 ISSUE 的详细记录：*https://issues.apache.org/jira/browse/ZOOKEEPER-368*。本附录中的所有 ISSUE 说明均可以在 JIRA 官网上找到，请读者自行查看。

表 C-4. 3.3.4 版本重大更新记录

ISSUE	说明
ZOOKEEPER-1239	允许用户配置 ZooKeeper 在进行事务日志 fsync 操作时消耗时间的报警阈值。
ZOOKEEPER-1087	修复 ForceSync 参数设置不生效的 Bug。
ZOOKEEPER-1049	修复客户端大规模连接断开后会话失效,导致其余正常客户端的会话心跳检测(PING 请求)受到影响导致会话失效的 Bug。

3.4 系列

3.4 系列版本是目前功能最丰富,也是最成熟的 ZooKeeper 版本。在该版本中,ZooKeeper 引入了 Netty 这一成熟的高性能 NIO 框架来进行客户端连接的处理,并添加了一系列运维机制和工具。3.4 系列的各发行版本的重大更新记录如下表所示。

3.4.0 版本

3.4.0 版本于 2011 年 11 月 22 日发布,其主要重大更新如表 C-5 所示。

表 C-5. 3.4.0 版本重大更新记录

ISSUE	说明
ZOOKEEPER-733	引入 Netty 作为服务端的 NIO 实现。
ZOOKEEPER-909	以接口形式剥离出 ClientCnxn 相关逻辑,为后续添加 Netty 实现做准备。
ZOOKEEPER-965	支持批处理操作接口 multi,允许客户端一次性提交多个事务操作,这些操作具有原子性,即要么全部被成功执行,要么全部不执行。
ZOOKEEPER-1030	将单个客户端与单台服务器之间最大并发连接数(maxClientCnxns)的默认值从 10 提高到 60。
ZOOKEEPER-1153	废弃 LeaderElection 和 AuthFastLeaderElection 两种 Leader 选举算法。
ZOOKEEPER-729	开放递归删除 ZNode 的 API 接口。
ZOOKEEPER-938	添加对 SASL 权限认证的支持。
ZOOKEEPER-850	采用 slf4j 来替换之前的 log4j 日志系统。
ZOOKEEPER-874	对事务日志进行恢复过程中,通过回调 PlayBackListener 监听器来实现缓存事务提交记录,以便集群其他机器快速同步。
ZOOKEEPER-1107	添加自动清理历史快照数据和事务日志文件的机制。
ZOOKEEPER-773	添加日志可视化工具。
ZOOKEEPER-737	改造四字命令处理模型,采用命令线程方式。
ZOOKEEPER-744	添加四字命令"mntr",用于对 ZooKeeper 服务器监控。
ZOOKEEPER-808	添加浏览器端 ZooKeeper 管理与控制工具:huebrowser。
ZOOKEEPER-769	修复 Observer 参与事务请求投票的 Bug。
ZOOKEEPER-795	修复会话失效后,客户端 EventThread 线程为退出的 Bug。
ZOOKEEPER-1055	去除对 ZNode 重复的 ACL 设置。

3.4.4 版本

3.4.4 版本于 2012 年 9 月 23 日发布,其主要重大更新如表 C-6 所示。

表 C-6. 3.4.4 版本重大更新记录

ISSUE	说 明
ZOOKEEPER-1344	批处理操作接口 multi 添加对 Chroot 的支持。
ZOOKEEPER-1321	通过 JMX 和四字命令方式对外开放服务器连接数信息。
ZOOKEEPER-1377	添加快照数据可视化工具：SnapshotFormatter。
ZOOKEEPER-1307	zkCli 添加对 InvalidACLException、NoAuthException、BadArgumentsException 和 BadVersionException 异常的捕获，以便在出现以上异常情况下，用户依然能够正常使用 zkCli。
ZOOKEEPER-1465	修复集群内部增量和全量数据同步缺陷，减小在大数据量场景下的集群恢复时间。

3.4.6 版本

3.4.6 版本于 2014 年 3 月 10 日发布，其主要重大更新如表 C-7 所示。

表 C-7. 3.4.6 版本重大更新记录

ISSUE	说 明
ZOOKEEPER-1459	修复在单机模式下启动的 ZooKeeper，退出时未关闭事务日志文件流导致无法删除相关文件的 Bug。
ZOOKEEPER-1808	在 FastLeaderElection 选举过程的消息中添加 version 字段，以便将来能够区分出不同版本的选举消息。

附录 D
ZooKeeper 源代码阅读指引

如果你是一名开源爱好者的话,那么相信你一定热衷于研读各种有趣的开源软件,尤其是那些被广泛使用的 Apache 顶级项目,因为它们更能让你在代码阅读之后领略到其强大功能背后代码组织上独具匠心的地方。下面,我们将向读者带来 ZooKeeper 的源代码阅读指引,帮助读者更好地学习 ZooKeeper。

首先,我们看一下 ZooKeeper 源代码的整体结构,如图 D-1 所示。

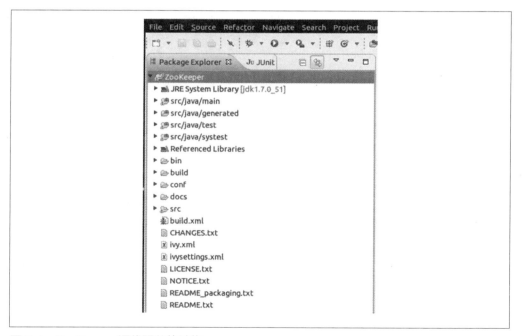

图 D-1. ZooKeeper 源代码整体结构

上图中，我们可以大致看到，ZooKeeper 的源代码结构主要由 Java 源代码、测试代码、可执行脚本、配置文件、文档、Ant 配置和项目说明等 6 大部分组成，其中比较核心的部分包括：

- src/java/main
  这是一个标准的 Java 工程都会有的目录，其中包含了 ZooKeeper 工程的所有 Java 源代码。

- src/java/generated
  这个目录中的文件，都是初次进行 ZooKeeper 源代码编译构建过程中自动生成的实体类和协议层的类定义。在本书 7.2.3 章节中，我们已经对 ZooKeeper 的 Jute 组件及其相关的类生成机制进行了详细讲解，这里不再展开。

- src/java/test、src/java/systest
  这两个目录中都是 ZooKeeper 的测试代码。

- bin
  bin 目录中都是一些 ZooKeeper 的可执行脚本，在 5.1.3 章节中已经对这些脚本进行了讲解。

- conf
  conf 目录中存放的都是 ZooKeeper 的配置文件，包括"zoo.cfg"和"log4j"配置文件。

客户端 API 设计与实现

ZooKeeper 的客户端 API 和服务端程序包含在同一个发行包中，即"zookeeper-n.n.n.jar"，这一点也是经常被广大 ZooKeeper 用户抱怨的地方。如果你有兴趣，可以研究一下"org.apache.zookeeper.ZooKeeper"这个类，其中包含了 ZooKeeper 所有的客户端 API 设计与实现。

当然，除此之外，在 5.2 章节中我们提到，zkCli 也是一个简易的客户端程序（事实上是一个脚本），其对应的就是"org.apache.zookeeper.ZooKeeperMain"这个 Java 类，建议读者可以首先从这个类开始来了解如何使用 ZooKeeper 客户端 API。

序列化与协议

序列化与协议层的定义是 ZooKeeper 网络通信相关逻辑最核心的部分，其使用 Jute 组件来进行序列化和反序列化，这在 7.2 章节中已经进行了详细的讲解，读者也可以在

"org.apache.jute"这个包中进行更为深入的了解。

网络通信

ZooKeeper 客户端的网络通信主要由"org.apache.zookeeper.ClientCnxn"、"org.apache.zookeeper.ClientCnxnSocket"和默认的实现"org.apache.zookeeper.ClientCnxnSocketNIO" 3 个类组成，与之对应的服务端网络通信层有两套实现，分别是 ZooKeeper 自己实现的 NIO 和 Netty 实现，对应以下 4 个类：

- org.apache.zookeeper.server.NIOServerCnxn
- org.apache.zookeeper.server.NIOServerCnxnFactory
- org.apache.zookeeper.server.NettyServerCnxn
- org.apache.zookeeper.server.NettyServerCnxnFactory

通过这几个类的阅读足以让你了解 ZooKeeper 客户端和服务端之间是如何进行会话建立与维持、请求发送与响应接收等一系列网络通信过程。

Watcher 机制

Watches 机制是 ZooKeeper 的一大特色，其构建了整个 ZooKeeper 服务端和客户端的事件通知机制，如果你对这个有兴趣，那么可以通过阅读以下 4 个类来更好地理解 ZooKeeper 的 Watcher 机制。

- org.apache.zookeeper.Watcher
- org.apache.zookeeper.WatchedEvent
- org.apache.zookeeper.ClientWatchManager
- org.apache.zookeeper.ZooKeeper.ZKWatchManager

数据与存储

虽然 ZooKeeper 并不是一个典型的分布式存储系统，但是其内部数据与存储相关的实现逻辑，尤其是事务日志和数据快照技术，是其保证分布式数据一致性的核心所在。读者可以结合 7.9 节讲解的内容来阅读"org.apache.zookeeper.server.persistence"中的代码和"org.apache.zookeeper.server.quorum.LearnerHandler"中的网络通信协议来了解其更多的细节。

请求处理链

在 7.8 章节中讲解了 ZooKeeper 服务端的请求处理细节，其中提到的请求处理链都是"org.apache.zookeeper.server.RequestProcessor"接口的实现类，读者可以按照"PrepRequestProcessor"、"ProposalRequestProcessor"和"SyncRequestProcessor"等请求处理顺序来逐个阅读其代码实现。

Leader 选举

众所周知，Leader 选举是 ZooKeeper 中最核心的技术之一，感兴趣的读者，可以对照 7.6 节中讲解的内容，并结合以下几个核心类来更进一步地了解其技术内幕。

- 选举算法的接口定义

  org.apache.zookeeper.server.quorum.Election

- 选举算法的 3 种实现：

  org.apache.zookeeper.server.quorum.AuthFastLeaderElection
  org.apache.zookeeper.server.quorum.LeaderElection
  org.apache.zookeeper.server.quorum.FastLeaderElection

- 网络通信

  org.apache.zookeeper.server.quorum.QuorumCnxManager

服务端各角色工作原理

ZooKeeper 服务端通常是由集群组成，并且一般分为 Leader、Follower 和 Observer 三种角色，在 7.7 节中，我们已经讲解了各个服务器角色的工作职责及其相互之间的协作机制，读者可以结合以下几个关键类来更好地理解 ZooKeeper 的服务端工作原理：

- 集群模式下服务器基本功能定义

  org.apache.zookeeper.server.ZooKeeperServer
  org.apache.zookeeper.server.quorum.QuorumZooKeeperServer

- 3 种服务器角色

  org.apache.zookeeper.server.quorum.LeaderZooKeeperServer
  org.apache.zookeeper.server.quorum.FollowerZooKeeperServer
  org.apache.zookeeper.server.quorum.ObserverZooKeeperServer

- ZAB 协议相关

  org.apache.zookeeper.server.quorum.Leader
  org.apache.zookeeper.server.quorum.Follower
  org.apache.zookeeper.server.quorum.LearnerHandler

其中 Leader 和 LearnerHandler 是在 Leader 服务器上运行的，Follower 是在 Follower 服务器上运行的。重点需要查看的是"Leader.lead"和"Follower.followLeader"方法。

权限认证

插件化的权限认证扩展体系是 ZooKeeper 的一大特色，默认提供了"Digest"、"IP"和"SASL"三种权限认证模式，开发人员可以在此基础上实现自己的权限认证方式。了解更多可以查看"org.apache.zookeeper.server.auth"包中的类。

JMX 相关

在 8.3 节中，我们讲到了 ZooKeeper 使用 JMX 来帮助运维人员对 ZooKeeper 服务器进行监控和管理，读者可以到"org.apache.zookeeper.jmx"包中查看其实现细节。

静态变量定义

在"org.apache.zookeeper.ZooDefs"类中定义了很多静态变量，主要包括：操作类型、权限控制、ACL 定义相关的静态变量。

ZooKeeper 异常定义

在日常 ZooKeeper 使用过程中，经常会碰到诸如："ConnectionLossException"、"NoNodeException"和"NoAuthException"等程序异常。实际上，ZooKeeper 中的异常定义远不止这些，如果你有兴趣研究其他异常以及它们分别对应的错误码，那么可以从"org.apache.zookeeper.KeeperException"类开始。